Band 34: C. E. M. Dietrich, P. Walleitner, Warteschlangen-Theorie und Gesundheitswesen. VIII, 96 Seiten. 1982.

Band 35: H.-J. Seelos, Prinzipien des Projektmanagements im Gesundheitswesen. V, 143 Seiten. 1982.

Band 36: C. O. Köhler, Ziele, Aufgaben, Realisation eines Krankenhausinformationssystems. II, (1-8), 216 Seiten. 1982.

Band 37: Bernd Page, Methoden der Modellbildung in der Gesundheitssystemforschung. X, 378 Seiten. 1982.

Band 38: Arztgeheimnis – Datenbanken – Datenschutz. Arbeitstagung, Bad Homburg, 1982. Herausgegeben von P. L. Reichertz und W. Kilian. VIII, 224 Seiten. 1982.

Band 39: Ausbildung in der Medizinischen Informatik. Proceedings, 1982. Herausgegeben von P. L. Reichertz und P. Koeppe. VIII, 248 Seiten. 1982.

Band 40: Methoden der Statistik und Informatik in Epidemiologie und Diagnostik. Proceedings, 1982. Herausgegeben von J. Berger und K. H. Höhne. XI, 451 Seiten. 1983

Band 41: G. Heinrich, Bildverarbeitung von Computer-Tomogrammen zur Unterstützung der neuroradiologischen Diagnostik. VIII, 203 Seiten. 1983.

Band 42: K. Boehnke, Der Einfluß verschiedener Stichprobencharakteristika auf die Effizienz der parametrischen und nichtparametrischen Varianzanalyse. II, 6, 173 Seiten. 1983.

Band 43: W. Rehpenning, Multivariate Datenbeurteilung. IX, 89 Seiten. 1983.

Band 44: B. Camphausen, Auswirkungen demographischer Prozesse auf die Berufe und die Kosten im Gesundheitswesen. XII, 292 Seiten. 1983.

Band 45: W. Lordieck, P. L. Reichertz, Die EDV in den Krankenhäusern der Bundesrepublik Deutschland. XV, 190 Seiten. 1983.

Band 46: K. Heidenberger, Strategische Analyse der sekundären Hypertonieprävention. VII, 274 Seiten. 1983.

Band 47: H.-J. Seelos, Computerunterstützte Screeninganamnese. IX, 221 Seiten. 1983.

Band 48: H.-E. Wichmann, Regulationsmodelle und ihre Anwendung auf die Blutbildung. XVIII, 303 Seiten. 1984.

Band 49: D. Hölzel, G. Schubert-Fritschle, Ch. Thieme, Klinikübergreifende Tumorverlaufsdokumentation. XI, 269 Seiten. 1984.

Medizinische Informatik und Statistik

Herausgeber: S. Koller, P. L. Reichertz und K. Überla

49

D. Hölzel
G. Schubert-Fritschle
Ch. Thieme

Klinikübergreifende Tumorverlaufsdokumentation

Zwischenbericht aus der Anlaufphase
des Tumorregisters München

Springer-Verlag
Berlin Heidelberg New York Tokyo 1984

Reihenherausgeber

S. Koller P. L. Reichertz K. Überla

Mitherausgeber

J. Anderson G. Goos F. Gremy H.-J. Jesdinsky H.-J. Lange
B. Schneider G. Segmüller G. Wagner

Autoren

D. Hölzel
G. Schubert-Fritschle
Ch. Thieme
Ludwig-Maximilians-Universität
ISB Institut für Medizinische Informationsverarbeitung,
Statistik und Biomathematik
Marchioninistraße 15, 8000 München 70

und

Tumorzentrum München an den Medizinischen Fakultäten der
Ludwig-Maximilians-Universität und der Technischen Universität
Maistraße 11, 8000 München 2

ISBN-13: 978-3-540-12900-4   e-ISBN-13: 978-3-642-82157-8
DOI: 10.1007/978-3-642-82157-8

CIP-Kurztitelaufnahme der Deutschen Bibliothek. Hölzel, Dieter: Klinikübergreifende Tumorverlaufs-
dokumentation: Zwischenbericht aus d. Anlaufphase d. Tumorreg. München / D. Hölzel; G. Schubert-
Fritschle; Ch. Thieme. – Berlin; Heidelberg; New York; Tokyo: Springer, 1984.
(Medizinische Informatik und Statistik; 49)

NE: Schubert-Fritschle, G.:; Thieme, Ch.:; GT

2145/3140 – 5 4 3 2 1 0

Geleitwort

Tumorregister sind umstritten. Ihr Nutzen für die Wissenschaft und für
die Versorgung der Patienten ist ebenso wie die Datenschutzproblematik
Gegenstand dauernder Diskussion. Was liegt näher, als die Problematik
aus der Sicht der praktischen Arbeit heraus darzustellen.

Das Tumorzentrum München hat mit Unterstützung des Instituts für Medizinische Informationsverarbeitung, Statistik und Biomathematik und in
enger Kooperation mit zahlreichen beteiligten Kliniken einen Registertyp entwickelt, den es an anderer Stelle in dieser Form nicht gibt. In
der vorliegenden Schrift wird dieser Versuch der substantiellen Erweiterung klassischer Tumorregister in seinem Konzept und seinem Realisie-
rungsstand dargestellt.

Dabei wird die Vielschichtigkeit der Probleme deutlich. Es wird aber
auch deutlich, daß die klinische Tumorverlaufsdokumentation, eingebettet
in die Versorgungsstruktur, in der Form eines Registers und unter Benutzung der Techniken der Datenverarbeitung, neue Chancen eröffnet.

Das Buch ist nicht leicht zu lesen und scheut unangenehme Fragen nicht.
Es macht zugleich das Engagement und die Betroffenheit der Autoren
sichtbar. Nicht alle Formulierungen und Details werden der kommenden
Entwicklung standhalten können. Der grundsätzliche Ansatz jedoch und
die damit erzielten Leistungen verdienen die Beachtung der Fachwelt.

Die vielfältige Welt der Diagnostik, Therapie und Nachsorge der Tumoren
ist in ständiger Bewegung. In dieser Bewegung können Register, die sich
der klinischen Dokumentation des Tumorverlaufs widmen, die Versorgung
unterstützen und auch bevölkerungsbezogene Inzidenzen ermitteln und
somit die Information aller Beteiligten verbessern. Solche Register
können Fixpunkte darstellen, an denen man sich vergleichend orientiert.
Das Tumorzentrum München und das Institut für Medizinische Informationsverarbeitung, Statistik und Biomathematik erhoffen sich von dieser
Arbeit einen Schritt auf dieses Fernziel zu.

München, im September 1983

Prof. Dr. G. Riethmüller   Prof. Dr. K. Überla
Vorsitzender des Tumorzentrums   Vorstand des ISB
München

Vorwort

Nicht nur dem Außenstehenden präsentiert sich der Begriff Tumorregister
unscharf und fließend. Im Zuge des tieferen Eindringens in die Thematik
verliert der Begriff den letzten Rest vermeintlicher Griffigkeit. Die
Vieldeutigkeit des Wortes erklärt somit die Vielfalt von Ansichten und
Vorurteilen, die zur Durchsetzung oder Verhinderung von Entwicklungen
eingesetzt werden können. Vor pauschaler Abwehr oder unbegründeter
Euphorie sollte die kritische Aufgeschlossenheit stehen, die Tumorregister weder als Reizwort noch als Zauberformel versteht.

Es erscheint nützlich, sich dieser vielfältigen Ideenwelt - wo immer
möglich - von konkreten Realisierungen her zu nähern. Deshalb wird ein
differenziertes, für Kliniken geeignetes Dokumentationskonzept dargestellt. Die Verarbeitung der Daten und ihre Auswertung wird konkret
behandelt. Was kann eine Klinik von einem Register erwarten? Das Konzept für das Tumorregister München - geprägt durch lokale Gegebenheiten
und durch fehlende Infrastrukturen - wird detailliert beschrieben. Es
wird eine differenzierte Darstellung versucht, um auch Ideen und
Problemstellungen portabel zu machen.

Zugleich ist diese Darstellung ein Rechenschaftsbericht über die Verwendung von Fördermitteln der Deutschen Krebshilfe e.V. und des Bundesministeriums für Arbeit und Sozialordnung für das Tumorregister München.

Die finanzielle Förderung allein garantiert jedoch nicht das Ergebnis
eines Projektes. Wir danken zunächst Prof. K. Überla, der mit substantieller Unterstützung durch sein Institut (ISB) die bisherige Entwicklung als verpflichtende Aufgabe für das Fachgebiet Informationsverarbeitung und Statistik in der Medizin getragen hat. Er hat Modifikationen
an diesem Buch angebracht und nützliche Hinweise gegeben. Das Konzept
der klinikübergreifenden Verlaufsdokumentation ist am ISB entwickelt
worden.

Dem Vorstand des Tumorzentrums München unter dem derzeitigen Vorsitz von Prof. G. Riethmüller danken wir für die Aufgeschlossenheit, mit der die Belange des Tumorregisters vertreten wurden. Dem Engagement des Sekretärs des Tumorzentrums, Prof. H. Erhart, ist es zu danken, daß die Motivation der Mitarbeiter nicht durch die Sorge um die Zukunft des Projektes geschmälert wurde.
Prof. P. Koeppe danken wir für die kritische Durchsicht des Manuskriptes und die konstruktiven Anregungen.

Frau A. Michaelis und Dipl.-Inf. W. Köhler aus der Organisationsstelle des Tumorregisters haben in der schwierigen Anlaufphase den reibungslosen manuellen und datentechnischen Ablauf sichergestellt. Frau R. Eckel vom ISB hat die notwendige Weiterentwicklung vorhandener Software getragen. Unsere Kollegen aus dem ISB haben mit konstruktiven Anregungen zu verschiedenen Aspekten beigetragen. Frau Th. Goebel hat das Manuskript in die vorliegende Form gebracht. Ihnen allen gilt unser Dank.

München, im September 1983   D. Hölzel
                                    G. Schubert-Fritschle
                                    Ch. Thieme

Inhaltsverzeichnis

1. Einleitung

Eine Vielfalt von Aktivitäten auf dem Problemfeld Tumorerkrankungen ist
in den letzten Jahren zu verzeichnen. Onkologische Arbeitskreise wurden
gegründet, bestehende aktiviert oder zeitgemäß in Tumorzentrum umbenannt.
Mehr als 20 Tumorzentren existieren in der Bundesrepublik. Mit der <u>Ar-
beitsgemeinschaft der Deutschen Tumorzentren (ADT)</u> wurde eine übergeordnete Struktur geschaffen. Die Notwendigkeit, klinische und wissenschaftliche Aktivitäten zu intensivieren und zu koordinieren, wurde in 'Großen
Krebskonferenzen' von allen Interessengruppen unterstrichen. Ein Muster
für ein Gesetz über Tumorregister des Bundesministeriums für Jugend, Fa-
milie und Gesundheit vom Februar 1982 sollte die Entwicklung weiter fördern. Die Reaktionen auf diesen Entwurf stellten zwar die Notwendigkeit
der Aktivitätssteigerung nicht in Frage, ließen aber eine Polarisierung
der Meinungen über die Wege erkennen. Kassenärztliche Vereinigungen (KV)
unterstreichen mittlerweile ihre Zuständigkeit durch Verbreitung von
Nachsorgeprogrammen. Unabhängig davon empfiehlt die ADT einheitliche
Dokumentationskonzepte. Jedes Planungsvorhaben wird synchron durch da-
tenschutzrechtliche Einwände kommentiert.

Für eine distanzierte Betrachtung ist es schwer, hinter der Planungs- und
Aktivitätsvielfalt substantielle Veränderungen zu erkennen und sie bezüglich ihrer versorgungstechnischen und wissenschaftlichen Relevanz einzustufen. Zum Teil ist dies durch die nicht existierende Kooperation der
involvierten Gruppen begründet, die unabhängig voneinander ihre Aktivitätsnachweise vorlegen. Zum Teil fehlt es auch an Fakten über die kleiner
Schritte, die in der Euphorie der publikumswirksamen und langfristigen
Absichtserklärungen übersehen werden. Das Tumorregister des Tumorzentrums
München möchte mit diesem Zwischenbericht über kleine Schritte informieren.

Das Tumorzentrum München wurde 1977 gegründet als Kooperationsgemeinschaft der Fachkliniken und wissenschaftlichen Institute der Ludwig-
Maximilians-Universität. 1978 wurde durch den Beitritt der medizinischen Fakultät der Technischen Universität die Basis wesentlich erweitert. Durch die zunehmende Mitarbeit von Vertretern außeruniversitärer
Einrichtungen wird die Wirkung der Aktivitäten auf die regionale Versorgung weiter verstärkt. Bis Ende 1981 wurde das Tumorzentrum München
von der Deutschen Krebshilfe e.V. gefördert, mit Beginn des Jahres 1982
wurde die Förderung durch das Bundesministerium für Arbeit und Sozialordnung übernommen.

Von Beginn an hat es das Tumorzentrum München als eine entscheidende Aufgabe angesehen, insbesondere durch den Aufbau einer an der Versorgung
orientierten, klinikübergreifenden Verlaufsdokumentation den Erfahrungs-
austausch zu konkretisieren, zur Standardisierung der Versorgung beizu-
tragen und damit gleichzeitig ein Fundament für klinisch-wissenschaft-
liche und epidemiologische Aufgabenstellungen zu schaffen. Eine Wirkung
wird dabei nur durch die Integration vieler Versorgungsträger erreicht
werden können.

Anfang 1978 wurde mit der Planung der Tumorverlaufsdokumentation begonnen, die federführend vom Institut für Medizinische Informationsverarbeitung, Statistik und Biomathematik (ISB) und später, nach Anschluß der
Technischen Universität zusammen mit dem Institut für Medizinische Statistik und Epidemiologie der TU (IMSE) getragen wurde. Da sich das Tumorzentrum München nicht auf eine zur Administrierung von Konzepten geeignete Organisationsstruktur stützen konnte, wurde in langwierigen Kommuni-
kationsprozessen ein den lokalen organisatorischen Gegebenheiten und den
klinisch-wissenschaftlichen Interessen angepaßtes Dokumentationskonzept
entwickelt. Parallel dazu wurden auf dem Rechner der Medizinischen Fakultäten die notwendigen Bausteine für die Verarbeitung der Daten zusammengestellt und weiterentwickelt.

Um den Ansatz beurteilen zu können, müssen der Stand und das Konzept dargelegt werden. Mit einer zur realen Entwicklung umgekehrten Gliederung
dieses Zwischenberichts soll induktiv vom Verständis des Ist-Zustandes
auf die theoretischen Vorstellungen hingeführt werden. Im Abschnitt 2
wird zunächst in einer kurzen Übersicht das Gesamtkonzept skizziert. In
Abschnitt 3 wird detailliert das Dokumentationskonzept erläutert, an Aus-
wertungsbeispielen wird auf die Nutzung der Verlaufsdokumentation hingewiesen und für technisch interessierte Leser wird kurz das Datenverarbei-

tungssystem dargestellt. Den Abschluß bildet die Erläuterung der Bearbeitungsschritte für die eingehenden Daten in der zentralen Organisationsstelle des Tumorregisters.

Erst auf der Basis der bisher erreichten Möglichkeiten werden im Abschnitt 4 die Perspektiven erläutert, um dem Leser auf dieser Basis die
Beurteilung programmatischer Aussagen zu erleichtern. Zu diesen Perspektiven gehört auch eine Auseinandersetzung mit dem methodischen und wissenschaftlichen Stellenwert der Tumorverlaufsdokumentation und ihren
gesellschaftlichen Voraussetzungen. Die Differenz aus den Perspektiven
und dem erreichten Stand sollte als Basis für eine Beurteilung der bisherigen Arbeit dienen. Dieser Logik folgend wird die aktuelle Situation
im Abschnitt 5 dargestellt. Die Diskussion einer Reihe ausgewählter
Probleme soll abschließend im Abschnitt 6 bisherige Erfahrungen portabel
machen.

Mit einem kurzen _Nachwort_ möchten wir durch Fragen ein Bezugssystem andeuten, das den Leser zu eigenen Reflexionen über den Stellenwert von
Tumorregistern anregen, vielleicht einige Denkanstöße vermitteln und damit losgelöst von dieser Darstellung seine Positionsbestimmung erleichtern soll.

Das _Literaturverzeichnis_ ist sehr knapp gehalten. Wir wollen in erster
Linie Fakten vermitteln, zu denen sehr viele aufgeschlossene Direktoren
und Ärzte beigetragen haben (siehe Referenzen, Abschn. 8.1 und 8.2).
Ihre Vorstellungen lieferten entscheidende Beiträge.

Obwohl wir das Konzept als eine klinikübergreifende Verlaufsdokumentation
mit epidemiologischer Zielsetzung einstufen, werden wir, dem _üblichen
Sprachgebrauch_ folgend, als Kurzbezeichnung die Kombination der Negativ-
begriffe 'Tumor' und 'Registrierung' verwenden. Die _Abkürzung TR_ für
Tumorregister ist ein Allgemeinbegriff, der durch Adjektive und den Kontext präzisiert wird. TR kann deshalb sowohl für die gespeicherten Daten,
für die verarbeitende Organisation als auch für die Menge aller Beteiligten stehen. _Tumorzentren (TZ)_ sind die tragenden _Kooperationsstrukturen._
Tumorregister München (TRM) steht als Individualbegriff für die vorgestellte Konzeption, _Tumorzentrum München (TZM)_ für den Träger. Durch die
Wahl der Bezeichnung TR bzw. TRM (TZ bzw. TZM) wird jeweils der Anspruch
bzw. die Einschränkung einer Aussage deutlich gemacht.

Als <u>Grund für die Darstellung</u> kann die Notwendigkeit angeführt werden, die Stufe der Planungsentwürfe und Absichtserklärungen zu verlassen und Erfahrungen aus der Arbeit in Tumorzentren zur Diskussion zu stellen. An verschiedenen Orten wurden und werden vergleichbare Aktivitäten aufgenommen. Die Kommunikation über Realisierungen bleibt aber bisher eher im Hintergrund. Dominierend sind nach wie vor 'A priori-Erkenntnisse' als Begründung für Zurückhaltung, für spezielle isolierte Maßnahmen, für Ablehnung, für Nicht-Handeln. Ein Erfahrungsbericht kann zur Präzisierung in jeder Richtung beitragen. Weitere Berichte von anderen Tumorzentren werden folgen, Ergebnisse werden vorgestellt und somit zunehmend die Diskussion auf die inhaltlichen Fragen lenken.

<u>An wen richtet sich die Darstellung?</u> Die Frage der Krebsregistrierung in der Bundesrepublik hat auf fachlicher Ebene an Bedeutung gewonnen. Auch als Thema der Tagespolitik ist sie in den Vordergrund getreten. Denn beide Belange - 'Methodik' und 'Politik' - dürfen wegen der gesellschaftspolitischen Relevanz des Themas nicht getrennt betrachtet werden. Ein TR ist auf die Zusammenarbeit vieler Individuen und zahlreicher Institutionen angewiesen, wenn es erfolgreich sein will. Der Komplexitätsgrad wird erkennbar, wenn man nach den möglichen aktiven Beiträgen all derer fragt, die mit Entschiedenheit ihre Meinung zu diesem Thema äußern.

Diese Darstellung möchte deshalb mögliche oder geleistete Beiträge Einzelner in Bezug zum Ganzen stellen. Sie spricht Entscheidungsträger in <u>Ministerien und Behörden</u> an, indem die Konsequenzen denkbarer Entscheidungsalternativen aus fachlicher Sicht diskutiert werden. Sie spricht Entscheidungsträger in <u>TZ und Standesorganisationen</u> an, indem Handlungsmöglichkeiten genannt und Perspektiven aufgezeigt werden. Sie spricht die große Zahl von <u>Ärzten</u> in Kliniken an, von denen in der täglichen Routine eines Registers regelmäßige, teilweise als belastend empfundene Beiträge gefordert werden, indem konkrete Nutzungsmöglichkeiten der Daten erläutert werden. Sie spricht schließlich die <u>fachkundige Öffentlichkeit</u> an, indem neben optimistischen Perspektiven auch Grenzen oder denkbare von TR ausgehende Gefahren angesprochen werden.

Soweit sich die Darstellung auf eigene Leistungen des TRM bezieht, kann überwiegend auf Erreichtes Bezug genommen werden. Diese Darstellung scheut sich nicht, auch Details aufzunehmen, wenn deren Verfügbarkeit nicht als selbstverständlich vorausgesetzt werden kann oder wenn übergeordnete Perspektiven erst durch den Nachweis der Machbarkeit sinnvoll werden.

Als _Zeitpunkt für die Darstellung_ bietet sich damit der Moment an, zu dem die eigenen Vorleistungen für ein funktionsfähiges TR im wesentlichen abgeschlossen sind und der weitere Erfolg von der Einstellung Dritter mitbestimmt wird. Vorrangig ist eine tragende Kooperationsstruktur der Versorgungsträger erforderlich, aus der jedem Bürger, jedem Patienten, jedem Arzt und jeder Klinik die geforderte Eigenleistung, die angestrebte klinische und gesellschaftliche Nutzung und die wirksame Kontrolle verständlich gemacht werden kann.

Ein gedämpftes Interesse an der Arbeit des TZM konnte bisher schon verzeichnet werden. Minimalinformationen reichen leider oft aus, um in Schubladen eingeordnet zu werden, verständlicherweise in immer andere, abhängig vom Bezugssystem des ordnenden Geistes. Deshalb werden Fakten angeboten, vom Formularsatz bis hin zur Verarbeitung, die nur formal diskutiert wird, aber von jedem interessierten Kliniker inhaltlich in sein eigenes Umfeld transformiert werden kann. Das Konzept wird begründet, auf Schwierigkeiten wird hingewiesen und durch präzise Aussagen werden Angriffsflächen geboten.

Dies alles kann von einem Erfahrungsbericht erwartet werden. Es prägt aber auch den Stil. In der Beschreibung einer eingeleiteten Entwicklung können nicht mehr neutral Alternativen gegenübergestellt werden. Es sind Entscheidungen gefallen, Alternativen wurden abgelehnt. Beides muß begründet werden. Dies erfordert kritische Stellungnahmen und Annahmen gegenüber anderen Entwicklungen, dem eigenen Umfeld und der eigenen Arbeit. Unterschiedliche Auffassungen müssen herausgestellt, kontrastiert werden. Damit wird die Einstellung gegenüber der eigenen mitzuverantwortenden Entwicklung deutlich gemacht. Das erleichtert die fachliche Diskussion, könnte aber auch ungerechtfertigte Kritik hervorrufen, wenn vom Kontext herausgelöste Formulierungen als Gegenargumente verwendet würden. Durch die Darstellung vieler Details wird es insgesamt dem Leser schwer gemacht, sich schnell auszugsweise zu informieren. Dennoch erhoffen wir uns positive Impulse zur besseren und schnelleren Abklärung des Stellenwerts einer klinikübergreifenden Tumorverlaufsdokumentation.

2. Zielvorstellungen für das Tumorregister München

2.1 Begriffe

Die Verwendung des Begriffs Tumorregister enthüllt primär eine Fülle von
Vorstellungen und Anwendungen, die - trotz beträchtlicher Unterschiede -
alle unter dem gemeinsamen Oberbegriff stehen. Dies beinhaltet die Gefahr des Aneinander-Vorbeiredens. Deshalb werden einleitend gebräuchli-
che Begriffe erläutert.

Inzidenzregister

Inzidenzregister, wie z.B. Gebietsregister oder populationsbezogene Register, haben die Aufgabe, die <u>Neuerkrankungsrate</u> an malignen Tumoren
innerhalb einer Region nachzuweisen. Die Darstellung der Inzidenzen erfolgt durch Angabe geschlechts- und altersspezifischer Inzidenzen, d.h.
der jährlichen Neuerkrankungen je 100.000 der entsprechenden Altersklasse. Die Mehrzahl der bestehenden Inzidenzregister gestattet den
Rückgriff auf die Identität der Erkrankten (Personenbezug). Solche Inzidenzregister können damit zugleich als <u>Wegweiser</u> für epidemiologische
Studien dienen. Inzidenzregister sind in der Laufzeit nicht befristet.

Nachsorgeregister

Nachsorgeregister, oft auch als Klinikregister bezeichnet, haben in
erster Linie die Funktion, das <u>Follow-up</u> für alle Tumorpatienten einer
Behandlungseinrichtung zu überwachen. Dies ist überwiegend eine organisatorische Aufgabe. Zum Beispiel sind Termine zu vergeben, ihre Einhaltung ist zu kontrollieren, es ist sicherzustellen, daß überfällige
Patienten an die ausstehenden Untersuchungen erinnert werden etc.
Nachsorgeregister beschränken ihre Aktivität auf die jeweilige Träger-
institution, z.B. eine Universitätsklinik. In unterschiedlicherem Umfang
stehen neben den organisatorischen auch medizinische Daten zum Krankheitsverlauf zur Verfügung. Für klinische Fragestellungen dienen sie in
unterschiedlichem Ausmaß als <u>Wegweiser.</u> Nachsorgeregister sind in der
Laufzeit nicht befristet.

Spezialregister

Spezialregister, wie z.B. Histologieregister, haben die Aufgabe, vergleichbare Daten über alle Patienten mit der fraglichen Erkrankungsform zu gewinnen. Sie sind multizentrisch organisiert, die Zielerkrankung ist meist selten. Der Datensatz eines Spezialregisters ist umfangreicher als der des Inzidenzregisters. Ziele sind Hypothesengenerierung zu Ätiologie, Behandlung oder Verlauf der Krankheit und Standardisierung der Befunderhebung und Behandlung. Ein Rückgriff auf die Identität der Patienten erfolgt i.a. über die meldende Institution. Spezialregister können von befristeter Laufzeit sein. Die Abgrenzung des Spezialregisters zur Beobachtungsstudie bzw. Interventionsstudie kann fließend sein.

Zusätzlich besitzt der Begriff Register eine andere Dimension. Er kann den methodischen Ansatz bzw. die Menge der vorhandenen Daten zusammen mit ihren Auswertungsmöglichkeiten bezeichnen, wie z.B. in der Zusammensetzung 'Inzidenzregister'. Dies ist die häufigere Verwendungsweise. Gleichzeitig kann sich die Bezeichnung auch auf die Organisation beziehen, die die Daten sammelt und auswertet. Die englische Sprache bietet dazu mit 'register' und 'registry' zwei Vokabeln an. Im folgenden wird die jeweilige Bedeutung des Begriffs Register aus dem Zusammenhang erkennbar.

2.2 Ein neuer Ansatz: Versorgungsorientierte Register an Tumorzentren

Dieser Bericht beschreibt zwar ein spezielles TR. Es ist aber eine Antwort auf die allen TZ gemeinsam gestellte Aufgabe der versorgungsorientierten und flächendeckenden Wirksamkeit. Schon daraus ergibt sich, daß das Tumorregister München (TRM) nicht durch einen der traditionellen Registertypen allein zu charakterisieren ist. In Schlagwortform wird das Selbstverständnis des TRM durch die Bezeichnung klinikübergreifendes Verlaufsregister mit epidemiologischer Zielsetzung beschrieben. Damit sind Ziele aus allen vorher genannten Ansätzen angesprochen:

- Unterstützung der Patientenversorgung an einem TZ
- Gewinnung klinisch relevanter Daten zu Primärbefund und Verlauf
- Nachweis von Tumorinzidenzen.

Von Bedeutung ist aber der Weg, über den die organisatorische Verbindung dieser drei inhaltlich unabhängigen Aufgaben gelingt. Hierauf bezieht sich die Einordnung als versorgungsorientiertes Register. Der Weg des TRM zielt darauf ab, die notwendigen Daten aus der laufenden Behandlung und Nachsorge, also der Versorgung der Patienten zu gewinnen.

Da die Versorgung eines Patienten i.a. von mehreren Institutionen getragen wird, stellt der eingeschlagene Weg Anforderungen an die Kommunikation aller an der Versorgung beteiligten Institutionen. Die Zusammenführung der in der Primärbehandlung und Nachsorge anfallenden dokumentationsrelevanten Informationen erfordert Überlegungen zur Organisation, sowohl innerhalb eines TZ als auch darüber hinaus.

Neuerungen in organisatorischen Abläufen sind nicht von heute auf morgen zu verwirklichen. Zu viele Beteiligte müssen vorher vom Nutzen und von der Realisierbarkeit überzeugt werden. Die volle Entfaltung des konzeptuell möglichen Nutzens des TRM wird nur in einem langfristigen Entwicklungsprozeß gelingen. Die Abb. 1 beschreibt derzeit nur teilweise tatsächlich vorhandene Strukturen. Insbesondere die Rückführung ambulanter Nachsorgebefunde an das Register über die KV ist derzeit noch programmatisch.

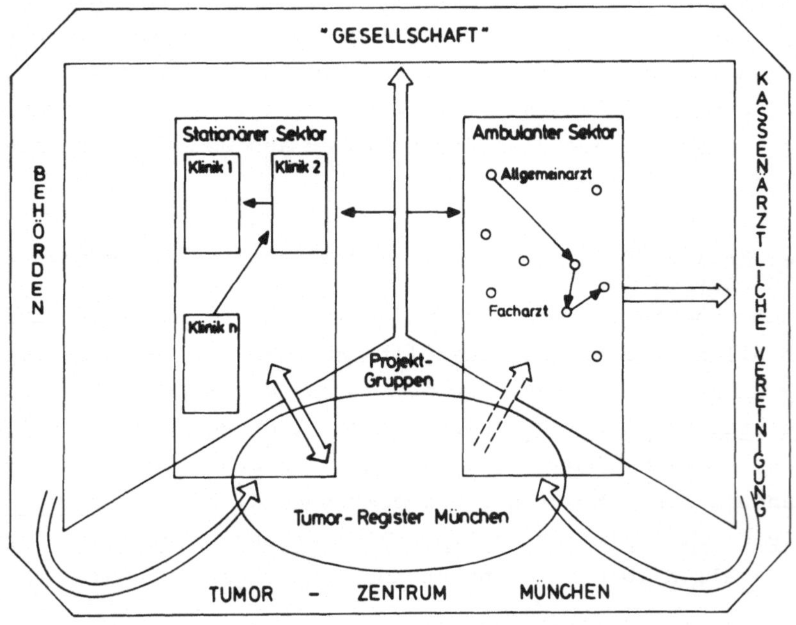

Abb. 1: Informationsverbund für patientenbezogene und wissenschaftliche Aktivitäten

⟹ standardisierte Informationsflüsse ⟶ zufällige Patientenkontakte

Als Konzept verdeutlicht die Abbildung die Arbeitsweise eines versorgungsbezogenen TR. Jede Klinik, die an der Erst- oder Rezidivbehandlung eines Patienten beteiligt ist, hält ihren eigenen Beitrag auf einem Dokumentationsformular fest und läßt diese Daten in einem personenbezogenen, zentral arbeitenden Register, dem TRM, abspeichern. Die Daten bleiben trotz zentraler Verarbeitung der Klinik als Datenurheber zugeordnet. Andererseits sind die zu einem Patienten gehörigen, von verschiedenen Kliniken dokumentierten Daten gemeinsam verfügbar und auswertbar. Dieser Teil des Konzepts ist realisiert und hat sich bewährt.

Angestrebt wird zusätzlich die Zusammenführung der stationär erhobenen Daten mit den Informationen über den weiteren Krankheitsverlauf. Wenn die Nachsorge eines Patienten ausschließlich von niedergelassenen Ärzten getragen wird, erhält das TRM derzeit keine Verlaufsdaten. Das TRM selbst unternimmt nicht den Versuch, einzelne Ärzte anzuschreiben und um Informationen zu bitten. Kliniken, die dies von sich aus durchführen, können die erhaltenen Daten ins TRM einbringen und erhalten damit ein vollwertiges klinikeigenes Nachsorgeregister.

Realisierbar und ökonomisch vertretbar ist die Zusammenführung und Weiterleitung der Daten, die beim Kassenarzt entstehen, durch die Kassenärztliche Vereinigung. Organisatorische Grundlage soll ein numerierter Nachsorgepaß sein, der als "Nachsorge-Terminkalender" bereits routinemäßig an die im Tumorzentrum München (TZM) behandelten Patienten ausgegeben wird. Nur die Paßnummer, nicht Name und Anschrift des Patienten, soll vom Kassenarzt erhoben werden.

Ein versorgungsorientiertes TR arbeitet also in zweifacher Hinsicht multizentrisch. Es werden nicht nur die Beobachtungseinheiten multizentrisch rekrutiert, sondern zu jedem einzelnen Patienten werden dem TR Beiträge von zahlreichen Institutionen direkt zugeleitet.

Diese Versorgungsnähe und die doppelt multizentrische Organisation zeigen für jede Ausbaustufe des TRM Nutzungsmöglichkeiten auf. Bestimmend für die tatsächliche Nutzung sind dann die verfügbaren Werkzeuge. Es wird hier ein Konzept vorgelegt, dessen Verwirklichung auch vom freiwilligen Beitrag Dritter abhängt. Dies setzt voraus, daß zuerst die eigene Leistungskraft belegt wird. Deshalb wird die Darstellung der verfügbaren Werkzeuge (Abschnitt 3) vor die vertiefende Diskussion über den Nutzen des vorgeschlagenen Konzepts (Abschnitt 4) gestellt. In dieser einführenden Übersicht kann davon ausgegangen werden, daß die jeweils erforderlichen Instrumente auch verfügbar sind.

2.3 Unterstützung der Versorgung

Die direkte Unterstützung, die eine Klinik für die Versorgung ihrer
Patienten von einem TR erwarten kann, betrifft zwei klinische Routine-
funktionen. Die Mitwirkung des TR ist bei der Planung bzw. Überwachung
der Durchführung von Nachsorgemaßnahmen und/oder bei der therapiebeglei-
tenden Kommunikation möglich.

Planung bzw. Überwachung der Durchführung von Nachsorgemaßnahmen definiert den Mindestservice, der von einem Nachsorgeregister geboten wird.
Weitergehende Leistungen, die medizinisch inhaltliche Daten im Register
voraussetzen, sind vom jeweiligen Konzept abhängig.

Beiträge des TRM zur Organisation und Überwachung der Nachsorge:

Die Terminvergabe erfolgt in der Klinik unabhängig vom TRM. Das TRM
speichert für jeden Patienten Ort und Zeit der nächsten geplanten Nachsorge. Trifft die hierzu erwartete Information später nicht beim Register ein, wird die Klinik in geeigneter Form unterrichtet. Der zeitliche Rhythmus und die Art der Mahnung - diverse Listen oder Adreßkleber - wird mit jeder Klinik individuell vereinbart. Typische Leistungen eines Nachsorgeregisters werden so erbracht.

Die Kooperation mehrerer Kliniken in einem Register eröffnet zusätzliche Informationsquellen für jede einzelne Klinik. Für alle derzeit oder
früher an der Betreuung des Patienten beteiligten Institutionen steht
die Information zur Verfügung, wann und wo der Patient zuletzt behandelt oder untersucht wurde.

Da in dieser ersten Ausbaustufe der Kooperation der Kliniken ein akti-
ves Nachgehen des Registers unterbleibt, setzt dieses Konzept, wenn es
voll wirksam werden soll, die Teilnahme aller im Einzelfall Beteiligten
am Register voraus. Die Beiträge nicht kooperierender Institutionen
müssen von anderen substituiert werden, oder sie fehlen. Als zweite
Ausbaustufe muß deshalb die Beteiligung der niedergelassenen Ärzte angestrebt werden. Wenn jeder Kassenarzt die Nummer des Nachsorge-
Terminkalenders zusammen mit wenigen Befunddaten an die KV weiterleitet
und diese Daten vom TRM für die bekannten Kalendernummern abrufbar
sind, so entsteht für die Kliniken ein nahezu lückenloses Wissen,
welche Patienten kontinuierlich betreut werden. Die verfügbare Arbeits-
kraft kann dann gezielt für jene Patienten eingesetzt werden, deren
aktueller Verbleib durch diese Routinemaßnahmen nicht aufgeklärt wurde.

Beiträge des TRM zur Kommunikation:

Krebs ist eine chronische Erkrankung, die Betreuung ist ein interdisziplinär gesteuerter Langzeitprozeß. Besonders Folge- und Rezidivbehandlungen sind häufig durch unvertretbaren Mangel an Daten zum bisherigen
Verlauf von Krankheit und Behandlung gekennzeichnet. Nicht alle behand-
lungsrelevanten Daten können dabei vom Register verarbeitet werden. Jedoch erlaubt der Detaillierungsgrad der Merkmale, die das TRM verarbeitet, deren Nutzung auch für die Individualversorgung.

Durch die Art der Präsentation wird die fallbezogene Nutzung erleichtert. Das TRM bietet Verlaufsberichte zum Krankheits- und Therapieverlauf an, die als Möglichkeit zur raschen Synopse über einen langen und
ereignisreichen Prozeß gesehen werden können. Bei interdispziplinärer
Betreuung sind sie zudem - bezogen auf die Abfolge von Ereignissen wie
Rezidive, Metastasen und Zweitmalignom - vollständiger als klinikeigene
Akten. So liefern sie zusätzliche, direkt verwertbare Informationen
oder zumindest Hinweise, von wo differenziertere Daten bei Bedarf er-
fragt werden können.

2.4 Klinische Nutzung von Verlaufsdaten

In vielerlei Hinsicht decken sich die Interessen von Einzelfallversor-
gung und wissenschaftlicher Analyse der Daten. Beide Arten der Nutzung
stellen hohe Anforderungen an Richtigkeit und Vollständigkeit der Daten.
Die Datenqualität, auf die sich ein Register stützen kann, entscheidet
langfristig über dessen Bestand. In der Koppelung von wissenschaftlicher
mit einzelfallbezogener Nutzung von Daten wird die optimale Voraussetzung zur Gewinnung qualitativ hochwertiger Daten gesehen.

Die Daten des TRM stehen unter klinischen Gesichtspunkten u.a. für fol-
gende Auswertungen zur Verfügung:
  - Beschreibung der Primärbefunde und Primärtherapie
  - Beschreibung des Krankheitsverlaufs durch zeitabhängige Meta-
    stasierungs- und Rezidivierungsmuster
  - Beschreibung der Überlebenswahrscheinlichkeit, Remissionsdauer usw.
Dieses Angebot entspricht einer Vielzahl konkreter Fragen bzw. Aufgaben,
wie z.B.
  - Qualitätskontrolle anhand von Langzeitergebnissen
  - Durchführung von Klinikvergleichen
  - Hypothesengenerierung zur Therapie
  - Vergleich eigener Daten mit der Literatur

- Begründung von Nachsorgestrategien
- Auffinden von Teilkollektiven für weitere, registerunabhängige
  Analysen.

Das TRM stellt regelmäßige Auswertungsreihen für die Routine zur Verfügung (s. Abschnitt 3.2). Zusätzlich sollen sie zu weitergehenden
Fragen ermuntern. Spezialauswertungen werden von den aktuellen For-
schungsinteressen der Beteiligten abhängig gemacht. Sie können als
Basis für weitergehende Untersuchungen oder direkt für Veröffentlichungen verwendet werden.

Grundsätzlich sind Auswertungen nur im Rahmen der regulär vom TRM verarbeiteten Merkmale möglich. Bei vorheriger Absprache werden jedoch
zusätzliche Merkmale für begrenzte Zeit mit den Registerdaten gemeinsam verarbeitet und ausgewertet.

Die Möglichkeiten zur Auswertung wachsen mit der zunehmenden Vollständigkeit der teilnehmenden Kliniken. Die ganze Fülle der Nutzungsmöglichkeiten wird jedoch erst im Zuge der Kooperation mit den niedergelassenen Ärzten erreicht werden. Die Koppelung umfangreicher, prospektiv erhobener Daten zum Primärbefund mit ebenfalls prospektiv erhobenen Verlaufsinformationen beschreibt erst den zentralen Stellenwert
des Konzepts.

Andererseits stellt die Kooperation vieler Behandlungseinrichtungen
die Frage nach dem Zugriffsrecht auf Daten. Selbstverständlich wird
die therapiebezogene Nutzung von Einzelfalldaten nicht durch Zugriffs-
einschränkungen behindert. Das Anliegen des einzelnen Patienten hat
Vorrang vor möglichen Interessen der Datenurheber. Für die Auswertung
wird zwischen Basisdaten und Details unterschieden. Details stehen ausschließlich dem Urheber zur Verfügung, Basisdaten werden mit gewissen
Einschränkungen als allgemein verfügbar angesehen. Gerade darin liegt
ein wesentlicher Teil der Attraktivität des Konzepts. Es gestattet
jeder Klinik, eigene Detaildaten in Relation zu vorausgehenden oder
nachfolgenden, ohne TR für die Kliniken nur schwer verfügbaren Befunden
zu setzen.

2.5 Ausbau zum Inzidenzregister

Der Nachweis von Inzidenzen ist die populärste Aufgabenstellung für TR, die
international bisher auch am häufigsten realisiert wurde. Auch das TRM hat
es sich langfristig zum Ziel gesetzt, für jeden Tumor Neuerkrankungsraten
nachzuweisen. Aus dem Konzept der versorgungsbezogenen Datensammlung ergeben sich jedoch Unterschiede zum traditionellen populationsbezogenen Register.

Die Versorgungssituation für jeden Tumor ist geprägt durch die Anzahl
von Kliniken, an denen Patienten mit der entsprechenden Diagnose betreut
werden. Maßgeblich hierfür sind Häufigkeit der Erkrankung und Komplexität
des therapeutischen Vorgehens. Je seltener die Erkrankung, je komplexer
die Behandlung, desto ausgeprägter ist die Zentralisierung. Deshalb zeigt
die Analyse der Einzugsgebiete eines TZ erhebliche Unterschiede zwischen
den verschiedenen Tumorarten. Wird umgekehrt ein festes Gebiet vorgegeben,
so variiert mit den Tumordiagnosen die Anzahl von Kliniken, die anzusprechen sind, um alle Neuerkrankten dieses Gebietes zu erfassen. Durch Hinzunahme weniger Zentren können deshalb für seltene Tumorarten die Inzidenzen
in großen Regionen nachgewiesen werden. Das Konzept des TRM lautet kurz gesagt, die systematischen Aktivitäten für den Nachweis von Inzidenzen nicht
auf ein vorgegebenes einheitliches Referenzgebiet festzulegen, sondern das
Referenzgebiet durch die Versorgungssituation zu bestimmen. Dies bedeutet,
daß <u>Referenzgebiete tumorspezifisch variabel</u> gewählt werden müssen. Für
alle Tumorarten wird vollzählige Erfassung im Stadtgebiet München angestrebt, das damit als gemeinsames Referenzgebiet angesehen werden kann.
Einzelne Tumoren werden darüber hinausgehend innerhalb größerer Einzugsgebiete vollzählig erfaßt, wenn dies durch Hinzunahme weniger Zentren gelingt.
Diese systematische Integration fehlender Zentren in tumorspezifisch vor-
definierten Gebieten ist in der dritten Ausbaustufe zu verwirklichen.

Abb.2: Versorgungs- bzw. inzidenzabhängige Variation des Einzugsgebietes für tumorspezifisch populationsbezogene Erfassung. (Links: geringe Inzidenz (z.B. 5 auf
100.000, ca. 300 Neuerkrankungen), wenige Versorgungszentren; rechts mittlere
Inzidenz; Mitte: hohe Inzidenz, ubiquitäre Behandlungsmöglichkeiten).

Dieser Ansatz ist ungewöhnlich und paßt nicht in die griffige Schablone
eines festen Einzugsgebietes. Er reflektiert die Versorgungsnähe, er
bedeutet einen Kompromiß zwischen Datenqualität und großen Fallzahlen
und schließt epidemiologische Fragestellungen nicht aus. Auf der Basis
des ADT-Konzeptes, d.h. nach Errichtung eines landesweiten, flächendeckenden Netzes von TZ, würde zusätzlich die Zusammenführung der verschiedenen Datenbestände möglich. Ein einheitlicher, numerierter
Nachsorge-Terminkalender würde zur Erkennung von Doppelmeldungen trotz
anonymisierter Daten führen.

Für die von Inzidenzregistern gesammelten Daten gibt es im wesentlichen
drei Formen der Nutzung, nämlich
   - Analyse regionaler Unterschiede
   - Analyse säkularer Trends
   - Eröffnung des Zugangs zu einzelnen Patienten.
Der Beitrag des TRM zur Analyse regionaler Unterschiede ist für das
Kerneinzugsgebiet gegeben, in dem für alle Tumorarten die Vollzähligkeit gewährleistet werden kann. Vergleiche mit den Daten anderer Register sind möglich. Zusätzlich besteht die Möglichkeit, lokale Häufig-
keitsvergleiche innerhalb des eigenen Einzugsgebiets durchzuführen,
wenn dieses groß genug ist. Die Größe des Einzugsgebietes ist dabei,
wie bereits angesprochen, von der Tumorart abhängig.

Die Analyse säkularer Trends zeigt beachtliche Verlagerungen innerhalb
des Spektrums der Tumorerkrankungen auf. Allerdings bleiben Fragen nach
der Konstanz der Subtypen innerhalb einer Tumorerkrankung, z.B. histologische Diagnosen, häufig unbeantwortbar. Für das TRM besteht langfristig die Chance, auf Grund der hier verfügbaren genaueren Daten
weitaus differenziertere Trendaussagen zu liefern als die Mehrzahl tra-
ditioneller Inzidenzregister. Dies ist von Bedeutung für die Ätiologie-
forschung, denn die Mehrzahl angeschuldigter Noxen führt - obwohl meist
nur eine unspezifische Erhöhung der Inzidenz erkannt wird - zur spezifischen Zunahme bestimmter Subentitäten der fraglichen Tumorerkrankung.
Histologie des Bronchialkarzinoms (Raucher) und Lokalisation des Colonkarzinoms (Gallensäure) sind aktuell diskutierte Beispiele. Da die
Größe des Referenzgebietes für Trendanalysen zweitrangig ist, so lange
es nur konstant bleibt, werden hier echte Vorteile für das versorgungsorientierte Konzept mit differenzierteren Daten gesehen.

Weitergehende epidemiologische Untersuchungen zur Tumorätiologie erfordern den <u>Zugang zum Patienten im Rahmen von Case-Control-Studien.</u> Aus der berechtigten Sicht des Datenschutzes stellen Case-Control-Studien die brisanteste Form der Nutzung von Inzidenzregistern und ihren Daten dar. Der versorgungsbezogene Weg des TRM bietet eine methodisch und individual-ethisch überlegene Form zur Durchführung von Case-Control-Studien. Kern des Konzepts ist die Vorstellung, daß das notwendige Interview durch enge Kooperation von Kliniken, TR und Epidemiologen in den Behandlungsprozeß eingebettet werden kann. Ein Interview kann bereits im Rahmen der Primärtherapie geführt werden, wenn Selektion durch Frühsterblichkeit als relevant angesehen wird. Für später durchzuführende Interviews steht im TRM für jeden Patienten Ort und Zeit der nächsten Nachsorgeuntersuchung zur Verfügung. Damit bietet sich Gelegenheit, den Patienten im Rahmen der regulären Betreuung anzusprechen und gegebenenfalls zu befragen. Es ist möglich, die Epidemiologie von den Haustüren fernzuhalten und gleichzeitig ihr Anliegen zu fördern.

2.6 Realisierbarkeit

Das vorgestellte Konzept ist umfangreich, hat viele Facetten und mag als ehrgeizig erscheinen. Die Realisierung erfordert die folgerichtige Abfolge von einzelnen Schritten. Dies stellt Anforderungen an das Durchhaltevermögen der Beteiligten. Der Widerspruch zwischen langfristigen Perspektiven und kurzfristigen Erwartungen kann die Realisierung des Gesamtkonzeptes in Frage stellen. Deshalb sind die Chancen des Ansatzes von der Attraktivität der kurzfristig erreichbaren Zwischenstufen abhängig. Aus der Darstellung des gesamten Zielebündels wurde nicht an allen Stellen erkennbar, welche Leistungen unter welchen Voraussetzungen erbracht werden können. Der Auf- und Ausbau des TRM erfolgt in drei Ausbaustufen, die wie folgt charakterisiert sind:

- Zusammenarbeit der Kliniken eines TZ,
- Mitarbeit der niedergelassenen Ärzte,
- Populationsbezug durch Zugewinn weiterer Kliniken.

Das Zusammenführen der Patientendaten in einem TR unterstützt in der <u>ersten Ausbaustufe</u> die Aufgaben der Kliniken. Das eigene Patientengut wird transparent. Welche Tumorerkrankungen wurden behandelt, wie war die Verteilung der Stadien, der Histologie, der Lokalisation usw.? Welche Therapiemaßnahmen wurden durchgeführt? Welche Patienten wurden von der Klinik weiterbetreut? Die Angaben von anderen Kliniken vervollständigen das Bild. Erste Vergleiche zu anderen Kliniken sind möglich.

In der zweiten Ausbaustufe soll die Mitarbeit am TR durch die Kooperation mit den niedergelassenen Ärzten an Attraktivität gewinnen. Es werden auch die Langzeitergebnisse von den Patienten verfügbar, die ausschließlich patientennah von Hausärzten betreut werden. Der Aufwand, das eigene Patientengut langfristig zu überschauen, ist erheblich reduziert. Die Analyse der Langzeitergebnisse wird machbar, die Verknüpfung mit differenzierten klinischen Daten gewinnt an Bedeutung, die Anbindung onkologischer Arbeiten an das TR gewinnt an Anziehungskraft. Für die Abklärung spezifischer Fragestellungen existieren die notwendigen multizentrischen Kooperationen, die Infrastruktur ist vorhanden.

Wenn sich in dieser Sicht etwas verändert, dann ist die dritte Ausbaustufe der systematischen Ausweitung leicht zu realisieren. Ein Kooperationsangebot wird nahezu verpflichtend. Die Versorgungswege sind geklärt, die Kommunikationskanäle sind ausgewiesen, die faktische Versorgung wird transparent, Inzidenzen werden verfügbar.

Diese Entwicklung wird durch die Zusammenführung der scheinbar beziehungslosen Anliegen Versorgungsunterstützung, klinische Onkologie und Epidemiologie möglich. Keines dieser Ziele ist neuartig. Der Weg der Realisierung aber ist entscheidend. Die Verbindung der Ziele führt zur Minimierung des Gesamtaufwands und zugleich zur Optimierung der Qualität der Ergebnisse, weil dem Beziehungsgeflecht Rechnung getragen wird. Versorgung und klinische Forschung unterstützen einander bei der Hebung der Datenqualität, die Epidemiologie hat den Nutzen davon. Der numerierte Nachsorge-Terminkalender unterstützt die Überwachung der Nachsorge, klinische Forschung und möglicherweise Epidemiologie haben den Nutzen davon. "Epidemiologische" Daten sind auch für klinische Belange nutzbar, wodurch die Motivation der Kliniken wächst und die Vollzähligkeit der registrierten Fälle im Referenzgebiet leichter hergestellt wird. Die Organisation und Überwachung der Nachsorge nützt dem einzelnen Patienten, für den Epidemiologen ist sie von Vorteil bei der Durchführung von Befragungen.

Die Liste kann verlängert werden, ein Teil der nachfolgenden Abschnitte ist der Diskussion dieser Wechselwirkungen gewidmet. Die strikte Trennung der Funktionen des Nachsorge-, Inzidenz- oder Spezialregisters ist aufgehoben, die Mehrzahl der Aspekte des TRM ist multivalent. Es ist das grundsätzliche Anliegen des TRM, durch Verbindung der drei Ziele jedes einzelne Ziel besser zu erreichen, auch wenn der Weg zum Ziel länger wird.

3. Stand der Entwicklungsarbeiten am Tumorregister München

3.1 Komponenten der Tumorverlaufsdokumentation

3.1.1 Planungsaspekte

Im Verlauf von Diagnostik, primärer Therapie und Nachsorge hat ein Patient
direkt oder indirekt mit einer Vielzahl von Stellen Kontakt. Nuklearmedizin, Computertomographie, Ultraschalldiagnostik, klinische Chemie, Pathologie werden im Rahmen der Diagnostik tätig, um einige zu nennen. An der
Therapie beteiligen sich konsiliarisch, nebeneinander oder alternierend
verschiedene Fachdisziplinen. Auch in die Nachsorge ist in der Regel mehr
als nur eine Stelle involviert. Bei Aufnahme einer Rezidivtherapie wieder
holt sich das Bild.

An jeder der beteiligten Stellen werden Informationen über den Patienten
und den Verlauf seiner Erkrankung benötigt und Daten erzeugt. Krankenakten entstehen dort, wo der Patient aktuell behandelt oder in der Nachsorge betreut wird. Jede Krankenakte spiegelt Ausschnitte des Krankheitsverlaufs mehr oder weniger vollständig bzw. fehlerhaft wider. Verschiedene
Krankenakten können sich ergänzen, aber auch widersprechen.

Der Begriff Tumorverlaufsdokumentation beinhaltet einen großen Anspruch:
Extraktion eines minimalen, aber vollständigen, mit der Realität konfor-
men Abbilds des Krankheitsverlaufs auf der Basis unvollständiger Krankenakten, unzugänglicher Originalbefunde, d.h. auf der Basis verteilter und
potentiell fehlerhafter Unterlagen.

Vor der Planung steht die Präzisierung des Anspruchs - zumeist eine Sammlung von Wünschen:
- was soll der Nutzen der Verlaufsdokumentation sein?
- wem soll sie nützen?
- wofür soll sie nützen?

Welches Abbild der Realität wird benötigt?
- welche Zeitpunkte   (= Ereignisse)?
- welche Aspekte   (= Beschreibung der Ereignisse)?
- welche Merkmale   (= Beschreibung der Aspekte)?

Im Rahmen der ADT (Arbeitsgemeinschaft Deutscher Tumorzentren) wurde in den Jahren 1977/78 ein Konzept von Erst-, Folge- und Abschlußerhebung für Tumorerkrankungen erstellt, welches die eben gestellten Fragen nach der Vorstellung der deutschen TZ implizit oder explizit beantwortet. Die Darstellung der erarbeiteten Ergebnisse erfolgte über einen Satz von Dokumentationsformularen, die vom Inhalt her akzeptiert und seither in zahlreichen Publikationen vorgestellt wurden (z.B. 77,97,99,101,102).

Wichtige Fragen bei der Umsetzung sind:
Wie ist die Kooperationsstruktur im Versorgungssystem?
- welche Arbeitsteilung besteht zwischen den Institutionen?
- wie ist die Kommunikation zwischen den Institutionen organisiert?
- welche Stellen müssen sich an der Kooperation beteiligen?
Welche Vorgaben bestehen
- seitens der Förderung?
- seitens der eigenen Infrastruktur?
Wessen Interessen werden tangiert?

Eine Synthese von Wunsch und Wirklichkeit ist auf verschiedenen Ebenen denkbar. Streichung von Zielvorstellungen oder tiefgreifende Veränderungen im Versorgungssystem sind sinnlose Extrempositionen. Für die Entwicklung eines tragfähigen Dokumentationskonzepts für das TRM auf der Basis der von der ADT beschlossenen Liste von Merkmalen und ausgehend von den Gegebenheiten des Versorgungssystems waren u.a. die folgenden Fragen maßgeblich:
- Welche Hemmnisse können durch Variation der Form beseitigt werden?
- Welche Wirkung wird durch die Variation des Inhalts der Dokumentation erzielt?
- Gibt es Teilaspekte im Versorgungssystem, auf deren weitere Entwicklung im Interesse der Zielsetzung Einfluß genommen werden muß?

3.1.2 Zentrale Verlaufsfortschreibung im dezentralen Versorgungssystem

Unter dem Gesichtspunkt der Versorgung sind Ziel und Auftrag der TZ in
der Bundesrepublik das Aufspüren und gegebenenfalls das Beseitigen von
Versorgungsinhomogenitäten in der onkologischen Landschaft. Entgegen
einem verbreiteten Mißverständnis steht hierbei nicht der Transfer von
Patienten aus 'onkologisch bislang unterversorgten Gebieten' hin zu den
großen Zentren im Vordergrund. Statt dessen soll durch Transfer von
Know-how aus den Zentren in diese Gebiete eine gleichwertige Versorgung
für alle onkologischen Patienten erreicht werden, ungeachtet der Entfernung zu einem großen Zentrum. Jeder Klinik und jedem niedergelassenen
Arzt im Einzugsgebiet eines TZ soll anhand eines tumorspezifischen Leit-
fadens für Diagnostik, Therapie und Nachsorge transparent gemacht werden,
welche Leistungen im Einzelfall von der Klinik bzw. vom Arzt selbst erbracht werden können. Therapie- und Nachsorgeempfehlungen eines TZ können
nur im Einvernehmen mit allen Beteiligten, insbesondere mit der niedergelassenen Ärzteschaft wirksam werden.

Das Konzept für ein Tumor-Verlaufsregister an einem TZ darf der im Interesse des Patienten angestrebten Dezentralisierung des Wissens und der
Versorgung an keiner Stelle zuwiderlaufen. Aus der Erfahrung mit klinischen Studien ist demgegenüber bekannt, daß die zentrale Fortschreibung
einer Verlaufsdokumentation durch eine einzige - in der Regel die erstbehandelnde - Klinik in der Mehrzahl der Fälle aus organisatorischen Gründen die Zentralisierung der Nachsorge nach sich zieht. Nur die Durchführung der Nachsorge im eigenen Hause, so lehrt es zur Zeit die Erfahrung,
gewährleistet, daß jederzeit aktuelle Informationen über den Verlaufsstatus des Patienten verfügbar sind. Um dieses Ziel, daß jede vorbehandelnde
Stelle zu jeder Zeit über den weiteren Krankheitsverlauf ihrer Patienten
unterrichtet ist, bei dezentraler Durchführung der Nachsorge erreichen
zu können, wären beispielsweise für den südbayerischen Raum jährlich über
200.000 Arztbriefe zu meist befundfreien Nachsorgekontakten zusätzlich
an eine der vorbehandelnden Kliniken zu senden und von dieser zu verarbeiten und weiterzuleiten - ein unrealistischer Aufwand.

Aus dieser Einsicht heraus wird im vorgestellten Ansatz darauf verzichtet, die Verlaufsdokumentation jeweils ausschließlich von der erstbehan-
delnden Klinik fortschreiben zu lassen. Statt dessen wird ein <u>dezentrales
Ansprechen</u> aller an der Versorgung beteiligten Stellen angestrebt. Der
hierbei zur Aufrechterhaltung des Kontakts zwischen den niedergelassenen
Ärzten und dem TR angestrebte und neu zu schaffende Informationsweg wird
in diesem und den nachfolgenden Abschnitten dargestellt.

Abb. 3 beschreibt Kombinationsmöglichkeiten zur Organisation von Erhebung und Verarbeitung von Verlaufsdaten. Mit der im TRM gewählten Struktur wird eine dezentrale, der Versorgung entsprechende Datensammlung angestrebt (oben links).

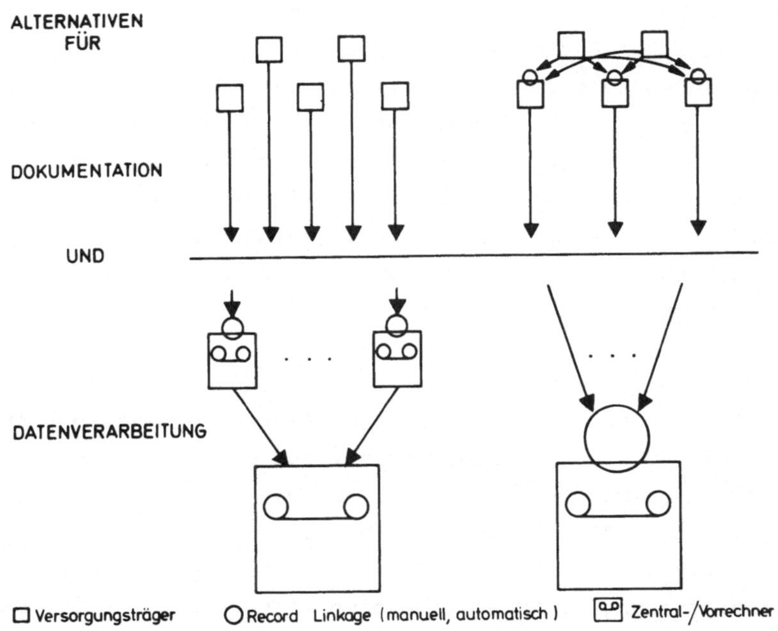

Abb. 3: Kombinationsmöglichkeiten zur Organisation von Erhebung und Verarbeitung multizentrisch anfallender Verlaufsdaten.

Hinsichtlich der Datenqualität stellt die dezentrale Datensammlung die Alternative, alle durch die Vielfachheit der Datenurheber bedingten Inkonsistenzen und Widersprüche im Verlaufsdatenkörper entweder durch eine vermeintlich omnipotente EDV auflösen zu lassen (unten links), oder aber vor Eingang der Daten in den Rechner geeignete Maßnahmen zur Sicherstellung der Datenqualität zu ergreifen (unten rechts). Im TRM ist die Zentralisierung dieser Funktion realisiert. Auf diesen außerordentlich wichtigen Komplex wird später ausführlich eingegangen.

Daneben ergeben sich aus dem dezentralen Ansprechen der Versorgungsträger spezifische Anforderungen an Form, Inhalt und Partitionierung einer praktikablen Verlaufsdokumentation, die vor der Darstellung der einzelnen Bausteine im Grundsatz diskutiert werden müssen.

Welche Anforderungen an die Form der Erhebungsbögen ergeben sich aus dem gewählten Ansatz?

Das dezentrale Ansprechen der Kliniken setzt voraus, daß jeder, der im Bereich des TZ Tumorpatienten behandelt, den notwendigen Beitrag zur Verlaufsdokumentation leisten kann, unabhängig von seiner Erfahrung im Umgang mit Dokumentationsformularen und unabhängig von der Anzahl behandelter Tumorpatienten pro Jahr. Unter diesen Umständen kann nur ein weitgehend selbsterklärendes, vor allem ohne Schlüsselverzeichnisse benutzbares Formularsystem erfolgreich sein. Damit ist die <u>tumorspezifische Auslegung</u> der Formulare begründet.

Welche Anforderungen an den Inhalt der Verlaufsdokumentation ergeben sich aus dem gewählten Ansatz?

Das dezentrale Ansprechen der Kliniken setzt voraus, daß jede angesprochene Klinik sich mit dem Inhalt des Gesamtkonzepts zumindest partiell identifizieren kann. Kriterium für den Grad der Identifikation ist das Ausmaß, in dem sich der fachspezifische Beitrag der betreffenden Klinik, womöglich mit Anklängen an aktuelle Forschungsschwerpunkte, im Gesamtsystem niederschlägt. Identifikation (fast) aller beteiligten Kliniken kann durch <u>inhaltliche Erweiterung</u> des verarbeiteten Merkmalsspektrums sichergestellt werden. Gleichzeitig ist jedoch davon auszugehen, daß nicht für alle Kliniken, deren Kooperation im TR erwartet wird, die Betreuung Tumorkranker im Vordergrund des Interesses steht. Besonders in der Folgeerhebung ist daher zu beachten, daß auch unter minimalem Aufwand die Kooperation möglich und sinnvoll bleiben muß.

Welche Anforderungen an die Partitionierung der Verlaufsdokumentation ergeben sich aus dem gewählten Ansatz?

Das dezentrale Ansprechen der Kliniken setzt voraus, daß jeder Klinik der Ausschnitt aus der gesamten Merkmalspalette angeboten werden kann, der aktuell benötigt wird. Hieraus resultiert die Aufteilung in <u>Ersterhebungen, Folgeerhebungen, Sonderformulare und Nachsorge-Terminkalender</u>.

Welche Anforderungen an die Eingangskriterien für ein TR ergeben sich aus dem gewählten Ansatz?

Das eigenständige Ansprechen von Kliniken, die überwiegend in Folge- und Rezidivtherapie involviert sind, zwingt zur Lockerung der Eingangskriterien für das Register. Es ist für nachbehandelnde Kliniken von geringem Wert, nur für die Teilmenge der Patienten an einer Dokumentation teilzunehmen, die zufällig primär schon in einer mit dem TR kooperierenden

Klinik behandelt wurden und die anderen Patienten außerhalb des TR zu führen. Die notwendige Folge ist die Erweiterung des Konzepts um ein Formular zur minimalen retrospektiven Dokumentation für Patienten mit langen Krankheitsverläufen.

Welche Anforderungen an die Art der Personenidentifkation ergeben sich aus dem gewählten Ansatz?

Das dezentrale Ansprechen der Kliniken setzt voraus, daß alle Patienten mit voller Identifikation im Computer erfaßt werden. Die Benutzung von Codes führt nicht zu einem befriedigenden Record-Linkage.

Nach unserer Ansicht existiert derzeit kein praktikables, dezentral anwendbares Verfahren zur Anonymisierung der Patientendaten. Ansätze, die Anonymisierung in eine Treuhandstelle zu verlagern, mögen primär attraktiv erscheinen. Grundsätzlich würde dadurch das Datenschutzproblem nur verlagert, weil im Fall eines TR allein mit Anschrift und der Information 'Tumorpatient' sämtliche schutzwürdigen Belange des Patienten tangiert sind. Zusätzlich müßte die Treuhandstelle für die Nutzung der Daten in den Kliniken und für einige epidemiologische Aufgabenstellungen immer wieder eingeschaltet werden. Die Verwendung einer klinikeigenen Namensverschlüsselung impliziert andererseits die zentrale Führung der Tumorverlaufsdokumentation durch die erstbehandelnde Klinik, ein Unterfangen, dessen organisatorische Unzweckmäßigkeit bereits angesprochen wurde.

Welche Anforderungen an das Versorungssystem ergeben sich aus dem gewählten Ansatz?

Der Versuch, niedergelassene Ärzte dezentral anzusprechen, setzt die Existenz effizienter Informationskanäle aus der Praxis hin zum Register voraus. Der konventionelle Arztbrief- oder Formularverkehr ist wegen des extremen Aufwands kein zuverlässiger Weg, um das Follow-up im TR sicherzustellen.

Lückenlose Verlaufsdatensammlung in einem TR unter Beibehaltung der Arbeitsteilung zwischen stationärem und ambulantem Sektor erfordert die Konzipierung eines neuartigen Informationsverbundes zwischen niedergelassenen Ärzten und primär behandelnden Kliniken. Hierzu wurde ein Nachsorge-Terminkalender vorgelegt, der mit einer eindeutigen Nummer versehen ist. Die angestrebte Rückmeldung dieser Kalendernummern von der niedergelassenen Ärzteschaft an die KV, z.B. im Zuge der Quartalsabrechnung, und von dort weiter an das TR bildet das Kernstück des angestrebten Informationsverbundes. Anforderungen richten sich also nicht an die Arbeitsteilung

bei der Patientenversorgung - diese soll sogar gefestigt werden-, sonderr
an den Informationsfluß.

3.1.3 Grenzen der Standardisierung

Durch die tumorspezifische Auslegung der Ersterhebungsbögen kann dem Benutzer eine weitgehend selbsterklärende, vor allem ohne Zuhilfenahme der
bekannten Handbücher zur TNM-Klassifikation (95), zur Tumorlokalisation
(98) und zur Histologie (46) benutzbare Tumordokumentation angeboten werden. Die Notwendigkeit für ein selbsterklärendes Konzept war mit der
Breite der Anwendung begründet worden. Breite der Anwendung bedeutet zugleich Heterogenität der Teilnehmer, also erhöhte Notwendigkeit zur
<u>Standardisierung</u>.

Kann mit den Mitteln eines 'selbsterklärenden' Konzeptes allein der not-
wendige Grad der Standardisierung gewährleistet werden oder ist die
Qualität der so erhobenen Daten als umgekehrt proportional zur Zahl der
Datenurheber zu betrachten?

Die Analyse der verschiedenartigen möglichen Ursachen für inhomogene
Bearbeitung einer Tumorverlaufsdokumentation im Vergleich zwischen verschiedenen Urhebern zeigt, daß die Beantwortung dieser Frage nicht auf
einer einzigen Ebene gelingt. Vielmehr ist die Antwort so vielschichtig
wie die <u>Ursachen der Inhomogenität</u> selbst. Die nachfolgende Übersicht
zeigt, daß durch weitgehende Standardisierung der Dokumentationsinhalte
allein das Inhomogenitätsproblem nur in Teilaspekten gelöst werden kann.

<u>Ursache 1: Ausbildung und Erfahrung</u>

Jede Dokumentation eines Krankheitsverlaufs hängt in ihrer Qualität
als eigenständige geistige Leistung vom Kenntnisstand des Ausführen-
den ab. Die mit zunehmender Berufserfahrung eines Arztes zu erwartende Entwicklung, beginnend im Zustand relativer Unkenntnis, übergehend in die Sicherheit der Routine, gelegentlich endend in erneuter Verunsicherung kann durch Standardisierung der Dokumentationsinhalte nicht aus der Welt geschafft werden.

Hilfreich ist weder die primäre Unsicherheit, noch die sekundäre Verunsicherung. Zur Umgehung von Folgen der Unkenntnis für die Datenqualität
sind organisatorische Maßnahmen erforderlich. Ein mehr oder weniger geeignetes Dokumentationskonzept kann einen mehr oder weniger nützlichen
Beitrag in der Ausbildung leisten. Der Ausbildungsbedarf kann durch Daten
sichtbar werden. Die letztliche Beseitigung von Unkenntnis erfordert
strukturelle Maßnahmen.

Ursache 2:   Synthetische Begriffe

Unter synthetischen Begriffen werden hier Termini verstanden, deren
Berechtigung nicht primär einzelfallbezogen abgeleitet werden kann.
Es handelt sich typischerweise um Größen, die im Kontext von Studien
mit dem Ziel entstanden sind, vergleichbare Information aus individuellen Verläufen zu extrahieren bzw. in vergleichbaren Fällen vergleichbares Handeln zu ermöglichen. Je weniger ein zur Dokumentation
geeignetes Merkmal im klinischen Alltag begrifflich vorhanden ist,
um so geringer ist die Wahrscheinlichkeit, reliable und valide Angaben zu erhalten.

Mit zunehmender Differenziertheit der Therapie ist der Übergang vom synthetischen zum 'natürlichen' Begriff fließend. Zu den langfristigen Aufgaben im Rahmen der TR-Dokumentation gehört die Integration sinnvoller
Kunstbegriffe in den alltäglichen klinischen Sprachgebrauch, beispielsweise als Basis einer standardisierten, vom aktuellen Wissensstand getragenen Tumortherapie (60). Die zu erwartende Reliabilität und Validität
von Daten ist dem Grad der begrifflichen Verankerung in der Klinik weitgehend proportional. Vor der Verankerung steht die Akzeptanz, die durch
die Art der formalen Ausgestaltung einer Dokumentation maßgeblich beeinflußt wird. In einem Teilaspekt löst sich die Dialektik von Einfachheit
und Standardisierung auf.

Ursache 3:   Tradition und Lehrmeinung

Im Zustand eines nicht vollkommenen Wissens sind nicht alle Widersprüche durch Ausbildung behebbar. Standardisierung endet, wo
gleiche Phänomene an verschiedenen Stellen grundsätzlich verschieden
beurteilt werden. Eine für Dokumentationszwecke festgelegte, aber
vom Sprachgebrauch in einer Klinik grundsätzlich abweichende Vereinbarung bleibt ohne Chance.

Es hieße, gerade auf viele der interessantesten Phänomene im Krankheitsverlauf verzichten zu wollen, wollte man sich hier auf die Alternative
Verzicht auf Erfassung oder Glaube an die Standardisierung festlegen. Die
realitätsbezogene Antwort lautet vielmehr Verzicht auf Standardisierung,
wenn klinikspezifisch von unterschiedlichen Basisvorstellungen ausgegangen wird. Die Frage wird weiter unten am Beispiel des Mehrfachmalignoms
und später bei der Darstellung tumor- und klinikspezifischer Auswertungen
nochmals aufgegriffen.

Ursache 4:   Fachspezifische Interessen

Die Zielsetzung der umfassenden Verlaufsdokumentation erfordert
die Kooperation einer großen, heterogenen Gruppe von Kliniken
unterschiedlicher fachlicher Ausrichtung. Formal gleichwertige
Aussagen hängen in ihrer tatsächlichen Bedeutung häufig von der
Fachrichtung des Datenurhebers ab.

Beispiele sind aus der Praxis zahlreich bekannt. Standardisierung der
Dokumentationsinhalte kann ein Stück weit helfen, fachspezifisch bedingte
Inhomogenität abzumildern. Im Rahmen des dargestellten Ansatzes wurde es
zudem als erforderlich angesehen, zu jeder Information den Urheber zu
speichern, der durch das dezentrale Ansprechen der Kliniken auch ermittel
bar ist. Auf diese Weise kann die fachspezifische Färbung eines Datums
im Zweifelsfall jederzeit zur Interpretation herangezogen werden.

Ursache 5:   Mehrdeutige Fragestellung

Das Wesen eines Fragebogens ist es, Fragen zu stellen. Fragen, auf
die mit Gegenfragen statt mit Antworten reagiert wird, sind gelegentlich insuffizient gestellt. Bei der Beschreibung komplexer Zusammenhänge mag diese Einschätzung im Einzelfall überzogen sein.
Jedoch sollte man den Nutzen für die Datenqualität nicht sehr hoch
ansehen, wenn eine auf einer einzigen Zeile verständlich gestellte
Frage in einem Manual auf einer ganzen Seite ausführlichst erläutert wird. Sollte die Notwendigkeit solcher Erläuterungen für ein
Formular überhand nehmen, muß Selbstkritik vor der Erweiterung der
Erklärungen stehen.

Umfangreiche Dokumentationshinweise können motivationshemmend auf die Beteiligten wirken und so der Datenqualität abträglich sein. Nicht jede Erläuterung, die der Urheber eines Formulars zur Beruhigung seines Gewis-
sens in einem Manual ablegt, wird dann in der Praxis auch zur Kenntnis
genommen. Datenqualität wird nicht nur vom Umfang der beigefügten Erläuterungen, sondern auch durch die dokumentierenden Ärzte bestimmt. Der
Versuch des TRM, ein Formular mit nicht mehr Erläuterungen, als auf eine
schlichten Rückseite Platz finden, in die Routine zu geben, setzt dennoch
mehr voraus als Beherztheit der Urheber. Wesentlich ist die Bereitschaft
noch in der Phase des multizentrischen Einsatzes eines Formulars eine gemeinsame Phase des Lernens und Sammelns von Erfahrungen zu durchlaufen
und so diejenigen zusätzlichen Erläuterungen zu identifizieren, die tatsächlich zur weiteren Hebung der Datenqualität beitragen können. Die Rück-
kopplung der Daten an die Datenurheber muß die Schwächen deutlich machen
und in eine gezielte Standardisierung der Sprache umgesetzt werden.

Diese Überlegungen zeigen, daß der Nutzen für die Reliabilität von Verlaufsdaten, der selbst von einer maximalen Standardisierung erwartet werden kann, begrenzt ist. Von der Verwendung tumorspezifischer Erhebungsbögen können wesentliche Impulse zur Gewinnung reliabler und valider Daten ausgehen. Nur tumorspezifische Erhebungsbögen können praktikable Hinweise geben, in welchen Kategorien die morphologische Diagnose zu beschreiben ist, welcher Detaillierungsgrad bei der Beschreibung der Therapie erwartet wird etc. Dieser, bei der Planung als nützlich angesehene Aspekt der Standardisierung durch tumorspezifische Ausgestaltung der Erhebungsbögen und Vermeidung von Schlüsselverzeichnissen wurde trotz des hohen Aufwandes systematisch verfolgt (s. S.223,255).

3.1.4 Der Nachsorge-Terminkalender

Im letzten und vorletzten Abschnitt war dargestellt worden, welche Notwendigkeiten sich aus dem Bemühen ergeben, die dezentral anfallenden Informationen über einen individuellen Therapie- und Krankheitsverlauf dezentral zu sammeln und diese unabhängig von der primär behandelnden Klinik im TR zu einem homogenen und vollständigen Abbild des tatsächlichen Verlaufs zu verdichten. Es wurde betont, daß es einer Klinik wegen des zu hohen Aufwandes für Hausärzte und Kliniker in der Regel nicht möglich ist, lückenlose Verlaufsinformationen über diejenigen Patienten zu halten, die nicht im eigenen Hause, sondern beim niedergelassenen Arzt in Nachsorge stehen. Die erstbehandelnde Klinik als alleinige Datenquelle über den gesamten Verlauf und alleiniger Partner eines Tumorverlaufsregisters ist damit als Denkmöglichkeit ausgeschieden. Mit der Verwerfung der hunderttausendfachen Arztbriefschreibung von Hausärzten an Kliniken stellt sich die Frage nach der effektiveren und ökonomischeren Alternative.

Kann ein TR dazu beitragen, daß die behandelnden Ärzte und Kliniken effektiver und rationeller als bisher über den Krankheitsverlauf einschließlich der Nachsorge bei den Hausärzten unterrichtet werden?

Die Schlüsselfunktion des <u>Nachsorge-Terminkalenders</u> als Bindeglied des Datenflusses von den Hausärzten zurück zu den Kliniken wurde bereits skizziert: Jeder Tumorpatient, der aus einer Klinik des TZM in eine geordnete Nachsorge entlassen werden kann, erhält einen numerierten Nachsorge-Terminkalender. Die Zuordnung der Kalendernummern zu den betreffenden Patienten wird dem TR über die Dokumentationsformulare oder über spezielle Sammellisten mitgeteilt. Von da an kann das Register jede einlaufende, mit der Kalendernummer identifizierte Information selektiv und vollständig jenen Kliniken zur Verfügung stellen, mit denen der Eigentümer des zugehörigen Kalenders bisher Kontakt hatte.

Beim Einsatz dieses Kalenders auch außerhalb der Grenzen des TZM bietet
sich jeder anderen Institution ebenso die Möglichkeit, mittels der Kalendernummer über das weitere Schicksal ihrer Patienten unterrichtet zu werden. Mit dem Kalender steht dadurch ein Instrumentarium zur Verfügung,
das eine landesweit wirksame, jedoch <u>selektive Rückführung von Verlaufs-
informationen</u> gestattet. Das Konzept greift landesweit auf Grund der entsprechenden Organisation der niedergelassenen Ärzteschaft und wirkt selektiv, da jede Institution nur aus solchen Daten Nutzen ziehen kann, die
sie durch Kenntnis von Kalendernummer und Namen des Trägers reidentifi-
zieren kann.

Bei der kassenärztlichen Vereinigung sollen durch die Kalendernummern
identifizierte Daten aus der ambulanten Nachsorge zentralisiert und für
die Kliniken zum Abruf bereitgehalten werden. Der selektive Abruf dieser
Daten durch die Kliniken erfolgt ebenfalls anonym über die Kalendernummern. Aber auch der eigenständige Nutzen dieser Daten muß gesehen werden
Er hängt wesentlich von der Gestaltung der die Nachsorge begleitenden
Dokumentation der niedergelassenen Ärzte ab. Mit wenigen Daten können
brauchbare Ansätze für die Bewertung der Nachsorgemaßnahmen gewonnen werden, auch wenn im Vordergrund die Transparenz der Versorgungssituation
stehen dürfte. Aus der Sicht klinikeigener Tumorverlaufsdokumentationen
ist die Verknüpfung dieser Informationen über die Nachsorge beim niedergelassenen Arzt mit dem Primärbefund der Klinik entscheidend. Unter dem
Aspekt der ärztlichen Schweigepflicht und des Datenschutzes ist es wesentlich, daß dadurch keine zentralisierte Sammlung identifizierter Daten entsteht und Patientengeheimnisse nicht an Stellen außerhalb der individuellen Versorgungskette offenbart werden.

Auf der Seite der Kliniken wurde damit der Grundstein zu einem Informa-
tionssystem gelegt, das durch seine Einfachheit besticht, das nicht einmal ansatzweise totalitäre Züge trägt und dessen Praktikabilität zwischenzeitlich an mehreren tausend ausgegebenen Kalendern bestätigt werden
konnte. Wenn die Kooperation zwischen der niedergelassenen Ärzteschaft
und dem TZM zustande kommt, so kann sofort das Follow-up über viele tausend Patienten auf diesem Weg gezielt an die beteiligten Kliniken zurück
fließen.

Zugleich mit der Planung des Einsatzes des Nachsorge-Terminkalenders im
stationären Bereich wurden Überlegungen zur Praktikabilität dieses Infor
mationsweges im ambulanten Sektor angestellt. Die konkrete Ausgestaltung
der Dokumentation und Organisation bei den niedergelassenen Ärzten wird
jedoch erst dann aktuell, wenn entsprechende Vereinbarungen anstehen.

Für die medizinisch inhaltlichen Fragen sollten alle die Therapie und Nachsorge tragenden Gruppen beteiligt werden.

Um ein Funktionieren des angestrebten Konzepts zur Rückführung von Verlaufsinformation an die Kliniken in der Realität zu erreichen, ist vor allem auf zwei Faktoren zu achten. Zum einen ist sicherzustellen, daß Institutionen, die Nachsorge-Terminkalender ausgeben, die Zuordnung von Name und Nummer in organisatorisch passender Form festhalten. Durch diesbezügliche Organisationslücken koppelt sich eine Klinik aus dem Informationsfluß über den Krankheitsverlauf aus. Man kann also erwarten, daß auch Kliniken außerhalb des TZM hierbei im eigenen Interesse Sorgfalt walten lassen werden, sofern sie an Informationen aus der Nachsorge interessiert sind.

Neben organisatorischen Mängeln bei der Zuordnung von Name und Nummer bei der Ausgabe von Kalendern verdient die Verhinderung der mehrfachen Ausstellung von Kalendern an einen Patienten besondere Aufmerksamkeit. Zwar steht dahinter nicht die Furcht vor Überschätzung von z.B. Inzidenzen, da hierfür der Kalender höchstens marginal brauchbar wäre. Jedoch wird durch jede Ausgabe eines zweiten Kalenders diejenige Stelle, die über die Zuordnung von Name und erster Kalendernummer verfügt, vom Informationsfluß abgekoppelt, da die weiteren Informationen dann mit der neuen Nummer identifiziert wären. Zur Quantifizierung dieses Risikos ist zum einen zu unterscheiden zwischen Anlaufphase und Übergang in die Routine. Zum anderen ist von Bedeutung, welche Stellen nacheinander an der Mehrfach-Ausgabe von Kalendern beteiligt waren. Bezüglich der letzteren Frage ist besonders die Möglichkeit zu diskutieren, daß Zweitkalender im Lauf der ambulanten Nachsorge, also vom Hausarzt, ausgestellt werden, nachdem der erste Kalender von der primär behandelnden Klinik vergeben wurde. Für diese Situation der Mehrfach-Ausgabe durch den niedergelassenen Arzt ist weiterhin zu unterscheiden zwischen zufälligen Ursachen und systematischer Mitwirkung der Beteiligten.

Für die Anlaufphase wird mit einer relativ hohen Rate an zufällig ausgestellten Zweitkalendern zu rechnen sein. Besonders ist zu berücksichtigen, welch große Anzahl von Patienten bei Einführung des Konzepts aus der ambulanten Nachsorge heraus nachträglich mit solchen Kalendern versehen werden müßte. Bei der ambulanten Betreuung wird also in der ersten Zeit die Wahrscheinlichkeit, daß ein Tumorpatient noch keinen Nachsorgeterminkalender besitzt, wesentlich höher sein als die Wahrscheinlichkeit, daß bereits ein Kalender ausgestellt wurde. Dies macht die aus der Routine

resultierende Ausstellung von Zweitkalendern wahrscheinlich. Nach einer
Phase von ein bis zwei Jahren wird diese Übergangszeit überwunden sein.

Für die nachfolgende Zeit ist die Rate solcher 'zufälliger' Mehrfach-
Ausgabe als Gradmesser für die mehr oder weniger gut gelungene Integration des Kalenders in den Ablauf der Individualversorgung zu betrachten.
Denn dieser Kalender wurde bewußt so konzipiert, daß er primär versorgungsrelevante, von den Notwendigkeiten des Einzelfalls diktierte Eintragungen enthält. So soll es sich für nachbehandelnde Ärzte und Kliniken
'lohnen', nach dem Kalender zu fragen. Zahlreiche Mehrfachausgaben wären
ein Indiz, daß zu selten nach dem Nachsorgekalender gefragt wird, dessen
Inhalt also keinen hinreichenden Nutzen erwarten läßt. Dem widersprechen
die im Rahmen des TZM bisher gesammelten Erfahrungen.

Dagegen ist es keinem Patienten zu verwehren, wenn er, weshalb auch immer
einem nachbehandelnden Arzt den Kalender nicht vorlegt und deshalb einen
neuen ausgestellt bekommt. Dies gehört zu den Freiheiten eines Patienten,
die durch organisatorische Lösungen nicht unterlaufen und durch gesetzge-
berische Ansätze nicht unterbunden werden dürfen. Solange man die Möglichkeit im Auge behält, daß sich gerade diese Gruppe von Patienten im
Verlauf systematisch von den restlichen Patienten unterscheidet (Unzufriedenheit, ungünstiger Verlauf, hohes Alter), besteht auch nicht die
Gefahr von Verlaufsauswertungen der Klinikdaten, die mit systematischen
Fehlern durch Vernachlässigung dieser Gruppe von Patienten behaftet sind.
Man wird im Gegenteil seitens der Kliniken große Anstrengungen unterneh-
men müssen, auch für diesen stets existierenden Prozentsatz von Patienten
die Information über das Follow-up zu gewinnen, wobei hierzu die bisher
verwendeten Techniken anzuwenden sind. Da gleichzeitig für den weitaus
größeren Anteil die benötigten Informationen ohne den bisher erforderlichen Aufwand verfügbar werden, kann dem Schicksal der genannten Problem-
gruppe von Patienten mit mehr Energie nachgegangen werden als bisher.
Rückwirkungen auf die akute Versorgung scheinen dabei nicht unmöglich.

Bis zum Erreichen einer Vereinbarung über den allgemeinen Einsatz des
Nachsorge-Terminkalenders muß der Versuch, die dezentrale Versorgung von
Tumorpatienten durch adäquate Informationswege zu fördern, als schwebend
angesehen werden. In dieser Zeit wird das Register auch seinem selbstge-
steckten Ziel eines prospektiven Verlaufsregisters nur an den Stellen
voll gerecht, wo Tumorpatienten von der primär behandelnden Klinik in
Spezialambulanzen nachgesorgt werden. Auf Fortschritte in der Kooperation
mit der niedergelassenen Ärzteschaft drängen daher insbesondere jene
Kliniken, die ihre Patienten konsequent in die Nachsorge durch den niedergelassenen Arzt zurückgeben.

Es ist unter diesen Prämissen zu erwarten, daß die Frage der Akzeptanz dieses oder eines modifizierten Kalenders in Verbindung mit der Etablierung des vorgeschlagenen Informationssystems von zentraler Bedeutung für die Weiterentwicklung der gewollten Arbeitsteilung von stationärem und ambulantem Sektor sein kann. Dies beschreibt den strukturellen Stellenwert des Kalenders. Seine Bedeutung für den individuellen Krankheits- und Therapieverlauf leitet sich vorwiegend aus solchen Elementen ab, die unmittelbar die Kommunikation zwischen den behandelnden Ärzten unterstützen. Auszüge aus dem Kalender sind auf den Seiten 263,262 dargestellt. Die Tab. 4 gibt einen Überblick über seine wesentlichen Elemente.

<u>Tab. 4</u>:   Elemente des Nachsorge-Terminkalenders des TZM

      - Name des Trägers
      - Terminkalendernummer
      - Hinweise für den Patienten
      - Hinweise für den Arzt
      - Stempelfelder für alle an Therapie und Nachsorge
        Beteiligten
      - Terminfelder mit Freiraum für terminbezogene ärztliche Eintragung
      - Notizflächen für den Patienten
      - Einstecklasche für Anlagen
      - Separates Nachsorgeprotokoll   (fakultativ)
      - Begleitmaterial für den Arzt   (nicht im Kalender selbst enthalten)

Im Gegensatz zu anderen bestehenden Nachsorgekalendern zwingt dieser an keiner Stelle dazu, den Patienten mit mehr oder weniger gut verklausulierten Befundangaben zu konfrontieren und zu beunruhigen. Auf welchem Informationsniveau die aktuell vorgenommenen Eintragungen stehen, richtet sich ausschließlich nach den Gegebenheiten des Einzelfalls. Für die wichtigsten Strukturelemente des Kalenders folgt eine kurze Erläuterung.

<u>Terminkalendernummer</u>:
Über diese Nummer soll, wie dargelegt, die anonymisierte Rückführung von Verlaufsinformationen aus der Praxis in die Kliniken ermöglicht werden.

<u>Stempelfelder</u>:
Bei sorgfältiger Handhabung (Mitwirkung des Patienten) bietet sich hier auf einer Seite ein Überblick über alle an der Betreuung des Patienten beteiligten Ärzte und Kliniken.

<u>Terminfelder</u>:

Jedem Untersuchungsdatum ist umfangreicher Freiraum im Kalender zugeordnet. Auf Seite 6 ('zur Ausstellung des Kalenders') kann die
durchgeführte Primärtherapie (möglichst aus der Sicht des Patienten,
kein Latein) eingetragen werden. Die folgenden Seiten sind für Eintragungen vorbehalten, die nach den individuellen Gegebenheiten
des Verlaufs als nützlich angesehen werden.

<u>Notizfläche für den Patienten</u>:

Dieser Freiraum kommt dem Bedürfnis vieler - zumal älterer - Patienten entgegen, Fragen, die zwischen den Nachsorgeterminen auftauchen,
festzuhalten, um sie beim nächsten Arztbesuch beantwortet zu bekommen.

Name des Patienten:	Jahr 1980	Jahr 1981	Jahr 1982	Jahr 1983	Jahr 198__
1. Klinische Untersuchung					
2. Röntgen-______Thorax______					
Ab hier weitere Nachsorgemaßnahmen					
3. Szinti - Skelett					
4. Labor					
5. Mammographie					
6. Sono - Leber					
7. Qs. - LWS					
8.					
9.					
10.					
11.					
12.					
13. Chemotherapie		CMF			
14. Hormontherapie					
15. Radiatio					

Abb. 5:   Beispiel zur Gestaltung der Übersichtskarte zur Nachsorge

<u>Separates Nachsorgeprotokoll</u>:

Der individuelle Verlauf der Nachsorge kann auf einem fakultativ
beizulegenden Schema (Abb. 5) über 5 Jahre protokolliert werden.
Auch dies bedeutet für den Patienten keine Beunruhigung durch Befunde, sondern nur Niederschrift durchgeführter und dem Patienten
bekannter Maßnahmen. Abweichungen von der Routine, die zufällig
(Urlaub) oder durch entsprechende Befunde bedingt sein können,
werden durch die Karte nicht zur Beunruhigung für den Patienten.
Dem Fachmann allerdings mag die außergewöhnlich rasche Wiederholung

eines bestimmten Diagnostikvorgangs Aufschlüsse über fragliche bzw.
kritische Befunde geben. Zusätzlich kann die Karte zur Grobübersicht
über Langzeittherapien genutzt werden, wie die Abbildung zeigt. Als
Gegenstück dieser beim Patienten verbleibenden Nachsorgekarte werden
von den Projektgruppen im TZM Zug um Zug Nachsorgeempfehlungen herausgegeben, deren Publikation in einem zum beschriebenen Nachsorge-
protokoll analogen Schema für den Arzt erfolgt (s. S.266).

<u>Begleitmaterial für den Arzt:</u>

Am Beispiel des im Entwurf vorliegenden Faltblattes zum Hodentumor
(s.S. 264) ist ersichtlich, welche Informationen die Projektgruppen
des TZM den niedergelassenen Kollegen für alle Tumoren anbieten
möchten. Vorrangiges Ziel dieser Faltblätter, die von ausführliche-
ren Manualen flankiert werden, ist die Bereitstellung von Informationen zur Patientenführung. Das eben angesprochene Nachsorgeschema
für den Arzt ist ein besonders wichtiger Bestandteil des Faltblattes. Zusätzlich wird in groben Zügen über die primär erforderliche
Diagnostik und den Ablauf der Primärtherapie informiert. Im Vordergrund steht der Nutzen für den Einzelfall. Langfristig wird durch
derartige Darstellungen ein zusätzlicher Standardisierungseffekt
erwartet, der sich last not least auch ergänzend positiv auf die
Datenqualität im Register auswirken soll.

Am Beispiel des Nachsorge-Terminkalenders mit seinem Begleitmaterial wird
deutlich, daß Betreuung der Patienten und Dokumentation nicht zu trennen
sind. Dieser Effekt wurde, wenn er auch der linearen Darstellung des
eigenen Tuns eher hinderlich zu sein scheint, von Anfang an angestrebt
und als nützlich erkannt. Der nächste Abschnitt wird zeigen, daß der
Versuch, die Dokumentation mit der Versorgung zu verzahnen, auch in die
Gestaltung der Erhebungsbögen selbst hineinreicht.

3.1.5 Die Dokumentationsformulare

Die Darstellung der wesentlichen Eigenschaften der benutzten Dokumentationsformulare wurde im letzten Abschnitt teilweise schon antizipiert.
Es wurde berichtet,

- daß die vorliegende Dokumentation das ADT-Konzept (97) inhaltlich
  umfaßt;
- daß durch tumorspezifische und teils fachspezifische Ausgestaltung
  der Formulare die Praktikabilität wesentlich erhöht wird;
- daß durch inhaltliche Erweiterung über das ADT-Konzept hinaus die
  Attraktivität gesteigert wird;

- daß in Teilbereichen retrospektive Minimaldokumentation erforderlich wird;
- daß Patientendaten personenbezogen gesammelt werden.

Bevor diese Basisaussagen in einigen Punkten vertieft und ergänzt werden,
gibt Tab. 6 einen Überblick über die am TRM entwickelten Erhebungsbögen.
Ab Seite 222 sind diese vollständig zusammengestellt.

Tab. 6:   Am TRM entwickelte Formulare

<u>Ersterhebungen:</u>

Endometrium

Cervix, Vagina

Ovar

Vulva

Mamma

Hoden

Ableitende Harnwege

Niere

Prostata

Lunge

Ösophagus

Magen

Colon, Rectum, Anus

Leber, Galle, Pankreas

Mal. Melanom

Schilddrüse

Larynx, Hypopharynx

Mundhöhle, Oropharynx

Nase, NNH, Nasopharynx

Speicheldrüsen, Lippe, Ohr

Leukämie

Mal. Lymphom

Weichteile, Knochen

Hautlymphom***

<u>Folgeerhebungen:</u>

Allgemeine Folgeerhebung

Bericht an den Hausarzt

Gynäkologische Folgeerhebung*

Harnblase

Ovar

Mal. Lymphom

Leukämie**

Allgemeine Folgeerhebung mit
tumorspezifischen Zusätzen

Bericht an den Hausarzt mit
tumorspezifischen Zusätzen

Hautlymphom***

<u>Sonstige Formulare:</u>

Retrospektive Erst- und Folgeerhebung

Strahlentherapie*

Klinikspezifische Sonderbelege

Diverse Organisationsbelege

<u>Identifikation:</u>

Anschrift des Patienten

---

*   wird nicht mehr verwendet

**   z.Zt. in Überarbeitung

*** In Zusammenarbeit mit der Projektgruppe 'kutane Lymphome' der
EORTC.

Während die Ersterhebungsformulare mit Ausnahme der 'Retrospektiven Erst-
und Folgeerhebung' (s.S. 252) tumorspezifisch ausgelegt sind, dominiert
bei den Folgeerhebungen die nicht tumorspezifische Variante. Tumorspezifische Folgeerhebungen werden dort angeboten, wo im Verlauf spezifische
lokale Maßnahmen in Frage kommen (Beispiel: Cystektomie nach mehrmaliger
Resektion beim Harnblasenkarzinom, s. S. 243). Die Formulare sind in der
Regel mit nur einem Durchschlag versehen. Die Vorderseiten sind zum Verbleib in der Krankenakte bestimmt, das Register verarbeitet die für die
Datenerhebung modifizierten Durchschläge (s.S. 261).

Die auf den Formularen abgefragten Daten können in vier Kategorien einge-
teilt werden. Es handelt sich um
- Merkmale, die Bestandteil des zwischen den Tumorzentren vereinbarten Basisdatensatzes sind;
- Merkmale, die über das Minimalkonzept hinausgehen, die aber tumor-
  spezifisich standardisiert erhoben werden;
- Freiraum, über den jede Klinik zusätzliche Information im Register
  abspeichern kann;
- Informationen, die nicht zur Übernahme in das Register bestimmt
  sind.

Welchen Stellenwert nimmt die <u>Erweiterung des Merkmalspektrums</u> für das
TRM ein?

Im Abschnitt 3.1.2 wurde bereits begründet, weshalb die Merkmale des minimalen Datensatzes allein nicht ausreichen, um alle Versorgungsträger zur
dezentralen Verlaufsfortschreibung zu motivieren. Es wurde festgestellt,
daß der inhaltliche Stellenwert einer Registerdokumentation für alle
Kliniken, auch für nicht primär behandelnde Stellen, in einem ausgewoge-
nen Verhältnis zum organisatorischen Aufwand stehen soll. Implizit steht
hinter dieser These die Annahme, daß die im TRM kooperierenden Kliniken
neben der akuten Versorgung ihrer Patienten auch wissenschaftliche Ziele
verfolgen und den Nutzen eines Dokumentationsvorhabens dementsprechend
am Nutzen sowohl für die Versorgung als auch für die Wissenschaft messen
werden. Auf den wissenschaftlichen Stellenwert des hier vorgeschlagenen
Ansatzes wird besonders in Abschnitt 4 eingegangen.

Kann die Erweiterung des Merkmalsspektrums bei außeruniversitären Häusern
als Hemmschuh der Kooperationsbereitschaft wirken?

Bei aller Neigung zur Wissenschaft bleibt die Tatsache bestehen, daß nur
der kleinere Teil der Tumorpatienten in den Universitätskliniken behandelt wird, während die Hauptlast von den Häusern der sog. Versorgungs-

ebene getragen wird. Das tumorspezifisch variable Expansionskonzept des
TRM auf die nicht universitären Häuser ist im vorangehenden Kapitel dargestellt worden. Nach diesem Konzept wird im Laufe der nächsten Jahre
den Krankenhäusern im Umkreis des TRM verstärkt die Mitarbeit angetragen
werden.

Diese Perspektive braucht nicht dem erweiterten Dokumentationsangebot an
die Universität geopfert zu werden. Es liegt auf der Hand, daß die Kosten
Nutzen-Relation zwischen organisatorischem Aufwand und wissenschaftlichem
Stellenwert dort nicht anwendbar ist, wo die qualitätsgerechte Versorgung
der Patienten das einzige Anliegen bildet. Bereits heute besteht mit eini
gen Kliniken außerhalb der Universitäten deshalb das Übereinkommen, nur
diejenigen Passagen der Erhebungsbögen zu bearbeiten, deren Inhalt dem
Minimalkonzept entspricht. Für die Zukunft ist die Erstellung von weniger
ausführlichen, fachgruppenspezifischen und ebenfalls selbsterklärenden
Formularen als Alternative zu den ausführlichen tumorspezifischen Bögen
im Gespräch. Nichtsdestoweniger wird das umfangreichere Konzept auch von
Kliniken außerhalb der Universitäten voll mitgetragen. Ein gewisses Maß
an Konkurrenzdenken gegenüber ehemaligen Kollegen könnte dabei zusätzlich
motivierend wirken.

Welchen Nutzen können Merkmale für ein TR haben, wenn sie nicht von allen
teilnehmenden Kliniken zuverlässig erhoben werden?

Das TRM könnte als 'Extrapolation eines klinikbezogenen Registers auf
ein Tumorzentrum' angesprochen werden. Für die Nutzung der gespeicherten
Daten ergeben sich verschiedene mögliche Ebenen. Zur klinikübergreifenden
Nutzung stehen ohnehin nur die Daten des Minimaldatensatzes zur Disposi-
tion. Diese Daten werden von allen Teilnehmern als unverzichtbar anerkannt
und überall dokumentiert. Alle darüber hinausgehenden Daten stehen dem
Datenurheber <u>exklusiv</u> zur Verfügung. Die Frage nach dem Nutzen klinikspezifisch unterschiedlicher Informationsdichte in einem TR kann also umge-
münzt werden in die Frage nach der Potenz der Auswertungsroutinen. Für
den Bereich des TRM gilt, daß jede Klinik Anspruch auf vollständige Daten
auswertung auf dem Dokumentationsniveau hat, das von ihr selbst im Rahmen
des Angebots festgelegt wurde. Der folgende Abschnitt informiert ausführlich über die Nutzung der Daten im TRM.

Welcher Nutzen wird in dem Freiraum gesehen, über den jede Klinik beliebige Daten ins Register einbringen kann?

Dokumentation für ein TR ist eine Routinemaßnahme und als solche zeitlich
nicht befristet. Für die Auswahl der routinemäßig und zeitlich unbefriste

zu dokumentierenden Daten soll gelten: so wenig wie möglich, so viel wie
nötig. Welche Informationsdichte als nötig anzusehen ist, hängt von den
zu verfolgenden Zielen ab, die ihrerseits mit dem Vorwissen über die fragliche Tumordiagnose korreliert sind.

Abb. 7: Signalfarbener Aufkle-
ber als Hinweis auf
laufende Studie; Ver-
merk wird ins Register
übernommen.

Unabhängig von der Wichtigkeit der routinemäßig erfaßten Daten stellt sich für ein TR
die Notwendigkeit, die Verbindung der Rou-
tinedaten mit zeitlich befristet erhobenen
Zusatzinformationen zu gewährleisten. Für
Zusatzinformationen geringen Umfangs stellt
jedes Formular Freiraum in Form eines
'klinikspezifischen Feldes' zur Verfügung.
Ein Hinweis auf größere Mengen von zusätz-
licher Information kann nach vorheriger Absprache in Form von Aufkle-
bern (Abb. 7) oder durch vorbesprochene zusätzliche Eintragungen auf
den Erhebungsbögen im Register verankert werden. So wird die gemeinsame
Auswertung der Registerdaten mit umfangreicheren Zusatzinformationen
aus derselben Klinik, z.B. Daten aus einer randomisierten Therapie-
studie, organisatorisch erleichtert.

Sollen die Erhebungsbögen eines TR über die Datensammlung für das Register hinaus weitere Funktionen übernehmen?

Von einer neu induzierten Routinemaßnahme, wie der Registerdokumentation,
muß erwartet werden, daß sie sich möglichst nahtlos in vorhandene Abläufe
einfügt. Ein Erhebungsbogen, der Funktionen mit übernehmen kann, wofür
bisher andere Unterlagen benötigt wurden, ohne daß die primäre Funktion
darunter leidet, ist attraktiver als ein zusätzlich eingebrachter Beleg
ohne anderweitig entlastende Eigenschaften.

Das allgemeine Folgeerhebungsformular des TRM bietet beispielsweise
reichlich Raum für Freitext an (s.S. 253). Es ergibt sich damit die Möglichkeit, dieses Formular in der Krankenakte als einzigen Beleg über
erfolgte problemlose Nachsorgeuntersuchungen zu verwenden. Dem Schutz
der Privatsphäre des Patienten kann in diesem Beispiel voll entsprochen
werden, da auf dem Durchschlag, der an das Register weitergeleitet wird,
die unter dem Freitext gelegenen Flächen neutralisiert, also nicht lesbar
sind. Teilweise werden statt der Freitextflächen auch spezifische Ein-
drucke angeboten, wobei auch in diesem Fall die zusätzlichen Informationen für das Personal des TR nicht lesbar sind (Abb. 8).

| Zweitmalignom | | Histologie | | | |
| Lokalisation | | | ☐ rechts | ☐ links | ☐ beidseits |

| Weitere Tumortherapie | ☐ Operation | ☐ Bestrahlung | ☐ Zytostatika | ☐ Hormone | ☐ Immuntherapie ☐ Sonstiges |
| Bemerkungen | | | | | (z. B. Kontraindik., Pat. verweigert, etc.) |

Op-Feld : Hautmetastasen ☐ nein ☐ ja Orangenhaut ☐ nein ☐ ja
Tumorrezidiv ☐ nein ☐ ja, Größe: _____ cm
Narbenkeloid ☐ nein ☐ ja Narbenhypertrophie ☐ nein ☐ ja
Teleangiektasien ☐ nein ☐ ja Ulcus ☐ nein ☐ ja
Pigmentierung ☐ nein ☐ ja
Axilla : LK ☐ nein ☐ ja Schwellung ☐ nein ☐ ja
Arm : Oberarm re _____ cm, li _____ cm Unterarm re _____ cm, li _____ cm
Lymphabflußbehind. ☐ nein ☐ ja venöse Abflußbehind. ☐ nein ☐ ja
Neurol. Störung ☐ nein ☐ ja Motor. Störung ☐ nein ☐ ja
Infra/supraclav. : LK ☐ nein ☐ ja

Klinische Befunde
Gesunde Mamma
Gesunde Axilla
Pulmo   Percussion   Auskultation
Abdomen   Wirbelsäule, sonst. Skelett

Nächster Kontrolltermin im Hause: _____________   Weiterbehandlung durch: _______________________

Terminkalender-Nr.   KV-Nr. des Hausarztes

Abb. 8: Tumorspezifischer Eindruck zur Nachsorge des Mammakarzinoms in der allgemeinen Folgeerhebung (s.S. 253).

In den ausführlichen und doch übersichtlichen Ersterhebungen wird im
Rahmen der Krankenakte vielfach auch ein direkter Nutzen als Zusammenfassung der Primärbehandlung gesehen. Dieser Vorstellung folgend sind
auf den meisten Ersterhebungsformularen zusätzliche Informationen aufgenommen, die nicht für die Datenverarbeitung bestimmt bzw. geeignet
sind. Beispiele sind bildliche Darstellungen zur Eintragung von Befunden
auf der Rückseite oder spezielle Parameter, die in die reguläre Ersterhebung an passender Stelle eingestreut sind (s.S. 248,256).

3.1.6 Anmerkungen zum Merkmalsspektrum

Die Auflistung und teilweise Kommentierung der im TRM verarbeitbaren
Merkmale soll die Darstellung des Dokumentationskonzepts abrunden. Die
Tab. 9 und 10 enthalten die Merkmale, die zu Beginn und im Verlauf allgemein erfaßt werden. Daneben existieren zusätzlich angebotene, fachspezifische Merkmale, die hier nicht eigens aufgelistet werden. Der für
die einzelnen Tumordiagnosen konkret benutzte Merkmalssatz ist den Formularen selbst (ab S. 222) zu entnehmen.

Tab. 9:   Merkmale der Ersterhebung

Name	TNM prätherapeutisch
Anschrift	Sitz von Fernmetastasen
Geburtsdatum	Histologie
Geschlecht	Grading
Nationalität	Umfang der Primärtherapie
Station	Op-datum
Klinik	Art der Op
Klinikspezifisches Feld	Komplikationen
Einweisungsstatus	Resttumor
Tumordiagnose	pTNM
Diagnosedatum	Bestrahlungszeitraum
Datum des Auftretens der Erstsymptomatik	Intention/Art der Bestrahlung
Datum erster Arztkontakt	Beginn der Chemo-/Hormon-therapie
Art der Erstsymptomatik	Schema
Mögliche Ätiologie	Nächste Nachsorge
Präkanzerosen	Terminkalender-Nummer
Erst/Mehrfachmalignom	KV-Nr. des Hausarztes
Lokalisation des Primär-tumors	Todesdatum
Seite	Todesursache
Tumorspezifische Diagnostik	Obduktion

Tab. 10:   Merkmale der Folgeerhebung, soweit nicht bereits in Tab. 9 enthalten

Datum der Befunderhebung
Remissionsstatus
Folgeerkrankungen/Langzeiteffekte
Therapie der Folgeerkrankung
Allgemeinzustand
Tumordiagnose eines Zweitmalignoms
Histologie eines Zweitmalignoms
Lokalisation eines Zweitmalignoms
Seite eines Zweitmalignoms

Umfang der Folgetherapie

Die folgenden Kommentare sollen in Schlaglichtern auf Probleme aufmerksam
machen, die sich bei der Bearbeitung der Erhebungsbögen in den Kliniken
ergeben können. Soweit möglich werden diese aus Registersicht beantwortet.
Soweit es sich um Merkmale aus der in der ADT festgelegten Basisdokumentation handelt, werden teilweise die Erläuterungen zu den ADT-Formularen
(97) zitiert, um auf die grundsätzlichen Probleme hinzuweisen, die u.E.
auch durch umfangreiche Manuale nur teilweise beseitigt werden können.

<u>Diagnosedatum</u>

Der Begriff Diagnose wird durch eine Vielzahl von Definitionen umschrieben. Genannt sei "Erkennung der Krankheit" (Pschyrembel), "Erkennung und
systematische Bezeichnung der Erkrankung" (Duden). Daneben kann sich der
Begriff auf beliebig spezifische Teile der Erkrankung beziehen, wie z.B.
'eine Lebermetastase diagnostizieren' oder 'die histologische Diagnose
revidieren'. Verschiedenartige Benutzer stellen verschiedenartige Anforderungen an die Genauigkeit einer Diagnose. Zum Zweck der Tumordokumentation soll als ausschließliches Kriterium gelten die
    - definitive Erkennung eines malignen Geschehens.
Meistens, jedoch nicht generell, geht dies einher mit der
    - Erkennung des primär erkrankten Organs.
Häufigste, jedoch nicht obligate Bedingung ist
    - Histologie oder
    - Zytologie.

In extremen Fällen kann eine sichere Diagnose ohne histologische Sicherung
oder im anderen Extrem erst nach kompletter Auswertung des therapeutisch
gewonnenen Resektats gestellt werden. Durch solche konsekutive Abklärungen
einer Erkrankung sind erhebliche Schwankungen bezüglich der Erfassung des
Diagnosedatums möglich.

In der zweiten Auflage der Erläuterungen zur ADT-Basisdokumentation wurde
das Diagnosedatum wie folgt definiert (97 B):

"Hier soll das genaue Datum (Tag, Monat, Jahr) erfaßt werden, an dem die
spezifische Tumordiagnose erstmalig gestellt wurde. Falls sich der Tag
(oder auch der Monat) nicht mehr exakt feststellen läßt, ist er mit "99"
zu verschlüsseln. (Die Angabe "Mai 1978" wäre also als "99 05 78" zu
verschlüsseln). Ist das Datum überhaupt nicht erinnerlich, ist "99 99 99"
zu signieren."

In der dritten, erweiterten Auflage (97 A) erfolgte eine Modifikation
dieser Definition:

"Hier soll das Datum (Tag, Monat, Jahr) erfaßt werden, an dem die spezifische Tumordiagnose erstmalig von einem Arzt gestellt oder der entsprechende Verdacht geäußert wurde. Beispielsweise soll hier das Datum

vermerkt werden, an dem der Hausarzt den Patienten erstmals zur geziel-
ten Tumordiagnostik an eine Klinik überwiesen hat.

Falls sich der Tag (oder auch der Monat) ...".

Erstsymptomatik

Hinter der Frage nach der Erstsymptomatik können tumorbezogen unterschiedliche Interessen stehen. Gelegentlich ist der punktuellen Form ein Verlauf vorzuziehen, als Muster von Symptomen bis zur Diagnosestellung. Die
Erfassung der Erstsymptomatik im Rahmen eines Tumorregisters erscheint
deshalb zweckmäßig, weil bei späterer Befragung der betroffenen Patienten
die Gefahr von systematischen subjektiven Verzerrungen auf Grund der inzwischen bekannt gewordenen Diagnose und der dadurch eingeleiteten, nicht
berechenbaren emotionalen Prozesse zu groß ist.

Ätiologie/Präkanzerose

Sowohl zwischen dem ätiologischen Faktor und der Präkanzerose, als auch
von dort weiter zum mal. Tumor bereitet die Abgrenzung Schwierigkeiten.
Notwendige Entartungswahrscheinlichkeiten oder Latenzzeiten sind nicht
definiert. Die Erfassung dieser Daten ist jeder Klinik freigestellt.

Zweitmalignom

Im Gegensatz zu Metastasen sind Zweitmalignome von der ersten Tumorerkrankung unabhängige weitere Malignome. Es ist bekannt, daß auch im Zu-
sammenspiel von Klinik und Pathologie die Unterscheidung von Zweitmalignomen und Metastasen nicht in allen Fällen zweifelsfrei möglich ist.
Über diese prinzipielle Unsicherheit hinaus sind systematische Unterschiede bei der Anwendung der Begriffe festzustellen, die wohl auf 'ideo-
logische' Unterschiede verschiedener klinischer Schulen zurückzuführen
sind. Abgrenzung ist notwendig gegen den multilokulären bzw. bilateralen
Tumor, z.B. Niere, gegen die Metastase (z.B. kontralaterale Mamma) und
gegen das Lokalrezidiv (z.B. Vaginalstumpf). Gerade am Beispiel des
Zweitmalignoms wird einsichtig, daß Standardisierung der Dokumentation
nur ein Teilziel sein kann. Wesentlicher ist der Umstand, daß über die
Kooperation vieler Kliniken in nicht zu langer Zeit nahezu einmalige
Anzahlen potentieller Zweitmalignome gesammelt werden können, die dann
im Prinzip einer wirklich standardisierten Beobachtung im Rahmen einer
gemeinschaftlichen wissenschaftlichen Arbeit den Kliniken zur Verfügung
stehen.

In den Erläuterungen zur ADT-Basisdokumentation wird zum Zweitmalignom
folgendes definiert (97 A):

"Hier ist zu vermerken, ob es sich um einen erstmaligen Tumor (oder eine
erstmalige _maligne_ Systemerkrankung) bei dem Patienten handelt. (Der Begriff "erster Tumor" ist nicht mit dem Begriff "Primärtumor" zu verwech-
seln!).
Der Schlüssel für diesen Sachverhalt lautet:
          0 = nein
          1 = ja
          2 = nicht entscheidbar
          9 = f. A.

Die Schlüsselziffer 2 kann in Frage kommen, wenn der Patient bei der
ersten Vorstellung bereits zwei verschiedene maligne Tumoren aufweist,
deren Priorität sich nicht eindeutig feststellen läßt. (In diesem Falle
sind 2 Bögen anzulegen!)"

Tumorlokalisation

Jeder Tumor soll nach Möglichkeit anhand seines Ursprungsortes klassifiziert werden. Für eine Vielzahl von Regionen , z.B. der Haut, ist der
Code nicht eindeutig, da exakte Abgrenzungen nicht überall definiert
sind. Zudem ist eine eindeutige Angabe des Ursprungsortes auf Grund
eines vorliegenden Befundes nicht immer möglich.

In diesen Fällen kann Standardisierung nur unter Bezugnahme auf den Zweck
der Erfassung erfolgreich sein, da zur Auswertung eine Reihe von Fragen-
komplexen denkbar sind, die jeweils unterschiedliche, spezifische Anforderungen an Lokalisationsangaben stellen. Beispiele sind mechanische Exposition, chemische Exposition, Lichtexposition, Resezierbarkeit, Lymph-
abflußgebiet, Indikation für palliative Maßnahmen, organbezogene Tumor-
häufigkeiten, um einige sehr heterogene Aspekte zu nennen. Wenige Merkmale hängen hinsichtlich der Erfassung so stark von der Zielrichtung möglicher Auswertungen ab wie dieses.

Zur lokalen Unschärfe des Lokalisationscodes gesellt sich die nicht immer gegebene begriffliche Verbindlichkeit. Beim Abgleich des Codes mit
gängigen Lehrbüchern bzw. Atlanten der Anatomie ergibt sich keineswegs
immer Übereinstimmung der Begriffe, wie dies am Beispiel der Harnblase,
speziell fundus vesicae aus gegebenem Anlaß anhand von (23,24,35) überprüft wurde. Die Problematik fehlender Synonyme und Oberbegriffe trifft
in aller Regel den Dokumentationsstab im Register, da abweichende Angaben zur Lokalisation klartextlich angegeben werden.

Die Hinweise im ADT-Manual (97 A) weisen zur Lokalisation im wesentlichen nur auf Unterschiede zwischen erster und zweiter Auflage des Lokalisationsschlüssels hin.

Histologische Diagnose

Abweichend von der Empfehlung der ICD-O-DA (46) wird in (97 A) vorgeschlagen, sich auch für Mischhistologien auf eine Angabe zu beschränken, d.h. eine histologische Komponente auszuwählen. Der Umstand, daß für bestimmte Tumorarten die Wertigkeit gemeinsam vorkommender Histologien angegeben werden kann, während für andere Tumoren mehr oder weniger subjektive Kriterien Anwendung finden, ist Diskussionsgegenstand unter Pathologen. Obwohl im Hinblick auf die Auswertbarkeit von Daten genau einer eindeutigen Histologie der Vorzug zu geben ist, hält sich das TRM an die Empfehlungen der ICD-O-DA, gegebenenfalls mehrere Komponenten simultan zu erfassen.

Primärtherapie

Das Wesen der Primärtherapie kann nicht einfach über die Abfrage von Zeitintervallen seit Diagnosestellung erfaßt werden. Eine sinnvolle Definition wäre etwa die Abfolge aller Maßnahmen, die auf Grund des Primärbefundes zur parallelen oder sequentiellen Ausführung festgelegt wurden. Auf Grund ihrer noch relativ statischen Annahmen ist auch diese allgemeine Definition nicht in allen Fällen brauchbar. Deshalb wird im Rahmen der Ersterhebung für jede der nachfolgend dokumentierten Therapiemaßnahmen abgefragt, ob sie noch zur Primärtherapie zu rechnen ist.

Verlaufsdokumentation

Ziel der Sammlung von Verlaufsinformationen ist die zeitgerechte Erfassung von Änderungen im Krankheitsverlauf. Die hier praktizierte Dokumentation verwendet vorwiegend die vier Standardbegriffe Vollremission (Tumorfreiheit), Teilremission (Tumorrückbildung), No change und Progression, letzteres als Oberbegriff für alle Arten von Verschlechterung, also lokales Wachstum, Fernmetastasierung, Rezidiv etc. Der Begriff Rezidiv ist seinerseits mehrdeutig, zum einen bezeichnet er das lokale Wiederaufflackern der Krankheit, zum anderen eine wie auch immer geartete Neumanifestation, jeweils aus dem Zustand der Remission.

Aus der Situation einer systemischen Tumortherapie heraus ist im allgemeinen eine andere Sicht auf diese Begriffe gegeben als nach Anwendung
lokaler Maßnahmen. Dem trägt beispielsweise das Strahlentherapieblatt
Rechnung durch Aufteilung der Befunddokumentation in die Kategorie 'be-
strahltes Volumen' und 'Gesamtverlauf'. Für die interdisziplinäre Verlaufsfortschreibung ist dabei der Gesamtverlauf entscheidend, für die
Bestimmung der Effektivität bestimmter Strahlentherapien kann der lokale
Aspekt überwiegen (s.S. 255).

Bei aller Standardisierung (60) dieser Terminologie soll nicht übersehen
werden, wie weich gerade das halbquantitative Datum Teilremission auf
Grund der Sache selbst ist. Aus der praktischen Erfahrung im Umgang mit
verlaufsbezogenen Informationen ergibt sich, daß nicht selten Inkonsistenzen auftreten, deren Bearbeitung mit Methoden der EDV allein nicht
ausreichend ist.

Der Abschnitt 3.4 informiert über die Maßnahmen, die am TRM zur Auflösun
von widersprüchlichen Verlaufsangaben getroffen oder veranlaßt werden.

Es war das Ziel dieses kurzen Abschnittes, einige für TR typische Defi-
ntions- und Standardisierungsprobleme anzusprechen. Das Beispiel der umfangreichen Dokumentationsanleitung zu den ADT-Formularen (97 A) zeigt,
daß auch durch Bereitstellung ausführlicher Unterlagen nicht alle diesbe
züglichen Probleme ausgeräumt werden können, obwohl natürlich klare Definitionen Voraussetzung für einheitliche Verwendung von Begriffen sind.
Demgegenüber sind auch Daten aus begrifflich inkonsistenten Quellen nich
in jedem Falle ohne Wert, wie am Beispiel des Zweitmalignoms bereits erwähnt wurde. Hier kreuzen sich verschiedene mögliche Aufgabenstellungen
für ein TR, die unterschiedliche Anforderungen an die Vollständigkeit
und Reliabilität der erhobenen Daten stellen können.

Der entscheidende Durchbruch zur Erzielung reliabler Daten kann nur von
der klinisch tätigen Ärzteschaft selbst ausgehen. Sobald sich dort die
notwendige Einsicht über den Wert begrifflicher Klarheit in der Onkologie
durchsetzt - dies soll nicht verwechselt werden mit durchaus existenten
klinikinternen Festlegungen -, wird dies über den Weg konsequenter Aus-
und Weiterbildung des ärztlichen Nachwuchses seinen Niederschlag in der
Datenqualität finden.

Obwohl diese Diskussion der Merkmale sich nur mit einem Ausschnitt des Gesamtspektrums befaßte, enthielt sie doch die wesentlichen Probleme und Schwierigkeiten. <u>Fehlende terminologische Standards</u>, <u>inhomogene Verlaufsangaben</u>, <u>fehlendes Grundlagenwissen</u> und <u>nicht immer a priori erkennbare Zweckbestimmung</u> sind einige der wichtigsten Aspekte.

Abschließend ist noch ein weiteres, in seiner Größenordnung den vorgenannten Punkten vergleichbares Problem anzusprechen, das Problem der <u>Datenalterung</u> in einem TR. Spontan mag eingewendet werden, daß sich Daten, die ihrem Wesen nach rasch altern, nicht als Inhalt eines zeitlich unlimitiert agierenden Registers anbieten. Bereits die Beispiele des Lokalisationsschlüssels (98), der heute in der zweiten Auflage vorliegt oder der TNM-Klassifikation (95), von der bereits die dritte Auflage verwendet wird, zeigen jedoch, daß Registerdaten von rascher Alterung betroffen sein können, auch bei Beschränkung auf die 'Essentials'.

Es stellt sich so nur die Frage, in welcher Zeit Daten altern sollen, nicht ob oder ob nicht. Nicht immer ist der Umstieg von alt auf neu so relativ problemlos möglich wie beim Übergang auf die 2. Auflage des Lokalisationsschlüssels. Schon bei den TNM-Stadien treten nicht auflösbare Ungereimtheiten auf. Die Behandlung inaktuell gewordener Daten ist deshalb ein EDV-technisches und organisatorisches Problem, dem sich im Prinzip kein TR entziehen kann. Für den inhaltlich erweiterten Rahmen der Dokumentation am TRM stellt sich das Problem der Datenalterung in verstärktem Ausmaß. Es wird vom TRM grundsätzlich anerkannt, daß verschiedene Teilbestände der erhobenen Daten verschieden rasch wirkenden Alterungsmechanismen unterworfen sind. Die organisatorischen Voraussetzungen zur Beherrschung dieses Phänomens sind gegeben. Die Frage der Bestimmung der maximal zulässigen Alterungsgeschwindigkeit von Daten ist eine Frage der Abwägung zwischen Aufwand und erwartetem Nutzen.

3.2 Auswertung und Nutzung der Daten

3.2.1 Datenbestände

Die langfristigen Zielsetzungen eines TR definieren, welche Datenbestände
aufgebaut, gepflegt und bearbeitet werden müssen. Eingangs wurde darauf
hingewiesen, daß Attribute zum Registertyp wie epidemiologisch, klinisch,
tumorspezifisch, verlaufs- oder nachsorgeorientiert Funktionen oder In-
tentionen beschreiben, die wie jede Klassifikation primär ein theoreti-
sches Ordnungsbedürfnis befriedigen. Mit dem Aufbau eines TR soll aber
ein Prozeß eingeleitet werden, durch den solche monoprogrammatischen
Ziele gerade überwunden werden.

Unter den langfristigen Perspektiven hat das TRM begonnen, verschiedene
Datenbestände zusammenzustellen und sie in die Auswertungen miteinzubeziehen. Abb. 11 beschreibt
die verschiedenen Datenty-
pen, die nach den überge-
ordneten Begriffen Patienten, Datenurheber, Erkrankung und Umwelt gruppiert
werden können. Vom Bayerischen Statistischen Landesamt sind drei Datenbestände
erworben worden. Eine Datei
mit den Einwohnerzahlen der
Gemeinden Bayerns (8) er-
laubt für die im TRM erfaßten Daten den Bevölkerungs-
bezug herzustellen (Abb. 18)
Dies kann auf Gemeindeebene,
auf Kreis- oder Regierungsbezirksebene erfolgen. Als
natürliches Einzugsgebiet
des TRM können dabei in Abhängigkeit von der Inzidenz

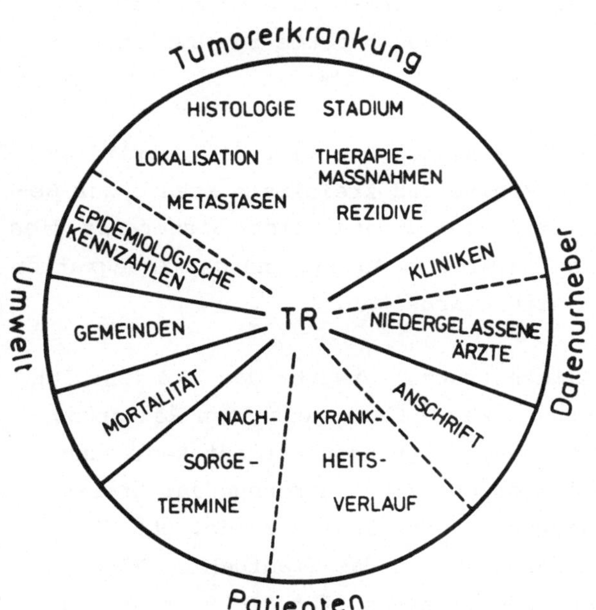

Abb. 11: Datenbestände des Tumorregisters München

die Stadt München, München und die angrenzenden Landkreise oder die Regierungsbezirke Oberbayern, Niederbayern und Schwaben betrachtet werden.

Für das Gesamtgebiet (6,1 Mio. Einwohner) sind an Neuerkrankungen pro
Jahr zu erwarten z.B. ca. 350 Melanome, ca. 250 Larynxkarzinome, für den
Regierungsbezirk Oberbayern (3,7 Mio. Einwohner) ca. 250 Nierenkarzinome,
für die Stadt München (1,3 Mio. Einwohner) mehr als 500 Lungen- oder
Mammakarzinome. Es hängt von der Spezialisierung der Versorgung, von der
Kooperationsfähigkeit der Versorgungsträger und vom Integrationsgrad der
Fachdisziplinen ab, wieweit solche unterschiedlichen tumorspezifischen
Einzugsgebiete als Fernziel angestrebt werden können.

Die Gemeindedatei mit dem eindeutigen Gemeindekennzeichen ermöglicht es,
die Mehrdeutigkeit der Postleitzahlen aufzuheben und die erfaßten Daten
den unterschiedlichen Verwaltungseinheiten zuzuordnen, für die die Bevölkerungszahlen vorliegen und auf die die gesamte amtliche Statistik ausgerichtet ist. Diese Gemeindedatei bietet zugleich die geeignete Ebene, um
detaillierte Angaben über die 'Umwelt' festzuhalten. Als Beispiele sind
zu nennen: Höhenlage, Trinkwasserqualität, Land- und Stadtklassifika-
tionen, Zahl der industriellen Arbeitsplätze, Aspekte zur Umweltbela-
stung usw.

Für ein tumorspezifisch variierendes Einzugsgebiet ist der Zugriff auf
die Altersstruktur Bayerns (6) für Kreise und kreisfreie Städte zur Be-
rechnung der altersspezifischen Inzidenzen erforderlich. Bisher ist dies
nur auf Regierungsbezirksebene realisiert. Am Aufbau und der Integration
der weitergehenden Möglichkeiten wird gearbeitet.

Neben den Gemeindedaten und der Altersstruktur erwirbt das TRM jährlich
die Mortalitätsdaten (7) für München und die drei genannten Regierungsbezirke. Diese Daten werden aus Datenschutzgründen nur auf Regierungs-
bezirkebene zur Verfügung gestellt, obwohl eine Zuordnung auf Kreisebene an der faktischen Anonymisierung nichts ändern würde. Daß für
das engere Einzugsgebiet von München die 7 an das Stadtgebiet München
angrenzenden Landkreise von besonderem Interesse für die Beurteilung
der Entwicklung des TRM sind, bedarf keiner besonderen Betonung. Auch
die Mortalitätsdaten werden in die Auswertungen einbezogen (Abb. 20,
23,30).

Zur Beschreibung der Tumorerkrankungen sind u.a. einheitliche Histologie-
und Lokalisationsschlüssel erforderlich, die allgemein bekannt sind (46,
98). Ihre Verwendung ist Voraussetzung für die Vergleichbarkeit der Daten
verschiedener TR. Implizit gehen diese Schlüsselverzeichnisse zur Rück-
übersetzung des gespeicherten numerischen Codes in jede Auswertung ein.

Des weiteren sind die <u>altersspezifischen Inzidenzen</u> anderer Register für die Auswertungen im Zugriff (Abb. 22,23). Damit können für die einzelnen Regionen Hinweise auf die Neuerkrankungs- bzw. Mortalitätszahlen gegeben werden, wobei letztere aus der mittleren Überlebensdauer errechnet werden können. Aus dem Vergleich mit den Registerdaten können erste Hinweise über den Erfassungsgrad gewonnen werden. Dieser 'Datenbestand' ist in der Abb. 11 als 'epidemiologische Kennzahlen' gekennzeichnet.

Als weiterer Datenbestand sind die <u>Datenurheber</u> in adäquater Weise im Rechner verfügbar zu halten. Bei bisher ca. 30 kooperierenden Kliniken ist dies unproblematisch. Für die Identifizierung der niedergelassenen Ärzte ist als adäquate Speicherung die KV-Nummer vorzusehen, die mittlerweile jedem Überweisungsschein zu entnehmen ist. Leider war es bisher nicht möglich, daß dem TRM für das Ziel der Unterstützung der Versorgung von Tumorpatienten durch Intensivierung der Kommunikation zwischen Kliniken und niedergelassenen Ärzten das <u>Verzeichnis der Kassenärzte Bayerns</u> maschinenlesbar zur Verfügung gestellt werden konnte.

Als letzte Gruppe von Datenbeständen ist in Abb. 11 das TR im engeren Sinne mit den 3 Datengruppen <u>Anschrift des Patienten, Krankheitsverlauf</u> und <u>Nachsorgetermine</u> wiedergegeben. Die zu speichernden Daten sind mit der Erläuterung des Dokumentationskonzeptes beschrieben worden. Diese Aufteilung beschreibt auch einen physikalischen Speicherungsaspekt, weil die medizinischen Daten völlig getrennt von den Patientenidentifikationen verwaltet werden. Die Kenntnis der verschiedenen Datenbestände erfordert im nächsten Schritt eine Erläuterung der Nutzung dieser Daten. Was wird mit diesen Daten gemacht, was wird den Datenurhebern angeboten?

3.2.2   Ausgewählte Komponenten für Auswertungen

Ziel der datentechnischen Entwicklungsarbeit sind automatisch erstellte, fertige Auswertungsberichte. Abb. 12 zeigt die Deckblätter der 4 Hauptreihen des TRM. Diese Reihen sind Auswertungen zu unterschiedlichen Teilmengen von Patienten und werden wie folgt bezeichnet:
- Stand des tumorspezifischen und klinikspezifischen Registers.
  In diesen Auswertungen werden zu einer definierten Diagnose alle Patienten einer Klinik berücksichtigt. Wenn sich in Kliniken am TR beteiligen und jede Klinik z.B. für 3 Diagnosen spezielles Interesse zeigt, so sind insgesamt 3 x n verschiedene Auswertungen zu erstellen (Typ 1).

- Stand des klinikspezifischen Registers

  Unabhängig von der Diagnose werden alle Patienten einer Klinik ausgewertet. Dies führt bei n Kliniken zu n Auswertungen (Typ 2).

- Stand des tumorspezifischen Registers

  Unabhängig vom Datenurheber werden alle Patienten mit derselben Tumordiagnose bezüglich der Basisdaten zusammen ausgewertet. Dies führt zu
  ca. 40 Auswertungen (Typ 3).

- Stand des Tumorregisters

  Eine globale Beschreibung aller Patienten berichtet über den Stand des
  gesamten Registers (Typ 4).

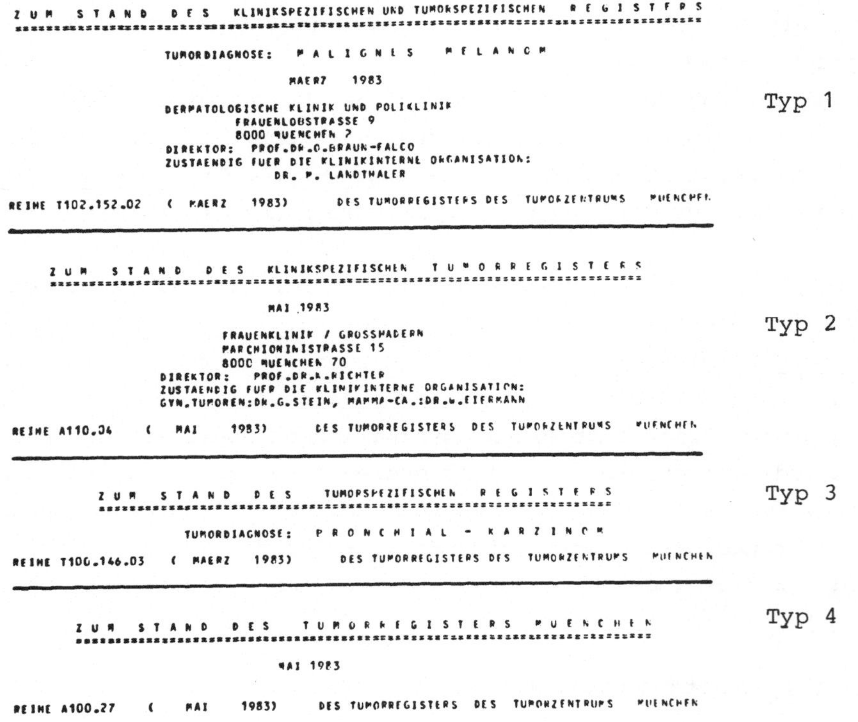

Abb. 12: Die Deckblätter der 4 Basisauswertungen des Tumorregisters München

Die folgenden Abbildungen sind diesen Reihen entnommen. Die meisten der
gezeigten Elemente tauchen in mehreren Reihen auf, z.B. in der Reihe
"Stand des Tumorregisters" und - mit eingeschränktem Datenausschnitt - in
der Reihe "Stand des klinikspezifischen Registers". Die Inhalte der Abbildungen erhalten dadurch einen ganz unterschiedlichen Stellenwert. Eine
Klinik, die sich die Frage nach der Kooperation mit einem TR stellt, wird
diese Aufbereitungen in Relation zur Kenntnis ihres eigenen Patientengutes
setzen, vielleicht auch die zusätzlichen Möglichkeiten der Kooperation
mit Kliniken vom eigenen oder von anderen Fächern im Auge behalten.

Die Abbildungen sollen in dieser Zusammenstellung in erster Linie die
formalen Möglichkeiten der Auswertung aufzeigen. Auf eine inhaltliche Interpretation dieser aus ihrem Zusammenhang genommenen Tabellen wird verzichtet, da für aussagekräftige Sachaussagen jeweils zahlreiche Tabellen
aus dem Kontext zusätzlich gezeigt werden müßten. Dies würde den Rahmen
und die Zielsetzung dieser Darstellung sprengen. Wo auf die Herkunft
von Daten hingewiesen wird, soll lediglich die Art der möglichen Sachaussagen illustriert werden. Der Leser sollte deshalb die folgende Auswahl
von Abbildungen eher als ein formales Gedankenspiel betrachten, an dessen
Ende nach Abb. 50 definiert ist, welche Aufbereitungen in welcher Reihenfolge er sich als Datenurheber über seine Patienten wünscht, welche er als
Statistiker den Datenurhebern anbieten würde oder von welchen Aufbereitungen er als interessierter Beobachter erwarten würde, daß sie großes
Interesse bei den Datenurhebern finden müßten, je nach Provenienz des
spielenden Geistes. Die Zusammenstellung soll somit als ein denkbarer
Einstieg in die Nutzung eines TR durch die Datenurheber betrachtet werden.

3.2.2.1 Problemkreis: Kontinuität von Neuzugängen und Nachsorge

JAHR DER DIAGNOSESTELLUNG	ABSOLUT	PROZENT
VOR 1966	81.	4.03 %
1966 BIS 1971	265.	13.19 %
1972	61.	3.04 %
1973	70.	3.48 %
1974	102.	5.08 %
1975	103.	5.13 %
1976	119.	5.92 %
1977	161.	8.01 %
1978	190.	9.46 %
1979	146.	7.27 %
1980	201.	10.00 %
1981	254.	12.64 %
1982	223.	11.10 %
1983	33.	1.64 %
SUMME	2009.	100.00 %

TAB. 13.1: IN WELCHEM JAHR WURDE DIE PRIMAERDIAGNOSE GESTELLT?
DIESE ZUSAMMENSTELLUNG UMFASST ALLE PATIENTEN,
UNABHAENGIG DAVON, OB DIE ERSTMALIGE AUFNAHME IN DIE
KLINIK ZUR PRIMAERTHERAPIE, ZUSATZTHERAPIE ODER
WEGEN EINES REZIDIVS ERFOLGT IST.

MONAT DER DIAGNOSESTELLUNG	MAERZ 83	MAI 83	ZUGANG
BIS OKTOBER 1981	15326.	15588.	262.
NOVEMBER	234.	241.	7.
DEZEMBER	195.	200.	5.
1982 JANUAR	207.	219.	12.
FEBRUAR	223.	234.	11.
MAERZ	237.	246.	9.
APRIL	180.	196.	16.
MAI	198.	210.	12.
JUNI	197.	213.	16.
JULI	237.	255.	18.
AUGUST	231.	255.	24.
SEPTEMBER	164.	206.	42.
OKTOBER	146.	197.	51.
NOVEMBER	142.	213.	71.
DEZEMBER	106.	162.	56.
1983 JANUAR	53.	118.	65.
FEBRUAR	24.	90.	66.
MAERZ	1.	33.	32.
SUMME	18101.	18876.	775.

TAB. 13.2: MONAT DER DIAGNOSESTELLUNG FUER DIE NEUZUGAENGE.

Abb. 13: Neuzugänge nach Jahren bzw. Monaten

Die Kontinuität der Dokumentation muß für jeden in einer Klinik für die
Organisation zuständigen Arzt pauschal an den Fallzahlen beurteilbar
sein, unabhängig davon, ob sich die Aufbereitung auf alle Patienten oder
auf beliebige Untergruppen bezieht. Als Bezugszeitpunkt wurde das Datum
der erstmaligen Diagnosestellung gewählt, weil es für TR um Patienten
und ihre Krankheitsverläufe geht und deshalb Rezidiv- und Metastasenbe-
handlungen nur als Verlaufscharakteristiken von Bedeutung sind. Solche
Auflistungen lassen sich auf Jahre oder auf Monate beziehen. Auch die
Heraushebung der Veränderung zwischen zwei Berichtszeitpunkten kann unter dem Kontrollaspekt von Bedeutung sein, wie es in der Abb. 13.2 dargestellt ist.

Durch die Beschreibung des _Einweisungsgrundes_ werden für Häuser, die das ganze Spektrum der Versorgung tragen, die tumorspezifisch sehr stark variierenden Versorgungswege angedeutet. Eine breite Kooperation ist allerdings erforderlich, um typische Versorgungswege abzuleiten oder gar ihre säkularen Veränderungen beurteilen zu können. Im Zusammenhang mit dem Einweisungsgrund wird auch auf die formale Vollständigkeit einzelner Merkmale hingewiesen. Denn je größer z.B. der Anteil der Rezidivbehandlungen ist, desto größer wird auch der Prozentsatz der fehlenden Angaben über den Primärbefund sein.

```
FORMALE HINWEISE ZUR VOLLSTAENDIGKEIT IHRER DOKUMENTATION
=========================================================
```

EINWEISUNG	NACH 1979		BIS 1979		SUMME	
	ABSOLUT	PROZENT	ABSOLUT	PROZENT	ABSOLUT	PROZENT
PRIMAERTHER.	372.	67.88 %	162.	72.00 %	534.	69.08 %
ZUSATZBEHAND	164.	29.93 %	49.	21.78 %	213.	27.55 %
REZIDIV	12.	2.19 %	14.	6.22 %	26.	3.36 %
SUMME	548.	100.00 %	225.	100.00 %	773.	100.00 %

TAB. 14: EINWEISUNGSGRUND NACH 2 ZEITRAEUMEN AUFGEGLIEDERT
(DER EINWEISUNGSGRUND WIRD NICHT SYSTEMATISCH ERFASST,(RETROSP.ERHEB
(DIE FORMALE VOLLSTAENDIGKEIT DER DOKUMENTATION WIRD DESHALB)
(BIS AUF WEITERES NICHT NACH DEM EINWEISUNGSGRUND UNTERSCHIEDEN)

	DOKUMENTATION NACH 1979 (N= 711 PATIENTEN)	DOKUMENTATION BIS 1979 (N=1298 PATIENTEN)
EINWEISUNG :	77.07 % (N= 548)	17.33% (N= 225)
ERSTSYMPTOME :	97.33 % (N= 692)	65.87% (N= 855)
LOKALISATION :	99.30 % (N= 706)	99.77% (N= 295)
STADIUM PRAE :	95.36 % (N= 678)	90.37% (N= 173)
HISTOLOGIE :	96.91 % (N= 689)	95.07% (N= 234)
BEFUND :	83.97 % (N= 597)	84.36% (N= 95)
ANGABE ZUM TOD :	6.47 % (N= 46)	28.81% (N= 374)

(DIE PROZENTANGABEN SAGEN NUR AUS, DASS WERTE VORHANDEN SIND)

Abb. 14: Hinweise zur Vollständigkeit der Dokumentation

Da mit Tumorverlaufsregistern kein totalitäres Überwachungssystem aufgebaut wird, sollte für jeden Patienten ein _Statuscode_ verfügbar sein. In der Tabelle sind wesentliche Klassifikationen genannt. Der Statuscode erlaubt es jeder Klinik, gezielt zu agieren. Patient lehnt Nachsorge ab, Patient wird ausschließlich vom Hausarzt betreut usw. sind Statusinformationen, die aus unterschiedlichen Gründen eine Klinik entlasten, sich um einen weiteren Kontakt zu dem Patienten zu bemühen. Wer den Ist-Zustand kennt, kann die Bedeutung solcher Aufbereitungen einstufen, auch in wissenschaftlicher Hinsicht, da i.a. über den organisatorischen Status auch der Zugang zum Krankheitsstatus erleichtert wird. Auf eine mögliche Fehl-

```
*********** I N F O R M A T I O N E N   Z U R   N A C H S O R G E *********
==========================================================================
```

DIE FOLGENDEN TABELLEN GEBEN NICHT DEN AKTUELLEN STAND DER NACHSORGE WIEDER,
DA Z.T. DIE ORGANISATION UND DOKUMENTATION DER NACHSORGE NOCH NICHT HINREICHEND
EINGESPIELT IST UND BISHER UEBER DIE KV KEINE DATEN AUS DER NACHSORGE DER NIEDER-
GELASSENEN AERZTE DEM TUMORZENTRUM MUENCHEN ZUR VERFUEGUNG GESTELLT WERDEN.

PATIENTENSTATUS ZUM JUNI 1983	BISHERIGE KRANKHEITSDAUER					
	<1 JAHR	<2 JAHRE	<3 JAHRE	>3 JAHRE	SUMME ABSOLUT	SUMME PROZENT
AO PAT. VERSTORBEN (KLINIKMELDUNG)	201.	166.	104.	239.	710.	17.70 %
A1 PAT. VERSTORBEN (DATUM UNBEK.)	0.	0.	5.	29.	34.	0.85 %
E1 KEINE WEIT.NACHSORGE (LT.KLINIK)	0.	0.	1.	9.	10.	0.25 %
E2 PATIENT NACHSORGE ABGELEHNT	1.	0.	1.	7.	9.	0.22 %
E3 PATIENT LEBT-KEINE SONST.NACHRIC.	0.	0.	0.	2.	2.	0.05 %
E4 PATIENT VERZOGEN (AUS BRD)	0.	0.	2.	16.	18.	0.45 %
E5 PATIENT NICHT MEHR ERSCHIENEN	0.	0.	0.	1.	1.	0.02 %
E6 PATIENT UNBEKANNT VERZOGEN (LT.P.	0.	0.	0.	12.	12.	0.30 %
KL KEINE NACHSORGE GEPLANT/BEFUND U.	1.	19.	94.	406.	520.	12.96 %
KO KEINE NACHSORGEPLANUNG REGISTRIE.	112.	108.	102.	849.	1171.	29.19 %
M1 PAT.SEIT CA. 2 MONATEN ERWARTET	76.	68.	33.	83.	260.	6.48 %
M2 PAT.SEIT CA. 4 MONATEN ERWARTET	53.	34.	17.	45.	149.	3.71 %
M3 PAT.SEIT CA. 6 MONATEN ERWARTET	14.	20.	8.	21.	63.	1.57 %
M4 PAT.SEIT 6 UND MEHR M. ERWARTET	3.	27.	70.	234.	334.	8.33 %
TF TUMORFREI/KEINE NACHSORGE GEPLANT	9.	67.	47.	140.	263.	6.56 %
WO WARTEN AUF NAECHSTEN TERMIN	63.	96.	55.	237.	451.	11.24 %
W1 PATIENT AUSSCHL.BEI HAUSARZT	0.	1.	0.	4.	5.	0.12 %
SUMME	533.	606.	539.	2334.	4012.	100.00 %

TAB. 15: PATIENTENSTATUS ZUM ANGEGEBENEN ZEITPUNKT UNTERSCHIEDEN NACH BISHERIGER KRANKHEITSDAUER

Abb. 15: Patientenstatus im Krankheitsverlauf

teren Kontakt zu dem Patienten zu bemühen. Wer den Ist-Zustand kennt, kann die Bedeutung solcher Aufbereitungen einstufen, auch in wissenschaftlicher Hinsicht, da i.a. über den organisatorischen Status auch der Zugang zum Krankheitsstatus erleichtert wird. Auf eine mögliche Fehlinterpretation solcher Aufbereitungen sei noch hingewiesen. Mit diesen Daten sind keine Lancierungen von Patientenströmen, kein Aufbau von Klinikambulanzen verbunden. Es geht lediglich um das Wissen des Versorgtseins der Patienten. Informationen über die Nachsorge aus der niedergelassenen Ärzteschaft reichen völlig aus.

LETZTE INFORMATION VOM PATIENT VOR: BEZOGEN AUF JUNI 1983	INSGE- SAMT	INSG. KUMUL.	BISHERIGE KRANKHFITSDAUER			
			<1 JAHR	<2 JAHRE	<3 JAHRE	>3 JAHRE
< 3 MONATE	1273.	39.03 %	260.	264.	194.	555.
< 6 MONATE	473.	53.53 %	44.	50.	52.	327.
< 9 MONATE	235.	60.73 %	25.	28.	21.	161.
< 12 MONATE	87.	63.40 %	1.	22.	10.	54.
< 16 MONATE	140.	67.69 %	0.	35.	32.	73.
< 20 MONATE	94.	70.57 %	0.	25.	20.	49.
< 2 JAHRE	81.	73.05 %	0.	15.	34.	32.
> 2 JAHRE	879.	100.00 %	0.	0.	66.	813.
SUMME	3262.	100.00 %	330.	439.	429.	2064.

TAB. 16; SEIT WIEVIEL MONATEN LIEGEN UEBER DEN PATIENTEN KEINE WEITEREN INFORMATIONEN VOR?

Abb. 16: Zeitliche Distanz zur letzten eingegangenen Information, gegliedert nach bisheriger Krankheitsdauer

Für die Patienten, die nach Abb. 15 weiter in der Nachsorge verbleiben, sind in Abhängigkeit von der bisherigen Krankheitsdauer weitere Daten zu erwarten. Bezogen auf das Auswertungsdatum erfolgt deshalb die weitere Klassifizierung nach dem Zeitraum, seit dèm keine weiteren Informationen zu dem Patienten verfügbar wurden. Während zu einem Patienten, dessen Erkrankungsbeginn mehr als 3 Jahre zurückliegt und der seither rezidivfrei war, eine weitere Information erst nach 6 oder 12 Monaten eintreffen kann, wäre dieses Intervall unmittelbar nach Abschluß der Primärtherapie zu weitmaschig. Die Abb. 16 ist zwei Klinikregistern entnommen und zeigt, daß annähernd 70% der dort behandelten Patienten kontinuierlich versorgt sind. Jede Teilmenge von Patienten ist identifizierbar. Es lassen sich gezielt Maßnahmen einleiten, um auch für die restlichen Patienten zu einem definierten Status zu gelangen. Da ein Teil der Patienten auch von anderen Kliniken weiterbetreut wird, die bisher noch nicht im TR kooperieren, werden hier auch die Grenzen in der Anlaufphase eines Registers erkennbar.

Natürlich kann man einen Schritt weitergehen. Für Patienten, die in der Nachsorge stehen, läßt sich direkt der <u>nächste Nachsorgetermin</u> erheben oder, falls ein tumorspezifisches Nachsorgeprogramm vorliegt, errechnen. So läßt sich abschätzen, wann Daten eintreffen sollten. Auch das ist wieder unabhängig von der Durchführung der Nachsorge zu sehen.

NACHSORGEMONAT BEZOGEN AUF JUNI 1983	ANZAHL ABSOLUT	ANZAHL PROZENT
6 UND MEHR MONATE UEBERFAELLIG	296.	16.42 %
VOR 4 BZW 5 MONATEN ERWARTET	19.	1.05 %
VOR 2 BZW 3 MONATEN ERWARTET	24.	1.33 %
1983 JANUAR	44.	2.44 %
FEBRUAR	40.	2.22 %
MAERZ	81.	4.49 %
APRIL	96.	5.32 %
MAI	181.	10.04 %
JUNI	237.	13.14 %
JULI	203.	11.26 %
AUGUST	148.	8.21 %
SEPTEMBER	149.	8.26 %
OKTOBER	128.	7.10 %
NOVEMBER	82.	4.55 %
DEZEMBER	19.	1.05 %
1984 JANUAR	26.	1.44 %
FEBRUAR	9.	0.50 %
MAERZ	21.	1.16 %
SUMME	1803.	100.00 %

TAB. 17: VERTEILUNG DER DEM REGISTER UEBERMITTELTEN NAECHSTEN NACHSORGETERMINE

Abb. 17: Übersicht zu geplanten Nachsorgekontakten

3.2.2.2 Problemkreis: Einzugsgebiet und Selektion

```
••••••••••••••• E I N Z U G S G E B I E T  •••••••••••••••••
            ════════════════════════════════
```

POSTLEITBEZIRKE	*)	ABSOLUT	PROZENT	E.ZAHL **)	STAND.% ***)
AUSSERHALB BAYERNS		19.	0.95 %	0.	0.00 %
NEU-ULM	(7910-7919)	1.	0.05 %	141304.	0.38 %
WUERTTEMBERG NUR	(7920-7999)	8.	0.40 %	0.	0.00 %
MUENCHEN	(NUR 8000)	621.	31.05 %	1299693.	5.18 %
MUENCHEN-LAND OST	(8001-8019)	94.	4.70 %	194480.	5.24 %
MUENCHEN-LAND SUED	(8020-8029)	43.	2.15 %	79837.	5.85 %
MUENCHEN-LAND WEST	(8030-8039)	85.	4.25 %	185559.	4.97 %
MUENCHEN-LAND NORD	(8040-8049)	32.	1.60 %	73695.	4.71 %
FREISING	(8050-8059)	59.	2.95 %	154632.	4.14 %
DACHAU	(8060-8069)	48.	2.40 %	134255.	3.88 %
INGOLSTADT	(8070-8079)	62.	3.10 %	193192.	3.48 %
FUERSTENFELDBRUCK	(8080-8089)	36.	1.80 %	67376.	5.79 %
WASSERBURG	(8090-8099)	9.	0.45 %	49355.	1.97 %
GARMISCH/MURNAU	(8100-8119)	37.	1.85 %	87670.	4.58 %
WEILHEIM/STARNBERG	(8120-8149)	67.	3.35 %	114237.	6.36 %
MIESBACH/HOLZKIRCH.	(8150-8169)	28.	1.40 %	62743.	4.84 %
BAD TOELZ/TEGERNSEE	(8170-8189)	23.	1.15 %	66318.	3.76 %
WOLFRATSHAUSEN	(8190-8199)	18.	0.90 %	46059.	4.24 %
ROSENHEIM/PRIEN	(8200-8219)	94.	4.70 %	212880.	4.79 %
TRAUNSTEIN/REICHENH	(8230-8249)	39.	1.95 %	197940.	2.14 %
MUEHLDORF/DORFEN	(8250-8299)	63.	3.15 %	206652.	3.31 %
LANDSHUT	(8300-8349)	83.	4.15 %	321648.	2.80 %
DEGGENDORF/LANDAU	(8350-8389)	43.	2.15 %	295739.	1.57 %
PASSAU	(8350-8399)	21.	1.05 %	207589.	1.10 %
REGENSBURG/STRAUB	(8400-8449)	92.	4.60 %	588149.	1.69 %
AMBERG	(8450-8499)	13.	0.65 %	471567.	0.30 %
NUERNBERG/BAYREUTH	(8500-8599)	4.	0.20 %	1623816.	0.02 %
BAMBERG/COBURG/HOF	(8600-8699)	0.	0.00 %	768923.	0.00 %
WUERZBURG/ASCHAFFB	(8700-8799)	4.	0.20 %	1173681.	0.03 %
ANSBACH	(8800-8849)	7.	0.35 %	288218.	0.26 %
DONAUWOERTH/GUENZB.	(8850-8899)	47.	2.35 %	384201.	1.32 %
AUGSBURG	(8900-8909)	41.	2.05 %	485629.	0.91 %
LANDSBERG/SCHONGAU	(8910-8929)	51.	2.55 %	102398.	5.40 %
MEMMINGEN/SCHWAB-M	(8930-8949)	13.	0.65 %	201692.	0.69 %
KAUFBEUREN	(8950-8959)	15.	0.75 %	123868.	1.31 %
KEMPTEN/LINDAU	(8960-8999)	80.	4.00 %	266001.	3.26 %
SUMME		2000.	100.00 %	10870996.	100.00 %

TAB. 18: WOHNORT DER PATIENTEN AGGREGIERT NACH DEN POSTLEITZAHLBEZIRKEN

*) DIE POSTLEITZAHLBEZIRKE WEICHEN Z.T. STARK VON DEN LANDKREISEINTEILUNGEN AH.
**) ZUR INFORMATION: DIE BEVOELKERUNGSZAHLEN FUER DIE VERSCHIEDENEN POSTLEIT-
BEREICHE (1979 KONTEXTABHAENGIG MAENNL,WEIBL ODER GESAMT). DIESE DATEN WURDEN
DEM TZM VOM BAYERISCHEN STATISTISCHEN LANDESAMT ZUR VERFUEGUNG GESTELLT.
***) PROZENTUALE VERTEILUNG NACH STANDARDISIERUNG AUF DIE BEVOELKERUNGSZAHLEN

Abb. 18: Tabellarische Beschreibung des Einzugsgebietes

Eine Beschreibung des Einzugsgebietes kann am einfachsten nach einer Klassifikation erfolgen, die sich an den Postleitzahlen orientiert. In Abb. 18 sind auf diese Weise für ganz Bayern Regionen definiert worden, die mit der Entfernung von München immer großräumiger werden, im Großraum München jedoch an den Landkreisen orientiert sind. Die letzte Spalte der Tabelle zeigt die prozentuale Verteilung der erfaßten Patienten nach Standardisierung auf die zugehörige Bevölkerungszahl. Diese Tabelle ist aus einer tumorspezifischen Reihe entnommen und läßt sehr deutlich die Größe des natürlichen Einzugsgebietes für diesen Tumor erkennen. Wird diese Tabelle für verschiedene Tumordiagnosen erstellt, so lassen sich logisch konsequent die tumorspezifisch in ihrer Größe variierenden Einzugsgebiete für ein an der Versorgung und an epidemiologischen Daten interessiertes TR erkennen. Umgekehrt scheint die Forderung nach einem tumorunabhängigen, festen Einzugsgebiet im wesentlichen auf Organisationsüberlegungen zu beruhen, die für klinische Register eine gewisse Realitätsferne aufweisen, wenn man an diese natürlich variierenden großen Einzugsgebiete denkt.

Erleichtert wird dieser Einblick in die Versorgungssituation durch eine geographische Darstellung, soweit sie mit den begrenzten Möglichkeiten eines Schnelldruckers realisierbar ist. Es gibt bessere und an sich ansprechendere Möglichkeiten. Zu beachten ist jedoch die Vielzahl der in Abb. 12 genannten Auswertungen und die Zielsetzung eines automatisierten

Abb. 19:   Geographische Beschreibung des Einzugsgebietes

Berichtswesens. Im Rahmen dieser routinemäßig und automatisiert erstellten Auswertungen scheidet deshalb der Gedanke, exakte und schöne Darstellungen auf einer graphischen Ausgabe zu erzeugen aus organisatorischen Überlegungen aus, denn diese Darstellungen müßten in einem eigenen Arbeitsgang von Hand in den Routinebericht eingeklebt werden. Dies wäre zu aufwendig und zudem fehleranfällig, wobei diese Darstellungen ohnehin keine zusätzlichen Informationen enthalten, sondern primär der groben Übersicht dienen. Die gezeigte Darstellung reicht u.E. aus, um in einer klinikspezifischen Reihe bei Kenntnis der Inzidenzzahlen das Renommee einer Klinik, ihren Anteil an der Versorgung zu erkennen, oder um in einer tumorspezifischen Reihe auf die Lage der nicht kooperierenden Zentren hingewiesen zu werden. Die Erfahrung zeigt, daß ein Kliniker sofort Versorgungswege und fehlende Zentren anhand der standardisierten Zahlen nennen kann. Das Beispiel bezieht sich übrigens auf eine Tumordiagnose, für die in den internationalen Statistiken Werte von 35 bis 70 Neuerkrankungen auf 1 Mio. Einwohner angegeben werden.

TODESURSACHE 1979/80 NACH ANGABEN DES BAY. STAT. LANDESAMTES *)	MAENNLICH		1 MIO E	WEIBLICH		1 MIO E	INSGESAMT	
	ABSOLUT	PROZENT	ABSOLUT	ABSOLUT	PROZENT	ABSOLUT	ABSOLUT	PROZENT
LIPPE	24.	0.16 %	4.	3.	0.02 %	0.	27.	0.09 %
ZUNGE	64.	0.43 %	11.	20.	0.13 %	3.	84.	0.28 %
MUNDHOEHLE	170.	1.14 %	29.	55.	0.37 %	9.	225.	0.75 %
OESOPHAGUS	260.	1.75 %	44.	79.	0.53 %	12.	339.	1.14 %
DUENNDARM ZWOELFFINGERDARM	32.	0.21 %	5.	30.	0.20 %	5.	62.	0.21 %
REKTUM	756.	5.08 %	128.	696.	4.66 %	109.	1452.	4.87 %
LEBER GALLENGAENGE	326.	2.19 %	55.	205.	1.37 %	32.	531.	1.78 %
GALLE	197.	1.32 %	33.	552.	3.69 %	86.	749.	2.51 %
BAUCHFELL RETROPERITONEALRAUM	13.	0.09 %	2.	17.	0.11 %	3.	30.	0.10 %
VERDAUUNGSORGANE (N.N.BEZ.)	61.	0.41 %	10.	96.	0.64 %	15.	157.	0.53 %
NASE NASENEBENHOEHLE MITTELOHR	16.	0.11 %	3.	6.	0.04 %	1.	22.	0.07 %
LARYNX	178.	1.20 %	30.	24.	0.16 %	4.	202.	0.68 %
LUFTROEHRE BRONCHIEN LUNGE	3299.	22.15 %	560.	639.	4.28 %	100.	3938.	13.20 %
RIPPENFELL	51.	0.34 %	9.	22.	0.15 %	3.	73.	0.24 %
INTRATHORAKAL (N.N.BEZ.)	11.	0.07 %	2.	7.	0.05 %	1.	18.	0.06 %
KNOCHEN	87.	0.58 %	15.	67.	0.45 %	10.	154.	0.52 %
WEICHTEILE	64.	0.43 %	11.	73.	0.49 %	11.	137.	0.46 %
MELANOM	165.	1.11 %	28.	136.	0.91 %	21.	301.	1.01 %
SONSTIGE NEUBILDUNGEN DER HAUT	39.	0.26 %	7.	36.	0.24 %	6.	75.	0.25 %
MAMMA	29.	0.19 %	5.	2346.	15.70 %	367.	2375.	7.96 %
GEBAERMUTTER (N.N.BEZ.)	0.	0.00 %	0.	458.	3.06 %	72.	458.	1.53 %
CERVIX	0.	0.00 %	0.	395.	2.64 %	62.	395.	1.32 %
CORPUS	0.	0.00 %	0.	117.	0.78 %	18.	117.	0.39 %
OVARIUM	0.	0.00 %	0.	981.	6.56 %	153.	981.	3.29 %
VAGINA VULVA UND N.N.BEZEICHNETE	0.	0.00 %	0.	333.	2.23 %	52.	333.	1.12 %
PROSTATA	1542.	10.35 %	262.	0.	0.00 %	0.	1542.	5.17 %
HODEN	47.	0.32 %	8.	0.	0.00 %	0.	47.	0.16 %
PENIS	18.	0.12 %	3.	0.	0.00 %	0.	18.	0.06 %
HARNBLASE	562.	3.77 %	95.	214.	1.43 %	33.	776.	2.60 %
AUGE	3.	0.02 %	1.	4.	0.03 %	1.	7.	0.02 %
GEHIRN	191.	1.28 %	32.	157.	1.05 %	25.	348.	1.17 %
SONST.TEILE NERVENSYSTEM (N.N.BEZ.)	18.	0.12 %	3.	22.	0.15 %	3.	40.	0.13 %
SCHILDDRUESE	83.	0.56 %	14.	183.	1.22 %	29.	266.	0.89 %
SONSTIGE ENDOKRINE DRUESEN	4.	0.03 %	1.	9.	0.06 %	1.	13.	0.04 %
NICHT NAEHER BEZEICHNET	1175.	7.89 %	199.	1482.	9.92 %	232.	2657.	8.90 %
SARKOME	27.	0.18 %	5.	28.	0.19 %	4.	55.	0.18 %
MORBUS HODGKIN	91.	0.61 %	15.	88.	0.59 %	14.	179.	0.60 %
SONSTIGE LYMPHOME	146.	0.98 %	25.	115.	0.77 %	18.	261.	0.87 %
LEUKAEMIE	610.	4.10 %	103.	613.	4.10 %	96.	1223.	4.10 %
MAGEN	2243.	15.06 %	381.	2163.	14.47 %	338.	4406.	14.76 %
COLON	1137.	7.63 %	193.	1512.	10.12 %	236.	2649.	8.88 %
PANKREAS	674.	4.53 %	114.	645.	4.32 %	101.	1319.	4.42 %
NIERE NIERENBECKEN	481.	3.23 %	82.	319.	2.13 %	50.	800.	2.68 %
SUMME	14894.	100.00 %	2527.	14947.	100.00 %	2336.	29841.	100.00 %

TAB. 20.2S: TODESURSACHEN (1979/80) NACH ANGABEN DES BAYERISCHEN STATISTISCHEN LANDAMTES
FUER MUENCHEN, OPERBAYERN, NIEDERBAYERN UND SCHWABEN FUER BEIDE GESCHLECHTER
MAENNLICH 1979: N=7464,1980: N=7430   WEIBLICH 1979: N=7366,1980: N=7581
*) BEZEICHNUNGEN NACH ANGABEN DES STATISTISCHEN LANDESAMTES (N.N.BEZ. NICHT NAEHER BEZEICHNETE LOKALISATION)
ES FOLGEN NUN WEITERE AUFBEREITUNGEN DER DATEN DES TUMORREGISTERS MUENCHEN

Abb. 20: Auszug aus der amtlichen Todesursachenstatistik für Südbayern

Einen Weg, die regionalen Inzidenzen zu schätzen, bietet die Mortalitäts-statistik. In Abb. 20 sind die Daten der amtlichen Statistik für Südbayern aufbereitet. Aus den Mortalitätsdaten können indirekt Inzidenzen geschätzt werden. Hierzu benötigt man zusätzliche Informationen, vor allem durchschnittliche Überlebenszeiten. Zwar ergeben sich dadurch auch bei sorgfältigem Vorgehen für viele Tumorarten keine hinreichend genauen Schätzungen der Inzidenz, jedoch können stets Größenordnungen abgeleitet werden, an denen man den Erfassungsgrad der tumorspezifischen Register beurteilen, erste Hinweise auf Selektionen erhalten kann. Aus Datenschutzgründen wurden allerdings dem TRM keine genügend differenzierten Daten zur Verfügung gestellt, die es ermöglichen würden, die Mortalitätsdaten auf die regionale Gliederung entsprechend der Abb. 18 zu transformieren. Dies wäre nützlich, um auf der Grundlage von detaillierteren Daten die beschriebenen überschlägigen Schätzungen von Inzidenzen zu verfeinern. Dadurch könnte sich einerseits die Transparenz über den Abstand des TRM vom Populationsbezug erhöhen und andererseits könnte der registerunabhängige Stellenwert solcher Inzidenzschätzungen vergrößert werden.

| TUMORDIAGNOSE | HAEUFIGKEITEN ABSOLUT UND PROZENTUAL FUER DIE IN DER NACHSORGE STEHENDEN PATIENTEN | | | | | VERSTORBENE | | INSGESAMT | |
| | MAENNLICH | | WEIBLICH | | | MAENNL. U WEIBL. | | | |
	ABSOLUT	PROZENT	ABSOLUT	PROZENT	DIFF. M.%-W.%	ABSOLUT	PROZENT	ABSOLUT	PROZENT
LIPPENTUMOR	63.	1.06 %	8.	0.08 %	0.98 %	8.	0.29 %	79.	0.42 %
SPEICHELDRUESENTUMOR	58.	0.98 %	54.	0.53 %	0.45 %	14.	0.51 %	126.	0.67 %
MUNDHOEHLENTUMOR	254.	4.28 %	74.	0.73 %	3.55 %	57.	2.09 %	385.	2.04 %
LARYNXTUMOR	488.	8.22 %	52.	0.51 %	7.71 %	94.	3.44 %	634.	3.37 %
OROPHARYNXTUMOR	106.	1.79 %	41.	0.40 %	1.38 %	25.	0.92 %	172.	0.91 %
NASOPHARYNXTUMOR	44.	0.74 %	25.	0.25 %	0.50 %	13.	0.48 %	82.	0.44 %
HYPOPHARYNXTUMOR	79.	1.33 %	14.	0.14 %	1.19 %	24.	0.88 %	117.	0.62 %
TUMOR DER NASE UND NNH	69.	1.16 %	50.	0.49 %	0.67 %	16.	0.59 %	135.	0.72 %
TUMOR DES OHRES	47.	0.79 %	15.	0.15 %	0.64 %	3.	0.11 %	65.	0.35 %
SCHILDDRUESENTUMOR	59.	0.99 %	99.	0.97 %	0.02 %	10.	0.37 %	168.	0.89 %
OESOPHAGUSKARZINOM	83.	1.40 %	12.	0.12 %	1.28 %	21.	0.77 %	116.	0.62 %
MAGENMALIGNOM	330.	5.56 %	214.	2.10 %	3.45 %	143.	5.24 %	687.	3.65 %
ZWOELFFINGERDARMKARZINOM	6.	0.10 %	4.	0.04 %	0.06 %	1.	0.04 %	11.	0.06 %
COLONKARZINOM	288.	4.85 %	282.	2.77 %	2.08 %	67.	2.46 %	637.	3.38 %
RECTUMKARZINOM	272.	4.58 %	234.	2.30 %	2.28 %	91.	3.33 %	597.	3.17 %
ANALKARZINOM	11.	0.19 %	30.	0.29 %	-0.11 %	4.	0.15 %	45.	0.24 %
PRIMAERES LEBERKARZINOM	4.	0.07 %	6.	0.06 %	0.01 %	7.	0.26 %	17.	0.09 %
KARZINOM DER AEUSSEREN GALLENWEGE	6.	0.10 %	12.	0.12 %	-0.02 %	3.	0.11 %	21.	0.11 %
PANKREASKARZINOM	38.	0.64 %	32.	0.31 %	0.33 %	13.	0.48 %	83.	0.44 %
BRONCHIALKARZINOM	905.	15.24 %	185.	1.82 %	13.42 %	110.	4.03 %	1200.	6.37 %
KNOCHENTUMOR	29.	0.49 %	15.	0.15 %	0.34 %	8.	0.29 %	52.	0.28 %
WEICHTEILSARKOM	105.	1.77 %	142.	1.40 %	0.37 %	47.	1.72 %	294.	1.56 %
MALIGNES MELANOM	587.	9.89 %	1002.	9.85 %	0.03 %	420.	15.39 %	2009.	10.66 %
SPINOZELLULAERES KARZINOM DER HAUT	33.	0.56 %	16.	0.16 %	0.40 %	2.	0.07 %	51.	0.27 %
BASALIOM DER HAUT	51.	0.86 %	45.	0.44 %	0.42 %	2.	0.07 %	98.	0.52 %
MAMMAKARZINOM	19.	0.32 %	3629.	35.68 %	-35.36 %	235.	8.61 %	3883.	20.61 %
CERVIXKARZINOM	0.	0.00 %	1328.	13.06 %	-13.06 %	370.	13.56 %	1698.	9.01 %
ENDOMETRIUMKARZINOM	1.	0.02 %	1086.	10.68 %	-10.66 %	212.	7.77 %	1299.	6.90 %
VULVAKARZINOM	0.	0.00 %	137.	1.35 %	-1.35 %	42.	1.54 %	179.	0.95 %
VAGINALKARZINOM	0.	0.00 %	67.	0.65 %	-0.66 %	27.	0.99 %	94.	0.50 %
OVARIALKARZINOM	0.	0.00 %	513.	5.04 %	-5.04 %	299.	10.96 %	812.	4.31 %
PROSTATAKARZINOM	292.	4.92 %	0.	0.00 %	4.92 %	13.	0.48 %	305.	1.62 %
HODENTUMOR	384.	6.47 %	0.	0.00 %	6.47 %	23.	0.84 %	407.	2.16 %
NIERENTUMOR	233.	3.92 %	170.	1.67 %	2.25 %	36.	1.32 %	439.	2.33 %
NIERENBECKENTUMOR	13.	0.22 %	5.	0.05 %	0.17 %	0.	0.00 %	18.	0.10 %
HARNLEITERTUMOR	7.	0.12 %	4.	0.04 %	0.08 %	0.	0.00 %	11.	0.06 %
BLASENTUMOR	410.	6.90 %	113.	1.11 %	5.79 %	37.	1.36 %	560.	2.97 %
HARNROEHRENTUMOR	3.	0.05 %	8.	0.08 %	-0.03 %	1.	0.04 %	12.	0.06 %
HIRNTUMOR	33.	0.56 %	35.	0.34 %	0.21 %	7.	0.26 %	75.	0.40 %
MALIGNES LYMPHOM	314.	5.29 %	243.	2.39 %	2.90 %	130.	4.76 %	687.	3.65 %
PLASMOZYTOM	22.	0.37 %	22.	0.22 %	0.15 %	7.	0.26 %	51.	0.27 %
LEUKAEMIE	88.	1.48 %	66.	0.65 %	0.83 %	49.	1.80 %	203.	1.08 %
SONSTIGE TUMORDIAGNOSE	6.	0.10 %	7.	0.07 %	0.03 %	1.	0.04 %	14.	0.07 %
NON-HODGKIN KINDER	10.	0.17 %	7.	0.07 %	0.10 %	5.	0.18 %	22.	0.12 %
UNBEKANNTER PRIMAERTUMOR	88.	1.48 %	69.	0.68 %	0.80 %	32.	1.17 %	189.	1.00 %
SUMME	5938.	100.00 %	10172.	100.00 %	% - %	2729.	100.00 %	18839.	100.00 %

TAB. 21: HAEUFIGKEITEN DER BEI DER ERSTEN MELDUNG ANGEGEBENEN TUMORDIAGNOSEN FUER DIE
16153 IN NACHSORGE STEHENDEN PATIENTEN UND DIE 2731 VERSTORBENEN
(AUFGELISTET SIND DIAGNOSEN MIT EINER HAUEFIGKEIT >10)

Abb. 21:   Verteilung der Tumordiagnosen im TRM

Die tatsächliche Verteilung der Tumordiagnosen im TRM (Abb. 21) zeigt dagegen ein völlig anderes Bild. Unterschiedliche Einzugsgebiete und Fehler
wichtiger, die Versorgung tragender, nicht universitärer Kliniken sind als
Gründe zu nennen. Eine vergleichbare Tabelle findet sich auch in jeder
Auswertung eines klinikspezifischen Registers, die jeder Klinik im Bezug
zu den wahren Inzidenzrelationen Versorgungswege und Versorgungsschwer-
punkte verdeutlichen kann.

Für sich allein bieten die Zahlen dieser Tabelle keine Informationen über
relevante Häufigkeiten oder Trends in der Gesamtpopulation. Sie spiegeln
in diesem Zusammenhang lediglich das Fächerspektrum der im TRM z. Zt. kooperierenden Kliniken wider. Dennoch kann wohl kein TR auf die Wiedergabe
einer derartigen Tabelle verzichten, als globalen Nachweis von 'Aktivität'
und zur Information über den Umfang des für jede Tumordiagnose verfügbaren
und auswertbaren Datenbestandes. Die Summenzeile läßt die aktuellen Fall-

56

zahlen des gesamten TRM für in Nachsorge stehende und als verstorben ge-
meldete Patienten bei Redaktionsschluß (Mai 1983) erkennen.

PFI

LANDKREISE U KREIS-FREIE STAEDTE	EINW. WEIBL.	INZIDENZ WEIBL.	INZIDENZ PROZENT	ANZAHL ORTE
INGOLSTADT *	46174.	37.	1.45 %	1.
MUENCHEN *	672182.	538.	21.02 %	1.
ROSENHEIM *	27102.	22.	0.86 %	1.
LKR. ALTOETTING	49116.	39.	1.52 %	24.
LKR. BERCHTESGADENER LAND	49079.	39.	1.52 %	15.
LKR. BAD TOELZ-WOLFRATSHAUSEN	50980.	41.	1.60 %	21.
LKR. DACHAU	51673.	41.	1.60 %	17.
LKR. EBERSBERG	47840.	38.	1.48 %	21.
LKR. EICHSTAETT	46896.	38.	1.48 %	30.
LKR. ERDING	43378.	35.	1.37 %	26.
LKR. FREISING	56422.	45.	1.76 %	24.
LKR. FUERSTENFELDBRUCK	85601.	68.	2.66 %	23.
LKR. GARMISCH-PARTENKIRCHEN	43710.	35.	1.37 %	22.
LKR. LANDSBERG A.LECH	38530.	31.	1.21 %	31.
LKR. MIESBACH	43080.	34.	1.33 %	17.
LKR. MUEHLDORF A.INN	46857.	37.	1.45 %	31.
LKR. MUENCHEN	122482.	98.	3.83 %	29.
LKR. NEUBURG-SCHROBENHAUSEN	38074.	30.	1.17 %	18.
LKR. PFAFFENHOFEN A.D.ILM	41650.	33.	1.29 %	20.
LKR. ROSENHEIM	94149.	75.	2.93 %	45.
LKR. STARNBERG	55384.	44.	1.72 %	14.
LKR. TRAUNSTEIN	75121.	60.	2.34 %	37.
LKR. WEILHEIM-SCHONGAU	53237.	43.	1.68 %	34.
LANDSHUT *	30740.	25.	0.98 %	1.
PASSAU *	27277.	22.	0.86 %	1.
STRAUBING *	22915.	18.	0.70 %	1.
LKR. DEGGENDORF	52556.	42.	1.64 %	26.
LKR. FREYUNG-GRAFENAU	38405.	31.	1.21 %	25.
LKR. KELHEIM	44530.	36.	1.41 %	24.
LKR. LANDSHUT	55913.	45.	1.76 %	35.
LKR. PASSAU	80735.	65.	2.54 %	38.
LKR. REGEN	39463.	32.	1.25 %	24.
LKR. ROTTAL-INN	53574.	43.	1.68 %	31.
LKR. STRAUBING-BOGEN	40579.	32.	1.25 %	36.
LKR. DINGOLFING-LANDAU	37928.	30.	1.17 %	15.
AUGSBURG *	132614.	106.	4.14 %	1.
KAUFBEUREN *	22786.	18.	0.70 %	1.
KEMPTEN (ALLGAEU) *	31334.	25.	0.98 %	1.
MEMMINGEN *	20026.	16.	0.63 %	1.
LKR. AICHACH-FRIEDBERG	48436.	39.	1.52 %	23.
LKR. AUGSBURG	92520.	74.	2.89 %	45.
LKR. DILLINGEN A.D.DONAU	40592.	32.	1.25 %	28.
LKR. GUENZBURG	54964.	44.	1.72 %	34.
LKR. NEU-ULM	72867.	58.	2.27 %	17.
LKR. LINDAU (BODENSEE)	36562.	29.	1.13 %	19.
LKR. OSTALLGAEU	56984.	46.	1.80 %	43.
LKR. UNTERALLGAEU	59821.	48.	1.88 %	52.
LKR. DONAU-RIES	59453.	48.	1.88 %	44.
LKR. OBERALLGAEU	67754.	54.	2.11 %	28.
SUMME	3200045.	2559.	100.00 %	1096.

TAB. 22.2S: ERWARTETE JAEHRLICHE NEUERKRANKUNGEN IN DEN 3 REGIERUNGSBEZIRKEN OBER-,NIEDERBAYERN
UND SCHWABEN.(ANGENOMMENE INZIDENZ VON 800 FUER JEWEILS 1 MIO EINWOHNER). BITTE
HELFEN SIE,KLINIKEN FUER DIE KOOPERATION ZU GEWINNEN, UM IN MUENCHEN,DEN ANGREN-
ZENDEN LANDKREISEN, BEI SELTENEN TUMOREN DARUEBER HINAUS VOLLSTAENDIGKEIT ZU ERREICHEN.
ES FOLGEN NUN WEITERE AUFBEREITUNGEN DER DATEN DES TUMORREGISTERS MUENCHEN

Abb. 22: Zu erwartende Neuerkrankungen für Südbayern auf Kreisebene

Sowohl für eine Klinik als auch für tumorspezifische Projektgruppen
kann es von Interesse sein, die in den verschiedenen Verwaltungseinheiten zu erwartende Neuerkrankungszahl zu kennen. Die angegebenen Werte
sind durch proportionale Umrechnung einer globalen Inzidenzschätzung
(im Beispiel 800 auf 1 Mio. weiblicher Einwohner) auf die Kreise entstanden. Etwaige Unterschiede der Altersstruktur zwischen den Landkreisen bleiben in dieser Darstellung unberücksichtigt. Für zahlreiche
Steuerungs- und Planungsaspekte reichen solche globalen Angaben jedoch
aus. So kann z.B. an Hand des Abgleichs dieser Zahlen mit den Meldungen
an das TRM ein Kliniker sofort Kollegen nennen, die sicherlich an einer
Kooperation interessiert sein dürften.

PROZENTUALE VERTEILUNGEN ZUR TUMORBEDINGTEN MORTALITAET FUER VERSCHIEDENE ALTERSINTERVALLE.
DIESE DATEN FUER DIE DREI REGIERUNGSBEZIRKE OBFR-, NIEDERBAYERN UND SCHWABEN WURDEN NACH
ANGABEN DES BAYERISCHEN STATISTISCHEN LANDESAMTES ZUSAMMENGESTELLT.

ALTERSINTERVALL -> TUMORDIAGNOSE	I<40 IN=611	I40 < 50 IN=1118	I50 < 60 IN=2655	I60 < 70 IN=5037	I70 < 80 IN=8770	IGESAMT IN=22188	IGESAMT IABSOLUT	I40 <60 IN=3773	I60 <80 IN=13807
LIPPE ZUNGE MUND NASE	3.60 %	7.33 %	3.54 %	1.69 %	1.19 %	1.88 %	418.	4.66 %	1.37 %
LARYNX	0.82 %	2.77 %	1.69 %	1.25 %	0.98 %	1.21 %	269.	2.01 %	1.08 %
OESOPHAGUS	1.31 %	2.95 %	2.52 %	1.83 %	1.60 %	1.81 %	401.	2.65 %	1.68 %
MAGEN	5.24 %	10.47 %	12.88 %	14.04 %	15.77 %	14.64 %	3249.	12.17 %	15.14 %
LEBER GALLENGAENGE	1.64 %	1.61 %	3.16 %	2.68 %	1.70 %	2.04 %	452.	2.70 %	2.06 %
GALLE	0.65 %	0.89 %	1.28 %	1.25 %	1.43 %	1.39 %	308.	1.17 %	1.36 %
DARMTRAKT	7.69 %	17.89 %	16.87 %	17.87 %	17.47 %	17.36 %	3852.	17.17 %	17.61 %
LUNGE BRONCHIEN	5.73 %	17.62 %	27.42 %	26.03 %	23.48 %	22.09 %	4902.	24.52 %	24.41 %
MELANOM	5.40 %	3.40 %	1.47 %	1.17 %	0.68 %	1.12 %	246.	2.04 %	0.86 %
PROSTATA	0.33 %	1.16 %	2.11 %	7.19 %	12.73 %	10.56 %	2343.	1.83 %	10.70 %
NIERE	2.13 %	6.17 %	4.63 %	3.79 %	2.83 %	3.25 %	721.	5.09 %	3.18 %
HARNBLASE	0.49 %	1.43 %	2.56 %	3.51 %	4.17 %	3.77 %	837.	2.23 %	3.93 %
GEHIRN NERVENSYSTEM	11.46 %	5.01 %	3.24 %	2.16 %	1.01 %	1.96 %	434.	3.76 %	1.43 %
LYMPHOME LEUKAEMIEN	28.81 %	8.77 %	6.78 %	5.26 %	4.71 %	5.92 %	1313.	7.37 %	4.91 %
SELTENE FORMEN	17.35 %	4.11 %	2.45 %	2.22 %	1.62 %	2.42 %	536.	2.94 %	1.84 %
NICHT NAEHER BEZEICHNET	7.36 %	8.41 %	7.38 %	8.06 %	8.64 %	8.59 %	1905.	7.69 %	8.43 %
SUMME	100.00 %	100.00 %	100.00 %	100.00 %	100.00 %	100.00 %	22188.	100.00 %	100.00 %

TAB. 23.1: TUMORBEDINGTE MORTALITAET FUER VERSCHIEDENE ALTERSINTERVALLE (MAENNLICH, FUER 1979 BIS 1981).

ALTERSINTERVALL -> TUMORDIAGNOSE	I<40 IN=530	I40 < 50 IN=1019	I50 < 60 IN=2727	I60 < 70 IN=4755	I70 < 80 IN=8024	IGESAMT IN=22652	IGESAMT IABSOLUT	I40 <60 IN=3746	I60 <80 IN=12779
LIPPE ZUNGE MUND NASE	0.75 %	0.88 %	0.77 %	0.80 %	0.50 %	0.63 %	143.	0.80 %	0.61 %
LARYNX	0.00 %	0.20 %	0.18 %	0.13 %	0.12 %	0.16 %	37.	0.19 %	0.13 %
OESOPHAGUS	0.38 %	0.49 %	0.40 %	0.40 %	0.47 %	0.56 %	126.	0.43 %	0.45 %
MAGEN	6.04 %	6.87 %	7.37 %	11.21 %	15.10 %	14.13 %	3200.	7.23 %	13.66 %
LEBER GALLENGAENGE	1.32 %	0.69 %	0.95 %	1.24 %	1.52 %	1.38 %	313.	0.88 %	1.42 %
GALLE	0.19 %	1.96 %	2.64 %	3.72 %	4.45 %	3.64 %	824.	2.46 %	4.18 %
DARMTRAKT	6.60 %	11.97 %	13.86 %	18.30 %	20.75 %	18.89 %	4278.	13.35 %	19.96 %
LUNGE BRONCHIEN	1.32 %	4.32 %	4.40 %	5.28 %	5.02 %	4.44 %	1006.	4.38 %	5.12 %
MELANOM	3.02 %	2.45 %	1.25 %	0.82 %	0.83 %	0.94 %	212.	1.58 %	0.83 %
MAMMA	22.45 %	31.70 %	26.37 %	16.32 %	12.72 %	15.91 %	3605.	27.82 %	14.06 %
CERVIX CORPUS VAGINA VULVA	8.68 %	9.81 %	9.94 %	10.16 %	8.64 %	8.75 %	1982.	9.90 %	9.20 %
OVARIUM	5.28 %	9.81 %	10.74 %	8.37 %	5.52 %	6.40 %	1449.	10.49 %	6.58 %
NIERE	1.51 %	2.06 %	2.42 %	2.50 %	2.41 %	2.16 %	489.	2.32 %	2.44 %
HARNBLASE	0.00 %	0.00 %	0.55 %	1.11 %	1.72 %	1.44 %	327.	0.40 %	1.49 %
GEHIRN NERVENSYSTEM	8.87 %	3.24 %	3.74 %	2.86 %	2.17 %	2.48 %	561.	3.60 %	2.43 %
LYMPHOME LEUKAEMIEN	21.89 %	5.20 %	4.95 %	5.68 %	5.51 %	5.63 %	1275.	5.02 %	5.57 %
SELTENE FORMEN	6.42 %	2.06 %	1.50 %	1.72 %	1.32 %	1.62 %	368.	1.66 %	1.47 %
NICHT NAEHER BEZEICHNET	5.28 %	6.28 %	7.96 %	9.38 %	11.02 %	10.85 %	2457.	7.50 %	10.41 %
SUMME	100.00 %	100.00 %	100.00 %	100.00 %	100.00 %	100.00 %	22652.	100.00 %	100.00 %

TAB. 23.2: TUMORBEDINGTE MORTALITAET FUER VERSCHIEDENE ALTERSINTERVALLE (WEIBLICH, FUER 1979 BIS 1981).

Abb. 23: Altersspezifische tumorbedingte Mortalität (Südbayern 1979-1981)

Einen groben Überblick zu den tumorspezifisch unterschiedlichen Inzidenz-
verhältnissen vermittelt die Abbildung 23 als weiteres Beispiel für Auswertungen der amtlichen <u>Mortalitätsstatistik</u>.

3.2.2.3 Problemkreis: Epidemiologie

	SELBSTBEFUND		ZUFALLSBEFUND	
KLIN.STADIUM	ABSOLUT	PROZENT	ABSOLUT	PROZENT
STADIUM I	236.	40.34 %	107.	54.59 %
STADIUM II	268.	45.81 %	68.	34.69 %
STADIUM III	55.	9.40 %	14.	7.14 %
STADIUM IV	26.	4.44 %	7.	3.57 %
SUMME	585.	100.00 %	196.	100.00 %

TAB. 24: KLINISCHES STADIUM FUER 2 GRUPPEN
SELBSTBEFUND UND ZUFALLSBEFUND

Abb. 24: Anlaß der Diagnosestellung und
klinisches Stadium

Entsprechend der Anzahl der <u>anamne</u>-
<u>stischen Daten</u> auf den Dokumenta-
tionsformularen können nur Hinweise
gegeben werden, die zur Kontrolle
oder 'lediglich' zur Aufmerksamkeit
anregen können. Abb. 24 beschreibt
den Zusammenhang zwischen klinischen
Stadien und Zufallsbefund bei einer
speziellen Diagnose.

| | | MAENNLICH | | WEIBLICH | | INSGESAMT | |
JAHRESZEIT DER DIAGNOSESTELLUNG		ABSOLUT	PROZENT	ABSOLUT	PROZENT	ABSOLUT	PROZENT
JANUAR		46.	10.11 %	41.	6.66 %	87.	8.12 %
FEBRUAR		41.	9.01 %	44.	7.14 %	85.	7.94 %
MAERZ		35.	7.69 %	65.	10.55 %	100.	9.34 %
APRIL		28.	6.15 %	50.	8.12 %	78.	7.28 %
MAI		34.	7.47 %	58.	9.47 %	92.	8.59 %
JUNI		51.	11.21 %	59.	9.58 %	110.	10.27 %
JULI		35.	7.69 %	75.	12.18 %	110.	10.27 %
AUGUST		43.	9.45 %	48.	7.79 %	91.	8.50 %
SEPTEMBER		39.	8.57 %	42.	6.82 %	81.	7.56 %
OKTOBER		41.	9.01 %	62.	10.06 %	103.	9.62 %
NOVEMBER		38.	8.35 %	39.	6.33 %	77.	7.19 %
DEZEMBER		24.	5.27 %	33.	5.36 %	57.	5.32 %
SUMME		455.	100.00 %	616.	100.00 %	1071.	100.00 %

TAB. 25: IN WELCHER JAHRESZEIT WURDE DIE DIAGNOSE GESTELLT?
(BERUECKSICHTIGT SIND FAELLE VON 1976 BIS 1982)

Abb. 25: Zeitpunkt der Diagnosestellung nach Jahreszeiten

In Abb. 25 sind Fakten zur Hypothese über eine jahreszeitliche Abhängigkeit der Diagnosestellung wiedergegeben. Ein TR kann solchen tumorspezifischen Hypothesen nachgehen, die Daten zu allen Diagnosen zusammenstellen, Bekanntes reproduzieren, Auffälligkeiten im Auge behalten und den Rest verwerfen.

HISTOLOGIE RAUCHER	PLATTENEP.	ADENOCA.	KLEINZELLIG	GROSSZELLIG	SONST. CA.	SARK./LYMPHOM	SUMME
NICHTRAUCHER	13.0F	53.0F	6.0F	4.0F	16.0F	1.0F	93.0F
	14.0V	57.0V	6.5V	4.3V	17.2V	1.1V	100.0V
	3.5K	27.5K	4.3K	8.7K	15.4K	50.0K	10.9K
RAUCHER	361.0F	140.0F	132.0F	42.0F	88.0F	1.0F	764.0F
	47.3V	18.3V	17.3V	5.5V	11.5V	0.1V	100.0V
	96.5K	72.5K	95.7K	91.3K	84.6K	50.3K	89.1K
BEOBACHTETE FAELLE	374.0F	193.0F	138.0F	46.0F	104.0F	2.0F	857.0F
PROZENT HORIZONTAL	43.6V	22.5V	16.1V	5.4V	12.1V	0.2V	100.0V
PROZENT VERTIKAL	100.0K	100.0K	100.0K	100.0K	100.0K	100.0K	100.0K

TAB. 26: HISTOLOGIE UND AETIOLOGISCHER FAKTOR RAUCHEN

Abb. 26: Histologie und mögliche Ätiologie

Die Abb. 26 zeigt als weiteres Beispiel den bekannten Einfluß des Rauchens auf die Histologie beim Lungenkarzinom.

Als besonderer Gesichtspunkt ist mit der Abb. 27 das Problem der zeitlichen Veränderung angesprochen. Vor der Interpretation säkularer Veränderungen ist stets die in der Abbildung formulierte Frage nach deren Ursache zu stellen. Veränderungen in der Diagnostik bis hin zur Interpretation der Befunde oder Veränderungen in der Einstellung der Patienten können erheblich die Erfolgsergebnisse einer Klinik verändern, ohne daß irgendeine säkulare Veränderung der Erkrankung festzustellen ist. Bei kontrol-

ZEITLICHE ENTWICKLUNGEN IM SAEKULAREN VERLAUF?
==
(DER KLINIK,DER PATIENTEN,DER ERKRANKUNG ?)

| | VOR 1976 | | 1976 - 1979 | | NACH 1979 | |
PT-STADIUM	ABSOLUT	PROZENT	ABSOLUT	PROZENT	ABSOLUT	PROZENT
PT 1	102.	23.50 %	198.	31.68 %	126.	24.90 %
PT 2	102.	23.50 %	159.	25.44 %	113.	22.33 %
PT 3	127.	29.26 %	189.	30.24 %	141.	27.87 %
PT 4	103.	23.73 %	79.	12.64 %	126.	24.90 %
SUMME	434.	100.00 %	625.	100.00 %	506.	100.00 %

TAB. 27.1: IST EINE ZEITLICHE VERAENDERUNG ZU ERKENNEN?

| | VOR 1976 | | 1976 - 1979 | | NACH 1979 | |
OP - HINWEIS	ABSOLUT	PROZENT	ABSOLUT	PROZENT	ABSOLUT	PROZENT
OPERIERT	104.	94.55 %	144.	83.24 %	138.	82.63 %
NICHT INDIZ.	3.	2.73 %	13.	7.51 %	10.	5.99 %
VERWEIGERT	3.	2.73 %	16.	9.25 %	19.	11.38 %
SUMME	110.	100.00 %	173.	100.00 %	167.	100.00 %

TAB. 27.2: IST EINE ZEITLICHE VERAENDERUNG ZU ERKENNEN?

Abb. 27: Aufbereitungen zu zeitlichen Veränderungen

lierten klinischen Studien mit begrenzter Rekrutierungsphase sind solche
Aspekte im allgemeinen irrelevant und deshalb in Auswertungen nicht zu
berücksichtigen. TR müssen solchen Fragen nachgehen und gegebenenfalls
die Datenurheber auf Unterschiede hinweisen.

3.2.2.4   Problemkreis: Tumorspezifische Basisdaten

```
                                                        BEISPIELE 14/06/83   -025-

ZUR DOKUMENTATION BROCNCHIALKARZINOM DES TUMORREGISTERS MUENCHEN
(VGL. ERSTERHEBUNG BRONCHIALKARZINOM FORMULAR 16 VERSION 10/81)

LOKALISATION
============

ERFASST WERDEN DIE LOKALISATIONEN OBERLAPPEN, MITTELLAPPEN, UNTERLAPPEN, CARINA, HAUPTBRONCHUS UND ZWISCHENBRONCHUS.
BEI ANGABE MEHRERER LOKALISATIONEN WIRD 'SONSTIGES/MEHRERE TEILBEREICHE' ERZEUGT.
NEBEN DEN BRONCHIALKARZINOMEN WERDEN BIS AUF WEITERES AUCH MALIGNOME DES MEDIASTINUMS BZW. DER PLEURA BERUECKSICHTIGT.
ACHTUNG: DIE ZUSAETZLICHE ANGABE ZENTRAL/PERIPHER KANN NACH ENTSPRECHENDER VEREINBARUNG AB SOFORT UEBERNOMMEN WERDEN.
========

T N M - KLASSIFIZIERUNG
=======================

DIE FOLGENDEN KLINISCHEN STADIEN WERDEN DEFINIERT:

T1 - T2,  N0,       M0      ----------> STADIUM 1A
T1,       N1,       M0      ----------> STADIUM 1B
T2,       N1,       M0      ----------> STADIUM 2
T3,       N0 - N1,  M0      ----------> STADIUM 3
JEDES T,  N2,       M0      ----------> EBENFALLS STADIUM 3
JEDES T,  JEDES N,  M1      ----------> STADIUM 4

HISTOLOGIE
==========

DIE ERFASSTEN HISTOLOGISCHEN DIAGNOSEN WERDEN ZU FOLGENDEN GRUPPEN ZUSAMMENGEFASST
               - PLATTENEPITHELKARZINOM
               - ADENOKARZINOM
               - KLEINZELLIGES KARZINOM
               - GROSSZELLIGES KARZINOM
               - SONSTIGES KARZINOM
               - SARKOM, LYMPHOM
EINE WEITERGEHENDE DIFFERENZIERUNG DER HISTOLOGISCHEN DIAGNOSE, WIE Z.B. VERHORNEND/NICHT VERHORNEND WIRD AUF VORSCHLAG DER
BETEILIGTEN PATHOLOGEN NICHT BERUECKSICHTIGT. BEI ANGABE MEHRERER HISTOLOGIEN WIRD 'SONSTIGES' ERZEUGT.

PRIMAERE THERAPIE
=================

BEI DER GRUPPIERUNG DER PRIMAER DURCHGEFUEHRTEN THERAPIEMASSNAHMEN (OP, BESTR., CHEMO) WURDEN FOLGENDE GRUPPEN GEBILDET
               - OP, MIT ODER OHNE BESTR., OHNE CHEMO            CAVE: DIE PROBETHORAKOTOMIE
               - OP, MIT ODER OHNE BESTR., MIT CHEMO            WIRD UNTER OP EINGEORDNET.
               - ALLEINIGE BESTR.
               - CHEMO, NICHT OPERIERT, MIT ODER OHNE BESTR.
               - KEINE THERAPIE DURCHGEF., KEINE THER. DOKUMENTIERT
VERLAUFSFORTSCHREIBUNG
======================

DAMIT EINE BESCHREIBUNG DES KRANKHEITESVERLAUFS MOEGLICH WIRD, IST EINE EINHEITLICHE DOKUMENTATION DES THERAPIEERFOLGES UND
DES VERLAUFSSTATUS UNUMGAENGLICH. DER BEGRIFF PROGRESSION IST AUSSCHLIESSLICH DER VERSCHLECHTERUNG BEKANNTER KRANKHEITSPARAMETER
VORBEHALTEN. NEU AUFGETRETENE KRANKHEITESMANIFESTATIONEN SIND ALS 'LOKALREZIDIV', 'LK-REZIDIV',
'LK-NEUMANIFESTATION' (ERSTMALIGER BEFALL DER REG. LK IM VERLAUF) ODER 'FERNMETASTASEN' (MIT LOKALISATIONSANGABE) ZU
VERSCHLUESSELN.
ZUR REMISSIONSBEURTEILUNG GELTEN DIE GAENGIGEN KRITERIEN DER EORTC. INSBESONDERE WIRD UNTER 'TUMORFREI (VOLLREMISSION)'
DER AKTUELLE ZUSTAND, NICHT LANGZEITHEILUNG VERSTANDEN.

LEIDER IST DIE ZAHL DER PATIENTEN, ZU DENEN VERLAUFSINFORMATIONEN VORLIEGEN, Z.Z. NOCH UEBERAUS GERING.
DADURCH SIND DIE MOEGLICHKEITEN DER VERLAUFSAUSWERTUNG FUER DIE TUMORDIAGNOSE BRONCHIALKARZINOM STARK LIMITIERT.
```

Abb. 28:   Tumorspezifische Klassifikationshinweise

Auch wenn ein Dokumentationsformular als bekannt vorausgesetzt werden
kann, so ist auf Grund der notwendigen Klassifizierung oder unvollständiger oder zweifelhafter Angaben auf Erläuterungen in einem automatisch
erstellten Bericht nicht zu verzichten. Ein Beispiel zeigt die Abb. 28,
in der über die Zuordnung von TNM-Stadien zu klinischen Stadien, die Zusammenfassung seltener Histologien, die Gruppierung der primären Therapiemaßnahmen und die Kriterien der Verlaufsdokumentation informiert
wird.

```
*************** A L T E R S V E R T E I L U N G   B E I   D I A G N O S E S T E L L U N G  *******
==================================================================================
```

ALTER BEI DIAGNOSESTELLUNG	ABSOLUT	KUMUL.%	PROZ.	STAND.*) PROZ.	STAND*) KUMUL.%	EINW. ZAHL **)
UNTER 5 JAHRE	0.	0.00 %	0.00 %	0.00 %	0.00 %	259355.
5 BIS UNTER 10 JAHRE	0.	0.00 %	0.00 %	0.00 %	0.00 %	306998.
10 BIS UNTER 15 JAHRE	0.	0.00 %	0.00 %	0.00 %	0.00 %	424569.
15 BIS UNTER 20 JAHRE	0.	0.00 %	0.00 %	0.00 %	0.00 %	445415.
20 BIS UNTER 25 JAHRE	6.	0.15 %	0.15 %	0.12 %	0.12 %	398149.
25 BIS UNTER 30 JAHRE	31.	0.95 %	0.80 %	0.68 %	0.80 %	375810.
30 BIS UNTER 35 JAHRE	108.	3.73 %	2.78 %	2.61 %	3.41 %	342097.
35 BIS UNTER 40 JAHRE	269.	10.66 %	6.93 %	5.71 %	9.12 %	388465.
40 BIS UNTER 45 JAHRE	480.	23.02 %	12.36 %	9.78 %	18.91 %	405113.
45 BIS UNTER 50 JAHRE	579.	37.92 %	14.91 %	14.85 %	33.76 %	321805.
50 BIS UNTER 55 JAHRE	583.	52.94 %	15.01 %	14.24 %	48.01 %	337972.
55 BIS UNTER 60 JAHRE	555.	67.22 %	14.29 %	12.07 %	60.08 %	379710.
60 BIS UNTER 65 JAHRE	420.	78.04 %	10.81 %	14.49 %	74.57 %	239290.
65 BIS UNTER 70 JAHRE	416.	88.75 %	10.71 %	9.83 %	84.39 %	349603.
70 BIS UNTER 75 JAHRE	276.	95.85 %	7.11 %	7.61 %	92.01 %	299445.
75 BIS UNTER 80 JAHRE	111.	98.71 %	2.86 %	4.33 %	96.34 %	211608.
80 BIS UNTER 85 JAHRE	44.	99.85 %	1.13 %	2.95 %	99.29 %	123404.
85 JAHRE UND AELTER	6.	100.00 %	0.15 %	0.71 %	100.00 %	69592.
SUMME	3884.	100.00 %	100.00 %	100.00 %	100.00 %	5678406.

TAB. 29: ALTERSVERTEILUNG BEI DIAGNOSESTELLUNG

*) DIESE PROZENTZAHLEN ERGEBEN SICH NACH BEZUG DER REGISTRIERTEN HAEUFIGKEITEN AUF 100.000 DER JEWEILIGEN ALTERSKLASSE ENTSPRECHEND DER ALTERSVERTEILUNG DER BAYERISCHEN BEVOELKERUNG
**) ZUR INFORMATION: DIE BESETZUNG DER ALTERSKLASSEN IN DER BAYERISCHEN BEVOELKERUNG

DAMIT ERGIBT SICH FOLGENDE ALTERSVERTEILUNG   (PX = X.TES PERZENTIL):

PERZENTIL:	P5	P10	P25	P50	P75	P90	P95
ALTERSGRENZE:	36.40	39.60	45.70	54	63.40	70.80	74.30

Abb. 29: Altersverteilung bei Diagnosestellung

Zu den Basisdaten einer tumorspezifischen Auswertung gehören die Alters-
und Geschlechtsverteilungen im TR. Abb. 29 zeigt die aus den Registerdaten ermittelte Altersverteilung für das Mammakarzinom. Die bekannte Bimodalität der Verteilung findet sich in Spalte 4 wieder, wo die Fallzahlen des TRM pro Altersklasse auf die Bevölkerung Bayerns standardisiert
und anschießend in Prozente umgerechnet wurden. Die Genauigkeit, mit der
die Spitzen der Verteilung lokalisiert werden können, hängt von der Breite der Altersklassen ab, die im vorliegenden Beispiel an der Struktur
der Bevölkerungsdaten orientiert wurde. Man erkennt zwei Häufigkeits-
gipfel im Abstand von etwa 15 Jahren.

Eine mögliche Selektion läßt sich durch den Vergleich der im TRM beobachteten Altersstruktur mit der Altersverteilung aus der Mortalitätsstatistik
beurteilen, die in Abb. 30 wiedergegeben ist. Beim Vergleich der Altersverteilungen muß berücksichtigt werden, daß in Abb. 29 das Alter bei Diagnosestellung, in Abb. 30 dagegen das Alter beim Ableben tabelliert ist.
Zwischen beiden Verteilungen liegt also die (im Prinzip altersabhängige)
durchschnittliche Überlebenszeit. Der trotzdem deutliche Unterschied
gegenüber Abb. 29 ist, wie generell bei häufigen Tumorerkrankungsformen,
typisch für Universitätskliniken. In den beiden letzten Spalten dieser
Abbildung wird aus den Inzidenzangaben anderer Register zusätzlich die

Verteilung der Neuerkrankungen, prozentual und absolut, bezogen auf Südbayern mit aufbereitet.

---------   ZUR INFORMATION FOLGEN DATEN AUS DER AMTLICHEN STATISTIK ZUR MORTALITAET BEIM MAMMA-KARZINOM   ----------

ANGABEN FUER DIE WEIBLICHE BEVOELKERUNG 1979 UND 1980 ALTERSKLASSEN	TUMORSPEZIFISCH VERSTORBENE MAMMA-KARZINOM			ANTEIL AN TUMOR-BED. V.IN PROMIL-LE **)	TUMORBEDINGT VER-STORBENE INSGESAMT		VERSTOR-BENE JE 100T F PROZENT ***)	NEUER-KRANKUNG PRO 100T PROZENT ****)	NEUER-KRANKUNG ERWARTET ABSOLUT *****)
	ABSOLUT *)	PROZENT	KUMUL.		PROZENT	KUMUL.			
UNTER 5 JAHRE	0.	0.00 %	0.00 %	0.	0.11 %	0.11 %	0.00 %	0.00 %	0.
5 BIS UNTER 10 JAHRE	0.	0.00 %	0.00 %	0.	0.14 %	0.25 %	0.00 %	0.00 %	0.
10 BIS UNTER 15 JAHRE	0.	0.00 %	0.00 %	0.	0.17 %	0.42 %	0.00 %	0.00 %	0.
15 BIS UNTER 20 JAHRE	0.	0.00 %	0.00 %	0.	0.26 %	0.67 %	0.00 %	0.01 %	1.
20 BIS UNTER 25 JAHRE	0.	0.00 %	0.00 %	`.	0.23 %	0.91 %	0.00 %	0.05 %	2.
25 BIS UNTER 30 JAHRE	2.	0.09 %	0.09 %	69.	0.36 %	1.27 %	0.05 %	0.14 %	6.
30 BIS UNTER 35 JAHRE	12.	0.51 %	0.60 %	174.	0.53 %	1.80 %	0.31 %	0.65 %	28.
35 BIS UNTER 40 JAHRE	58.	2.47 %	3.07 %	352.	1.07 %	2.87 %	1.31 %	1.81 %	90.
40 BIS UNTER 45 JAHRE	104.	4.43 %	7.50 %	325.	1.95 %	4.83 %	2.35 %	3.87 %	189.
45 BIS UNTER 50 JAHRE	129.	5.50 %	13.00 %	342.	3.10 %	7.93 %	3.82 %	6.23 %	234.
50 BIS UNTER 55 JAHRE	193.	8.23 %	21.23 %	290.	4.98 %	12.91 %	5.44 %	6.11 %	239.
55 BIS UNTER 60 JAHRE	284.	12.11 %	33.33 %	242.	6.96 %	19.87 %	7.06 %	6.91 %	308.
60 BIS UNTER 65 JAHRE	192.	8.18 %	41.52 %	179.	7.47 %	27.34 %	7.32 %	7.92 %	229.
65 BIS UNTER 70 JAHRE	332.	14.15 %	55.67 %	157.	15.72 %	43.06 %	8.94 %	9.46 %	390.
70 BIS UNTER 75 JAHRE	350.	14.92 %	70.59 %	134.	19.66 %	62.72 %	11.09 %	11.51 %	403.
75 BIS UNTER 80 JAHRE	300.	12.79 %	83.38 %	112.	19.69 %	82.41 %	13.28 %	13.19 %	330.
80 BIS UNTER 85 JAHRE	229.	9.76 %	93.14 %	104.	11.45 %	93.86 %	17.36 %	16.25 %	237.
85 JAHRE UND AELTER	161.	6.86 %	100.00 %	117.	6.14 %	100.00 %	21.65 %	15.91 %	131.
SUMME	2346.	100.00 %	100.00 %	2597.	100.00 %	100.00 %	100.00 %	100.00 %	2817.

TAB. 30.1S: MAMMA-KARZINOM-MORTALITAET, TUMORMORTALITAET INSGESAMT UND ZU ERWARTENDE NEUERKRANKUNGEN
              FUER MUENCHEN,OBERBAYERN,NIEDERBAYERN UND SCHWABEN (GESCHLECHT WEIBLICH,1979:N=1158,1980:N=1188)

*)   DIESE MORTALITAETSDATEN FUER 1979/80 WURDEN VOM BAYERISCHEN STATISTISCHEN LANDESAMT ZUR VERFUEGUNG GESTELLT.
**)   ANTEIL DER AM MAMMA-KARZINOM VERSTORBENEN AN DEN INSGESAMT AN EINEN TUMOR VERSTORBENEN (IN PROMILLE)
***) ALTERSSPEZIFISCHE MORTALITAET PROZENTUAL ZUM MAMMA-KARZINOM (ANZAHL DER
      VERSTORBENEN JE 100.000 EINWOHNER DES EINZUGSGEBIETES)
****) PROZENTUALE VERTEILUNG DER NEUERKRANKUNGEN (JE 100.000) NACH ANGABEN DES REGISTERS IN BIRMINGHAM
*****) ZU ERWARTENDE NEUERKRANKUNGEN ABSOLUT IM EINZUGSGEBIET (3200043 EINWOHNER WEIBLICH) NACH DEM REGISTER BIRMINGHAM

DURCHSCHNITTSWERTE FUER DIE ZU BETRACHTENDE DIAGNOSE (1979/80)

15.70%   DER TUMORBEDINGT VERSTORBENEN SIND AN DIESER DIAGNOSE VERSTORBEN
37   VERSTORBENE JE 100.000 EINWOHNER (UNTER GRENZE FUER DIE INZIDENZ)
61   ZU ERWARTENDE INZIDENZ,WENN VON EINER 5-JAHRES-UEBERLEBENSRATE VON 60% AUSGEGANGEN WIRD.
         DAMIT WUERDEN IM EINZUGSGEBIET CA.   1947 NEUERKRANKUNGEN AUFTRETEN)
237   ZU ERWARTENDE PRAEVALENZ (ANZAHL DER ERKRANKTEN BEI OBIGER UEBERLEBENSRATE
         UND EXPONENTIELLER VERTEILUNG). DAMIT WUERDEN IM EINZUGSGEBIET CA.   7634 ERKRANKTE LEBEN
88   ZU ERWARTENDE INZIDENZ (GESCHAETZT NACH TUMORREGISTER BIRMINGHAM)

ZUR INFORMATION DIE DATEN DER BUNDESREPUBLIK (1979)

12245   VERSTORBENE (15.82% ALLER TUMORBEDINGT VERSTORBENEN   77384, 38.15 JE 100.000 EINWOHNER VERSTORBEN)

Abb. 30: Tumorspezifische Altersverteilung aus der Mortalitätsstatistik

Mit der Verfügbarkeit differenzierter Daten zu den Tumorerkrankungen sind
mit steigender Fallzahl auch differenziertere Deskriptionen möglich, wie
in der Abb. 31 für das maligne Melanom angedeutet ist. Aus den Perzentil-
angaben für die verschiedenen Untergruppen läßt sich die insbesondere bei
Frauen beobachtete Bimodalität der altersspezifischen Inzidenz als Überla-
gerung verschiedener Untergruppen erkennen. 'P50' bezeichnet hierbei den
Median, 'P25' jenen Schnitt, der die beobachtete Altersverteilung im Verhältnis 25% zu 75% zerlegt.

ALTERSVERTEILUNGEN BEI DIAGNOSESTELLUNG FUER SPEZIELLE UNTERGRUPPEN   (PX = X.TES PERZENTIL)

P5	P10	P25	P50	P75	P90	P95	FALLZ.	UNTERGRUPPE
27.70	33.60	40.70	51.40	64.70	72	75.90	(309)	MAENNLICH UND MEL.NODULAER
	52.40	59	65	68.50	72.40		(22)	MAENNLICH UND LENTIGO MALIGNA
30.20	33.80	41.80	52.80	62.90	70	74.70	(294)	MAENNLICH UND SS*
25.60	32.10	42.50	58.50	68.80	76.10	80.80	(124)	MAENNLICH UND LOK. KOPF/HALS
29.20	33.70	42.30	52.30	62	69.70	73.10	(317)	MAENNLICH UND LOK. STAMM/RUECK.
32	36.30	40.50	50.30	60	69.70	73	(140)	MAENNLICH UND LOK.O.EXTRM.
25.30	30.30	37.80	49.10	58.90	67.90	72.20	(133)	MAENNLICH UND LOK.U.EXTRM.
24.80	29.50	38.90	51	64.90	72.20	77	(419)	WEIBLICH UND MEL.NODULAER
40.60	46.30	55.80	66.40	73.40	79.40	81.60	(104)	WEIBLICH UND LENTIGO MALIGNA
30.30	33.60	41.30	50.80	60.40	69.40	73.80	(443)	WEIBLICH UND SS*
32.40	37.60	49	64.60	72.10	77.60	81.50	(211)	WEIBLICH UND LOK. KOPF/HALS
22.30	28.20	38.10	51.40	63.90	70.30	74.20	(175)	WEIBLICH UND LOK. STAMM/RUECK.
27.10	31.40	41.40	52.40	62.60	71.10	75.70	(229)	WEIBLICH UND LOK.O.EXTRM.
26.90	31.50	39.10	47.40	58	68.20	71.90	(425)	WEIBLICH UND LOK.U.EXTRM.

TAB. 31:   PERZENTILE ZU DEN ALTERSVERTEILUNGEN FUER VERSCHIEDENE UNTERGRUPPEN

Abb. 31: Altersverteilung in Untergruppen

LOKALISATION GESCHLECHT	SONST.LOK.	KOPF/HALS	STAMM	O. EXTREMIT.	U. EXTREMIT.	FUESSE	SUMME
MAENNLICH	33.0F	124.0F	317.0F	140.0F	133.0F	39.0F	786.0F
	4.2V	15.8V	40.3V	17.8V	16.9V	5.0V	100.0V
	51.6K	37.0K	64.4K	37.9K	23.8K	29.3K	40.3K
WEIBLICH	31.0F	211.0F	175.0F	229.0F	425.0F	94.0F	1165.0F
	2.7V	18.1V	15.0V	19.7V	36.5V	8.1V	100.0V
	48.4K	63.0K	35.6K	62.1K	76.2K	70.7K	59.7K
BEOBACHTETE FAELLE	64.0F	335.0F	492.0F	369.0F	558.0F	133.0F	1951.0F
PROZENT HORIZONTAL	3.3V	17.2V	25.2V	18.9V	28.6V	6.8V	100.0V
PROZENT VERTIKAL	100.0K	100.0K	100.0K	100.0K	100.0K	100.0K	100.0K

TAB. 32:   GESCHLECHT UND LOKALISATION

Abb. 32: Lokalisation und Geschlecht

Die Abb. 32-36 zeigen weitere Beispiele für Aufbereitungen von Basisdaten, die verschiedenen Reihen entnommen worden sind. Solche Daten werden sicherlich ganz unterschiedlich beurteilt. Aus TR-Sicht ist es eine organisatorische Leistung, wenn eine Klinik in der Lage ist, die Kriterien ihres Handelns kontinuierlich zu erfassen. Die an Literaturvergleichen, an Klinikvergleichen, an der Planung von Studien Interessierten werden die Verfügbarkeit solcher Daten schätzen. Besondere Bedeutung gewinnen diese Daten jedoch dann, wenn im TR auch Verlaufsdaten erfaßt werden, zu deren Aufbereitung im folgenden Abschnitt einige Beispiele zusammengestellt werden.

LOKALISATION KLIN. STADIUM	GLOTTIS	SUPRAGLOTTIS	SUBGLOTTIS	M. BEREICHE	SUMME
STADIUM I	141.0F	25.0F	4.0F	10.0F	180.0F
	78.3V	13.9V	2.2V	5.6V	100.0V
	55.1K	21.9K	26.7K	10.3K	37.3K
STADIUM II	59.0F	25.0F	0.0F	20.0F	104.0F
	56.7V	24.0V	0.0V	19.2V	103.0V
	23.0K	21.9K	0.0K	20.6K	21.6K
STADIUM III	46.0F	28.0F	8.0F	45.0F	127.0F
	36.2V	22.0V	6.3V	35.4V	100.0V
	18.0K	24.6K	53.3K	46.4K	26.3K
STADIUM IV	10.0F	36.0F	3.0F	22.0F	71.0F
	14.1V	50.7V	4.2V	31.0V	100.0V
	3.9K	31.6K	20.0K	22.7K	14.7K
BEOBACHTETE FAELLE	256.0F	114.0F	15.0F	97.0F	482.0F
PROZENT HORIZONTAL	53.1V	23.7V	3.1V	20.1V	100.0V
PROZENT VERTIKAL	100.0K	100.0K	100.0K	100.0K	100.0K

TAB. 33:   STADIUM UND LOKALISATION

Abb. 33: Lokalisation und Stadium

HISTOLOGIE ALTER BEI DIAG	SEMINOM	MTI	MTU	MISCHTUMOR	SUMME
< 26 JAHRE	11.0F	36.0F	32.0F	4.0F	83.0F
	13.3V	43.4V	38.6V	4.8V	100.0V
	8.3K	39.6K	37.6K	12.9K	24.4K
< 39 JAHRE	60.0F	42.0F	46.0F	18.0F	166.0F
	36.1V	25.3V	27.7V	10.8V	100.0V
	45.1K	46.2K	54.1K	58.1K	48.8K
> 38 JAHRE	62.0F	13.0F	7.0F	9.0F	91.0F
	68.1V	14.3V	7.7V	9.9V	100.0V
	46.6K	14.3K	8.2K	29.0K	26.8K
BEOBACHTETE FAELLE	133.0F	91.0F	85.0F	31.0F	340.0F
PROZENT HORIZONTAL	39.1V	26.8V	25.0V	9.1V	100.0V
PROZENT VERTIKAL	100.0K	100.0K	100.0K	100.0K	100.0K

TAB. 34: ALTER UND HISTOLOGIE

Abb. 34: Histologie und Alter

STADIEN	BISHER TUMORFREI		"PROGRESSION"	
	ABSOLUT	PROZENT	ABSOLUT	PROZENT
1A	1.	0.83 %	1.	0.35 %
1A1	26.	21.49 %	9.	3.19 %
1A2	15.	12.40 %	18.	6.38 %
1B	0.	0.00 %	1.	0.35 %
1B1	5.	4.13 %	6.	2.13 %
1B2	5.	4.13 %	3.	1.06 %
1C	5.	4.13 %	1.	0.35 %
2	0.	0.00 %	2.	0.71 %
2A1	6.	4.96 %	3.	1.06 %
2A2	6.	4.96 %	8.	2.84 %
2B	21.	17.36 %	54.	19.15 %
2B2	1.	0.83 %	0.	0.00 %
2C	5.	4.13 %	7.	2.48 %
3	25.	20.66 %	123.	43.62 %
4	0.	0.00 %	45.	15.96 %
4B	0.	0.00 %	1.	0.35 %
SUMME	121.	100.00 %	282.	100.00 %

TAB. 35: 16 VERSCHIEDENE VOLLSTAENDIGE STADIEN
(VOLLSTAENDIGKEIT: ANGABEN ZU 97.12%)
(MITTLERE BEOBACHTUNGSZEIT CA 1.5 JAHRE)

Abb. 35: Stadienverteilung

```
HISTOLOGIE          PAP.SER.ADEN        ENDOMETR.CA.        NICHT KLASS.              SUMME
DIFF.GRAD.HIST                   MUCIN. CA.          MESONEPHROID        UNDIFFFRENZ.
------------------|---------|---------|---------|---------|---------|---------|----------
    G1            |   30.0F     9.0F      8.0F      0.0F      1.0F      0.0F     48.0F
                  |   62.5V    18.8V     16.7V      0.0V      2.1V      0.0V    100.0V
                  |   15.5K    23.7K     17.4K      0.0K      2.4K      0.0K     12.5K
------------------|---------|---------|---------|---------|---------|---------|----------
    G2            |   46.0F     5.0F     18.0F      3.0F     13.0F      1.0F     86.0F
                  |   53.5V     5.8V     20.9V      3.5V     15.1V      1.2V    100.0V
                  |   23.7K    13.2K     39.1K     33.3K     31.7K      1.8K     22.5K
------------------|---------|---------|---------|---------|---------|---------|----------
    G3            |   22.0F     1.0F      7.0F      1.0F     13.0F     46.0F     93.0F
                  |   24.4V     1.1V      7.8V      1.1V     14.4V     51.1V    100.0V
                  |   11.3K     2.6K     15.2K     11.1K     31.7K     83.6K     23.5K
------------------|---------|---------|---------|---------|---------|---------|----------
N.BESTIMMBAR      |   96.0F    23.0F     13.0F      5.0F     14.0F      8.0F    159.0F
                  |   60.4V    14.5V      8.2V      3.1V      8.8V      5.0V    100.0V
                  |   49.5K    60.5K     28.3K     55.6K     34.1K     14.5K     41.5K
------------------|---------|---------|---------|---------|---------|---------|----------
BEOBACHTETE FAELLE|  194.0F    38.0F     46.0F      9.0F     41.0F     55.0F    383.0F
PROZENT HORIZONTAL|   50.7V     9.9V     12.0V      2.3V     10.7V     14.4V    100.0V
PROZENT VERTIKAL  |  100.0K   100.0K    100.0K    100.0K    100.0K    100.0K    100.0K
```

TAB. 36: HISTOLOGISCHE DIAGNOSE UND HISTOLOGISCHER DIFFERENZIERUNGSGRAD

Abb. 36: Histologie und Differenzierungsgrad

3.2.2.5 Problemkreis: Verlauf der Erkrankung

Vollständige Verlaufsübersichten erfordern bei interdisziplinären Behandlungen eine weitgehende Kooperation der Versorgungsträger. Es ist eine wichtige Aufgabe eines TR, das die Nachsorge unterstützt, das Record-Linkage der Daten verschiedener Urheber durchzuführen. Abb. 37 zeigt, daß zu einem speziellen Klinikregister mit 2375 Patienten auch von 17 weiteren Kliniken Informationen zum Krankheitsverlauf beigesteuert wurden bzw., daß die betreffende Klinik mit 420 Patienten an 17 anderen Klinikregistern beteiligt ist. Diese Überschneidungen ergeben sich teils aus therapiebedingter systematischer Kooperation und teils aus eher zufälligen Kontakten auf Grund von Zweitmalignomen. In einer Anlaufphase geben die Daten ein unzureichendes Bild wieder, da in den einzelnen Kliniken zu verschiedenen Zeitpunkten

```
WEITERE, AM  REGISTER             | ANZAHL  |
  BETEILIGTE KLINIKEN             |PATIENT. |
----------------------------------|---------|
MITTEILUNGEN VON HAUSAERZTEN      |    1.|
HNO - KLINIK GROSSHADERN          |   13.|
DERMATOLOGISCHE KLINIK            |   11.|
UROLOGIE GROSSHADERN              |   12.|
FRAUENKLINIK INNENSTADT           |    2.|
MEDIZINISCHE KLINIK III GROSSHADERN |  126.|
FRAUENKLINIK GROSSHADERN          |   17.|
ZENTRALKRANKENHAUS DER LVA OBB GAUT.|    2.|
CHIRURGIE DER TU                  |    1.|
UROLOGIE DER TU                   |    1.|
BAD TRISSL                        |   32.|
RADIOLOGIE GROSSHADERN            |  193.|
UROLOGIE BARMHERZIGE BRUEDER      |    2.|
MEDIZINISCHE KLINIK II GROSSHADERN|    3.|
CHIRURGIE NUSSBAUMSTRASSE         |    2.|
UROLOGIE THALKIRCHNERSTRASSE      |    1.|
STAEDT. KRANKENHAUS PASSAU        |    1.|
----------------------------------|---------|
SUMME                             |  420.|
```

TAB. 37: ZUM AUFBAU DER IM FOLGENDEN ZU BESCHREIBENDEN 2375 KRANKHEITSVERLAEUFE HABEN AUSSER IHRER KLINIK NOCH 17 WEITERE KLINIKEN BEIGETRAGEN.ANGEGEBEN IST DIE ZAHL DER PATIENTEN, ZU DENEN VON ANDEREN MINDESTENS EINE MELDUNG BEIGETRAGEN WURDE.

Abb. 37: Zur Überschneidung von Klinik-
         registern

mit der Dokumentation begonnen worden war. Ohne Kooperation in einem klinikübergreifenden TR läßt sich nur für begrenzte Kollektive der große Aufwand für eine Verlaufsdokumentation erbringen, insbesondere wenn die Nachsorge federführend von den niedergelassenen Ärzten oder von anderen Kliniken übernommen wird, bei denen dann auch die notwendigen Folgeerhebungen anfallen.

**************   M E H R F A C H M A L I G N O M E   ********************

MEHRFACHMALIGNOME BEI 96 PATIENTEN   (28 MAENNL.,68 WEIBL.)

MEHRFACHMALIGNOME TUMORDIAGNOSEN	1. DIAGNOSE	2. U. 3. DIAGNOSE
LARYNXTUMOR	3.	0.
OROPHARYNXTUMOR	1.	0.
TUMOR DER NASE UND NNH	0.	1.
SCHILDDRUESENTUMOR	2.	2.
OESOPHAGUSKARZINOM	1.	2.
MAGENMALIGNOM	5.	10.
ZWOELFFINGERDARMKARZINOM	0.	1.
COLONKARZINOM	9.	18.
RECTUMKARZINOM	10.	16.
ANALKARZINOM	1.	1.
PRIMAERES LEBERKARZINOM	0.	1.
KARZINOM DER AEUSSEREN GALLENWEGE	0.	3.
PANKREASKARZINOM	1.	2.
BRONCHIALKARZINOM	1.	6.
WEICHTEILSARKOM	0.	4.
MALIGNES MELANOM	1.	4.
MAMMAKARZINOM	30.	19.
CERVIXKARZINOM	9.	1.
ENDOMETRIUMKARZINOM	3.	0.
OVARIALKARZINOM	5.	7.
SONSTIGER GYNAEKOLOGISCHER TUMOR	2.	0.
PROSTATAKARZINOM	1.	1.
NIERENTUMOR	3.	2.
BLASENTUMOR	2.	1.
MALIGNES LYMPHOM	3.	0.
UNBEKANNTER PRIMAERTUMOR	3.	2.
SUMME	96.	101.

TAB. 38,1: UEBERSICHT ZU DEN MEHRFACHMALIGNOMEN.(3.89 %)

ZEITDAUER BIS ZUR DIAGNOSE EINES 2. TUMORS	HAEUF. ABSOLUT	HAEUF. PROZ.	HAEUF. KUMUL.
< 1 MONAT	19.	19.79 %	19.79 %
< 6 MONATE	10.	10.42 %	30.21 %
< 1 JAHR	12.	12.50 %	42.71 %
< 1.5 JAHRE	10.	10.42 %	53.12 %
< 2 JAHRE	2.	2.08 %	55.21 %
< 2.5 JAHRE	4.	4.17 %	59.37 %
< 3 JAHRE	3.	3.13 %	62.50 %
< 3.5 JAHRE	5.	5.21 %	67.71 %
< 4 JAHRE	5.	5.21 %	72.92 %
< 5 JAHRE	2.	2.08 %	75.00 %
< 6 JAHRE	3.	3.13 %	78.12 %
< 7 JAHRE	2.	2.08 %	80.21 %
< 8 JAHRE	4.	4.17 %	84.37 %
< 9 JAHRE	3.	3.13 %	87.50 %
< 10 JAHRE	3.	3.13 %	90.62 %
> 10 JAHRE	9.	9.38 %	100.00 %
SUMME	96.	100.00 %	100.00 %

TAB. 38.2: ZEITDAUER BIS ZUR DIAGNOSE EINES ZWEITEN TUMORS

Abb. 38:   Mehrfachmalignome in einem Klinikregister

Ein wichtiges Kriterium für eine funktionierende Kooperation stellt die Zahl der erfaßten diachronen Mehrfachmalignome dar. Welche Erwartungen müßte man an die Versorgungsträger stellen, wenn das Auftreten eines zweiten Malignoms nach Jahren ohne ein TR systematisch der das erste Malignom behandelnden Klinik mitgeteilt werden sollte. Zur Kooperation in TR gibt es hier einfach keine Alternative. Abb. 38 ist einem klinikspezifischen Register entnommen, in dem trotz der begrenzten Kooperation und der bisher erst 5-jährigen Laufzeit im TRM schon 4% Zweitmalignome bekannt geworden sind.

**************   M E H R F A C H M A L I G N O M E   ******************

MEHRFACHMALIGNOME BEI 59 PATIENTEN   (15 MAENNL.,44 WEIBL.)

MEHRFACHMALIGNOME TUMORDIAGNOSEN	1. DIAGNOSE	2. U. 3. DIAGNOSE
SPEICHELDRUESENTUMOR	1.	0.
LARYNXTUMOR	1.	0.
TUMOR DER NASE UND NNH	0.	1.
MAGENMALIGNOM	2.	3.
COLONKARZINOM	23.	38.
RECTUMKARZINOM	5.	3.
BRONCHIALKARZINOM	1.	2.
MALIGNES MELANOM	3.	0.
SPINOZELLULAERES KARZINOM DER HAUT	1.	0.
BASALIOM DER HAUT	0.	1.
MAMMAKARZINOM	5.	6.
CERVIXKARZINOM	6.	2.
ENDOMETRIUMKARZINOM	1.	2.
OVARIALKARZINOM	6.	2.
NIERENTUMOR	1.	2.
MALIGNES LYMPHOM	2.	0.
PLASMOZYTOM	1.	0.
SUMME	59.	62.

ZEITDAUER BIS ZUR DIAGNOSE DES 2.MALIGNOMS	COLON - KARZINOM WAR DAS ERSTE MALIGNOM		WAR DAS ZWEITE MALIGNOM	
	HAEUF. ABSOLUT	HAEUF. KUMUL.	HAEUF. ABSOLUT	HAEUF. KUMUL.
< 1 MONAT	4.	17.39 %	3.	8.33 %
< 6 MONATE	1.	21.74 %	8.	30.56 %
< 1 JAHR	3.	34.78 %	3.	38.89 %
< 1.5 JAHRE	5.	56.52 %	3.	47.22 %
< 2 JAHRE	1.	60.87 %	2.	52.78 %
< 2.5 JAHRE	2.	69.57 %	1.	55.56 %
< 3 JAHRE	1.	73.91 %	7.	61.11 %
< 3.5 JAHRE	1.	78.26 %	3.	69.44 %
< 4 JAHRE	0.	78.26 %	1.	72.22 %
< 5 JAHRE	1.	82.61 %	1.	75.00 %
< 6 JAHRE	0.	82.61 %	1.	77.78 %
< 7 JAHRE	2.	91.30 %	0.	77.78 %
< 8 JAHRE	0.	91.30 %	1.	80.56 %
< 9 JAHRE	0.	91.30 %	1.	83.33 %
< 10 JAHRE	0.	91.30 %	0.	83.33 %
> 10 JAHRE	2.	100.00 %	6.	100.00 %
SUMME	23.	100.00 %	36.	100.00 %

TAB. 39.1: UEBERSICHT ZU DEN MEHRFACHMALIGNOMEN.(8.76 %) TAB. 39.2: ZEITDAUER BIS ZUR DIAGNOSE DES 2. MALIGNOMS.
< 1 MONAT: SYNCHRONE MALIGNOME, REIHENFOLGE ZUFAELLIG

Abb. 39:   Mehrfachmalignome in einem tumorspezifischen Register

Interessanter ist das Mehrfachmalignomproblem aus einer tumorspezifischen
Sicht. In Abb. 39 sind aus allen Klinikregistern die Fälle zusammengestellt, bei denen ein Colonkarzinom eines der Mehrfachmalignome war. Die
rechte Tabelle der Abb. 39 beschreibt die Zeitdauern bis zum Auftreten
eines Zweitmalignoms nach einem vorausgegangenen Colonkarzinom bzw. bis
zum Auftreten eines Colonkarzinoms als Zweitmalignom nach irgendeinem
vorausgegangenen Erstmalignom.

BEFUND	1. BEFUND NICHT TUMORFREI		2. BEFUND NACH NICHT TUMORFREI		ALLE WEITEREN BE- FUNDE NACH NICHT TF	
	ABS. *	PROZENT	ABS.**	PROZENT	ABS.***	PROZENT
TUMORFREI	0.	0.00 %	196.	21.37 %	336.	15.14 %
RESTTUMOR	29.	2.33 %	52.	5.67 %	197.	8.87 %
RESTLYMPHKN.	0.	0.00 %	1.	0.11 %	1.	0.05 %
NO CHANGE	138.	11.09 %	86.	9.38 %	234.	10.54 %
PROGRESSION	36.	2.89 %	204.	22.25 %	626.	28.20 %
REZIDIV TUM	244.	19.61 %	80.	8.72 %	164.	7.39 %
REZIDIV LK	59.	4.74 %	34.	3.71 %	79.	3.56 %
METASTASE	644.	51.77 %	242.	26.39 %	547.	24.64 %
FRAGL.BEFUND	74.	5.95 %	11.	1.20 %	19.	0.86 %
NEUMANIF.LYM	20.	1.61 %	11.	1.20 %	17.	0.77 %
SUMME	1244.	100.00 %	917.	100.00 %	2220.	100.00 %

```
TAB. 40.1:      ANGABEN ZUM KRANKHEITSVERLAUF
  *      VERTEILUNG DER ERSTEN BEFUNDCODES NICHT TUMORFREI
 **      VERTEILUNG DER NAECHSTEN BEFUNDANGABE NACH NICHT TUMORFREI
***      VERTEILUNG ALLER FOLGENDEN BEFUNDANGABEN, D.H. DIE MEHRFACHE ANGABEN
         ZU EINES PATIENTEN SIND ALLE BERUECKSICHTIGT.
         DIE MOEGLICHEN BEFUNDE IM KRANKHEITSVERLAUF KOENNEN MEHRFACH AUFTRETEN.
         ALS EINSTIEG ZUM VERSTAENDNIS DES KRANKHEITSPROZESSES IN DIESER FOR-
         MALEN DARSTELLUNG BEACHTEN SIE BITTE DIE FOLGENDEN ZAHLEN:
         2689 PATIENTEN HABEN VERLAUFSANGABEN
  *      1244 PATIENTEN HABEN EINEN BEFUNDCODE NICHT TUMORFREI
 **      917 PATIENTEN HABEN NACH DIESEM BEFUNDCODE NOCH WEITERE ANGABEN
```

ANZAHL WERTE	ABSOLUT	PROZENT
KEINE WERTE	944.	25.98 %
01 WERTE	1473.	40.54 %
02 WERTE	584.	16.07 %
03 WERTE	273.	7.51 %
04 WERTE	165.	4.54 %
05 WERTE	82.	2.26 %
06 WERTE	46.	1.27 %
07 WERTE	28.	0.77 %
08 WERTE	15.	0.41 %
09 WERTE	11.	0.30 %
10 WERTE	5.	0.14 %
11 WERTE	3.	0.08 %
12 WERTE	1.	0.03 %
13 WERTE	1.	0.03 %
14 WERTE	0.	0.00 %
15 WERTE	1.	0.03 %
16 WERTE	1.	0.03 %
SUMME	3633.	100.00 %

```
TAB: 40.2: VERTEILUNG NACH ANZAHL DER
           VERLAUFSANGABEN JE PATIENT
```

Abb. 40:   Globale Hinweise zur Verlaufsfortschreibung

Für die Beurteilung der Therapiemaßnahmen und für die Planung der Nachsorge stehen die <u>Krankheitsverläufe</u> im Vordergrund. Das TRM versucht,
diese Verläufe nach 10 verschiedenen Klassifikationen zu erfassen. Diese
sind in Abb. 40 wiedergegeben. Die Erhebung nach dieser Klassifikation
bereitet Probleme, da eine sehr weitgehende Kenntnis des vorausgegangenen
Krankheitsverlaufs vorausgesetzt wird. Die internistischen Globalbefunde
'no change' und 'Progression' sind aus der Sicht des TRM bei soliden Tumoren nur als Folgebefund nach Resttumor oder Metastase als adäquate Beschreibung zu betrachten, 'Neumanifestation in den Lymphknoten' setzt
einen passenden primären Befund (NØ) voraus. Die Problematik eines diver-
gierenden Therapieerfolgs bei multilokulärer Metastasierung ist nicht
abbildbar. In Abb. 40 sind im ersten Block (1. Befund) alle ersten Befunde 'nicht tumorfrei' aufgelistet, im zweiten Block (2. Befund) ist
für Patienten mit mindestens 2 Befunden der danach folgende zweite Befund zur Andeutung der Übergänge dargestellt und im dritten Block sind
schließlich alle Folgebefunde zusammengefaßt. Dies setzt die Kenntnis
der Verteilung der Anzahl der Befunde je Patient voraus, die die rechte
Tabelle beschreibt. Beide Tabellen beschreiben das gleiche Teilregister.

BEFUND KLIN.STADIUM	TUMORFREI	RESTTUMOR	RESTLYMPHKN.	NO CHANGE	PROGRESSION	REZIDIV TUM	REZIDIV LK	METASTASE	FRAGL.BEFUND	NEUMANIF.LYM	SUMME
STADIUM I	605.0F 68.9V	3.0F 0.3V	0.0F 0.0V	45.0F 5.1V	2.0F 0.2V	57.0F 6.5V	9.0F 1.0V	123.0F 14.0V	26.0F 3.0V	8.0F 0.9V	878.0F 100.0V
STADIUM II	639.0F 64.3V	3.0F 0.3V	0.0F 0.0V	49.0F 4.9V	4.0F 0.4V	67.0F 6.7V	20.0F 2.0V	184.0F 18.5V	23.0F 2.3V	5.0F 0.5V	994.0F 100.0V
STADIUM III	89.0F 47.8V	5.0F 2.7V	0.0F 0.0V	7.0F 3.8V	1.0F 0.5V	14.0F 7.5V	4.0F 2.2V	62.0F 33.3V	4.0F 2.2V	0.0F 0.0V	186.0F 100.0V
STADIUM IV	13.0F 19.7V	10.0F 15.2V	0.0F 0.0V	13.0F 19.7V	13.0F 19.7V	1.0F 1.5V	1.0F 1.5V	15.0F 22.7V	0.0F 0.0V	0.0F 0.0V	66.0F 100.0V
BEOBACHTETE FAELLE PROZENT HORIZONTAL	1346.0F 63.4V	21.0F 1.0V	0.0F 0.0V	114.0F 5.4V	20.0F 0.9V	139.0F 6.5V	34.0F 1.6V	384.0F 18.1V	53.0F 2.5V	13.0F 0.6V	2124.0F 100.0V

TAB. 41: STADIUM BEI PRIMAERTHERAPIE UND 1. VERLAUFSINFORMATION. 2124 PATIENTEN
HABEN VERLAUFSANGABEN. PASST DER 1.VERLAUFSBEFUND?

Abb. 41:   Stadium und erster Verlaufsbefund

Die Gegenüberstellung von Stadium bei Primärtherapie und dem Verlaufstyp
(Endekriterium für die tumorfreie Zeit) zeigt eine weitere Möglichkeit
der Verlaufsbeurteilung. Trotz eingehender Datenprüfung bei der Erfassung
stößt man hier auf Widersprüche oder Merkwürdigkeiten, die auf Grund des
Wissens um Lücken, auf Grund der Zeitdauer zwischen Primär- und Folgebefund bzw. auf Grund nicht identischer Datenurheber für Erst- und Folgebefund nicht generell aufhebbar sind.

DIE HAEUFIGSTEN METASTASEN- LOKALISATIONEN IM VERLAUF	ALLE IM VERLAUF AUFGETRETENEN METASTASEN *)		ALLE ZU BEGINN AUFGETRETENEN METASTASEN		ZU BEGINN EINZELN AUFGETRETENE METASTASEN **)	
	ABSOLUT	PROZENT	ABSOLUT	PROZENT	ABSOLUT	PROZENT
LUNGE	274.|	28.96 %|	207.|	21.88 %|	95.|	13.97 %|
PLEURA	159.|	16.81 %|	114.|	12.05 %|	46.|	6.76 %|
SKELETT	634.|	67.02 %|	542.|	57.29 %|	347.|	51.03 %|
ZNS	70.|	7.40 %|	27.|	2.85 %|	13.|	1.91 %|
LEBER	166.|	17.55 %|	104.|	10.99 %|	26.|	3.82 %|
HAUT	146.|	15.43 %|	112.|	11.84 %|	60.|	8.82 %|
LYMPHKNOTEN	100.|	10.57 %|	83.|	8.77 %|	45.|	6.62 %|
METASTASENLOKAL. NICHT ANGEGEBEN	119.|	12.58 %|	82.|	8.67 %|	48.|	7.06 %|
SUMME	1668.|	946.|	1271.|	946.|	680.|	680.|

TAB. 42.1:   DIE HAEUFIGSTEN METASTASENLOKALISATIONEN IM ZEITLICHEN AUFTRETEN
*)   ZUR BEURTEILUNG DER METASTASIERUNGSPROZESSE SIND IN DIESER TABELLE ALLE IM GESAMTEN
KRANKHEITSVERLAUF AUFGETRETENEN LOKALISATIONEN DEN ZU BEGINN BEFALLENEN GEGENUEBERGESTELLT.
**)   IN DEN SPALTEN PROZENT BEZIEHEN SICH DIE ANGABEN AUF DIE UNTER SUMME GENANNTE FALLZAHL.
DIFFERENZEN IN DEN LETZTEN BEIDEN SPALTEN ENTSTEHEN DURCH NICHT AUFGEFUEHRTE LOKALISATIONEN.

WEITERE METASTASENLOKALISATIONEN	LUNGE-> ABSOLUT	PROZENT	SKELETT> ABSOLUT	PROZENT	LEBER-> ABSOLUT	PROZENT
LUNGE	233.|	100.00 %|	151.|	37.66 %|	62.|	39.74 %|
PLEURA	64.|	27.47 %|	94.|	23.44 %|	29.|	18.59 %|
SKELETT	151.|	54.81 %|	401.|	100.00 %|	120.|	76.92 %|
ZNS	31.|	13.30 %|	44.|	10.97 %|	20.|	12.82 %|
LEBER	62.|	26.61 %|	120.|	29.93 %|	156.|	100.00 %|
HAUT	45.|	19.31 %|	94.|	23.44 %|	20.|	12.82 %|
LYMPHKNOTEN	27.|	11.59 %|	49.|	12.22 %|	22.|	14.10 %|
METASTASENLOKAL. NICHT ANGEGEBEN	34.|	14.59 %|	72.|	17.96 %|	27.|	17.31 %|
SUMME	647.|	233.|	1025.|	401.|	456.|	156.|

TAB. 42.2: BERUECKSICHTIGT SIND 'FAELLE', BEI DENEN MINDESTENS 2 METASTASENLOKALISATIONEN ANGEGEBEN WURDEN,
UNABHAENGIG VOM ZEITLICHEN AUFTRETEN. EINE DAVON IST IN DER SPALTENUEBERSCHRIFT ANGEGEBEN.
(ENTSPRECHEND 100%, ALS SUMME IST IN DER PROZENTSPALTE DIE FALLZAHL ANGEGEBEN.) AUFGELISTET
SIND LOKALISATIONEN,DIE MINDESTENS 2-MAL IN KOMBINATIONEN MIT ANDEREN AUFGETRETEN SIND.

Abb. 42:   Metastasierung zu Beginn und im Verlauf

Den Prozeßcharakter der Metastasierung soll die Abb. 42 verdeutlichen, in
der nebeneinander oben von rechts nach links die Verteilung der Lokalisationen für unilokulär beginnende Metastasierung, für alle primär und für

alle im gesamten klinischen Verlauf angegebenen Metastasen zusammengestellt sind. Die Verteilung aller Metastasen (links) sollte die Obduktionsbefunde approximieren. Auf der unteren Tabelle in der Abb. 42 sind für Lungen-, Skelett- und Lebermetastasen die Verteilungen der weiteren Metastasen dargestellt, falls mindestens zwei Metastasen vorliegen. (Lies: "Falls a) bei einem Patienten, der am hier beschriebenen Tumor erkrankt ist, mindestens zwei Organe von Fernmetastasen befallen sind und b) eines davon die Leber ist, dann beträgt die Wahrscheinlichkeit, daß auch Lungenmetastasen vorliegen 39.74%" - Dies war als Beispiel die Interpretation der rechten Spalte, Zeile 1). Solche bedingten Wahrscheinlichkeiten begründen die Kaskadentheorie zur Ausbreitung von Metastasen (96). Sie haben eine große Bedeutung für die Planung von Nachsorgemaßnahmen.

ZEITDIFFERENZEN	SKELETT UND LUNGE			SKELETT UND LEBER			LUNGE UND LEBER		
	ABSOLUT	PROZENT	KUMUL.	ABSOLUT	PROZENT	KUMUL.	ABSOLUT	PROZENT	KUMUL.
MEHR ALS 4 JAHRE FRUEHER	0.	0.00 %	0.00 %	0.	0.00 %	0.00 %	0.	0.00 %	0.00 %
2 BIS 4 JAHRE FRUEHER	5.	3.31 %	3.31 %	1.	0.83 %	0.83 %	0.	0.00 %	0.00 %
1 BIS 2 JAHRE FRUEHER	7.	4.64 %	7.95 %	2.	1.67 %	2.50 %	2.	3.23 %	3.23 %
6 BIS 12 MONATE FRUEHER	10.	6.62 %	14.57 %	2.	1.67 %	4.17 %	1.	1.61 %	4.84 %
3 BIS 6 MONATE FRUEHER	4.	2.65 %	17.22 %	2.	1.67 %	5.83 %	1.	1.61 %	6.45 %
1 BIS 3 MONATE FRUEHER	4.	2.65 %	19.87 %	0.	0.00 %	5.83 %	4.	6.45 %	12.90 %
* DIAGNOSEZEITPUNKT *	80.	52.98 %	72.85 %	69.	57.50 %	63.33 %	38.	61.29 %	74.19 %
1 BIS 3 MONATE SPAETER	8.	5.30 %	78.15 %	1.	0.83 %	64.17 %	2.	3.23 %	77.42 %
3 BIS 6 MONATE SPAETER	5.	3.31 %	81.46 %	4.	3.33 %	67.50 %	2.	3.23 %	80.65 %
6 BIS 12 MONATE SPAETER	10.	6.62 %	88.08 %	9.	7.50 %	75.00 %	5.	8.06 %	88.71 %
1 BIS 2 JAHRE SPAETER	9.	5.96 %	94.04 %	14.	11.67 %	86.67 %	2.	3.23 %	91.94 %
2 BIS 4 JAHRE SPAETER	7.	4.64 %	98.68 %	10.	8.33 %	95.00 %	4.	6.45 %	98.39 %
MEHR ALS 4 JAHRE SPAETER	2.	1.32 %	100.00 %	6.	5.00 %	100.00 %	1.	1.61 %	100.00 %
SUMME	151.	100.00 %	100.00 %	120.	100.00 %	100.00 %	62.	100.00 %	100.00 %

TAB. 43: ZEITDIFFERENZEN ZWISCHEN DEN ZEITPUNKTEN DER FESTSTELLUNG VERSCHIEDENER METASTASEN (SKELETT LUNGE LEBER). DER ZEITPUNKT DER FESTSTELLUNG DER ZUERST GENANNTEN METASTASE IST ALS DIAGNOSEZEITPUNKT BEZEICHNET.

Abb. 43: Zeitrelation des Auftretens von Metastasen

Einen Einblick in die Prozeßdynamik soll Abb. 43 vermitteln, in der für Lungen-, Skelett- und Lebermetastasen die Zeitdifferenzen des Auftretens zwischen je zwei der genannten Metastasen angegeben sind. Die Darstellung bezieht sich auf das gleiche Teilkollektiv wie die Abb. 42. Zur Überprüfung des Verständnisses vergleiche der Leser die Summenzeile in Abb. 43 mit den korrespondierenden Einzelangaben in der unteren Tab. von Abb 42. Der Zeitpunkt der in der Rubriküberschrift zuerst genannten Metastase wird als Diagnosezeitpunkt bezeichnet. Die zugehörige Fallzahl zeigt die gleichzeitige Entdeckung beider Metastasen, ein Kriterium, das im

ZEITINTERVALL MONATE	LEBEND Z.BEGINN D.INT.	EREIGNIS EINGETRETEN	VERLOREN AUS DEM FOLL.UP	BEGRENZTE DAUER D.BEOB.	WAHRSCH. FUER EREIGNIS	KUMUL. UEBERL. WAHRSCH.	STAND.ABW. (SE)
0	344	74	0	0	0.215	0.785	0.022
6	270	29	0	0	0.107	0.701	0.025
12	241	36	0	0	0.149	0.596	0.026
18	205	34	0	0	0.166	0.497	0.027
24	171	33	0	0	0.193	0.401	0.026
30	138	30	0	0	0.217	0.314	0.025
36	108	20	0	0	0.185	0.256	0.024
42	88	14	0	0	0.159	0.215	0.022
48	74	12	0	0	0.162	0.180	0.021
54	62	4	0	0	0.065	0.169	0.020
60	58	13	0	0	0.224	0.131	0.018
*	45	299	0	0			
*	0	45	0				

TAB. 44.1: 'STERBETAFEL' ZUM EREIGNIS SKELETTMETASTASIERUNG NACH PRIMAERTHERAPIE (UNTERGRUPPE: PRIMAER NUR SKELETTMETASTASEN)

ZEITINTERVALL MONATE	LEBEND Z.BEGINN D.INT.	EREIGNIS EINGETRETEN	VERLOREN AUS DEM FOLL.UP	BEGRENZTE DAUER D.BEOB.	WAHRSCH. FUER EREIGNIS	KUMUL. UEBERL. WAHRSCH.	STAND.ABW. (SE)
0	344	7	0	114	0.024	0.976	0.009
6	223	9	0	38	0.044	0.933	0.017
12	176	9	0	40	0.058	0.879	0.023
18	127	5	0	29	0.044	0.840	0.028
24	93	4	0	23	0.049	0.798	0.033
30	66	7	0	18	0.123	0.700	0.045
36	41	5	0	5	0.130	0.609	0.055
42	31	0	0	8	0.000	0.609	0.055
48	23	4	0	6	0.200	0.488	0.070
54	13	1	0	2	0.083	0.447	0.075
60	10	2	0	1	0.211	0.353	0.084
*	7	53	0	284			
*	7	0	0				

TAB. 44.2: 'STERBETAFEL' ZUM EREIGNIS TOD RELATIV ZUM ZEITPUNKT DER SKELETTMETASTASIERUNG

Abb. 44: Sterbetafeln als vielseitiges Instrument zur Verlaufsbeschreibung

zeitpunkt bezeichnet. Die zugehörige Fallzahl zeigt die gleichzeitige Entdeckung beider Metastasen, ein Kriterium, das im

68

säkularen Verlauf die Wirksamkeit von Nachsorgemaßnahmen beschreiben
könnte. Denn bei einer wirksamen Nachsorge müßte die Häufigkeit der Entdeckung multipler Metastasierung zurückgehen. Die Abb. 42 und 43 beziehen sich übrigens auf das Mammakarzinom und zeigen annähernd die Symme-
trie zwischen Lunge und Skelett und Asymmetrie beider zur Leber.

Detailliert beschrieben werden die Verlaufsprozesse durch Sterbetafeln
(Abb. 44), im ersten Beispiel für das Ereignis Metastasierung nach Primär-
therapie, im zweiten Beispiel für das Ereignis Tod nach Metastasierung.
Ebenfalls verfügbare einzeilige Aufbereitungen für definierte Beobach-
tungszeiten (z.B. 2 Jahre oder 5 Jahre) ermöglichen einen komprimierten
Überblick zu vielen Untergruppen.

| | ZEITDAUER ZWISCHEN | | | | | | |
| | PRIMAETHERAPIE U 1. REZIDIV * | | PPIMAERTHERAPIE U 1. REZIDIV ** | | PRIMAERTHERAPIE U. 2. REZIDIV ** | | 1. REZIDIV UND 2. REZIDIV ** | |
	UNI	MULTI	UNI	MULTI	UNI	MULTI	UNI	MULTI
< 3 MONATE	5.74 %	12.24 %	5.17 %	12.00 %	0.00 %	0.00 %	22.41 %	14.00 %
< 6 MONATE	20.49 %	36.73 %	27.59 %	38.00 %	8.62 %	10.00 %	43.10 %	44.00 %
< 9 MONATE	36.07 %	52.04 %	44.83 %	54.00 %	15.52 %	20.00 %	58.62 %	60.00 %
< 1 JAHR	45.08 %	52.24 %	53.45 %	64.00 %	25.86 %	28.00 %	70.69 %	64.00 %
< 16 MONATE	56.56 %	69.39 %	68.97 %	72.00 %	37.93 %	44.00 %	84.48 %	78.00 %
< 20 MONATE	65.57 %	75.51 %	75.86 %	76.00 %	51.72 %	48.00 %	91.38 %	84.00 %
< 2 JAHRE	71.31 %	77.55 %	82.76 %	82.00 %	62.07 %	56.00 %	96.55 %	90.00 %
< 2.5 JAHRE	79.51 %	82.65 %	87.93 %	88.00 %	72.41 %	72.00 %	96.55 %	94.00 %
< 3 JAHRE	83.61 %	83.67 %	89.66 %	88.00 %	79.31 %	74.00 %	100.00 %	94.00 %
< 3.5 JAHRE	88.52 %	86.73 %	94.83 %	92.00 %	89.66 %	78.00 %	100.00 %	94.00 %
< 4 JAHRE	91.80 %	89.80 %	96.55 %	94.00 %	93.10 %	84.00 %	100.00 %	96.00 %
< 5 JAHRE	94.26 %	91.84 %	96.28 %	94.00 %	94.83 %	88.00 %	100.00 %	100.00 %
> 5 JAHRE	100.00 %	100.00 %	100.00 %	100.00 %	100.00 %	100.00 %	100.00 %	100.00 %
SUMME	100.00 %	100.00 %	100.00 %	100.00 %	100.00 %	100.00 %	100.00 %	100.00 %

TAB. 45: GEGENUEBERSTELLUNG DER KUMULIERTEN PROZENTUALEN VERTEILUNGEN DER ZEITDAUERN BIS ZUM 1. ODER 2. REZIDIV
ODER ZWISCHEN 1. UND 2.REZIDIV GETRENNT NACH PRIMAER UNI- ODER MULTILOKULAEREN BEFALL.

* FUER 220 PATIENTEN IST MINDESTENS EIN REZIDIV ERKANNT (UNI: N=122, MULTI: N=98)
** FUER 108 PATIENTEN SIND MINDESTENS ZWEI REZIDIVE ERKANNT (UNI: N=58, MULTI: N=50)

Abb. 45: Auftreten von Rezidiven

Abb. 45 beschreibt das Ereignis Rezidiv für ein anderes Teilkollektiv.
Hier sind die Zeitdauern bis zum ersten Rezidiv, bis zum zweiten Rezidiv
und zwischen erstem und zweiten Rezidiv einander gegenübergestellt.
Gleichzeitig ist eine für den beschriebenen Tumor sinnvolle Unterscheidung zwischen einem primär uni- oder multifokalen Befall getroffen worden.

ZEITDIFFERENZ FUER METASTASEN	ABSOLUT	PROZENT.	KUMUL.
MEHR ALS 4 JAHRE FRUEHER	3.	1.79 %	1.79 %
2 BIS 4 JAHRE FRUEHER	5.	2.98 %	4.76 %
1 BIS 2 JAHRE FRUEHER	7.	4.17 %	8.93 %
6 BIS 12 MONATE FRUEHER	12.	7.14 %	16.07 %
3 BIS 6 MONATE FRUEHER	6.	3.57 %	19.64 %
1 BIS 3 MONATE FRUEHER	0.	0.00 %	19.64 %
* DIAGNOSEZEITPUNKT *	69.	41.07 %	60.71 %
1 BIS 3 MONATE SPAETER	5.	2.98 %	63.69 %
3 BIS 6 MONATE SPAETER	9.	5.36 %	69.05 %
6 BIS 12 MONATE SPAETER	13.	7.74 %	76.79 %
1 BIS 2 JAHRE SPAETER	17.	10.12 %	86.90 %
2 BIS 4 JAHRE SPAETER	11.	6.55 %	93.45 %
MEHR ALS 4 JAHRE SPAETER	11.	6.55 %	100.00 %
SUMME	168.	100.00 %	100.00 %

TAB. 46: ZEITDIFFERENZ ZWISCHEN DEN ZEITPUNKTEN DER DIAGNOSESTELLUNG
DER 1. METASTASE UND DES 1. LOKALREZIDIVS. DER ZEITPUNKT DES
1. LOKALREZIDIVS IST ALS DIAGNOSEZEITPUNKT BEZEICHNET.

Abb.46: Zeitrelation des Auftretens von
Rezidiven und Metastasen

Die Abb. 46 beschreibt schließlich
Zeitdifferenzen zwischen der Entdeckung der ersten Fernmetastase
und des ersten Lokalrezidivs. Als
Bezugszeitpunkt (Diagnosezeitpunkt) wurde das Lokalrezidiv
gewählt. Wie oben dargestellt
könnte auch hier die gleichzeitige Feststellung ein Kriterium für
die Nachsorge sein.

```
                                        A100.27 25/05/83  -023-

    INHALTSVERZEICHNIS                                    SEITE
    ==================                                    =====


ALTERSVERTEILUNG, ERFASSTE PATIENTEN  . . . . . . . . . . . . . . . .   9

EINZUGSGEBIET DES TUMORREGISTERS MUENCHEN  . . . . . . . . . . . . . .   6

KLINIKEN, KOOPERIERENDE  . . . . . . . . . . . . . . . . . . . . . .   3

MORTALITAETSDATEN FUER DAS EINZUGSGEBIET (DATEN DES STAT.LANDESAMTES)  . . . . .  11

MORTALITAETSDATEN FUER DIE BUNDESREPUBLIK (DATEN DES STAT.BUNDESAMTES)  . . . . .  13

MEHRFACHMALIGNOME, ZEITDAUER  . . . . . . . . . . . . . . . . . . . .  16

METASTASEN, ZEITDAUER  . . . . . . . . . . . . . . . . . . . . . . .  17

NACHSORGEINFORMATIONEN  . . . . . . . . . . . . . . . . . . . . . . .  21

NEUERKRANKUNGEN ERWARTET IM EINZUGSGEBIET  . . . . . . . . . . . . . .   7

REGISTRIERUNGSVERLAUF IN DEN LETZTEN MONATEN,JAHREN  . . . . . . . . .   4

REZIDIVE, ZEITDAUER  . . . . . . . . . . . . . . . . . . . . . . . .  18

TUMORDIAGNOSENVERTEILUNG  . . . . . . . . . . . . . . . . . . . . . .   8

UEBERLEBENSZEIT  . . . . . . . . . . . . . . . . . . . . . . . . . .  20

ZIELE DES TUMORREGISTERS MUENCHEN  . . . . . . . . . . . . . . . . . .   1
```

Abb. 47:   Inhaltsverzeichnis zu Auswertungsberichten

Da ein solcher automatisch erstellter Auswertungsbericht, wie an den einzelnen Beispielen gezeigt wurde, recht umfangreich werden kann, wird er mit einem Inhaltsverzeichnis abgeschlossen. In Abb. 47 ist das Inhaltsverzeichnis für die Auswertung des gesamten TRM dargestellt.

In der Einführung zu diesen Beispielen haben wir die Absicht betont, die mögliche Nutzung der Daten aus diesem TR dem Leser zu überlassen. Möglicherweise kennt er einzelne Kliniken, die Daten vollständig und umfassend verfügbar haben und könnte aus dieser Perspektive TR als überflüssig deklarieren. Allerdings gilt es zu bedenken, daß eine Dokumentation von jährlich ca. 200 Neuzugängen aus einer Klinik mit Follow-up eine kaum multiplikationsfähige individuelle Leistung darstellt, wogegen eine qualitativ ebenbürtige Dokumentation von jährlich 5000 oder 10.000 Patienten aus vielen Kliniken in einem TR auf gemeinsame Zielorientierung vieler und auf eine adäquate Organisationsstruktur schließen läßt. Nur damit kann eine Breitenwirkung verbunden sein.

Soweit es sich umgehen ließ, haben wir von tumorspezifisch inhaltlichen Fragen abgesehen und die Beispiele für Auswertungen nur formal betrachet, obwohl sie den verschiedensten Reihen des TRM entnommen sind. Vielleicht hat die formale Betrachtung den Leser angeregt, für seine organisatorischen Aufgaben, für seine ärztlich-klinischen und wissenschaftlichen Verpflichtungen und Interessen eine Auswertungssequenz zusammenzustellen, die ihm nützlich erscheint als Routineinformation oder als spezielle Fragestellung z.B. über alle Tumordiagnosen. Dies nahegelegte Komponieren von Auswertungsberichten verleitet allerdings zur Unterschätzung des Aufwands, insbesondere für die Kontrolle und die intellektuelle Verarbeitung der Daten. In Kenntnis dieser Elemente sollen im folgenden die in Abb. 12 kurz angedeuteten Auswertungstypologien skizziert und entsprechend unseren Vorstellungen kommentiert werden.

3.2.3 Zusammenfassung zu Auswertungsreihen

Anhand der Auswahl aus dem Repertoire von abrufbaren Tabellen wurde der
Leser schon im letzten Abschnitt eingeladen, gedanklich eine Auswertungssequenz zusammenzustellen, die seine eigenen Interessen befriedigen
könnte. Einen ersten Hinweis auf die am TRM tatsächlich angebotenen
Standardauswertungen erhielt er über die Deckblätter in Abb. 12. Durch
die Beschreibung aller am TRM routinemäßig angebotenen kontextabhängigen
Aufbereitungen soll dies nun abgerundet werden.

Es gibt prinzipiell zwei Aufbereitungstypen, die <u>Einzelfalldarstellung</u>
und die <u>aggregierte Darstellung</u>, deren Elemente im letzten Abschnitt
exemplarisch aufgezeigt wurden. Bei beiden Typen sind zusätzliche Formen
für den registerinternen Gebrauch zu unterscheiden. Die Vielfalt dieser
Möglichkeiten erfordert es, sich Beschränkungen aufzuerlegen und mit
einem begrenzten Umfang an Daten einen Einstieg in einen gemeinsamen
Lernprozeß zwischen Datenurheber und TR zu finden.

Die nahezu inhaltsleere Forderung, daß die richtigen Daten zur richtigen
Zeit an der richtigen Stelle vorliegen müssen, um effektiv genutzt zu
werden, erfordert die Beantwortung verschiedener Fragen. Wer ist der
Empfänger? Welche Daten werden wozu benötigt? Wann müssen sie wo vorliegen? Wir gehen dabei von der Annahme aus, daß die Daten konventionell
über Papier zur Verfügung gestellt werden. Eine solche Ansicht wird nicht
von allen geteilt, denn noch immer wird an dem Image des Computers gearbeitet, daß der technische Zugang zu einem Rechner bei geeigneter Software ausreicht, damit jeder sich selbst seine Fragen zeitgerecht beantworten kann. Ohne eine detaillierte Beschreibung der Funktionen kann zwar
eine solche Aussage generell nicht verneint werden. Das TRM zumindest
verfügt aber nicht über die notwendigen technischen, personellen und damit finanziellen Voraussetzungen. Außerdem arbeitet es auf Grund der
Vielzahl der Kliniken in einer für diese Perspektive nicht geeigneten
Umwelt. Zusätzlich stellen die Daten eines verlaufsorientierten TR auf
Grund ihrer Komplexität keine geeignete Basis für papierlose Informationsflüsse, d.h. ad hoc definierte Auswertungen dar. Deshalb müssen nun Ge-
danken um kontextabhängige Aufbereitungstypen folgen.

Eine weitere Annahme geht in die Diskussion der Aufbereitungstypen noch
ein, die mit der im letzten Abschnitt angedeuteten Vielfalt zusammenhängt
In dem diskutierten Musterentwurf eines Gesetzes über Krebsregister, der
von der Bundesregierung vorgelegt wurde, um die gesetzliche Voraussetzung

für die Kooperation medizinischer Institutionen auf dem Gebiet der Versorgung der Patienten und damit auch der onkologischen Forschung im weitesten Sinne zu schaffen, wird ein jährlicher Bericht der Register gefordert. Da dieser Bericht nicht weiter spezifiziert ist, kann angenommen werden, daß eine Aufbereitung erwartet wird, mit der man sich in die Veröffentlichungen über Krebsinzidenzen der verschiedenen kulturell führenden Länder einreihen kann. Dieser Typ wird hier als spezielle Aufbereitung eingestuft und kann auf Grund des hier gewählten klinischen Ansatzes des TRM nur das langfristige Ergebnis eines Entwicklungsprozesses sein.

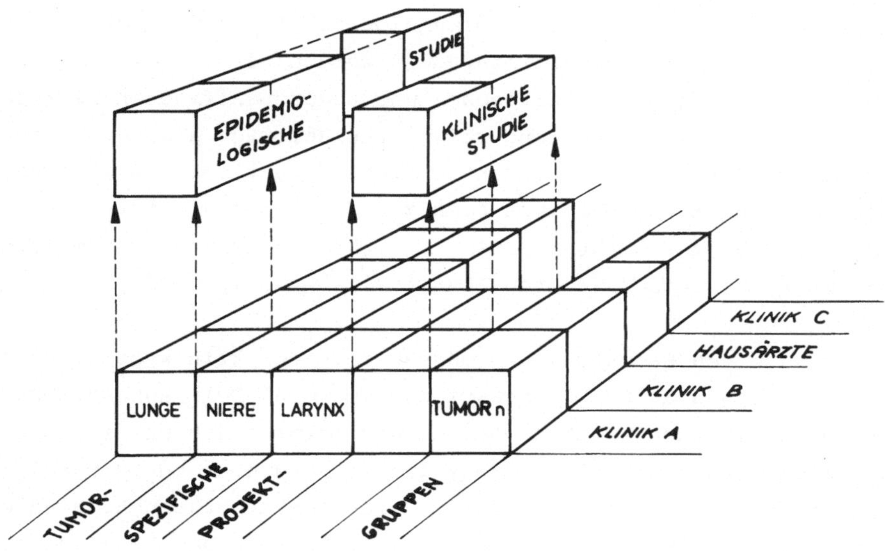

Abb. 48: Strukturierung der Daten eines Tumorregisters unter Urheber- und Nutzungsaspekten

Für die Diskussion der verschiedenen Datenaufbereitungstypen zeigt die Abb. 48 Zugänge zu den Daten. Diese Würfelzusammenstellung charakterisiert die <u>logische Struktur des TRM</u>. Als Register wird im folgenden wieder eine durch Adjektive spezifizierte Teilmenge von erfaßten Patienten verstanden. Der Überbau mit klinischen und epidemiologischen Studien steht für Entwicklungen, die auf ein funktionierendes (Teil-)Register aufgesetzt werden können.

3.2.3.1 Die klinikspezifisch-tumorspezifischen Teilregister

Ein einzelner Würfel der Abb. 48 ist als Baustein eines TR zu betrachten.
Er ist identifizierbar durch den Datenurheber, eine Klinik oder einen
Hausarzt - repräsentativ für die niedergelassenen Ärzte -, und die entsprechende Tumordiagnose. Er steht für alle Daten, die von diesem Datenurheber auf Grund seiner diagnostischen und therapeutischen Maßnahmen für
die Patienten mit gleicher Diagnose über die standardisierte Dokumentation zum Aufbau seines klinikspezifischen und tumorspezifischen Teilregisters erhoben wurden. Da in der Darstellung auf eine Zeitachse verzichtet wurde, sind Folgeerhebungen aus derselben Klinik darin enthalten.
Auch die Patienten als zusätzliche Dimension fehlen in der Darstellung.
Deshalb muß zur Verdeutlichung hinzugefügt werden, daß in einer sinnvollen Auswertung eines klinikspezifischen und tumorspezifischen Teilregisters auch die für die Beurteilung relevanten Beiträge anderer Datenurheber zum selben Patienten mitberücksichtigt werden. Denn es wäre ein
Anachronismus, wenn ein operatives Fach z.B. keinen Zugriff auf das Faktum der Metastasierung zu ihren Patienten erhalten dürfte, nur weil dieser Befund meist von einer anderen Institution erhoben wird.

Welche Daten sind von Bedeutung und müssen in einer klinikspezifischen
und tumorspezifischen Reihe widergespiegelt werden? Soll anhand der Neu-
aufnahmen in den letzten Monaten oder in den letzten Jahren die Kontinuität der Erfassung beurteilt werden? Ist im Vergleich zur Mortalitätsstatistik aus der Altersverteilung eine Selektion zu erkennen? Sind die
Basisdaten, die Geschlechtsproportion, die Verteilung der Lokalisationen,
der Histologien oder der Stadien mit Literaturangaben vergleichbar? Sind
die Behandlungsergebnisse, beurteilt nach Rezidiven, nach Metastasierun-
gen, nach Überlebenszeiten usw. damit vergleichbar? Lassen sich Unterschiede erkennen für Gruppen, definiert nach prognostischen Faktoren
oder nach den Therapiestrategien? Wie ist die Betreuung der Patienten zu
beurteilen? Von welchen Patienten liegen seit wann keine weiteren Informationen mehr vor? Wie hängt dies von der bisherigen Krankheitsdauer ab?
Mit den Elementen der Datenaufbereitung wurden diese Freiheitsgrade angedeutet. Der Verwendungszweck definiert die Auswahl.

Zu beachten ist dabei aber, daß es für die Auflösung in Teilaspekte, für
die Erstellung getrennter Berichte Grenzen gibt. Allein die organisatorischen Probleme der Archivierung und Verwaltung vieler monopragmatischer,
d.h. an nur einer der gestellten Fragen orientierter Aufbereitungen würden eine einheitliche, umfassendere, für unterschiedliche Nutzung ausge-
legte Zusammenstellung unumgänglich machen. Außerdem erfordert z.B. die

Interpretation der Überlebenszeit im Stadium x mit Histologie y ohnehin
eine Absicherung, daß die Erfassung systematisch erfolgte, die Vollständigkeit der Daten als zufriedenstellend beurteilt werden kann, das einheitliche Follow-up keine Selektion befürchten läßt usw. Eine lediglich
durch spezifische Anfragen gesteuerte Übermittlung von Einzelangaben vom
TR dürfte einer aktiven Nutzung der Daten durch ihre Urheber so gesehen
eher entgegenwirken.

Die erläuterten Beispiele zeigen, daß bei einer breiten Information sehr
schnell 50 und mehr Tabellen definiert werden können, die aber dann auch
die Organisation und Qualität der Dokumentation, die Betreuung der Patienten in der Nachsorge, den Erfolg der Therapiemaßnahmen, die Zahl der Aus-
reißer im positiven und negativen Sinne detailliert beschreiben.

3.2.3.2 Die klinikspezifischen Teilregister

Im allgemeinen wird eine Klinik über mehrere tumorspezifische Teilregister
verfügen. Die Einheitlichkeit der Aufbereitungsformen ermöglicht bei einer
vergleichenden Betrachtung verschiedener Diagnosen interessante Einblicke
zur Versorgungssituation, zur Stellung der Klinik oder zur gesamten Nach-
sorgeproblematik. Ist das Follow-up für die einzelnen Diagnosen unterschiedlich? Variiert das Einzugsgebiet nicht nur auf Grund eines größeren
Versorgungsangebotes? Zeigt die stets vorhandene Selektion für alle Diagnosen vergleichbare Tendenz?

Das klinikspezifische Register ist in der Abb. 48 als Würfelreihe eines
Datenurhebers dargestellt. Die Datenaufbereitung soll damit einen Überblick zu allen von einer Klinik behandelten Patienten liefern. Die Zusammenfassung wird nur wenige Basisdaten sinnvoll einbeziehen können. Die Bedeutung liegt im Vergleich zu den tumorspezifischen Aufbereitungen und bezieht sich auf Versorgungsaspekte, auf organisatorische Fragen und auf die
Datenqualität. Die Behandlung und die sie determinierenden krankheitsspe-
zifischen Aspekte sind hier von untergeordneter Bedeutung.

3.2.3.3 Die tumorspezifischen Teilregister

Werden in der Abb. 48 alle Würfel, d.h. die Dokumentationsbeiträge der
verschiedenen Datenurheber zu einer Tumordiagnose zusammengefaßt, ist
damit ein weiterer Registertyp definiert. Die Abb. 37 verdeutlicht den
kooperativen Ansatz dieses Registertyps, der zwei wichtige Aspekte beinhaltet. Zum einen ist auf Grund der Beteiligung verschiedenster Institutionen, von denen jede nur ein Minimum an Daten über die eigenen Maßnahmen - und deshalb vielleicht auch zuverlässiger - zur Verfügung stellt,

der Krankheitsverlauf vollständiger beschreibbar. Moderne Krebstherapie
ist eine interdisziplinäre Therapie. Nur in einer breiten Kooperation
werden die wesentlichsten Daten zuverlässig und vollständig erfaßbar.
Zum anderen können aber durch die zunehmende Kooperation der tumorspezifischen Versorgungsträger in einer Region langfristig die Vollzähligkeit der Erfassung erreicht und damit die in der Bundesrepublik bisher
sehr begrenzt verfügbaren Inzidenzen (Saarland, Hamburg und z.T. Baden-
Württemberg) für eine weitere Region ermittelt werden.

Deshalb stehen bei diesem Aufbereitungstyp die Ermittlung der bevölke-
rungsbezogenen Fallzahlen, der Vergleich zur Mortalitätsstatistik, die
Stadienverteilung in ihrer säkularen Entwicklung auf Grund greifender
Vorsorgeinterventionen, die Verteilung und Veränderung der histologischen
Typen als Basis für Hypothesengenerierungen zu dem sich verändernden,
vielleicht regional unterschiedlichen Ursachenspektrum im Vordergrund.
Die Beantwortung versorgungstechnischer Fragen anhand der Rezidiv- und
Metastasierungsraten gehört weiter zu diesen übergeordneten Aspekten.

Die bisher konzipierten tumorspezifischen Reihen enthalten zu den klinikspezifischen Aufbereitungen vergleichbare Tabellen für die Basisdaten.
Therapeutische Aspekte sind darin nicht enthalten. Dennoch können Unterschiede in diesen Basisdaten Anregungen geben, so daß die zu einem tumorspezifischen Teilregister beitragenden Institutionen ihre Daten gezielt
vergleichen, auffällige Variabilitäten feststellen und nach den möglichen
Ursachen für die Unterschiede forschen können. Das Hauptproblem ist, organisatorische, kommunikationsfördernde Strukturen zu etablieren, in der
diese am Anfang einer wissenschaftlichen Kooperation zu formulierenden
Fragen vorurteilsfrei gestellt werden können. Die Erfahrung wird zeigen,
ob solche Strukturen eigengesetzlich entstehen und in die von allen erhoffte Richtung führen.

3.2.3.4 Das Tumorregister

Werden die Dokumentationsbeiträge aller Datenurheber zu allen Erkrankungsformen zusammengefaßt, so ergibt sich daraus der Stand des gesamten Registers. Nur wenige Daten zu den Patienten wie Alter, Geschlecht und Wohnort, die Diagnose, der Verlaufsstatus und die Datenurheber sind sinnvoll
in diese globale Beschreibung einzubeziehen. Sie dient damit zur Kontrolle
des Registers, zur Beurteilung der Kontinuität der Dokumentation. Das natürliche Kerneinzugsgebiet wird erkennbar, in dem realistisch eine vollständige Erfassung für alle Tumordiagnosen angestrebt werden könnte. Aus
der Zahl der teilnehmenden - besser fehlenden - Kliniken ist der Koopera-
tionsstand zu ermitteln.

Neben diesen langfristigen epidemiologischen und versorgungstechnischen
Perspektiven findet die Information über den Stand des Registers auch bei
jedem Datenurheber Interesse, da er aus dieser Gesamtdarstellung direkt
seinen Beitrag zum Register bzw. seinen Anteil an der Versorgung ermitteln
kann.

3.2.3.5 Spezielle Aufbereitungen

Die bisher erläuterten, anhand von Abb. 48 naheliegenden Aufbereitungstypen, die mit ihren klinikübergreifenden Formen epidemiologische und
versorgungstechnische Aspekte beleuchten und die mit ihren klinikspezifischen Formen Aspekte der individuellen ärztlichen Versorgung, der Leistungsstatistiken, der Erfolgskontrolle bis hin zur Unterstützung wissenschaftlicher Fragen umfassen können, sind keineswegs ausreichend.

Aus der Mortalitätsstatistik z.B. sollten die Daten unter verschiedenen
Perspektiven verfügbar sein. Genannt seien die Altersverteilungen, z.B.
zur Beurteilung der Selektion der erfaßten Patienten, die proportionale
Mortalität und die tumorbedingte Mortalität in verschiedenen Altersinter-
vallen (Abb. 23). Solche Fakten werden von TR selbstverständlich erwartet
und sei es auch nur zur Gestaltung der Einleitung in einem Vortrag.

Weitere Beispiele für spezielle, zusammenfassende Aufbereitungsformen
sind: Die Neuzugänge der letzten Monate für jeden Datenurheber einzeln,
die altersspezifischen Inzidenzen für verschiedene Einzugsgebiete, die
Zeitdauern bis zum Zweitmalignom, die Einzugsgebiete für die verschiedenen
Diagnosen, die Zeitdauern bis zum Rezidiv, die Metastasierungsmuster, alle
unbekannten Primärtumoren mit ihren Lymphknoten- und Metastasierungsmu-
stern.

Die verfügbare Software ist flexibel genug, um solchen Anforderungen in
kürzester Zeit nachkommen zu können. Der Aufwand liegt nicht in der Erstellung, sondern in der inhaltlichen, registerinternen Prüfung und in
der Nutzung durch und zusammen mit interessierten klinischen Partnern.
Hinter solchen Aufbereitungen steht eben die Wahrnehmung von Kontrollfunktionen, die Umsetzung in epidemiologische und klinische Fragestellungen. Wenn solche explorativen Datenanalysen zur Hypothesengenerierung,
zur Anregung von Analogieschlüssen im Sinne einer positiven Heuristik
unternommen werden, so ist eben ein erheblicher Prozentsatz auf Grund
dieser Trial-and-Error-Methode nach intensiver Bearbeitung als vergeblich
einzustufen. Auch dies sind vom TR zu erfüllende Routineaufgaben, die i.a.
nicht in Kosten-Nutzen-Überlegungen einbezogen werden.

Allerdings darf auch die Brisanz solcher Fragestellungen nicht übersehen
werden. Selbst wenn das kontralaterale Mamma-Ca unberücksichtigt bleibt,
sind im TRM ca. 3% Mehrfachmalignome registriert, 1% unbekannte Primärtumoren erfaßt. Keine kooperierende Klinik verfügt allein über eine nennenswerte, für eine wisssenschaftliche Fragestellung ausreichende Fallzahl. Auswertungen setzen damit die Kooperationsbereitschaft der beteiligten Kliniken voraus.

3.2.4 Fallorientierte Aufbereitungen und Arztbriefschreibung

Der skizzierte minimale Umfang der Dokumentation kann im zeitlichen Verlauf für einen Patienten zu einem beachtlichen Datenumfang anwachsen, für
dessen Erschließung die konventionelle Aufbereitung auf Papier nach wie
vor die geeignetste Form darstellt, nicht zuletzt weil sie Eingang in die
Krankengeschichten finden könnte. Ein Beispiel für solch einen kondensierten Verlaufsbericht ist in Abb. 49 wiedergegeben. Man beachte, daß
die Dokumentationsbeiträge aus 3 verschiedenen Kliniken stammen. Wenn zusätzlich noch Informationen der niedergelassenen Ärzte übermittelt werden
könnten, erscheint die Hoffnung nicht unberechtigt, daß eine Kooperation
in einem TR nicht unattraktiv sein könnte und damit Impulse für die wissenschaftlichen Aktivitäten in der Onkologie zu erwarten wären.

Zusätzlich wird es in jedem Register eine Reihe interner und für spezielle Aufgaben besonders geeigneter Einzelaufbereitungsformen geben. Eine
wichtige Funktion solcher Darstellungen ist im Zusammenhang mit der 'Überarbeitung' eines begrenzten Kollektivs zu sehen. Es sind schlichtweg Kor-
rekturlisten, auf denen die Daten vervollständigt werden. Auf solchen Listen werden deshalb die Schlüssel zusammen mit ihrer Übersetzung aufbereitet, weil dadurch die Korrektur der Daten am Rechner erleichtert wird.

Der Nutzen solcher Verlaufsübersichten für die Versorgung scheint nach
bisheriger Erfahrung zur Zeit noch gering zu sein. Wir sind uns bewußt,
daß aktuelle therapeutische Entscheidungen viele Details erfordern, die
auch über weit umfangreichere Dokumentationen nicht zur Verfügung gestellt werden können. Auf der anderen Seite bietet jedoch gerade bei
komplexen Verläufen, zu denen die Fakten in dicken Krankengeschichten
niedergelegt sind, eine kondensierte Verlaufsübersicht einen geeigneten
Einstieg in die Problematik des Falles. Besonders ist zu berücksichtigen,
daß der behandelnde Arzt auf Lücken in seiner Krankengeschichte aufmerksam gemacht wird, wie sie auf Grund interdisziplinärer Betreuung entstehen können. Der Verlaufsbericht gibt gegebenenfalls konkrete Hinweise,
welche Institution über wichtige Daten verfügen könnte.

Auch für die Generierung von Hypothesen könnte die Bereitstellung von Kasuistiken für spezielle kontrastreiche Untergruppen einen besonderen Stellenwert erlangen. Zur Erleichterung eines sachlogischen Vergleichs werden bei Verstorbenen die relativen Zeitdauern in Wochen bis zum Tod beigefügt (Abb. 50). Dadurch wird der auf den schicksalshaften Ausgang bezogene, synchronisierte Vergleich der vorausgegangenen Ereignisse und Maßnahmen erleichtert. Langfristig sollte auch angestrebt werden, daß spätestens anläßlich der Todesmitteilung ein Arzt die Vollständigkeit der Krankheitsverlaufsdokumentation beurteilt und soweit als möglich ergänzt.

Im Zusammenhang mit der Einzelfalldarstellung darf die Arztbriefschreibung nicht unerwähnt bleiben. Die technischen Voraussetzungen sind mit der Verknüpfbarkeit von Dateien, mit den Aufbereitungsmöglichkeiten für Einzelverläufe, mit tabellarischen Funktionen und der Bearbeitung von grösseren Textelementen zwar gegeben. Aber die Notwendigkeit stellt sich für das TRM nicht. Zum einen ist die Organisation so eingespielt, daß der behandelnde Kliniker gerade im Zusammenhang mit dem

```
31.MAI.83 TYP1 ERSTELLT VON  SCHUBERT  VERANTW.: DR. A      SEITE 16


  TESTP, VORNAME                            WEIBLICH, A.B.DIAG: 38 JAHRE
  GEBURTSDATUM: 28.05.36            NACHSORGE-TERMINKALENDER | | | | | | | | |
  EINWEISUNG: ZUSATZBEHAND                              - - - - - - -


  ===================================================================
                   PRIMAERBEFUND, ERHOBEN VON KLINIK A

  OVARIALKARZINOM, DIAGNOSTIZIERT IM JAHRE 1974 ALS ERSTTUMOR
  STADIUM NACH FIGO: 3
  PRIMAERSITZ: BEIDSEITIG
  HISTOLOGIE: ADENOKARZINOM PAPILLAER SEROESES; DIFF. NICHT BEKANNT


  ===================================================================
                   PRIMAERTHERAPIE

  UEBERSICHT ZUR PRIMAERTHERAPIE:        OPERATION: DURCHGEFUEH.
                                         BESTRAHLUNG: DURCHGEFUEH.
                                         CHEMOTHERAPIE: DURCHGEFUEH.
                                         HORMONTHERAPIE: DURCHGEFUEH.


  OPERATION AM 30.05.74    AUSWAERTS OP
  OP-ANGABEN: EXSTIRPATION DES UTERUS UND BEIDER ADNEXEN
              NETZRESEKTION
              RADIKALE OPERATION, MAKROSKOP. KEIN RESTTU.

  RADIKALITAET/TUMORAUSDEHNUNG: EINZELNE TUMORKNOTEN, DIE ENTFERNT WURDEN

  BESTRAHLUNG:  07/74 BIS 08/74
  ADJUVANTE POSTOP.STRAHLENTHER.NACH RADIKALER OP
  VOLLE TUMORDOSIS
  KOMBINIERTE STRAHLENTHERAPIE


  ===================================================================
                   VERLAUFSBERICHT

  1975           (KLIN. S. OBEN)    TU-STATUS: PROGRESSION
                 THERAPIEMASSNAHMEN: CHEMOTHERAPIE: DURCHGEFUEH.

  BEGINN DER CHEMOTHERAPIE: 09/75    PALLIATIV

  1976 MAERZ     (KLIN. S. OBEN)    TU-STATUS: RESTTUMOR
                 ZU DIESEM ZEITPUNKT KEINE THERAPIE (ERFASST)

  1976 SEPTEMBER (KLIN. S. OBEN)    TU-STATUS: TUMORFREI
                 ZU DIESEM ZEITPUNKT KEINE THERAPIE (ERFASST)

  1977 FEBRUAR   (KLIN. S. OBEN)    TU-STATUS: TUMORFREI
                 ZU DIESEM ZEITPUNKT KEINE THERAPIE (ERFASST)

  1979 MAERZ     (KLINIK A    )     TU-STATUS: TUMORFREI
                 ZU DIESEM ZEITPUNKT KEINE THERAPIE (ERFASST)


  FORTSETZUNG FUER TESTP, VORNAME
  1980 MAI       (KLINIK B    )     TU-STATUS: KEINE AKTUELLE ANGABE
                 NEUE ANGABEN UEBER PRIMAERTUMOR/ZWEITMALIGNOM:
                 TUMORDIAGNOSE: BLASENTUMOR (ZWEITTUMOR)
                 LOKALISATION:  ORIFICIUM URETERI
                 HISTOLOGIE:    UROTHELKARZINOM O.N.A.
                 THERAPIEMASSNAHMEN: OPERATION: DURCHGEFUEH.

                 OPERATION AM 22.05.80
                 OP-ANGABEN: TUR EINZEITIG
                 ANGABEN ZUM RESTTUMOR: OHNE BEFUND

                 POSTOPERATIVES TUMORSTADIUM (PTNM): PTA    PN     PM

  1980 JULI      (KLINIK C    )     TU-STATUS: NO CHANGE
                 ZU DIESEM ZEITPUNKT KEINE THERAPIE (ERFASST)

  1980 DEZEMBER  (KLINIK B    )     TU-STATUS: TUMORFREI
                 THERAPIEMASSNAHMEN: OPERATION: DURCHGEFUEH.

  1981 APRIL     (KLINIK C    )     TU-STATUS: TUMORFREI
                 ZU DIESEM ZEITPUNKT KEINE THERAPIE (ERFASST)

  1981 APRIL     (KLINIK A    )     TU-STATUS: TUMORFREI
                 ZU DIESEM ZEITPUNKT KEINE THERAPIE (ERFASST)

  1981 SEPTEMBER (KLINIK B    )     TU-STATUS: REZIDIV TUM
                 THERAPIEMASSNAHMEN: OPERATION: DURCHGEFUEH.

                 OPERATION AM 17.09.81    IM HAUSE OP.
                 OP-ANGABEN: TUR EINZEITIG
                             TUR  LASER

  1982 MAI       (KLINIK A    )     TU-STATUS: TUMORFREI            **ENDE**
```

Abb. 49: Beispiel eines kondensierten Verlaufsberichts zu einem in Nachsorge stehenden Patienten

Arztbrief den Fall resümiert und dabei die Dokumentation abfällt. Zum anderen reichen die im TRM verfügbaren Informationen, gemessen am Arztbriefstandard, einem niedergelassenen Arzt nicht aus. Gerade die individuellen und deshalb schwer formalisierbaren Aspekte eines Krankheitsfalls müßten dann eigens für die Arztbrieferstellung erhoben werden. Im übrigen sollten gerade individuelle Aspekte, z.B. die für die Nachsorge relevanten Fakten im Nachsorgeterminkalender mitgegeben werden. Außerdem ist zu bedenken, daß gerade standardisierte und problemlose Nachsorgeuntersuchungen - Idealobjekte für automatische Arztbriefschreibung - pauschal kommuniziert werden können.

Interessanter allerdings werden Aufgaben, niedergelassene Ärzte im Einzugsgebiet eines Registers gezielt, z.B. nach Zahl und Diagnosen der von ihnen betreuten Patienten, von den Kliniken, mit denen sie zusammenarbeiten, anzusprechen und gegebenenfalls um die Prüfung von Krankheitsverläufen zu bitten. Technisch ist ein intelligentes Sortieren und Duplizieren erforderlich. Probleme bereitet der Absender, und Grenzen setzen allein die Kosten, angefangen vom Porto über

```
31.MAI.83 TYP1 ERSTELLT VON  SCHUBERT  VERANTW.: DR. B      SEITE 12


PATIENTA, VORNAME, GEB. GEBURTSNAME               WEIBLICH, A.B.DIAG: 56 JAHRE
GEBURTSDATUM: 30.12.21
EINWEISUNG: PRIMAERTHER.


======================================================================
             PRIMAERBEFUND, ERHOBEN VON KLINIK A              WOCHEN BIS
                                                                 ZUM TOD
MAMMAKARZINOM, DIAGNOSTIZIERT IM AUGUST 1978 ALS ERSTTUMOR        223
STADIUM NACH TNM: T1 (C4)  NO (C4)  MO (C2)
PRIMAERSITZ: OBERER INNERER QUADRANT; RECHTS
HISTOLOGIE: KARZINOM SOLIDES EINFACHES


======================================================================
             PRIMAERTHERAPIE

UEBERSICHT ZUR PRIMAERTHERAPIE:          OPERATION: DURCHGEFUEH.
                                         BESTRAHLUNG: DURCHGEFUEH.
                                         CHEMOTHERAPIE: DURCHGEFUEH.

OPERATION AM 24.08.78    IM HAUSE OP.                             222
OP-ANGABEN: MASTEKTOMIE OHNE PECTORALIS
            AXILLAREVISION SYSTEMATISCH

POSTOPERATIVES TUMORSTADIUM (PTNM): PT1    PNO
ZUM LYMPHKNOTENSTAGING WURDEN 01 LK UNTERSUCHT

BESTRAHLUNG:  08/78: NACHBESTRHL.

BEGINN DER CHEMOTHERAPIE: 09/78    ADJUVANT


======================================================================
             VERLAUFSBERICHT                                  WOCHEN BIS
                                                                 ZUM TOD
1980 MAI          (KLINIK B   )      TU-STATUS: KEINE AKTUELLE ANGABE   131
                  NEUE ANGABEN UEBER PRIMAERTUMOR/ZWEITMALIGNOM:
                  TUMORDIAGNOSE: OVARIALKARZINOM (ZWEITTUMOR); RECHTS
                  HISTOLOGIE:    ADENOKARZINOM PAPILLAER SEROESES
                  THERAPIEMASSNAHMEN: OPERATION: DURCHGEFUEH.
                                      CHEMOTHERAPIE: DURCHGEFUEH.

                  OPERATION AM 23.05.80    IM HAUSE OP.               131
                  OP-ANGABEN: NUR PROBEEXCISION FUER HISTOLOGIE

                  RADIKALITAET/TUMORAUSDEHNUNG:
                  TUMOR IM NETZ
                  MULTIPLE KNOTEN, DIE NICHT ENTF. WERDEN KONNTEN

                  BEGINN DER CHEMOTHERAPIE: 05/80    PALLIATIV

1981 JANUAR       (KLINIK B   )      TU-STATUS: RESTTUMOR             97
                  THERAPIEMASSNAHMEN: CHEMOTHERAPIE: DURCHGEFUEH.

1981 MAI          (KLINIK A   )      TU-STATUS: NO CHANGE             81
                  THERAPIEMASSNAHMEN: CHEMOTHERAPIE: DURCHGEFUEH.

1981 AUGUST       (KLINIK B   )      TU-STATUS: RESTTUMOR             66
                  THERAPIEMASSNAHMEN: CHEMOTHERAPIE: DURCHGEFUEH.


FORTSETZUNG FUER PATIENTA, VORNAME
1981 SEPTEMBER    (KLINIK A   )      TU-STATUS: METASTASE; PROGRESSION  64
                  FERNMETASTASIERUNG: PERITONEALKARZINOSE
                  THERAPIEMASSNAHMEN: CHEMOTHERAPIE: DURCHGEFUEH.

1981 OKTOBER      (KLINIK B   )      TU-STATUS: RESTTUMOR             58
                  ZU DIESEM ZEITPUNKT KEINE THERAPIE (ERFASST)

1981 NOVEMBER     (KLINIK B   )      TU-STATUS: PROGRESSION           53
                  ZU DIESEM ZEITPUNKT KEINE THERAPIE (ERFASST)

1981 DEZEMBER     (KLINIK B   )      TU-STATUS: PROGRESSION           49
                  THERAPIEMASSNAHMEN: CHEMOTHERAPIE: DURCHGEFUEH.

1982 FEBRUAR      (KLINIK A   )      TU-STATUS: TUMORFREI             39
                  ZU DIESEM ZEITPUNKT KEINE THERAPIE (ERFASST)

1982 JUNI         (KLINIK B   )      TU-STATUS: NO CHANGE             23
                  ZU DIESEM ZEITPUNKT KEINE THERAPIE (ERFASST)

1982 JULI         (KLINIK B   )      TU-STATUS: METASTASE; REZIDIV TUM  19
                  FERNMETASTASIERUNG: LUNGE, LEBER, PERITONEALKARZINOSE
                  THERAPIEMASSNAHMEN: CHEMOTHERAPIE: DURCHGEFUEH.

BEGINN DER CHEMOTHERAPIE: 08/82    PALLIATIV

1982 OKTOBER      (KLINIK B   )      TU-STATUS: NO CHANGE              6
                  THERAPIEMASSNAHMEN: CHEMOTHERAPIE: DURCHGEFUEH.


======================================================================
             ABSCHLUSS, ERHOBEN VON KLIN. S. OFFEN

FRAU PATIENTA IST IM
NOVEMBER 1982  TUMORABHAENGIG VERSTORBEN.             TOD = WOCHE 0
OB EINE OBDUKTION DURCHGEFUEHRT WURDE, IST DEM TR NICHT BEKANNT
```

Abb. 50: Beispiel eines kondensierten Verlaufsberichts zu einem verstorbenen Patienten

die ärztliche Arbeitszeit bis hin zur Durchführung der Datenkorrekturen.
Daraus folgt die Begrenzung solcher Aktivitäten auf Teilkollektive für
gezielte wissenschaftliche Fragestellungen. Zusätzlich muß an das Men-
gengerüst erinnert werden, nach dem ein niedergelassener Arzt ca. 9
Tumorpatienten betreut, die innerhalb der letzten 5 Jahre erkrankt sind.
Dies umschreibt Möglichkeiten, Grenzen und den Kommunikationsaufwand für
Kliniken, da nahezu jeder Patient eines Klinikregisters von einem ande-
ren niedergelassenen Kollegen betreut wird.

Nur der Vollständigkeit wegen seien Nachsorgelisten, Mahnlisten, Prüf-
listen, Auflistungen der Basisdaten, Fehllisten zu essentiellen Merkmalen eines Registers erwähnt. Sie sind alle für bestimmte Funktionen
konzipiert worden und erfordern viel Zeit für die Bearbeitung in der
Klinik und im Register. Der Aufwand für eine a posteriori vorzunehmende
Korrektur ist sehr groß im Vergleich zur zeitgerechten Erfassung im Zusammenhang mit der Versorgung.

3.2.5   Aufbereitungen für den registerinternen Gebrauch

Mit Register bezeichnen wir jetzt - entsprechend dem üblichen, zur Ver-
wirrung beitragenden deutschen Sprachgebrauch - die Institution, die
für die adäquate Verarbeitung der Daten verantwortlich ist. Da wir bisher von klinikspezifischen Registern, tumorspezifischen Registern und
vom gesamten Register - definiert durch Patiententeilmengen - gesprochen
haben, stellt sich die Frage, auf welcher dieser Ebenen eine Institution
Register anzusiedeln ist und welche Aufgaben sie zu erfüllen hat. Für
die Qualität der Daten sind die Ärzte bzw. die Kliniken verantwortlich.
Die Verarbeitung aber kann ganz in der Hand der Klinik liegen oder an
eine Zentrale delegiert werden. Ersteres bezeichnen wir als dezentrales
Organisationskonzept. Um dabei überhaupt die Idee eines TR aufrechter-
halten zu können, müssen die technologischen Möglichkeiten gegeben sein,
die sicher unterschiedlich detaillierten Daten bei dezentraler Speicherung auch zusammenzuführen. Dafür sind Realisierungen vorgestellt (51).
Am TRM wird ein auf die Verarbeitung der Daten bezogenes, zentrales
Konzept realisiert (Abb. 3).

Den Befürwortern dezentraler Organisationskonzepte für TR, deren Aufgabe
i.a. mit der Bereitstellung von technischen Möglichkeiten und der Kontrolle eines reibungslosen Ablaufs begrenzt sein dürfte, stellen sich
auf Grund der Verlagerung der Verantwortung für Form und Inhalt der Daten die Probleme der Kontrolle der Datenqualität und der Aufbereitung
der Daten nur in abgeschwächter Form. Bei einer zentralen Lösung müssen

die aufgezeigten Möglichkeiten eingesetzt und in eine Beurteilung für jede Klinik umgesetzt werden. Die natürliche Spielbreite wissenschaftlicher Interessen hat mit den Basisdaten wie TNM, Histologie usw. eine untere Grenze. Nur nach oben ist die Aktivität offen. Diese Reglementierungsfunktion muß von einem Register wahrgenommen werden. Sie muß auch von großen Institutionen als Kooperationsbedingung anerkannt werden.

Auf die Notwendigkeit der Aggregierungen wurde hingewiesen. Diese sind mit Datenaufbereitungen verbunden, die auf logische Fehler hinweisen können. Alternative Gruppierungen sind auf ihren Stellenwert zu überprüfen. Anerkannte Literaturwerte sind zu reproduzieren, gegebenenfalls anzuzweifeln. Ein TR wird ein Vielfaches an Aufbereitungen für den internen Gebrauch aus den Daten erzeugen müssen, bevor den Datenurhebern Hinweise vorgelegt werden können.

Für ein weiteres Beispiel sei nochmals auf das Dokumentationskonzept verwiesen. Es werden auch Besonderheiten, seltene Histologien und differenzierte Lokalisationen z.T. mit Mehrfachangaben berücksichtigt. Aus dieser Möglichkeit resultieren ebenfalls registerinterne Aufbereitungsformen, damit sie bei Diskussionen gegebenenfalls verfügbar sind, um die Bedeutung einer differenzierten Fragestellung beurteilen zu können. Auswertungen zu speziellen Fragen können nicht in die Routineauswertungen aufgenommen werden.

Ein zusätzlicher Aspekt sei mit Klinikvergleichen angesprochen. Wenn bei Auswertungen für das Register oder für Teilmengen Auffälligkeiten bemerkt werden, so sollte man sich durch Schichtung nach Kliniken vor voreiligen Interpretationen schützen. Als gleichbedeutend ist auch die systematische Suche nach Klinikunterschieden einzustufen. Auf diesem Weg gewonnene Auffälligkeiten könnten dann im zweiten Schritt zur inhaltlichen Abklärung zwischen den Kliniken führen.

Mit einem lediglich die Hardware und Software betreuenden TR läßt sich nach unseren Erfahrungen keine Perspektive verbinden. Nur die differenzierte Kenntnis der tumorspezifischen Probleme, auf Grund derer Initiativen entwickelt werden, Vorleistungen erbracht werden können, wird zu einer Motivation der Datenurheber zur sachadäquaten Nutzung führen. Die Bearbeitung dieser differenzierten Fragestellungen läßt sich auch durch extrem benutzerfreundliche Systeme nicht auf eine der Datenerfassung vergleichbare Funktionsebene delegieren.

3.2.6 Zusätzliche Anforderungen

Das Aufgabenspektrum, das in der Aufbauphase eines TR zu bewältigen ist,
läßt sich zunehmend präzise erkennen. Die Umsetzung eines Merkmalssatzes
in ein praktikables Dokumentationskonzept, die Bereitstellung und Anpas-
sung der notwendigen Datenverarbeitungsprogramme, die Definition der Organisationsabläufe, die Bearbeitungsschritte für die eingehenden Daten,
die Zusammenstellung der formalen und sachlogischen Prüfbedingungen bis
hin zur Fortschreibung des Datenbestandes sowie die Erarbeitung standardisierter Auswertungsprozeduren sind Schwerpunkte der Entwicklungsarbeit.

Das Dokumentationskonzept und die Auswertung haben wir vorgestellt, den
Stand durch die Andeutung der Ergebnisse deutlich gemacht. Interessierte
kooperative Kliniken finden ein funktionsfähiges Register vor, das für
ihre Dokumentationsleistung etwas zu bieten hat. Jede Klinik ist damit
über ihre Patienten informiert. Sie ist informiert, wie erfolgreich ihre
Nachsorgebetreuung ist, sie hat die Fakten zur Beurteilung ihrer Erfolge
im Vergleich mit Literaturdaten oder mit kooperierenden Versorgungsträgern vorliegen.

Ist nun mit diesem Aufbau die Aufgabe bis auf die Abwicklung der Routine
abgeschlossen? Wir wollen mit dieser Frage nicht den Eindruck erwecken,
als würden wir zu jeder Tumorerkrankungsform bereits über eine adäquate
Auswertung verfügen. Denn ein TR ist eben nichts anderes als eine Zusammenfassung von vielen Beobachtungsstudien. So werden z.B. auf dem Dokumentationsbogen für das maligne Lymphom Morbus Hodgkin und Non-Hodgkin
Lymphome mit den Subtypen mit niedriger und hoher Malignität, für das
Hodenkarzinom Seminome und Teratome erfaßt, die jeweils mindestens zwei
Auswertungsreihen erfordern. Für alle Typologien, die mit sehr unterschiedlichem therapeutischen Vorgehen verbunden sind, variieren auch die
Versorgungswege, die Datenqualität, das wissenschaftliche Interesse, wodurch getrennte Analysen erforderlich werden. Auch wenn man wegen der
überschaubaren Merkmalsanzahl nicht wie bei klinischen Studien ein Jahr
für die Auswertung und Veröffentlichung anzusetzen braucht, muß für die
Entwicklung der Routineauswertung doch ein großer Zeitaufwand zugestanden werden.

Die Frage nach dem Ende der Aufbauarbeit bezieht sich auf zusätzliche
wissenschaftliche Aktivitäten, auf die Nutzung der Daten. Und diese kann
unserer Meinung nach erst mit der Schaffung dieser organisatorischen und
strukturellen Voraussetzung beginnen. Dies ist eine brisante Aussage, die
noch einer ausführlichen Diskussion bedarf, da als Ergebnisse von Registern i.a. Inzidenzstatistiken erwartet werden und die Zielsetzung, also

das Denken um Register sehr häufig damit endet. Zunächst sei jedoch wieder von der praktischen Erfahrung ausgegangen.

3.2.6.1 Betreuung wissenschaftlicher Arbeiten

Werden einer Klinik Basisdaten ihrer Patienten zur Verfügung gestellt, so kann das zu einer wünschenswerten <u>Veränderung des Niveaus</u> der wissenschaftlichen Arbeiten führen. Das mühsame Zusammenstellen der Basisdaten für Dissertationen entfällt, der Anspruch steigt. Nach unserer Erfahrung läuft dies einerseits auf eine Verbesserung der Datenqualität hinaus. Die Vollzähligkeit wird kontrolliert, Stadienklassifizierungen werden überprüft, die Histologie nachbefundet, der Krankheitsverlauf wird vervollständigt. Grundlage sind i.a. vom TRM erzeugte Einzelfalldarstellungen, die korrigiert und ergänzt dem Register als zusätzliche Aufgabe zurückgegeben werden. Dafür müssen Arbeitskapazitäten über die Routine hinaus verfügbar sein. Was ohne Register rein organisatorisch nicht anzugehen gewagt wird, erscheint auf einmal machbar.

Andererseits verlagert sich aber auch die Fragestellung. Wenn die Minimaldokumentation läuft, werden Freiräume geschaffen, die z.B. für epidemiologische Studien genutzt werden können. Die Transparenz des eigenen Patientengutes motiviert z.B. dazu, alternative Therapiekonzepte in kontrollierten klinischen Studien auf ihre Wertigkeit abzuklären. Multizentrische Ansätze sind bisher im TRM nicht realisiert, monozentrische Studien jedoch laufen.

Was bedeutet dies für das Register? Beratung für die Studienplanung wird gefordert, gezielte Auswertungen über erreichbare Fallzahlen und zu erwartende Variabilität werden notwendig. Die Dokumentation wird erweitert. Die Basisdaten werden nach wie vor im Register erfaßt, zusätzliche Daten müssen tumorspezifisch für die Studien mitverarbeitet und datentechnisch verbunden werden. Vom Formular- und vor allem vom Organisations- und EDV-Konzept her ist diese Entwicklung vorausgedacht und überschaubar. Jedoch ist dies letztlich nur durch zusätzliche Personalkapazität realisierbar.

Diese Forderung soll allerdings nicht dahingehend interpretiert werden, daß das Register alles bearbeiten kann und muß. Die Forderung ist lediglich als Hinweis zu verstehen, auf verschiedene wissenschaftliche Aufgaben und Interessen der Kliniken nicht durch immer andere Organisationsstrukturen, durch zusätzliche Kommunikationswege, durch vielfach sich überlappende Dokumentationskonzepte zu reagieren. Es ist nicht nur eine Frage, ob man sich diesen Luxus leisten kann. Da alle Erhebungen in den

Kliniken am Patienten zusammenlaufen, gibt es auch Grenzen, bei deren
Überschreitung jegliche Aktivität in einer Klinik blockiert wird.

3.2.6.2 Überregionale Klinikkooperationen

In der bisherigen Skizzierung zusätzlicher Aufgaben für ein laufendes
Register wurde nur von Einzelinteressen der Datenurheber und von der Kooperation innerhalb des TRM ausgegangen. Diese Beschränkung entspricht
nicht der Realität. Es existieren für einige Kliniken verpflichtende,
überregionale Kooperationen, die durch einen Registeraufbau weder unterbunden noch behindert werden sollen, sondern sogar gefördert werden können. Konkrete Beispiele sind das Pädiatrische Register in Mainz (48) und
der Annual Report (53) von Stockholm.

Forderungen nach Unterstützung solcher Kooperationen ist mit Flexibilität
zu begegnen. Im Zusammenhang mit dem Pädiatrischen Register akzeptiert
das TRM dessen Formulare für die eigene Erfassung und leitet sie dann
weiter. Für den Annual Report werden die Klinikdaten in die angeforderte
Form transformiert. Bei überregionalen klinischen Studien oder anderen
tumorspezifischen prospektiven Studien ist jeweils eine individuelle Lösung erforderlich, damit der geplante Datenumfang für jedes Interesse
sicher erhoben wird, wenn möglich nur einmal. Die Entscheidung über die
Datenerhebung mit gemeinsamen Formularen hängt dabei von der Fallzahl ab.
Auch zu solchen Aktivitäten muß von einem TR Stellung bezogen werden.
Nach Möglichkeit sollte Unterstützung gewährt werden.

3.2.7 Zur Auswertungsproblematik von Tumorregistern

Kliniken, die sich von der Kooperation in TR etwas versprechen, die relevante Dokumentationsinhalte mit definiert haben, verhalten sich gegenüber
Auswertungen zunächst abwartend passiv. Was kann unser Register wirklich
leisten? Die ersten Auswertungen werden im wesentlichen auf Vorschlägen
des Registers beruhen. Damit werden Möglichkeiten aufgezeigt, die mit
steigender Fallzahl umfangreicher werden, Interesse wecken oder für fallorientierte, organisatorische Aufgaben der Datenurheber genutzt werden.
Wie erwähnt, müssen zu den vielen Beobachtungsstudien, die in der Synopse
ein TR ausmachen, solche aggregierten Aufbereitungen entwickelt werden,
die dann in den Kliniken - wenn überhaupt - sehr heterogene Vorstellungen
provozieren.

Die unterschiedlichen Vorstellungen sind natürliche Konsequenz der gewollten Multifunktionalität und Heterogenität der Daten und sie unterstreichen die große Bedeutung von Tumorverlaufsregistern. Gleichzeitig

ist damit aber die Komplexität und der erhebliche Aufwand für die Auswertung begründbar. Am einfachsten läßt sich diese Problematik durch den
<u>Vergleich zu kontrollierten klinischen Studien</u> verdeutlichen. In solchen
Studien sind begrenzte Realitätsausschnitte Gegenstand der Untersuchung.
Wenn sich die Studie auf die Primärbehandlung bezieht, bleiben zunächst
alle fortgeschrittenen Erkrankungen unberücksichtigt, alle auswärts Vor-
behandelten werden i.a. ebenfalls ausgeschlossen werden. Die Festlegung
auf ein bestimmtes Stadium, auf eine bestimmte Histologie engt weiter
den Realitätsausschnitt ein. Ein Altersfenster, eine für ein vertretbares
Follow-up notwendige Nähe zum Studienort, ein guter Allgemeinzustand usw.
sind weitere Einschlußkriterien bzw. ihre Negation Ausschlußkriterien.

Eine natürliche Gruppierung der nachzusorgenden Patienten in Verweigerer,
in ausschließlich von einer Klinik, gegebenenfalls nicht der eigenen,
oder alternierend von Hausarzt und Klinik betreute Patienten ist i.a.
aus methodischen Gründen nicht akzeptabel, da sonst gegen die Forderungen von Beobachtungsgleichheit bzw. gleicher Entdeckungswahrscheinlich-
keit in den einzelnen Gruppen verstoßen würde. Dies definiert weitere
Ausschlüsse. Für einen Vergleich all dieser Untergruppen zu früheren
Jahren besteht keine Veranlassung.

Wir wollen mit dieser Kontrastierung nicht die Realitätsferne von kontrollierten klinischen Studien karikieren, sondern andeuten, welche Un-
tergruppendefinitionen für Auswertungen erforderlich sind, um z.B. zu
einer Patientengruppe, mit der man sich im Rahmen der eben skizzierten
Stichprobendefinition früher erfolgreich an einer Studie beteiligt hatte,
die Ergebnisse aus der Routineversorgung zu erhalten. Kann man diese Ergebnisse nach wie vor reproduzieren? Für solche als Qualitätskontrolle
oder auch als Phase IV-Studie zu apostrophierenden Aktivitäten sind TR
einsetzbar. Diese vielen, durch die Versorgungsrealität definierten
Stratifizierungen begründen den Auswertungsaufwand. Überspitzt formuliert läßt sich die Auswertung einer randomisierten Studie auf einen
t-Test oder ein χ^2-Test reduzieren, wenn die Patientengruppe homogen,
die Therapie vollständig durchgeführt und ein vergleichbares Follow-up
nachweisbar ist.

Ganz anders ist die Situation bei einem TR. Das Register einer Klinik
wird zunächst mehrere Diagnosen umfassen, die jede für sich nach krank-
heitsspezifischen und versorgungstechnischen Aspekten zu analysieren ist.
Auf der übergeordneten Ebene sind zusätzlich die Interessen mehrerer, zur
gleichen Erkrankungsgruppe dokumentierender Kliniken zu berücksichtigen.

Diese Komplexität verdeutlicht, daß es Grenzen für die individualisierte
Auswertung gibt. Im Vordergrund der Auswertung muß die Unterstützung or-
ganisatorischer Aufgaben und die Deskription der Daten zu wissenschaftlichen Fragestellungen stehen. Deshalb müssen tumorspezifische Auswer-
tungsstandards definiert werden. Die dafür notwendige Kompromißfindung
kostet viel Zeit, auch wenn sich die wichtigsten Versorgungsträger in
Projektgruppen zusammenfinden. Asymmetrien auf Grund erheblich unterschiedlicher Fallzahlen und damit unterschiedlich verwertbarer Aufbereitungen erzeugen Neugier oder Desinteresse. Die Kooperation stößt bei der
gemeinsamen Nutzung der Daten an ihre Grenzen.

Geht man von den natürlichen, heterogenen Zielvorstellungen der Datenurheber aus, so sind Fragen nach den monatlichen oder jährlichen Fallzahler
nach der Kontinuität der Qualität, nach Alters- und Geschlechtsverteilungen, nach Stadien, nach Einzugsgebieten, nach Rezidiven und Histologien,
nach der ärztlichen Betreuung usw. von Interesse. Zusammen müssen sie das
widerspiegeln, was im Rahmen der erfaßten Daten auch in der Literatur zu
finden ist. Wie sieht die Relation zu den Mortalitätsdaten aus? Gehört
zu einer Routineauswertung der Vergleich zu früheren Jahren, um Veränderungen im Patientengut oder in der eigenen Beurteilung zu erkennen? Dabei
muß auch die Abhängigkeit von den Fallzahlen gesehen werden. Was bei 100
Patienten irrelevant ist, kann bei 500 interessant werden. Das heißt, daß
tumorspezifisch und fallzahlabhängig unterschiedliche Anforderungen formuliert oder wenigstens formulierbar werden, denen vom Register nachgegangen werden muß. Gehen solche Aktivitäten im Sinne einer explorativen
Analyse vom Register aus, so kann dies provozierend wirken, weil damit
i.a. Fragen nach der Qualität, nach Literaturvergleichen an den Kliniker
verbunden werden, die er nicht unmittelbar beantworten kann.

Aber auch mit der Definition bzw. Verfügbarkeit der Auswertungen ist das
Arbeitspektrum für TR noch nicht hinreichend skizziert. Bei ca. 30 koope-
rierenden Kliniken ist der Kommunikations- und Beratungsaufwand für das
TRM zu sehen, ohne den i.a. keine Nutzung der Daten, kein Aufsetzen von
Studien zu erwarten sein dürfte.

Auf zusätzliche Anforderungen wurde schon hingewiesen, wenn verschiedene
Kliniken die gleiche Krankheit dokumentieren. Ist es dann nicht sinnvoll,
auf Unterschiede hinzuweisen, die ja z.B. durch therapeutische Variationen bedingt sein können und die den Ausgangspunkt für gezielte Studien
darstellen könnten? TR müssen eben als Basis für wissenschaftliche Aktivitäten in der Onkologie betrachtet werden. Allein von einem jährlichen

Bericht über den Registerstand, der von den beteiligten Institutionen
wohlwollend zur Kenntnis genommen wird, sind jedoch wenig Impulse zu
erwarten. Notwendig ist ein permanentes Arbeiten mit den Daten zusammen mit interessierten Kliniken.

3.3. Datenverarbeitung

Die Anforderungen an die Informationsverarbeitung für TR sind zwar
vielfältig, aber typisch für die Medizin. An den Lehrstühlen, die sich
seit Jahren mit Informationsverarbeitung in der Medizin beschäftigen,
sind deshalb entsprechende Programme vorhanden. Die Anforderungen werden
sogar zum großen Teil schon von den immer flexibleren Datenbanksystemen
abgedeckt. Die notwendigen Ergänzungen der Software dürften sich auf
Grund ihres medizintypischen Charakters mit den Aufgaben dieser Lehr-
stühle decken und erfordern deshalb nur geringfügige Unterstützung.
Auf eine Erweiterung der Speicherkapazität der Rechner für ein laufendes Register ist dabei allerdings nicht zu verzichten.

Es ist deshalb erstaunlich, daß bei Neugründungen von TR zum Teil die
vorhandenen Institutionen mit ihren Ressourcen nicht genutzt werden,
und sogar trotz vorhandener umfangreicher Rechnerkapazität in der Medizin auf neue Systeme gesetzt wird, z.T. mit Datenschutzargumenten, die
in diesem Kontext dann 'nützlich' sind. Sie treffen aber deswegen nicht
zu, weil sie für die übrigen Aktivitäten der vorhandenen Institute ebenso gelten.

Dahinter verbirgt sich aber auch zum Teil noch die etwas tradierte Vorstellung, daß Automaten als schlüsselfertige Systeme Lösungen für Problemstellungen wie TR gleichzusetzen sind. Wenn dies so sein sollte, so
dürfte im Prinzip mit solchen Automaten die Definition eines TR mitge-
liefert werden. Wir setzen dagegen auf einen Entwicklungsprozeß, in dem
die Kooperationsgemeinschaft der Datenurheber zunehmend die Anforderungen präzisiert, denen dann dynamisch die notwendige Software anzupassen
ist.

Für den technisch weniger interessierten Leser sei deshalb betont, daß
es zumindest ein Luxus ist, auf vorhandene Institutionen mit ihrem
Know-how und ihren Entwicklungsaufgaben in den Arbeitsfeldern der medizinischen Statistik und Informationsverarbeitung zu verzichten und eine
separate Lösung zu favorisieren. Der Rest dieses Abschnitts sowie Abschnitt 3.4 beschreiben Einzelheiten der Datenverarbeitung und der zugehörigen Organisation.

3.3.1 Definition und Struktur der Dateien

Die medizinischen Inhalte, die das TRM erfaßt, sind mit der Beschreibung
des Dokumentationskonzeptes dargelegt worden. Diese Merkmale können logisch in drei Gruppen unterteilt werden, und zwar in die Gruppe der personenidentifizierenden Merkmale, der medizinischen Fakten und der die
Organisation der Nachsorge unterstützenden Merkmale. Wie in Abb. 11 angedeutet, werden diese Merkmalsgruppen in physikalisch getrennten Dateien
gespeichert, die auch unabhängig voneinander ausgewertet werden können.
Die medizinischen Daten sind damit für die Routinearbeit anonymisiert.

Für die Speicherung sind des weiteren Querschnitts- und Verlaufsdaten zu
unterscheiden. Letztere können wiederholt auftreten und werden zusammen
mit einem relativen Zeitabstand zum Diagnosedatum des Primärtumors abge-
speichert. Neben diesen primären Merkmalen wird jedes TR aus seinem internen Verarbeitungsprozeß der Daten zusätzliche Informationen aufnehmen
Beispiele sind das Eingabedatum der Daten, der Formulartyp oder ein Be-
urteilungskriterium, gewonnen aus der inhaltlichen Plausibilitätsprüfung
z.B. als Hinweis, daß offensichtlich zwischen zwei Meldungen zum Krankheitsverlauf eine wesentliche Information fehlt, also eine Datenlücke
besteht. Als Extremfall ist ein registerinterner Hinweis zu betrachten,
daß ein ganzer Fall gar nicht auswertbar ist. Auch das gibt es nicht nur
einmal, wenn z.B. eine Metastasenbehandlung zu registrieren ist, für die
keine detaillierten Informationen über Zeitpunkt, Befund und Art der
Primärbehandlung verfügbar war. Auch solche Fälle müssen erfaßt werden,
da für ein versorgungsorientiertes TR die Unterstützung der Patientenbetreuung eine verpflichtende Aufgabe ist.

Des weiteren sind sogenannte generierte Merkmale von Bedeutung, die aus
den primären Daten abgeleitet werden. Hinter diesen Ableitungen kann
sich eine Vielzahl von Entscheidungen verbergen, wie z.B. aus dem Statuscode der Abb. 15 hervorgeht. Die Klassentexte verdeutlichen, daß das Ausbleiben von Daten (Mx) und das Warten auf neue Daten (Wx), der Tod (Ax)
usw. aus anderen Merkmalen generiert werden, die Codes für Entlassung
aus der Nachsorge (Ex) dagegen explizit erfaßt werden müssen. Solche
Ableitungen werden vor Auswertungen zeitgerecht modifiziert und bereitgehalten, um für den wiederholten Zugriff auf Teilmengen von Patienten
jeweils neue temporäre Generierungen zu vermeiden.

Weitere Beispiele für generierte Merkmale sind Klassifikationen, mit denen durch sinnvolle Zusammenfassungen die vielstufigen Nominaldaten reduziert werden und die für mehrfachen Zugriff zwischengespeichert werden. So kann z.B. der verwendete Lokalisationsschlüssel leicht zu 60 und mehr verschiedenen Lokalisationsangaben bei einer Tumordiagnose führen, die nur nach sinnvollen, von der Fallzahl abhängigen Aggregierungen überschaubar werden.

3.3.2 Die Erfassung der Daten

Nach der manuellen Bearbeitung der Formulare - Codierung, Plausibilitätsprüfung, Record-Linkage usw. - werden die Daten <u>im Dialog erfaßt.</u> Zur Konkretisierung sei angemerkt, daß die scheinbare Vielfalt der inhaltlichen Aspekte in der Erfassung auf ca. 280 Merkmale abgebildet wird. Die Erfassungsdateien sind zusätzliche Dateien und physikalisch unabhängig von den in Abb. 11 skizzierten drei Registerdateien. Nur die Patientenidentifikationszahl ist im Zugriff als nochmalige Absicherung gegen Doppelerfassungen.

Diese große Merkmalszahl - von der minimal auch nur ca. 15 angegeben sein können - resultiert aus der Möglichkeit, zusammenhängende Verläufe zu erfassen, etwa eine chronologische Folge von 5 Befunden. In den 3 Registerdateien reduziert sich aber die Merkmalsanzahl auf 12 Merkmale für die Personenidentifikation, ca. 60 Merkmale für die medizinische Datei und 15 Merkmale für die Nachsorgedatei.

Die zu erfassenden Merkmale können beliebig zu Gruppen zusammengefaßt und über <u>Masken</u> eingegeben werden. Diese Zusammenfassung kann sich damit am Inhalt oder an der Dokumentationsfolge orientieren. Bei der Erfassung helfen ca. 70 <u>Prüfbedingungen</u>, formale und logisch-inhaltliche <u>Fehler im Erfassungskontext</u> zu reduzieren.

Vom Dateneingang abhängig werden z.Zt. ca. alle 3 Wochen die eigentlichen Registerdateien fortgeschrieben, nachdem nochmals die erfaßten Dateien mit den Belegen verglichen und gegebenenfalls korrigiert wurden.

3.3.3 Vorbereitung der Auswertungen

Auswertungen werden durch Generierungsläufe vorbereitet, die auf der Fal
ebene zu neuen Attributen führen. Drei Gruppen von Generierungen sind zu
unterscheiden. Bei tumorunabhängigen Generierungen werden z.B. die aktue
len Statuscodes abgeleitet, das Alter zum Diagnosezeitpunkt wird ermitte
und in die Datei der medizinischen Daten übertragen. In dieser Datei ste
als Personenidentifikation neben dem Geschlecht nur das Alter zum Diagno
sezeitpunkt t=0 zur Verfügung. Diese extreme Anonymisierung behindert
kaum eine der klinisch-wissenschaftlichen Fragestellungen. Nur versorgungsrelevante, die Patientenbetreuung betreffende Aspekte sowie einige
epidemiologische Fragestellungen benötigen den Zugriff auf das Diagnosejahr und die Postleitzahl. Ein Beispiel bietet die Darstellung von Einzugsgebieten, wie in Abb. 18 und 19 gezeigt.

Tumorspezifische Generierungen werden bedarfsabhängig angeschlossen. Bei
spiele sind die Transformationen der TNM-Stadien in klinische Stadien
(Abb. 28), die Klassifikation der Histologien und Lokalisationen, die Er
mittlung relativer Zeitdauern etwa zwischen Metastasierung und Rezidiv-
auftreten usw. In diesen tumorspezifischen Generierungsläufen sind auch
weitergehende logische Prüfungen eingebaut, die auf Merkwürdigkeiten im
Verlaufskontext aufmerksam machen, gegebenenfalls zur erneuten Datenkorrektur führen oder zur Generierung eines Hinweises auf eine Datenlücke
genutzt werden können (Abb. 41).

Als dritte Gruppe werden temporäre Generierungen im Rahmen einer Auswertung durchgeführt. Beispiele sind die Ermittlung von Quantilen einer Altersverteilung für die auszuwertende Untergruppe, um daran Klassifizie-
rungen zu orientieren. Die Ergänzung der Klassifikation der zweiten Ge-
nerierungsgruppe durch Klassentexte für lesbare Aufbereitungen ist des
weiteren zu nennen. Umfang und Details der letzteren beiden Generierungs
typen sind i.a. an die Fallzahl anzupassen und damit im Laufe der Zeit z
modifizieren.

3.3.4 Auswertungsfunktionen

Das verwendete Programmsystem verfügt über eine einfache <u>Abfragesprache</u>, <u>elementare Generierungsfunktionen</u> und unterschiedlich komplexe <u>Auswertungsfunktionen</u>. Diese Möglichkeiten stehen für Dialog- und Stapelprozesse zur Verfügung. Für Stapelprozesse sind einfache <u>prozedurale Sprachelemente</u> zusätzlich verfügbar. Alle Generierungstypen werden mit Hilfe dieser Auswertungsmöglichkeiten zusammengestellt (41).

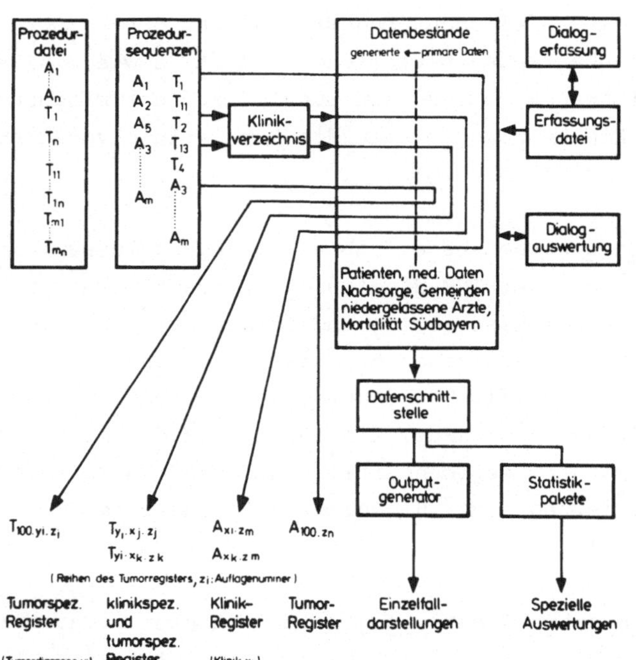

Abb. 51: Definitionen und Ablauf von Registerauswertungen

Einen zusammenfassenden Überblick zur Verarbeitung der Daten im TRM vermittelt die Abb. 51. Die verschiedenen Dateien des TRM können zusammen in Auswertungen angesprochen werden, unabhängig vom Bezug, in dem sie zueinander stehen. Die zur Zeit existierenden Gruppierungen sind die medizinischen Daten (Abb. 24 ff), die Nachsorgedaten (Abb. 15-17), die Gemeinden Bayerns mit den Bevölkerungszahlen (Abb. 18,22), die niedergelassenen Ärzte, die Daten der Mortalität in Südbayern (Abb. 20) und für spezielle Aufbereitungen die Patientenidentifikation (Abb. 18). Die angegebenen Abbildungen verweisen auf Auswertungsbeispiele für diese Dateien, die zu einem automatisch erstellten Bericht zusammengefügt werden können.

Diese Dateien können im Dialog- oder im Stapelprozeß fortgeschrieben werden. Die Fortschreibung des TRM im engeren Sinne erfolgt schubweise nach Zwischenspeicherung in Erfassungsdateien. <u>Alle Datenbestände sind im Dialog auswertbar</u>. Die im Dialog gewonnenen Vorstellungen über die Form spezieller Aufbereitungen werden anschließend in <u>Prozedurelementen</u> fixiert. Jede der in Abb. 13-46 wiedergegebenen Tabellen wurde durch ein solches Prozedurelement definiert.

Drei Gruppen von Prozedurelementen sind zu unterscheiden. Die in der
Abb. 51 mit A_i Bezeichneten sind allgemein für jede Teilmenge von Patien-
ten einsetzbar. Als Beispiel können die Fallzahlen der in den letzten
Monaten neu diagnostizierten Patienten genannt werden. Abhängig von der
Mengendefinition wird dann der monatliche Neuzugang für das Register,
für eine Klinik oder für ein tumorspezifisches Teilregister dargestellt.
Des weiteren sind tumorbezogene Prozedurelemente (T_i) zu unterscheiden.
Ein Beispiel ist die Darstellung der Zeitdifferenz zwischen dem Auftreter
von Rezidiven und Metastasen. Eine solche Aufbereitung ist nur sinnvoll,
wenn sie für eine spezifische Tumorerkrankung oder weitergehend für ein
bestimmtes Stadium oder eine bestimmte Behandlungsstrategie genutzt wird
Als dritte Form sind die tumorspezifischen Prozedurelemente (T_{ij}) zu nennen. Beispiele sind die tumorspezifischen Erläuterungen (Abb. 28), tumorspezifische Klassifikationen von Histologien oder allgemein Besonderheiten, die auf keinem anderen Dokumentationsformular zu finden sind, etwa
die Geburtenanamnese beim Mamma-Ca.

Für die angedeutete Zielsetzung eines automatisierten Berichtswesens ist
im nächsten Schritt eine Prozedursequenz zu definieren. Eine solche Prozedursequenz ist eine logische Aneinanderreihung von Prozeduren (A_1, A_2,
T_1, T_{31}, T_{32} ...), deren Auflösung eine Folge von Kommandos ergibt, durc
die einer der vier Auswertungstypen für die unterschiedlichen Teilregister erstellt wird. Insgesamt sind z.Zt. ca. 200 Prozedurelemente verfügba1

Im wesentlichen handelt es sich dabei, wie in der Abb. 51 angedeutet ist
um nur zwei Auswertungstypen, da die allgemeine (A100.) und die tumorspe
zifische (T100.Y_i.) Auswertung nur auf die Teilmenge der von einem Daten
urheber dokumentierten Patienten eingeschränkt wird und so den Auswertungsbericht für ein Klinikregister
(Ax_i.) oder ein klinikspezifisches
und tumorspezifisches Teilregister
(Ty_i.x_i) liefert (Abb. 12). Ergänzend
sei bemerkt, daß für die Abbildungen
dieses Berichts eine neue Prozedursequenz mit angepaßter Tabellennume-
rierung definiert wurde. Zwischen die
Prozeduren wurde jeweils nur die notwendige Mengendefinition zur Auswahl
der gewünschten Patientengruppe einge
fügt. Dies kann als weiterer Aspekt
zur Charakterisierung der datentechnischen Möglichkeiten gewertet werder

```
$99,EL.PROZ(ANF)
KOM EINFUEGEN 1/2(132-TEXTLAENGE)
@DE TUMORDIAGNOSE: B R O N C H I A L  -  K A R Z I N O M
$99,EL.PROZ(DEF)
DEF ?N2(30)='BRONCHIAL-KARZINOM'
$99,EL.PROZ(BKS)
$99,EL.PROZ(BKL)
$99,DOK.DEF(LUNG)
$80,EL.GENS(DLUN)
DEF ?W3='80'              ZEITGRENZE <1980
DEF ?W4='1,11,16,17,35,33'
$99,EL.PROZ(QUD)
  .....
  ..... USb
$99,EL.PROZ(DIJ)
$99,EL.PROZ(DIM)
$99,EL.PROZ(POS)
$99,EL.PROZ(BYI)
$99,EL.PROZ(AMW)
$99,EL.PROZ(ME1)
$99,EL.PROZ(MMT)
$99,EL.PROZ(ZPT)
$110,EL.PROZ(ZFM)
$99,EL.PROZ(ZAM)
$99,EL.PROZ(VIF)
$99,EL.PROZ(KTA)
$99,EL.PROZ(FOL)
$99,EL.PROZ(ITH)
$99,EL.PROZ(FIN)
ENDE
```

Abb. 52: Auszug aus einer tumorspezifischen Prozedurfolge

Zur Verdeutlichung dieses technischen Aspektes ist in Abb. 52 eine Prozedursequenz für die Erstellung der tumorspezifischen oder tumorspezifisch und klinikspezifischen Auswertung zum Bronchialkarzinom wiedergegeben. Der Typ der Reihe wird bei der Auflösung dieser Prozedursequenz definiert. Die mit $ beginnenden Zeilen verweisen auf Prozedurelemente, die aus verschiedenen teilqualifizierten Dateien kopiert werden. Bei allen anderen Zeilen handelt es sich um Kommandos für das Auswertungsprogramm. Mit 'KOM' als Kommentarzeile, '@DE' (DE = Drucke Erläuterung), z.B. die Textzeile auf dem Deckblatt einer Reihe (Abb. 12) und 'DEF' als Parameterdefinition für nachfolgende Prozedurelemente sind drei Beispiele genannt.

```
AEG     ALTER EIN GESCHLECHT
AET     AETIOLOGISCHE FAKTOREN
AMW     ALTER BEI DIAGNOSESTELLUNG - MAENNLICH, WEIBLICH
ANF     ANFANG PROZEDUR T100. UND TX.
ATM     SPEZIAL ALLE TUMOREN METASTASEN
AUF     AUFNAHMESTATUS UEBER JAHRGANG DER DIAGNOSESTELLUNG
BKL     LISTE UEBER BETEILIGTE KLINIKEN (A100 UND TUMORSPEZ.:#A10=5)
BKS     BRIEF  KLINIKSPEZIFISCH
BSP     BESTRAHLUNGSPOINTER
BYA     BAYERN NUR ABSOLUTE ZAHLEN (FUER ALLE LISTEN)
BYI     INZIDENZ IN DEN JAHREN 79-81
DIJ     DIAGNOSEJAHR
DIM     DIAGNOSEMONAT
FIN     ENDESTATEMENTS
FOL     BISHERIGE BEOBACHTUNG, LETZTER KONTAKT
ITH     INHALTSVERZEICHNIS T100
KTA     KONTINGENZTAFELN              ACHTUNG UEBER DIT  2
LIFX    LIFETABLE FUER VERSCHIEDENE UNTERGRUPPEN UND ERFIGNISSE
MET     METASTASEN MEHRFACH,ZEITDAUER
ME1     METASTASEN ZU BEGINN ODER IM VERLAUF
MMT     MEHRFACHE METASTASEN
MOAV    MORTALITAETSDATEN DES STAT. LANDESAMTES
POS     EINZUGSGEBIET
QUD     QUALITAET DER DOKUMENTATION
REZ     REZIDIVE , ZEITDAUER
VIF     VERLAUFSINFORMATIONEN
VME     METASTASEN IM ZEITLICHEN VERLAUF
VMT     VERLAUF DER METASTASIERUNG
VVI     VERTEILUNG DER VERLAUFSANGABEN
ZAM     ZEITLICHES AUFTRETEN VON METASTASEN
ZBP     ZEITDAUERN BIS ZUR PROGRESSION META,REZ,LYMPH
ZBT     ZEITDAUER BIS ZUM TOD REL.REZ,META,DIAG
ZDI     ZEITDIFFERENZEN METAS,REZ,LYMPHREZ
ZEW     ZEITLICHE ENTWICKLUNG
ZFM     ZEITDIFFERENZ ZWISCHEN METASTASEN
ZRE     ZEITDAUER BIS ZUM 2. REZIDIV
ZRM     ZEITDIFFERENZ REZIDIV - METASTASE
ZTU     ZWEITTUMOR
```

Abb. 53: Auszug aus dem Inhaltsverzeichnis
der Prozedurbibliothek

```
KOM ***************************************************
KOM ***    DIJ:  JAHR DER DIAGNOSE                  ***
KOM
WENN #F10=0 NACH .A1
&W1KB2&WLUQ5G-LG3;
.A1 &WK03/0&WLUQ5G-LG3;
WENN #F10#0 NACH .A2
WBH:DAT=L-P;OPT=V1,P1;LEG=N;SPA= ABSOLUT, PROZENT;
    KLN=#3;ABZ=JAHR DER DIAGNOSESTELLUNG;
NACH .A3
.A2 KOM
WBH:DAT=L-S,P;OPT=V1,V2,D21;LEG=V;SPA=?A1,?A2,ZUGANG;
    KLN=#3;ABZ=JAHR DER DIAGNOSESTELLUNG;
.A3 KOM
@DETAB.#Q10: IN WELCHEM JAHR WURDE DIE PRIMAERDIAGNOSE GESTELLT?
@DE             DIESE   ZUSAMMENSTELLUNG  UMFASST  ALLE  PATIENTEN,
@DE             UNABHAENGIG DAVON, OB DIE ERSTMALIGE AUFNAHME IN DIT
@DE             KLINIK  ZUR  PRIMAERTHERAPIE,  ZUSATZTHERAPIE ODER
@DE             WEGEN EINES REZIDIVS ERFOLGT IST.$
DEF #R8=Z4
DEF #Q10=#Q10+#H1
KOM *********** ENDE DIJ: JAHR DIAGNOSE ***********
```

Abb. 54: Beispiel für ein Prozedurelement
(s. Abb. 13)

Abb. 53 zeigt eine Auszug aus der Prozedurbibliothek mit nur zum Teil selbsterklärenden Prozedurnamen.

In der Abb. 54 ist schließlich eine einzelne Prozedur wiedergegeben und zwar für die Auflistung der Patienten nach dem Diagnosejahr. Über einen Schalter (# F10) werden zwei Aufbereitungsvarianten ansteuerbar, von denen eine den Neuzugang von Patienten für einen definierten Zeitraum zusätzlich beschreibt. In den ersten Zeilen der Prozedur werden für die geforderte Teilmenge von Patienten die Daten ermittelt, mit dem Kommando 'WBH...' wird die Aufbereitung veranlaßt, mit '@DE' wird der kommentierende Text hinzugefügt, wie aus der Abb. 13 zu erkennen ist. Auf sehr einfache Weise sind damit Auswertungen definierbar und modifizierbar.

```
***0 AUSWERTUNG FUER TUMOR  MUENCHEN
FALL:      00/ 18407  POS:      09/ 18408 ( 0.0)
B.NR.:0-3464    AUSW:017      FW:    2256
((T-9-=158 U N(T-9-=158 U T-9-W1) U 1G->50 U T-17-=82
313 U N(T-9-=158 U N(T-9-=158 U T-9-W1) U 1G->50 U T-
17-=82313 U T<2J-13-WO) U T>2J-13-WO:SD) U 5-=8000:SD
) U T-0-=109


HISTOGRAMM     ZU R035.(0035) BEFUND          (0-3464)
ANF: XT-35
A:000009/000009
X-ACHSE KL:10   X:       34 XF:       0
Y-ACHSE % M:   41.2
  Y
  I              *
 9I              *
  I              *
 7I              *
  I        *     *
 5I        *     *
  I        *     *
 3I   *    *     *
  I   *  * *     *
 1I   *  * * * * * * *
  I---*---*-*-*-*-*-*-*X
     0 1 2 3 4 5 6 7 8 9


BEFUND      | ABSOLUT | PROZENT |
-------------------------------------
TUMORFREI   |    0.|   0.00 %|
RESTTUMOR   |    4.|  11.76 %|
RESTLYMPHKN.|    0.|   0.00 %|
NO CHANGE   |    3.|   8.82 %|
PROGRESSION |    8.|  23.53 %|
REZIDIV TUM |    2.|   5.88 %|
REZIDIV LK  |    1.|   2.94 %|
METASTASE   |   14.|  41.18 %|
FRAGL.BEFUND|    1.|   2.94 %|
NEUMANIF.LYM|    1.|   2.94 %|
-------------------------------------
SUMME       |   34.| 100.00 %|
-------------------------------------

1. 0-3464 XT-35
```

Abb. 55: Beispiel einer Mengendefinition, einer Dialog- und
Listenaufbereitung

Zur Verdeutlichung der Auswertungsmöglichkeiten und des Aufwandes sei kurz noch Abb. 55 als technischer Aspekt erläutert. Im oberen Teil der Abbildung ist die mnemotechnische Beschreibung einer Mengendefinition wiedergegeben. Obwohl die Beschreibung recht verwirrend erscheinen mag, läßt sich die Anfrage sehr einfach sprachlich formulieren: Suche alle Patienten mit einer bestimmten Diagnose (-9- = 158), die kein Zweitmalignom haben (N ...-9-W1), die älter als 50 Jahre bei Diagnosestellung waren (1G->50), mit einer speziellen Histologie (-17- = 82313) und bei denen erst nach zwei Jahren im Krankheitsverlauf eine Metastase diagnostiziert wurde (N(...u T<2J-13-WO) keine Metastase innerhalb zwei Jahren und T>2J-13-WO irgendeine Metastase nach zwei Jahren), die in einem bestimmten Ort wohnen (5-=8000) und die in einer bestimmten Klinik behandelt wurden (0 =109). 9 von 18408 Fällen genügten der Bedingung.

Die in der Abb. 55 unterstrichenen Zahlen verweisen auf Merkmalsnummern: 9 Tumordiagnose, 1G Alter bei Diagnose als generiertes Merkmal, 17 Histologie, 13 Metastasenlokalisation, 5 Postleitzahl (SD verweist auf die Tatsache, daß an dieser Stelle der Abfrage die Datei gewechselt wurde, SD: Sekundärdatei), 0 Datenurheberschaft. In der sprachlichen Formulierung sind die jeweiligen Abfragebedingungen in Klammern angefügt, wobei die Sprachelemente WO - mindestens ein Wert, W1 - mindestens zwei Werte und T als unbeschränktes bzw. T<2J als auf zwei Jahre eingeschränktes Zeitintervall zum Verständnis erläutert werden müssen.

Jeder Teilschritt kann in einer anderen Mengendefinition (Mengendefinition 0, Hinweis in der ersten Zeile) zwischengespeichert werden, ein wichtiger Aspekt für explorative Abfragen, um wiederholt auf einem Zwischenstand aufsetzen zu können. Jede Modifikation einer Mengendefinition wird durch eine Zufallszahl (0-3464 im Beispiel) identifiziert, über die auch bei weiteren Deskriptionen der Zielmenge der Bezug auf die Mengendefinition hergestellt wird.

Dies zeigt die Dialogausgabe eines Histogramms zum qualitativen Merkmal
35 (Befund) mit 10 Klassen, das in der Darstellung auf den maximalen Wert
41.2% für Klasse 7 ausgelegt wurde (Abb. 55, Mitte). Die Anforderung
(HV)XT-35 bedeutet, daß ohne Zeitbegrenzung alle Verlaufseinträge (insgesamt 34 zu 9 Patienten) aufbereitet werden sollten. Im Unterschied
zur Dialogausgabe ist die Listenausgabe (Abb. 55, unten) lesbarer und
könnte durch andere Mengendefinitionen und Zeitbegrenzungen entsprechend
Abb. 40 gestaltet werden.

Zur Vervollständigung dieser knappen Übersicht ist noch eine Datenscnnitt-
stelle für fallorientierte Ausgaben zu erwähnen (Abb. 51). Für vordefi-
nierte Untergruppen werden Daten aus verschiedenen Dateien zu einer neuen
Einheit zusammengestellt. Da im geschilderten Datenbearbeitungssystem nur
elementare statistische Funktionen enthalten sind, dient diese Schnittstelle einmal zur weiteren Bearbeitung durch statistische Programmpakete.
Zum anderen setzt darauf ein fallorientierter Ausgabegenerator auf, der
eine flexible Aufbereitung von Einzelfällen erlaubt (Abb. 49, 50).

Dieser Ausgabegenerator wurde auf Grund des allgemeinen Bedarfs an flexiblen Aufbereitungen von medizinischen Verlaufsdaten vom ISB entwickelt
und dem TRM zur Verfügung gestellt. Das Programm berücksichtigt ebenso
wie die Routinen für die Aufbereitung aggregierter Daten sehr weitgehend
die für die Medizin notwendigen Decodierungsanforderungen für eine Vielzahl von Nominaldaten. Erst unter dieser Voraussetzung wird ein automatisch erstellter Verlaufsbericht lesbar. Angemerkt sei in diesem Zusammenhang, daß z.B. hinter den aggregierten Aufbereitungen ca. 50 mehr
oder weniger umfangreiche Schlüsselverzeichnisse stehen, die natürlich
auch für die leichtere Interpretierbarkeit bei explorativen Auswertungen
im Dialog verfügbar sind. Besondere Funktionen des Ausgabegenerators
sind für die Bearbeitung der Zeitstrukturen vorgesehen, die auf der
Schnittstelle abgelegt werden können.

3.3.5 Technische Aspekte zum Datenschutz

Vier Problemkreise seien kurz angesprochen, die Erfassung und Speicherung,
der technische Zugang und die Aufbereitung der Daten. Die vollständige
Anschrift des Patienten wird auf einem gesonderten Formular erfaßt, das
keinen Hinweis auf die tumorspezifische Diagnose enthält. Dieses Formular wird nach der Speicherung der Daten vernichtet. Die Formulare mit
medizinischen Daten enthalten zur Identifikation nur noch den Namen und
das Geburtsdatum, für eine Person, die potentiell aus einem Einzugsgebiet mit mehr als 6 Mio. Einwohnern kommen kann.

Für die Speicherung sind die personenidentifizierenden Daten physikalisch getrennt worden von den medizinischen Daten. Für die Auswertung der medizinischen Daten stehen nur das Geschlecht, das Alter bei Diagnosestellung und das Jahr der Ersterkrankung zur Verfügung.

Da die Daten am Rechner der medizinischen Fakultät gespeichert sind, wird auch für das TRM der gleiche technische Schutz wirksam wie für alle anderen medizinischen Daten. Die zentrale Organisation des TRM hat unter dem Datenschutzaspekt den Vorteil, daß nur wenigen Mitarbeitern ein Zugang zu den Daten möglich ist. Neben den üblichen Zugriffssperren ist zusätzlich von Bedeutung, daß auf Grund spezieller Speicherstrukturen die Daten nicht mit allgemein verfügbaren Programmen zugänglich sind. Selbst Datenbankauszüge sind nahezu nicht interpretierbar.

Datenaufbereitungen in aggregierter Form erlauben keinen Mißbrauch. Bei den fallorientierten Aufbereitungen, die ja nur den Datenurhebern verfügbar sind, wurde strikt darauf geachtet, daß die vollständige Adresse und die medizinischen Daten nicht zusammen auf einer Liste erscheinen. Wie der Abb. 49 zu entnehmen ist, wird jede Seite zur Schärfung des Verantwortungsbewußtseins mit dem Namen des Erstellers, des Empfängers und dem Erstellungsdatum versehen. In einer Protokolldatei werden diese Angaben für jede Einzelfalldarstellung festgehalten. Die Nutzung der Aufbereitungen in den Kliniken entspricht dabei der konventionellen Nutzung fallbezogener Angaben.

Zusammen mit dem technischen Schutz der Daten muß aber für klinikübergreifende Verlaufsregister gleichzeitig auch die Zugriffsbeschränkung auf Grund der Datenurheberrechte gesehen werden, weil für den Zugang zu einzelnen Patientendaten stets die Zustimmung des Datenurhebers erforderlich ist. Außer für wissenschaftliche Auswertungen der anonymisierten Daten wird klinikübergreifend kein Zugriff oder gar eine Auflistung aller Patienten mit einer bestimmten Diagnose durchgeführt. Dafür gibt es und wird es keine Anwendungen geben.

Organisatorisch und technisch ist dem Datenschutz mit dem vorliegenden System voll Rechnung getragen worden. Damit bleibt letztlich das, was i.a. in der Datenschutzdiskussion im Vordergrund steht, der kriminelle Mißbrauch der Daten. Zentrale Organisationen sind dabei stärkeren Gefährdungen ausgesetzt, Versuche sind lohnenswerter. Andererseits ist aber auch die Kontrolle einfacher durchzuführen. Einige grundsätzliche Aspekte zum Datenschutz werden in Abschnitt 4.7 diskutiert.

Diese kurze Darstellung globaler Aspekte der Datenverarbeitung im TRM
sollte dem technisch interessierten Leser nur einen ergänzenden Überblick
liefern. Jedes TR wird, angepaßt an die gewählte Arbeitsorganisation und
an die Vorstellungen der Datenurheber, unterschiedliche Komponenten zu
einem System zusammensetzen. Entscheidend ist, was die Datenurheber für
ihre Dokumentationsleistung in die Hand bekommen. Dies haben wir ausführlich erläutert. Der Informationsverarbeitung fallen zwar wichtige Aufgaben zu. Sie darf aber nicht überschätzt werden. Ohne Informationsverarbeitung sind zwar Tumorverlaufsregister nicht denkbar, eine funktionierende Informationsverarbeitung ist aber nur eine von vielen Voraussetzungen für ein funktionierendes TR. Von gleicher Wichtigkeit ist die
sorgfältige Erhebung und manuelle Bearbeitung der Daten im Vorfeld der
Datenverarbeitung.

3.4 Erhebung und Bearbeitung der Daten

3.4.1 Aufgabenspektrum

In den vorangehenden Abschnitten wurden das Dokumentationskonzept und
die Möglichkeiten der Aufbereitung der Daten dargestellt. Wenn die Klinik-
leitung die Kooperation auf dieser Basis bejaht, so wird die Dokumentation als zusätzliche Aufgabe für die Routine angeordnet. Damit werden
z.B. bei zwei Primärtherapien pro Tag - das entspricht mit ca. 500 jährlichen Neubehandlungen einem großen Patientengut - täglich zwei Ersterhebungen mit insgesamt ca. 30 Einzelangaben notwendig, sicherlich ein ver-
tretbarer Aufwand. Die zugehörigen Patientenidentifikationen können in
der Regel mechanisch vervielfältigt werden (z.B. Kleber, Adressette),
auch dies ist nicht belastend. Die Verarbeitung dieser Daten erfolgt
dann in einem 'Register, das auf Knopfdruck die gewünschten Ergebnisse
liefert'. Ist der gesamte Ablauf wirklich so unproblematisch?

Formal können zwei Aufgabenkomplexe unterschieden werden, die Erhebung
der Daten in den Kliniken und die Bearbeitung, Speicherung und Auswertung für die Kliniken im TR. Der hierfür notwendige, zunächst sehr einfach erscheinende Informationsfluß vernetzt sich durch die interdisziplinäre Therapie. Die Gewinnung gut dokumentierter, die Realität wider-
spiegelnder Verlaufsübersichten wird erschwert durch die dezentral bei
den verschiedenen medizinischen Versorgungsträgern anfallende Information. Damit ist zum einen ein Qualitätsanspruch an die für den jeweils
aktuellen Behandlungsabschnitt erfaßten Daten formuliert, der Kontroll-
maßnahmen erfordert. Zum anderen werden Aktivitäten notwendig, wenn
keine Daten zur Verfügung gestellt werden. Dieses Patienten-Follow-up

bei interdisziplinärer Versorgung ist deshalb ein arbeitsintensiver, problematischer Aufgabenkomplex.

Der Informationsfluß erfordert den engen Kontakt zu den kooperierenden Kliniken. Die Bearbeitung der eingehenden Daten und die Kommunikation mit den Kliniken ist fallzahlabhängig mit erheblichem Zeitaufwand verbunden. Zusätzlich sind eine Reihe von Aufgaben zu bewältigen, die global als technische Abwicklung der Datenflüsse umschrieben werden können. Der technische Aspekt besagt dabei, daß der Aufwand für die Lösung dieser Aufgaben im wesentlichen unabhängig von der Fallzahl ist, sich andererseits aber erst ab einer bestimmten Fallzahl lohnt.

3.4.2 Organisationsstruktur

Die <u>Organisationsstruktur</u> eines TR muß auf die lokalen Gegebenheiten ausgerichtet sein und mit den langfristigen Zielsetzungen in Einklang stehen. Für die Verlaufsdokumentation mit epidemiologischer Zielsetzung des TRM ist von einer möglichen Kooperation von mehr als 60 Kliniken und selbständigen Abteilungen auszugehen und gleichzeitig die Integration der die Nachsorge tragenden niedergelassenen Ärzte (ca. 6000) organisatorisch einzuplanen. In diesem Versorgungsnetzwerk sind beliebig komplexe, kaum antizipierbare Versorgungswege für den einzelnen Patienten denkbar.

Natürliche Informationsinseln, von denen versorgungsrelevante und populationsbezogene Impulse ausgehen, dürften nur selten existieren. Nur von einer bewußten Ausrichtung der Informationswege, über die Befunde und Maßnahmen als aktueller Behandlungsbeitrag laufen, ist eine Breitenwirkung zu erwarten. Als solchen Kristallisationspunkt hat das TZM sein TR konzipiert. Die kooperierenden Kliniken verpflichten sich zur vollständigen und vollzähligen Erhebung der Daten. Die Durchschläge der Formulare werden dem TRM zur Verarbeitung zugestellt. Durch diese Zentralisierung werden die Kliniken von den datentechnischen Aufgaben entlastet. Es entstehen keine Kosten für die Geräteausstattung, keine zusätzliche Führung und Kontrolle von in der Datentechnik versierten Fachkräften ist erforderlich. Personal und Geräte können effektiver in der Zentrale eingesetzt werden.

Neben dem direkten Kontakt zwischen TRM und jeder einzelnen Klinik besteht eine zusätzliche Verbindung über die tumorspezifischen Projektgruppen. Wenn mit der wissenschaftlichen Entwicklung Schritt gehalten werden soll, so wird für jeden Tumor in Abständen eine Neuorientierung notwendig. Daraus resultieren Änderungswünsche bezüglich der Dokumenta-

tionsformulare, des Auswertungskonzeptes. Forderungen nach Modifikation
von Diagnostik- und Therapieempfehlungen, nach Konzeption von Studien,
Durchführung von Fortbildungsveranstaltungen usw. werden erhoben. Die
tumorspezifischen Projektgruppen, in denen sich Mitarbeiter kooperierender Kliniken zusammenfinden, sind deshalb als logische Konsequenz zu
sehen. Ein Teil ihrer Aufgaben betrifft damit die Lösung von Problemen
mit dem TRM, die nicht in einem direkten Kontakt zu jedem Datenurheber
geregelt werden können, wenn ein einheitliches Konzept durchgehalten
werden soll. Die tumorspezifischen, populationsbezogenen Informationen
werden auf dieser Ebene zusammengetragen. Diese Kommunikationsstruktur
über Projektgruppen ist von der für die tägliche Routine notwendigen
Organisationsstruktur klar zu unterscheiden.

3.4.3 Datenerhebung in den Kliniken

Es ist für eine Klinik primär eine organisatorische Aufgabe, sich einen
vollständigen Überblick zum eigenen Patientengut zu verschaffen. Nur
allzuoft wird dieser Aufgabenkomplex in Relation zur medizinischen Versorgung als sekundär eingestuft, obwohl gerade bei den chronischen Erkrankungen mit wiederholten Kontakten zum Patienten, mit abwechselnd
stationärer und ambulanter Betreuung die Organisation allein des klinikinternen Informationsflusses als ein entscheidender Beitrag zur Versorgung gesehen werden muß. Die Verfügbarkeit der Fakten über den stationären Aufenthalt in den Ambulanzen, die Fortschreibung der Krankenakte
durch eingehende Informationen von niedergelassenen Ärzten oder anderen
Kliniken, die Ergänzung der Akten durch die im Rahmen der klinischen
Aufgaben und wissenschaftlichen Arbeit ermittelten Daten sind bekannte
Probleme, zu denen nach Aufnahme der Kooperation mit einem TR zunächst
noch zusätzliche Maßnahmen für die adäquate Dokumentation treten.

Zunächst ist eine Entscheidung gefordert, welche Patienten dokumentiert
werden sollen. Eine operative Klinik z.B. muß klar definieren, daß auch
die inoperablen, die eine Operation ablehnenden oder die nur radiothera-
peutisch behandelten Patienten miterfaßt werden. Jede Klinik braucht
diese Patienten in ihrem Register, um damit insgesamt über Daten zu verfügen, die in jeder Hinsicht mit der Literatur verglichen werden können,
um Fragen zur Veränderung ihres Therapiekonzeptes zu stellen, um sich
um die Aufklärung der Patienten gegebenenfalls intensiver und begründe-
ter zu bemühen, um Veränderungen der Einstellung der Patienten sensibler
zu erkennen. Bei Verzicht auf eine vollständige Erhebung resultiert
langfristig nur Unzufriedenheit, die später durch alternative, register-

unabhängige Zugriffe auf Krankenakten meist nur schwer beseitigt werden kann. Auch mit Hilfe von TR ist die Erfassung solcher Patienten jedoch nicht immer einfach. Denn der Aufenthalt solcher Patientengruppen in der Klinik ist oft kurz, die Möglichkeit, die Dokumentation z.B. an den Operationsbericht zu koppeln, entfällt in diesem Fall. Andere organisatorische Erfassungswege müssen für solche Gruppen installiert werden.

Aber auch für den Fall, daß der Patient in der Klinik behandelt wird, stellen sich eine Reihe von Problemen. Die zu erhebenden Daten mit anamnestischen und diagnostischen Angaben, mit den Daten zur Operation, zu den histologischen Befunden, gegebenenfalls zur anschließenden Chemotherapie oder Bestrahlung stellen eine Synopse über einen längeren Behandlungszeitraum dar. Jede Merkmalsgruppe für sich ist zu irgendeinem Zeitpunkt unmittelbar verfügbar und wäre ohne Aufwand zu dokumentieren. Wird jedoch erst am Ende der Behandlung alles zusammengestellt, so kann dies zu einer erheblichen Belastung führen, zumal sich inzwischen neue Versorgungsprobleme für andere Patienten stellen.

Zu definieren ist deshalb, wann eine Dokumentationsleistung zu erbringen ist. Falls die abschnittsweise, an den Datenanfall angelehnte Fortschreibung der Dokumentation nicht realisierbar ist, bietet die <u>Koppelung an den Arztbrief</u> einen günstigen Zeitpunkt, da dann nochmals ein zusammenfassender Bericht zum Patienten gefordert ist. Es gibt mittlerweile sogar Ärzte, die in einem ausgefüllten Dokumentationsbogen des TRM eine sinnvolle Unterstützung für die Arztbriefschreibung sehen.

Besondere Schwierigkeiten bei der Dokumentation bereiten radio- und chemotherapeutische Behandlungen, wenn neben dem Beginn auch die planmäßige Durchführung bzw. der Abbruch festgehalten werden soll. Die sicherste Vorgehensweise besteht in der Dokumentation des Beginns und in der separaten Erfassung des Therapieerfolges.

Bei der Folgeerhebung können sich die Probleme vergrößern. Folgeerhebungen auf der Station sind ungewohnt, in einer Ambulanz können sie durch die Vielzahl der Patienten und die Kürze des Kontakts zu großer Belastung führen. Besonders die Notwendigkeit zur weiteren Diagnostik oder zur Überweisung des Patienten führt leicht dazu, daß gerade <u>relevante Folgeerhebungen</u> aus organisatorischen Gründen nicht erbracht werden. Auch die Weiterleitung von Daten, die später zu solchen Patienten eingehen, bereitet Schwierigkeiten, die bei der Diskussion entsprechend organisierter Nachsorgekonzepte, bei denen zu jeder Nachsorgeuntersuchung durch einen niedergelassenen Arzt ein Formular an die Klinik zu senden ist, bereits angesprochen wurden.

Was ist angesichts dieser Aufgabenstellung zu tun? Sicherlich kann von der Verfügbarkeit einer Dokumentationskraft nicht automatisch ein Erfolg erwartet werden. Ohne klare Organisationsanweisung, ohne Mitarbeit aller Involvierten kommen keine befriedigenden Resultate zustande. Ein ausgefülltes Dokumentationsformular ist ein Dokument. Man kann die Interpretation von Befunden, von Op-Berichten usw. nicht einer Dokumentationskraft überlassen. Das Dokumentationskonzept des TRM ist selbsterklärend mit vorgegebenen Klassifikationen und mit allen erforderlichen Definitionen auf der Rückseite der Formulare, nicht zuletzt ein edukativer Beitrag. Die Erfassung der Anschriften ist aus Datenschutzgründen und zur Aufwandsreduktion separiert worden und damit delegierbar. Dokumentationskräfte können organisatorische Unterstützung leisten, die Behandlungsfälle chronologisch pro Station festhalten, das Einlaufen der später zusammengestellten medizinischen Daten überwachen, ausbleibende Formulare anmahnen, Unvollständigkeiten nachgehen, sie können insgesamt aber nur den für die klinikinterne Organisation zuständigen Ärzten zuarbeiten, nicht ihr Interesse ersetzen.

Für eine personelle Unterstützung muß es notwendigerweise Grenzen geben. Bei 50 oder 100 Behandlungen jährlich werden zwei zuständige Ärzte mit einem Notizbuch und einer Absprache mit den Stationsschwestern und den Schreibkräften die Organisation aus eigenen Kräften tragen können, auch wenn damit Asymmetrien zu großen Häusern etabliert werden.

Zur Erhebungsproblematik sei abschließend nochmals betont: es ist eine Fiktion, von der dezentralen Verfügbarkeit von Hardware in jeder Klinik eine Lösung zu erwarten. Soll eine Basisdokumentation aufgebaut werden, so ist das, was für die Versorgung entscheidungsrelevant ist, i.a. nicht erfaßt. Dies müßte auf die Realisierung von vernetzten Krankenhausinformationssystemen hinauslaufen, an denen ja schon länger mit wesentlich mehr Aufwand gearbeitet wird, als TZ je erbringen könnten. Der fehlende Nutzen für aktuelle Entscheidungen schwächt andererseits die Motivation, zusätzlich zur Routine Geräte zu bedienen. Soll mehr erfaßt werden, wird die Datenstruktur kaum überschaubar, nur zeitaufwendig korrigierbar und ist nicht in der Breite der Versorgung durchzuhalten. Ganz abgesehen von der Finanzierbarkeit resultiert daraus dann ein Verzicht auf die Basisdokumentation, mit dem ein Verlust der Gesamtschau verbunden ist.

3.4.4 Aufgaben der Organisationsstelle

Die Mitarbeiter, die die Funktionsfähigkeit des TRM sicherzustellen haben, sind _zentral in einer Organisationsstelle_ zusammengefaßt. Wie eingangs erwähnt, gibt es verschiedene Aufgaben, die datentechnisch orientierte Unterstützung der Datenflüsse, die statistische Auswertung, die Kommunikation mit den Kliniken über inhaltliche, nicht fallbezogene Fragen und die mit den eingehenden Daten verbundenen Bearbeitungsschritte. Mit diesem letzten Punkt wollen wir uns im folgenden auseinandersetzen.

Doch zuvor sei kurz noch eine Tätigkeit angesprochen, die im Zuge der Ausweitung des TRM Ende 1982 aufgenommen wurde. Für die im letzten Abschnitt angesprochene Asymmetrie bezüglich einer Unterstützung kleiner und großer Kliniken wurde ein Lösungsversuch durch einen ambulanten Dienst begonnen. Neben ganz- und halbtägiger Unterstützung gibt es prinzipiell die Möglichkeit, durch _mobile Kräfte_ tages- oder stundenweise Hilfestellungen zu leisten. Bei entsprechender Vorarbeit von den Kliniken und terminlicher Abstimmung kann vor Ort durch abschließende Bearbeitung der Krankenakten, durch unmittelbare Plausibilitätsprüfungen, durch Vervollständigung der Dokumentationsunterlagen ein substantieller Beitrag geleistet werden. Erste Erfahrungen bestätigen diese Annahme.

3.4.4.1 Bearbeitung der eingehenden Daten

Vier Bearbeitungsschritte für die eingehenden Daten können unterschieden werden: _Eingangskontrolle_, _Datenprüfung_, _Einspeichern der Daten_ und _Prüfung der eingespeicherten Daten._ Zum Verständnis der einzelnen Arbeitsschritte ist vorauszuschicken, daß die Organisationsstelle des TRM versucht, mit Flexibilität den Erwartungen der Kliniken entgegenzukommen, auch wenn jede Variation mit zusätzlichem Aufwand verbunden ist. Dies bewirkt, daß sehr unterschiedliche Teilinformationen das TRM erreichen. Jedes Formular kann einzeln oder in einer sinnvollen Kombination mit anderen auftreten. Da alle Formulare durch den Namen identifiziert sind, steht am Anfang der Bearbeitung die alphabetische Sortierung. Dies ist von praktischer Bedeutung für die Arbeitsaufteilung, für einen notwendigen Zugriff während der Bearbeitung, für die Datenprüfung und schließlich für die Archivierung der medizinischen Formulare.

Als erster inhaltlicher Arbeitsschritt erfolgt im Rahmen der _Eingangskontrolle_ das Record-Linkage, die Zuordnung der eingehenden Daten zu den bereits gespeicherten. Im TRM sind hinreichend Suchkriterien für das Wiederauffinden und damit die Vermeidung von Doppelmeldungen verfügbar.

Prinzipiell erfolgt die Identifizierung der Patienten durch Geburtsdatum, Geschlecht, Namen und - soweit möglich - zusätzlich Geburtsnamen, dessen Vorteil bezüglich Eindeutigkeit bei dem Altersspektrum der Patienten allerdings gering ist und der wegen der Arbeitserleichterung für die Kliniken nur dann verfügbar wird, wenn er im Rahmen der verwaltungstechnischen Aufnahme erfaßt und auf Adreßkleber oder Adressetten angegeben ist. Zusätzlich ist der Datenurheber bekannt, wobei aus dem Eintreffen einer Erst- bzw. Folgeerhebung zusätzlich auf die Wahrscheinlichkeit zurückgeschlossen werden kann, daß der Patient schon gespeichert ist. Im Verlauf bietet die Nummer des Nachsorge-Terminkalenders eine weitere Identifikationsmöglichkeit. Auch für Erhebungen in großen Zeitabständen, z.B. für ein Zweitmalignom, ist durch den Verweis auf frühere Malignome bei jeder Ersterhebung ein inhaltliches Kriterium verfügbar. Die Zusammenführung von Informationen erfolgt letztlich über eine Identifikationszahl (I-Zahl), die sich wie üblich aus Geburtsdatum, Geschlecht, einem Namenscode und der Mehrlingsziffer zusammensetzt und die durch eine Prüfziffer gesichert ist.

Unter den eingehenden Formularen befinden sich zum Teil auch Anschriftenformulare (A) ohne medizinische Daten. Damit signalisiert eine Klinik die Bereitschaft, diese später nachzuliefern und erwartet gleichzeitig, durch das TRM an das Ausstehen von Daten erinnert zu werden. Die Bearbeitungsschritte für diesen Sonderfall sind in der Abb. 56, die wie die beiden folgenden Abbildungen als Arbeitsanweisung an die Organisationsstelle konzipiert ist und damit TRM-spezifisches Vorgehen beschreibt, zusammengestellt. Neumeldungen werden eingespeichert und durch einen Satzschlüssel (ASP-Nr) und die I-Zahl identifi-

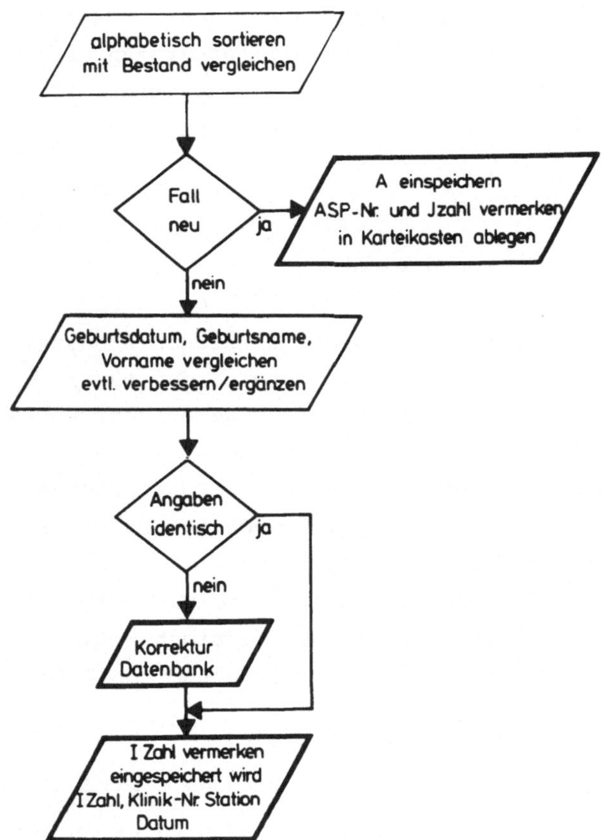

Abb.56: Bearbeitungsschritte für die Patientenidentifikation

ziert. Bei Folgemeldungen wird die Anschrift, falls nötig, in der Datenbank korrigiert und anschließend in einer Mahndatei festgehalten. Das Formular wird vernichtet.

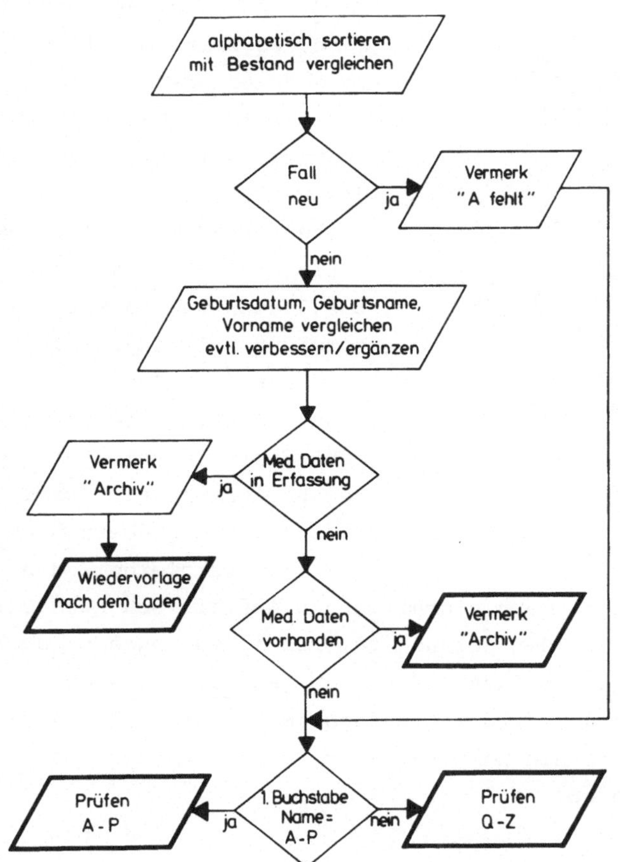

Abb. 57: Bearbeitungsschritte für eine Ersterhebung

Die Bearbeitungsschritte für tumorspezifische <u>Erst erhebungen (EE)</u> und die allgemeine 'retrospektive Erst- und Folgeerhebung' sind in der Abb. 57 dargestellt. Der Begriff 'Lade: verweist auf die Vorgehen. weise, daß alle neu erfaß ten Daten in Erfassungsdateien temporär zwischen gespeichert und daß die eigentlichen Registerdate: erst nach nochmaliger Prüfung fortgeschrieben werden. 'Wiedervorlage nach dem Laden' ist dann gerechtfertigt, wenn eine Dokumentation gerade in Bearbeitung ist oder eine weiterbehandelnde Klinik ihre Daten zum selben Patienten schneller als die primär behandelnde zur Verfügung gestellt hat.

Dies ist erforderlich, weil zum selben Patienten mehrere, zum Teil unterschiedlich ausführliche Erhebungen verschiedener Kliniken eingehen können. Der Vermerk 'Archiv' verweist auf eine spezielle Prüfung für den Fall, daß schon medizinische Daten zum selben Patienten vorliegen und daß eine aufwendige Übereinstimmungsprüfung bzw. eine Ergänzung vorhandener Daten notwendig wird. 'Prüfen A-P' bedeutet lediglich eine Teilung der Arbeitslast im Verhältnis 2:1 für eine Ganztags- und eine Halbtagskraft.

Die Bearbeitung der <u>Folgeerhebung (FE)</u> ist ein wenig differenzierter. (Abb. 58). Zunächst kann das Record-Linkage negativ ausgefalllen sein. Folglich müssen weitere Angaben von der Klinik angefordert werden ('A und EE anmahnen'). Diese Situation stellt sich vor allem in der Anlauf-

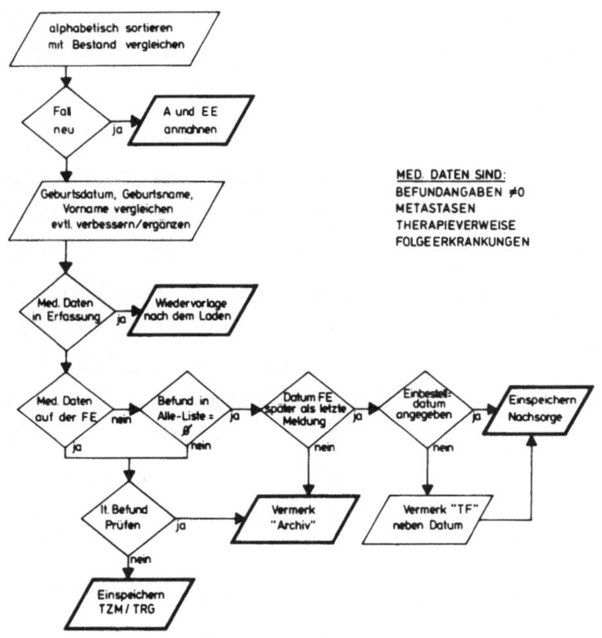

Abb. 58: Bearbeitungsschritte für Folgeerhebungen

phase, wenn aus organisatorischen Gründen eine vollzählige Erhebung auch in der Ambulanz angestrebt wird, wo prinzipiell nur Folgeerhebungen dokumentiert werden. War eine Zuordnung möglich, so hängt das weitere Vorgehen vom bisher erfaßten Status des Patienten ab. Sind erfaßter Status und Neumeldung tumorfreie Befunde, so wird nur der nächste geplante Kontakt festgehalten. Fehlt im Register die Angabe 'tumorfrei', wird dieser Hinweis übernommen. Ziel ist es hierbei, die Information 'tumorfrei' konsekutiv nur einmal in den medizinischen Daten zu halten und lange Sequenzen mit dem Befund 'tumorfrei' zu umgehen. Bei positiven Befunden erfolgt eine Verlaufsprüfung, ebenso falls die Neumeldung weiter zurückliegt als der aktuelle Befund im Register. Die aufgezeigten Arbeitsschritte deuten die Komplexität schon auf dieser Stufe der formalen Eingangskontrolle an.

Der zweite Arbeitskomplex Datenprüfung umfaßt all die Maßnahmen, mit denen eine brauchbare Datenqualität durch manuelle Bearbeitung der Formulare erreicht werden soll. Drei Prüfschritte, die Vollständigkeitsprüfung sowie die Plausibilitätsprüfung im Erfassungs- und Verlaufskontext sind zu unterscheiden. Durch die Vollständigkeitsprüfung soll erreicht werden, daß die minimal notwendigen Angaben wie Diagnosedatum, Lokalisation, TNM, Histologie sowie die Behandlungshinweise verfügbar werden. Allerdings kann ein solcher 'Qualitätsanspruch' nicht rigoros gehandhabt werden. Von einer nicht selektierenden Basisdokumentation, für die auch retrospektiv aus Anlaß einer Zusatz- oder Rezidivbehandlung zu dokumentieren ist, kann nicht mehr erwartet werden als in der Versorgungsrealität verfügbar ist. Deshalb können nur in Kenntnis der Ausgangsbedingungen, d.h. des sonst für eine Klinik üblichen oder vereinbarten Niveaus, offensichtlich vergessene Angaben angemahnt werden. Für retrospektive Erhebungen wird gleichzeitig die Codierung durchgeführt, die bei den tumorspezifi-

schen Erhebungen entfällt, da auf diesen alle zugehörigen Schlüssel
auf dem Durchschlag für das TRM enthalten sind (vgl. S. 257). Der für
diese Codierung erforderliche Zeitaufwand verdeutlicht, welche Zeiter-
sparnis ein tumorspezifisches Dokumentationskonzept durch den Wegfall
von Codierungsbüchern für TNM, Lokalisation und Histologie erbringt.

Der Übergang zur <u>Plausibilitätsprüfung im Erfassungskontext</u> ist fließend.
Zueinander passen müssen beispielsweise jeweils TNM und dokumentierte
Fernmetastasen, positive Befunde für bestimmte Diagnostikverfahren und
TNM, Histologie und Behandlungsmaßnahmen, deren Radikalität und wiederum
TNM bzw. pTNM. Besondere Bedeutung für die Datenqualität haben die tumor-
spezifischen Bögen. Die Verwendung eines solchen Bogens reduziert die
Zweifel gerade für seltene Ereignisse, z.B. für ein Melanom der Schleim-
haut oder ein Liposarkom des Knochens, ein seltenes extralymphatisches
Non Hodgkin-Lymphom usw., bei denen bei Verwendung von Schlüsselverzeich-
nissen zunächst an Codierungsfehler gedacht werden könnte.

Schwieriger und zeitaufwendiger wird die <u>Plausibilitätsprüfung im Verlaufskontext.</u> Zunächst liegt das an der Verwendung ungeeigneter Begriffe
für die Abbildung der Realität. Die häufige 'Omnibus-Aussage' Progression
oder 'no change' als Verlaufsfortschreibung für einen primär kurativ behandelten Patienten, bei dem keine Systemerkrankung vorlag, kann ein
Tumorregister sehr belasten. Aber auch der durch die Modellvorstellung
über Progression begründbare Agnostizismus oder die Sorge um den Patienten führen zu Hemmungen, explizit 'tumorfrei' zu dokumentieren, obwohl
damit stets nur die Aussage gemeint sein kann, daß mit allen sinnvollen
Untersuchungen eine beginnende Tumorprogression ausgeschlossen wurde. Au:
der anderen Seite ist allerdings auch die Schwierigkeit zu sehen, nach
einer begonnenen multiplen Metastasierung gegebenenfalls das divergieren·
de Ansprechen auf systemische Maßnahmen zu erfassen. Dies geht u.E. über
eine Basisdokumentation hinaus, weil es in der Breite nicht erfaßbar ist
Wichtiger ist die genaue Erfassung des Zeitpunkts und der Art der Progression, z.B. der Metastasenlokalisation, da daraus Diagnostikstrate-
gien für die Nachsorge gewonnen werden können. Der Anspruch, zwischen
'Neumanifestation in den Lymphknoten' und 'Lymphknotenrezidiv' zu unterscheiden, mag zwar als Formalisierung eingestuft werden, zumal diese
Aussage im Prinzip aus dem früheren TNM-Befund abgeleitet werden kann.
Aber die Begriffsschärfe in der Routine ist Voraussetzung, Probleme zu
erkennen, Fragen zu stellen. Unter diesem Aspekt ist die Unterscheidung
mehr als eine logische Spielerei.

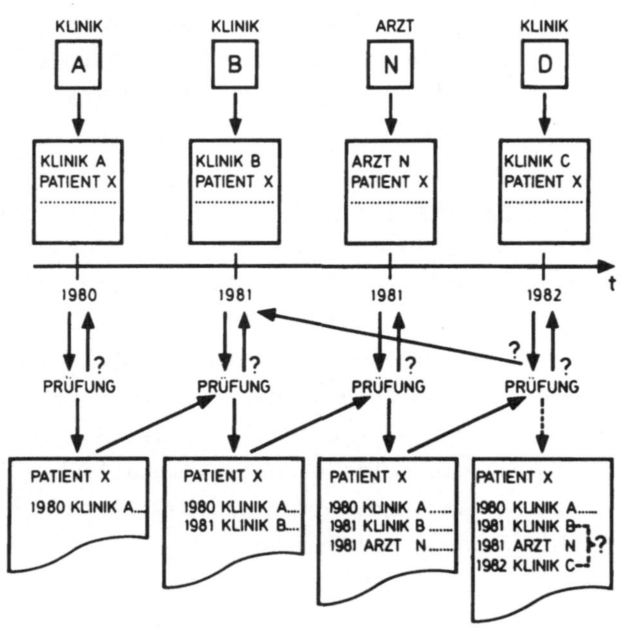

Abb.59: Datenprüfung im Erfassungs- und Verlaufskontext

Die Problematik der Verlaufskontextprüfung verdeutlicht Abb. 59. Jeder Folgebefund kann vorausgegangene Angaben in Frage stellen bzw. durch vorausgegangene Angaben in Frage gestellt werden. Bedeutet die Angabe Lymphknotenneumanifestation, daß der primäre N1-Befund falsch war, daß die Unterlagen des aktuell behandelnden Arztes fehlerhaft sind? Kann die Klinik A, die den Patienten 1980 behandelt hat, mit dem Befund der Klinik C aus 1982 zur Stellungnahme konfrontiert werden? Wie sicher war der Metastasenbefund aus Klinik B von 1981, wenn Klinik C den Patienten als tumorfrei befundet hat? Wenn als Histologie der Metastase ein Teratom angegeben wird, war die primäre Dokumentation mit Seminom unvollständig oder lagen wirklich keine Hinweise auf einen Mischtumor vor? Je nachdem, welche Frage wie formuliert wird, kann hier ein konsequentes Vorgehen als unliebsame Kontrolle, als edukativer Beitrag oder als Chance gesehen werden, über denkwürdige Verläufe auf Fragen gestoßen zu werden.

In der Organisationsstelle des TRM sind zunächst solche Widersprüche zu erkennen. Zur einheitlichen Prüfung und Codierung wurden TRM-interne Richtlinien erarbeitet, aus denen zur Illustration der Problematik der folgende Absatz zitiert wird:

"Letzte Verlaufsinformation: Tumorrückbildung; aktuelle Verlaufsinformation: Lokalrezidiv/Lymphknotenrezidiv/Neumanifestation in den regionären Lymphknoten.
Diese Verlaufskombination ist bedingt sinnvoll. Beispiel: Die Skelettmetastase eines Mammakarzinoms hat sich nach Behandlung zurückgebildet (darauf bezog sich die Angabe Tumorrückbildung). Der nächste Befund ist ein Lokalrezidiv bzw. regionäres Rezidiv bzw. die Angabe Neumanifestation in den regionären Lymphknoten. Hierbei ist darauf zu achten, daß ein Lymphknotenrezidiv nur dann auftreten kann, wenn die Lymphknoten vorher bereits befallen waren (vgl. hierzu TNM, pTNM und die bisher eingetragenen Angaben zum Befund) bzw. daß eine Neumanifestation in den regionären Lymphknoten nur unter der Voraussetzung sinnvoll ist, daß die

regionären Lymphknoten bisher niemals vom Tumor befallen waren (vgl.
hierzu TNM, pTNM und die bisher eingetragenen Angaben zum Befund; fehlende Angaben zu TNM oder die Angabe NX werden wie NØ gelesen).
Daneben besteht die Möglichkeit, daß dem Tumorregister Daten über den
zwischenzeitlichen Verlauf, insbesondere eine zwischenzeitlich eingetre-
tene Vollremission fehlen. Beispiel hierfür wäre ein primär bestrahl-
ter Tumor im HNO-Bereich, für den als erste Verlaufsinformation Tumorrückbildung eingetragen war und der nun nach nicht dokumentierter zwi-
schenzeitlicher Vollremission lokal rezidiviert."

Danach ist zu entscheiden, ob Unklarheiten anhand des Kontexts beseitigt
werden können, durch Rückfrage in der Klinik angegangen werden sollen
oder ob die Widersprüche den Kliniken erst im Zuge der Auswertungen unterbreitet werden sollen. Für unübersichtliche Fälle sollte hierfür ein
Mediziner in einem TR mitarbeiten. Der Vorteil der direkten Rückfrage
ist, daß der behandelnde Arzt mit der Problematik konfrontiert werden
kann und daraus langfristig ein Gewinn zu erwarten ist, während eine
Auflistung aller Problemfälle i.a. von einer Person bearbeitet wird und
folglich mit geringer Breitenwirkung bezüglich der zukünftigen Erhebung
verbunden ist. Um diesen fallbezogenen Kommunikationsprozeß zu erleichtern, wurde ein spezielles Durchschreibeformular konzipiert (s. S. 269),
das den Aufwand reduzieren und die Anfrage standardisieren soll und
gleichzeitig intern über die Rückfragenummer die Verwaltung der ausstehenden Fragen erleichtert.

Die Qualität der Datenerhebung und der konventionellen Übermittlung zwischen den Kliniken läßt sich relativ gut anhand der Fälle beurteilen,
zu denen aus zwei Kliniken unabhängig Ersterhebungen eingehen. Auch Jahr
gangsvergleiche für eine Klinik oder Vergleiche zwischen Kliniken können
auf Interpretationsprobleme aufmerksam machen (Abb. 27).

Die Erfassung der Daten erfolgt im Dialog über Bildschirmmasken. Erfas-
sungsfehler werden primär reduziert durch Plausibilitätsprüfung auf der
Merkmalsebene, indem eine Eingabe mit den in der Merkmalsdefinition vorgegebenen Bedingungen wie Feldlänge, Merkmalstyp, Extremwerte verglichen
wird. Über zusätzliche logische Prüfungen werden Datumsangaben, Zeit-
und Merkmalsrelationen wirksam geprüft. Beispiele für Merkmalsrelationen
sind: ' Wenn A existiert, dann auch B', 'wenn A = X, dann B = Y' etc. Au
dieser Ebene wurden ca. 50 Prüfbedingungen definiert. Trotzdem erschien
es notwendig, auch die erfaßten Daten nochmals zu prüfen. Dies erfolgt
allerdings nicht durch doppelte Eingabe, sondern am Schreibtisch durch
Vergleich des Formulars mit der Einzelfallauflistung. Im Gegensatz zur
doppelten Eingabe kann hierbei neben der Vollständigkeit und der korrek-

ten Eingabe auch die Qualität der Codierung, insbesondere bei vielstufigen Nominaldaten, einer abschließenden Überprüfung unterzogen werden.

3.4.4.2 Verarbeitung der gespeicherten Daten

Zur Verarbeitung der gespeicherten Daten sollen all die Schritte gezählt werden, die einschließlich der Erstellung der Routineauswertung erforderlich sind. Die von der verwendeten Hard- und Software abhängigen Vorgehensweisen wurden kurz im Abschnitt 3.3 erläutert. Betont sei hier nochmals, daß der Aufwand von der Fallzahl unabhängig ist, dagegen die Abhängigkeit von der Anzahl der Kliniken und Tumordiagnosen gesehen werden muß. Insgesamt können formal fünf Arbeitsschritte unterschieden werden: Fortschreibung der Registerdateien, Vorbereitung der Routineauswertungen, Erzeugung der Routineauswertungen, ihre Prüfung und die Kommunikation mit den Datenurhebern.

Da die neuen Daten in temporären Dateien zwischengespeichert werden, muß die Fortschreibung des TRM in einem getrennten Arbeitsschritt erfolgen. Zur Zeit werden ca. alle drei Wochen die drei Registerdateien - für die personenbezogenen, die medizinischen und die Nachsorgedaten - fortgeschrieben. Im zweiten Schritt werden die Dateien durch fallbezogene, elementare Auswertungsergebnisse erweitert (Generierungen, s. 3.3.3). Dieser Arbeitsschritt kann als Vorbereitung der Routineauswertung betrachtet werden. Beispiele sind die Ermittlung des Alters bei Diagnosestellung und die Übertragung des Alters aus der Personendatei in die Datei mit medizinischen Daten, die Erzeugung der Information über den aktuellen Status aus verschiedenen primären Merkmalen und die Ableitung von Zeitdauern zwischen verschiedenen Ereignissen. Weiterhin sind tumorspezifische Generierungen zu nennen, in denen z.B. TNM-Stadien, Histologien oder Lokalisationen zu umfassenderen Gruppierungen zusammengelegt werden. Diese tumorspezifischen Generierungen sind allerdings nicht obligat, sie werden erst vor der Erzeugung der entsprechenden Auswertung erforderlich. Flexibilität ist für diesen Aufgabenkomplex dadurch gegeben, daß die neuen Merkmale nicht bei der Dateigenerierung vorgesehen werden müssen, sondern problemlos ad hoc auch im Dialog definierbar sind.

Die Erzeugung von Routineauswertungen, die detailliert im Abschnitt 3.2 angesprochen wurde, kann ebenfalls mit bescheidenem Arbeitsaufwand durchgeführt werden. Es stehen Prozeduren zur Verfügung, mit denen in einem Schritt der aktuelle Stand eines oder aller klinikspezifischen Register oder aller tumorspezifischen Klinikregister erzeugt werden kann.

Erheblicher Arbeitsaufwand ist allerdings in den vierten Arbeitschritt, die Prüfung der Routineauswertungen zu investieren. Zu allen Generierungsformen wird ein Protokoll erstellt, das z.B. über die Zuordnung zu den verschiedenen Klassen informiert, das auf fehlende Werte hinweist, auf unvollständige Angaben und auf Merkwürdigkeiten im zeitlichen Verlauf. Eingabefehler, die trotz der intensiven Prüfung übersehen wurden, werden deutlich. Daraus resultieren z.B. Änderungen der Generierungsfunktionen, indem etwa neue Histologien explizit zugeordnet werden müssen. Ein erneuter Zugriff auf Formulare kann notwendig werden, um fragliche Eingaben gezielt zu überprüfen.

Aber auch problemlose Routineauswertungen müssen überprüft werden. Jeder Auswertung ist ein kurzer Brief vorangestellt, der Freiraum für eine Beurteilung vorsieht. Die Beurteilung kann sich auf die Zahl der Neuzugänge beziehen, auf steigende oder absinkende Dokumentationsqualität, auf ausbleibende Daten usw. Dies erfordert Vergleiche zur bisherigen Entwicklung und den Zugriff auf zurückliegende Auswertungen. Frühere Auswertungen sind für jede Klinik über alle ihre Patienten und für die bisher bearbeiteten Tumordiagnosen konventionell in der Organisationsstelle archiviert verfügbar, eine nützliche Unterstützung auch bei telefonischen Anfragen.

Diese TRM-interne Bearbeitung könnte der Ausgangspunkt für kontinuierliche Kommunikation mit den Datenurhebern über ihre Daten sein. Wir wollen mit dem Konjunktiv die Wunschvorstellung klar vom Ist-Zustand absetzen, auch wenn sich mit einigen Kliniken schon eine befriedigende Kommunikation eingespielt hat. Wenn es um tumorspezifische, inhaltliche Probleme geht, sind die Projektgruppen das adäquate Kommunikationsforum. In den Projektgruppen sind alle kooperierenden Kliniken repräsentiert, dort können solche Fragen geklärt und die Lösungen in die einzelnen Kliniken weitergegeben werden. Für organisatorische und versorgungsrelevante Aspekte - z.B. Ausbleiben von Informationen - bedarf es jedoch der Kommunikation mit jeder einzelnen Klinik. Dies ist aufwendig und mit einer Reihe von Problemen verbunden, weil nicht selten Kritik geäußert werden muß, Verbesserungen gefordert werden und letztlich das Ansprechen der für die Klinik zuständigen Ärzte mit Arbeit verbunden ist. Eine wesentliche Erleichterung erwarten wir von der möglich erscheinenden Kooperation mit der niedergelassenen Ärzteschaft, weil dann gegebenenfalls Positives, nämlich das Wissen über die Tatsache der weiteren Versorgung der früher behandelten Patienten mitgeteilt werden kann. Auch wird es danach erst sinnvoll, einen abgerissenen Kontakt zu einem Patienten mit Anfragen

beim Hausarzt und danach beim Einwohnermeldeamt für eine Klinik durch
vorbereitete Briefe zu erleichtern.

3.4.4.3 Sonstige Aufgaben der Organisationsstelle

Eine Reihe von selbstverständlichen Aufgaben soll vollständigkeitshalber
noch genannt werden. Die Lagerung von Formularen und Kalendern sowie deren
Verteilung in den Kliniken ist zu erwähnen. Die Definition der Arbeits-
abläufe und ihre schriftliche Fixierung muß erweitert werden, um soweit
wie möglich die gesamte Abwicklung unabhängig vom Wissen eingearbeiteter
Kräfte zu machen. Es sind Unterlagen zu erstellen als Voraussetzung für
ein kontinuierliches Arbeiten und für die Übertragbarkeit. Für die Ausbildung der Mitarbeiter sowohl in medizinischer als auch in datentech-
nischer Hinsicht ist Zeit erforderlich.

Reflexionen über die Grenzen des realisierten Konzepts müssen zu Modifikationen der Dateiinhalte führen und damit Änderungen der Formularinhalte
vorwegnehmen. Die vielen Auswertungsprozeduren erfordern nach einer gewissen Zeit eine Überarbeitung und Verallgemeinerung. Die Entwicklung zusätzlicher Möglichkeiten auf der Programmebene muß parallel zur Routine
laufen. Die Schnittstellendefinition für graphische Ausgaben und die einfach durchzuführende Koppelung unabhängiger Dateien wurden schon erwähnt.

Ein erheblicher, weil in der Tendenz zunehmender und kaum kalkulierbarer
Aufwand ist in speziellen Auswertungen, z.B. fallorientierten Aufbereitungen von Teilkollektiven für Dissertationen zu sehen. Mit Dissertationen ist i.a. eine systematische Überarbeitung eines Teilkollektivs verbunden, was auf Grund der notwendigen Ergänzungen und Korrekturen zu
einer erheblichen Arbeitsbelastung führen kann. Zum Teil werden auch für
spezielle Studien zusätzliche Daten erhoben, die mit den Registerdateien
zu verknüpfen sind.

Diese Aufgaben könnten als selbstverständlich eingestuft werden. Es handelt sich aber um notwendige Arbeiten, die zusätzlich zur Fallzahl pro
Arbeitszeit erbracht werden und die Voraussetzung sind, die komplexen
Arbeitsschritte zur Routine werden zu lassen, der unabhängig von den
Initiatoren Beständigkeit zugesprochen werden kann. Der Vergleich zu
einer Querschnittsdokumentation mit wenigen Daten ist zwar notwendig,
weil er über die Reflexion der Anfälligkeiten des eigenen Konzeptes zum
Handeln zwingt, aber nicht ergiebig, weil der Antagonismus zwischen Komplexität und Anfälligkeit, Einfachheit und Beständigkeit prinzipiell
nicht aufzuheben ist.

3.5 Personalbedarf

Bei der heutigen Finanzlage können Diskussionen zur notwendigen Personalkapazität fast nur noch theoretisch geführt werden. Da aber die Qualität eines TR auch abhängig ist von der Zahl und Ausbildung der Mitarbeiter, kann dieser Aspekt nicht übergangen werden. Beschränken wollen wir
uns auf den Bedarf der <u>Organisationsstelle</u> eines TR, bei der die Daten
aus allen Kliniken zusammenlaufen, bearbeitet und ausgewertet werden. Das
erforderliche medizinische Personal und die denkbare Dokumentationsunter-
stützung für die Kliniken bzw. Projektgruppen werden nicht erörtert.

Die aktuelle personelle Ausstattung des TRM zur Abwicklung der Routine
ist Tab. 60 zu entnehmen. Das TRM verfügt derzeit über einen Datenbankverwalter, drei Dokumentationskräfte und eine halbe Stelle für mobile
Unterstützung kleinerer Kliniken. Für notwendige Programmierarbeiten
wurde auf Ressourcen des ISB (Institut für Medizinische Informationsverarbeitung, Statistik und Biomathematik der Universität München) zu-
rückgegriffen. Der zu bewältigende Arbeitsumfang ist zur Zeit mit über
5000 Neuzugängen und ca. 10.000 Folgeerhebungen pro Jahr sowie Kontakt
zu etwa 30 Kliniken grob umschrieben.

Tab. 60   Aktuelle personelle Situation und weiterer Personalbedarf
           des TRM für Routinearbeiten

Aufgaben	Aufwand hängt ab von	Trend	Aufwand aktuell
Verlaufsdatenprüfung	Fallzahl, Klinikzahl	+	
Formularprüfung + Er- fassung	Fallzahl	+	3 Doku.Ass.
Korrekturen in der Datenbank	Fallzahl, Klinikzahl, Qualität der vorher- gehenden Verarbeitung	const.	
ambulante Organisa- tionsleistungen	Anzahl 'kleiner' Kliniken	+	1/2 Doku.Ass.
Follow-up über Nach- sorge-Terminkalender	Dateninhalt, Fallzahl	+	-
Follow-up über Ambu- lanz	Fallzahl, Koopera- tion	-	zahlreiche Dok- toranden
DB-Verwaltung	Datenstrukturen, Organisation	const.	1 DB-Verwalter
Programmerstellung	Infrastruktur des Registers	-	Institut (ISB) 1 Programmierer

Eine Bedarfsanalyse zur notwendigen Personalkapazität ist sehr schwer zu
beurteilen, auch wenn ein detaillierter Aufgabenkatalog vorgegeben ist.
Die Tabelle 60 zeigt, daß in die Abschätzung des für verschiedene Teilaktivitäten notwendigen Aufwands sehr unterschiedliche Größen eingehen.
Zu nennen ist die Strategie des Registers selbst, die sich, abgesehen
vom direkt fallzahlabhängigen Aufwand, z.B. über die Anzahl kleinerer
Kliniken im Aufwand für mobile Unterstützung niederschlägt. Weiter ist
die Kooperationsstruktur der Umwelt für den Stellenbedarf bedeutsam,
etwa im Hinblick auf die Einführung eines Nachsorge-Terminkalenders in
Verbindung mit systematischer Verlaufsdokumentation beim niedergelassenen Arzt.

Mit der Veränderung von Rahmenbedingungen verändert sich auch der erforderliche Aufwand im TR, nach oben oder nach unten. Im letztgenannten
Beispiel bringt die Einführung der Verlaufsdokumentation beim niedergelassenen Arzt einesteils zusätzlichen Personalbedarf mit sich, um die
einlaufenden Informationen im TRM zu verarbeiten, andererseits werden
danach oder dadurch andere Aktivitäten, nämlich das 'Follow-up über
Ambulanzen', an Intensität abnehmen. Zum Follow-up über Ambulanzen wäre
z.B. das Anschreiben von Hausärzten oder Patienten, die Anfrage beim
Einwohnermeldeamt und nicht zuletzt die kontinuierliche Präsenz in
einer Ambulanz zu zählen.

Die Variabilität der Rahmenbedingungen wurde in der Tabelle dadurch zum
Ausdruck gebracht, daß der aktuellen Kapazität des TRM ein 'Trend' gegenübergestellt wurde, aus dem die erwartete Richtung der Veränderung zu
entnehmen ist. Zusätzliche Bausteine zur Quantifizierung dieser Trendaussagen werden nachfolgend mitgeteilt.

Die Verarbeitung der eingehenden Daten umfaßt den Abgleich mit den bisher gespeicherten Verlaufsinformationen zum selben Fall (Verlaufsdatenprüfung) und die Formal- und Plausibilitätsprüfung, soweit erforderlich
die Codierung, die Erfassung im Rechner, die nochmalige Prüfung der ein-
gegebenen Daten sowie die Formulararchivierung (zusammen als 'Formular-
prüfung und Erfassung' bezeichnet). Die zu veranschlagende Kapazität
dürfte bei jährlich ca. 1700 Neuzugängen und 3500 Folgeerhebungen je
Dokumentationskraft liegen. Darin sind auch die Bearbeitung von Rückfragen und der aufwendige Abgleich mehrerer Ersterhebungen zum selben
Patienten enthalten. Die Überarbeitung und zum Teil umfangreiche Korrektur schon erfaßter Fälle (Korrektur in der Datenbank) bildet einen weiteren Aufgabenkomplex. Der erforderliche Zeitaufwand ist u.a. auch abhängig vom Qualitätsanspruch, für den es nach zwei Seiten Grenzen geben

muß. Für eine neu kooperierende Klinik werden z.B. die Daten eingehender geprüft, werden häufiger Rückfragen gestellt. In der Anlaufphase spielt sich dadurch ein Qualitätsniveau ein, das zur Basis für die weitere Kooperation wird.

Gleichzeitig kann der Aufwand für nachträgliche Datenkorrekturen durch qualitativ hochwertige primäre Verarbeitung der Daten gesenkt werden. Dies schließt auch die Vollständigkeit der Daten ein, weswegen die Anzahl von kooperierenden Kliniken als Determinante in die Aufwandsbestimmung eingehen muß. Je vollständiger die Kliniken, die gemeinsam einen Patienten behandeln, an der Dokumentation teilnehmen, um so geringer sind nachträgliche Korrekturen an den Daten zu veranschlagen. Andererseits nehmen dann doppelte Ersterhebungen und Doppelmeldungen von Verlaufsereignissen zu, so daß der Aufwand für den Abgleich von Erhebungen (Verlaufsdatenprüfung) mit der Zahl der teilnehmenden Kliniken steigen dürfte. Insgesamt ist der pro Einzelfall zu erbringende Aufwand für die drei ersten Positionen der Tabelle empirisch als in etwa konstant zu veranschlagen, so daß sich nur durch die erwartete Fallzahl prospektiv ein Mehraufwand ergeben wird.

Weitere Funktionen sind in der Unterstützung der Kliniken für die Kontaktaufnahme zum Patienten zu sehen sowie in der Bearbeitung der eingehenden und ausbleibenden Antworten. TR sind als Serviceeinrichtungen zu betrachten, denen organisatorische Aufgaben der Kliniken übertragen werden. Als Variationsbreite für den möglichen Arbeitsaufwand von TR sind auf der einen Seite die einfache Verarbeitung eines Personenkennzeichens bzw. einer Sozialversicherungsnummer, einer Tumordiagnose und eines Diagnosedatums mit einem Record Linkage aus der Mortalitätsstatistik und auf der anderen Seite die aufwendige Studiendokumentation zu nennen. Ein Kriterium für die Beurteilung der Leistung eines TR, für die Rechtfertigung des Personaleinsatzes ist die Qualität der Daten, die Differenziertheit der Darstellung und damit die mögliche wissenschaftliche Nutzung der Auswertung.

Um zu diesen Auswertungen zu kommen, sind nach der Erfassung der Daten eine Reihe von technischen Arbeiten notwendig, die global mit dem Begriff Datenbankverwaltung umschrieben werden können. Diese Aufgaben sind im wesentlichen fallzahlunabhängig. Dazu gehört die Erzeugung der Routineausgaben wie sie im Abschnitt 3.2 erläutert wurden.

Der potentielle erforderliche Aufwand für Programmierung hängt überwiegend von der technischen Infrastruktur ab, auf der ein TR etabliert wird und kann daher nicht allgemein abgehandelt werden. Dem TRM schien es nicht angezeigt, nennenswerte Ressourcen zur EDV-Erstellung oder -Beschaffung einzusetzen, da durch Adaptierung vorhandener Instrumente zufriedenstellende Möglichkeiten geschaffen werden konnten. Der hierfür erforderliche Aufwand wurde und wird vom ISB-Institut getragen.

Tab. 61:   Aktuelle personelle Situation und weiterer Personalbedarf des TRM im wissenschaftlichen Bereich

Aufgaben	Aufwand hängt ab von	Trend	Aufwand aktuell
Projektmanagement	Struktur des TZ, Organisation	const.	
Dokumentationskonzept	Zahl der Tumor-Entitäten	-	1 Projektleiter (ISB)
Erstellung von Prozeduren für Routineauswertungen	Zahl der Tumor-Entitäten	-	2 Wissenschaftler
Modifikation und Erweiterung der Auswertungsmöglichkeiten	Zahl der Tumor-Entitäten	+	Klinikärzte in zeitlich begrenzter Zusammenarbeit
Prüfung von Routineberichten	Zahl der Tumor-Entitäten, Klinikzahl	+	
Kommunikation mit Kliniken	Zahl der Tumor-Entitäten, Klinikzahl	+	
Laufende Nutzung der Registerdaten: klinik- oder literaturgesteuert	wissenschaftliche Attraktivität	++	
explorative Datenanalyse (klinisch)	Zahl der Tumor-Entitäten	+	derzeit nicht gedeckt. Zusätzlicher Aufwand: 1 Epidemiologe 1 Mediziner
explorative Datenanalyse (epidemiol.)	Populationsbezug	+	
Laufende Nutzung der Registerdaten und -strukturen für Studien: klinisch, epidemiologisch	Klinikzahl, Organisation, wissenschaftliche Attraktivität	+	

Weniger präzise quantifizierbar sind die Determinanten des für wissenschaftliche Mitarbeiter prognostizierbaren Aufwands. Stärker als im Routinebereich ist hier vor allem die Situation des Übergangs von der Pilot- in die Aufbauphase und weiter in den regulären Ablauf des voll funktionsfähigen Registers zu sehen. Aufgaben wie die Erstellung des Dokumentationskonzeptes einschließlich aller tumorspezifischen Formulare oder die erstmalige Definition von Auswertungsprozeduren für Routineauswertungen auf Tumor- oder Klinikebene kommen notwendigerweise früher oder später zum Abschluß. Übrig bleibt auf dieser Ebene lediglich der Aufwand zur Aktualisierung dieser Instrumente und die Bearbeitung von Sonderwünschen, was freilich nicht übersehen werden sollte. Damit ist der für ein TR zu veranschlagende Personalaufwand im wissenschaftlichen Bereich zumindest in der Aufbauphase genauso bei einer Fallzahl von 2000 Neuzugängen pro Jahr erforderlich wie für 8000 Neuzugänge pro Jahr ausreichend. Dies beleuchtet letztlich den Rationalisierungseffekt der Kooperation vieler Kliniken in einem TR.

Es mag andererseits nicht als Provokation aufgefaßt werden, wenn wesentliche Teile vom Grad der wissenschaftlichen Attraktivität eines TR abhängig gemacht werden und gleichzeitig als Prognose für das TRM ein stark steigender Bedarf angegeben wird. Nicht zuletzt der Frage, worin die wissenschaftliche Attraktivität eines TR liegen kann, sind große Teile dieser Darstellung gewidmet. Damit muß zur Beschreibung des Aufwands auf wissenschaftlicher Seite gedanklich auf den Abschnitt 4 (Perspektiven für das TRM) vorgegriffen werden entsprechend dem Charakter wissenschaftlicher Tätigkeit.

Zur Zeit sind am TRM zwei Wissenschaftler beschäftigt, der Projektleiter wird zusätzlich vom ISB-Institut gestellt. Nur durch diese Unterstützung können die gestellten Anforderungen derzeit annähernd erfüllt werden. Ärzte aus den kooperierenden Kliniken beteiligen sich zusätzlich für sehr begrenzte Zeit am Register und bearbeiten dort spezifische Fragestellungen.

Mit dieser Personalkapazität könnte in ca. 2 bis 3 Jahren die Anlaufphase des TRM abgeschlossen sein. Diese Aussage ist jedoch nur theoretisch richtig. Die Erfahrung zeigt, daß diese Personalkapazität zum Kollabieren des TRM zu großzügig, zum Funktionieren aber zu gering bemessen ist. Letztlich stellt sich mit dieser Aussage wieder die Frage nach den Aufgaben und Wirkungen eines klinischen und epidemiologischen Krebsregisters. Mit der skizzierten Personalkapazität können der Neuzugang bearbeitet, die Routineausgaben konzipiert, abgerufen und den

Kliniken zugestellt werden. Wenn jedoch für die Onkologie eine Wirkung erwartet wird, dann müssen die erfaßten Daten auch verarbeitet werden, sie müssen neue Fragen provozieren. Und dies geht nicht ohne personalintensive, zusätzliche Kommunikation mit den Projektgruppen und mit den einzelnen Kliniken. Nur zur Erläuterung sei erwähnt, daß zur Zeit 10 Dissertationen mit unterschiedlich intensiver Betreuung durch das TRM laufen, daß aufwendige retrospektive Studien betreut werden, darunter z.B. eine, die die Analyse von 2500 Obduktionsbefunden bei tumorbedingt Verstorbenen zum Gegenstand hat, daß mehrere klinische Studien im Planungsstadium stehen bzw. laufen und die Mortalitätsdaten regelmäßig verarbeitet werden, obwohl die Entwicklung der Erhebungsbögen und tumorspezifischen Auswertungen noch nicht abgeschlossen ist.

Dies bedeutet, daß der wissenschaftliche Personalschlüssel eines klinischen TR als Funktion der Zahl der kooperierenden Kliniken zu betrachten ist. Für kleine Kliniken sind die Projektgruppen ein geeignetes Forum. Für große Kliniken sollte ca. 1 Mann-Monat im Jahr wissenschaftliche Kapazität von einem TR angeboten werden. Andererseits aber sollte auch ärztlicher Intellekt in vergleichbarem Umfang von der Klinik aus zur Zusammenarbeit zur Verfügung gestellt werden.

In diesen Überlegungen ist noch nicht die Verarbeitung der Daten der niedergelassenen Ärzteschaft berücksichtigt, die zwar im wesentlichen auf der technischen Ebene abgewickelt werden muß, aber ca. ein Viertel Dokumentationskraft zur inhaltlichen Prüfung und Abklärung programmtechnisch entdeckter fraglicher Verläufe erfordern dürfte. Dieses systematische Follow-up ist aus den genannten Gründen im TRM noch nicht in Angriff genommen worden. Es können nur das Interesse, die Kooperationsbereitschaft und konkrete Vorschläge artikuliert und unterbreitet werden. Des weiteren sind Anfragen bei Einwohnermeldeämtern mit ca. ein Viertel Dokumentationskraft anzusetzen, um definitive Statuscodes zu gewinnen. Auch eine Bearbeitung der Leichenschauscheine im Kerneinzugsgebiet sollte wenigstens in Intervallen für ein klinisch-epidemiologisches Register denkbar werden.

Auch wenn solche Schätzungen vage bleiben müssen, weil die Wechselwirkung zwischen den Datenurhebern und einem TR schwer vorhersehbar ist, dürften auf der Basis des skizzierten Konzepts Erwartungen an ein TR als in der Größenordnung sinnvoll gewählt angesehen werden, wenn es ca. 10.000 Neuzugänge und 20.000 Folgeerhebungen aus Kliniken verarbeitet, Kontakt zu mehr als 50 Kliniken unterhält und mit 4 Dokumentationskräften für die

Routine, einer ambulanten und einer für das Follow-up zuständigen Dokumentationskraft, einem Datenbankverwalter, einem Programmierer und minimal 4 bis 5 Wissenschaftlern, darunter einem Mediziner und einem Epidemiologen arbeitet.

Dabei beschränkt sich das Tätigkeitsspektrum dieser vier bis fünf Wissenschaftler nicht auf die alleinige Auswertung der im TR gespeicherten Daten. Dies wurde bereits aus Tabelle 61 schlaglichtartig ersichtlich.
Wesentliche zusätzliche Aufgaben von Wissenschaftlern an TR stehen in
Zusammenhang mit der Wegweiserfunktion von TR, d.h. der Möglichkeit, auf
der Basis vorhandener Daten und Strukturen umfangreichere spezielle Projekte in Angriff zu nehmen und methodisch zu betreuen. Die Trennung dieser aufgesetzten Möglichkeiten von den 'primären' Aufgaben eines TR
würde dessen tatsächlichen Nutzen auf einen unvertretbar kleinen Prozentsatz des möglichen Nutzens reduzieren. Andererseits steht der zusätzliche
personelle Aufwand, durch den ein TR über minimale Funktionen hinaus
seine tatsächliche Leistungsfähigkeit entfalten kann, in einem günstigen
Verhältnis zur ohnehin bereitzustellenden Basisausstattung. Dies sollte
nicht als überzogene Personalforderung eines um Expansion bemühten Projekts, sondern als ökonomischer Vorschlag gesehen werden, um durch mehrfache Benutzung von Basisstrukturen gezielte Studien billiger und gleichzeitig in der Summe attraktiver zu machen.

Ein weiteres Kriterium für die Funktionsfähigkeit eines TR wäre damit
u.a. die Zahl der jährlich lokal durchgeführten klinischen und epidemiologischen Studien, der betreuten Dissertationen sowie der Beteiligung
an überregionalen, multizentrischen Studien. Die Initiative für die Formulierung der Fragestellungen sei dabei offen gelassen, zumal förde-
rungspolitische Bedingungen und versorgungs- und wissenschaftsrelevante
Eigeninitiativen nicht widersprüchlich zu sein brauchen.

Diese durch die Erfahrung begründeten Vorstellungen stehen allerdings im
Widerspruch zu den Empfehlungen der ADT, die neben Dokumentationskräften
nur einen Medizin-Informatiker und einen DB-Verwalter enthalten. Da diese
Empfehlungen nur die zentrale Koordinierung abdecken, liegt der unterschiedliche Personalbedarf entweder in einer geringeren Nutzung der Daten oder der Empfehlung liegt eine implizit enthaltene, nicht verbali-
sierte andere Definition eines TR zugrunde. Dann allerdings wird die
Frage der WHO beantwortbar, warum Kliniken so wenig Interesse für Register zeigen (106).

Ein Inzidenzregister, das sich nur auf die Erfassung der Diagnosen beschränkt, ein Register, das auch differenziert klinische Daten erfaßt,
ein Verlaufsregister, das auf epidemiologische Zielsetzungen hinarbei-
tet, sind unterschiedlich aufwendige Formen. Tolerierte Konzeptvaria-
bilität ist Voraussetzung, um empirisch die Nützlichkeit der verschiedenen Ansätze nachzuweisen.

3.6 Zusammenfassung der bisherigen Entwicklungsarbeit

Die bisherigen Ergebnisse der Entwicklungsarbeit sind in diesem Abschnitt 3 beschrieben worden. Folgende Punkte sind abschließend hervorzuheben.

1. Für die Dokumentation stehen tumorspezifische, für die Bearbeitung
   durch die Ärzte konzipierte Formulare zur Verfügung. Die inhaltliche
   Vielfalt tumorspezifischer Angaben wird durch formale Einheitlichkeit
   kompensiert.

2. Ein für alle Tumordiagnosen verwendbarer Nachsorge-Terminkalender ohne
   präjudizierenden Bezug auf ein Tumorleiden steht zur Verfügung. Die
   bisherigen Erfahrungen im praktischen Einsatz ermutigen.

3. Die klinische Relevanz des TRM leitet sich vorwiegend aus der Verknüpfung der primär erhobenen Daten mit den nach Jahren gewonnenen Langzeitergebnissen ab. Zentralisierte Fortschreibung der Daten bei
   klinikübergreifender, dezentraler Erhebung ist die Voraussetzung hierzu.

4. Die Funktionen Datenerfassung, Datenhaltung und Auswertung sind in
   einem flexiblen System reibungslos integriert. Programmierbedarf fiel
   durch Übernahme von bestehenden Möglichkeiten nur in begrenztem Umfang
   an.

5. Als Auswertung stehen automatisiert erstellte, verständliche Routine-
   reihen zur Verfügung, die monatlich fortgeschrieben werden. Spezialauswertungen nach aktuellem organisatorischen oder wisssenschaftlichen
   Bedarf erfordern darüber hinaus wenig Aufwand.

6. Die Zusammenstellung einer Auswertungsreihe erfolgt durch Aneinanderreihung vordefinierter elementarer Bausteine, die bedarfsabhängig
   vermehrbar sind.

7. Zur Präsentation einzelfallbezogener Daten existieren vielfältige,
   situationsbezogene Aufbereitungen. Die Extreme des realisierten
   Spektrums sind der festformatierte Datensatz als Schnittstelle für

Statistikpakete einerseits und der vom Dateninhalt gesteuerte Verlaufsbericht andererseits.

8. Durch Zentralisierung der technischen und organisatorischen Abläufe
   ist ein hohes Maß an Transparenz gewährleistet. Die im Umgang mit
   persönlichen Daten darüber hinaus erforderliche Sorgfalt ist sichergestellt.

9. Hervorzuhebende technische Aufgaben der Organisationsstelle sind
   Herstellung des Record-Linkage, Durchführung der Verlaufskontextprüfung, Codierung spezieller Angaben, Dialogerfassung der Daten
   und ggf. Korrektur gespeicherter Daten.

10. Das Konzept ist flexibel bezüglich der Integration weiterer Kliniken
    und zeigt Perspektiven für die Kooperation mit den niedergelassenen
    Ärzten.

11. Leitprinzip dieser Entwicklung war die Forderung nach Multiplika-
    tionsfähigkeit der Lösungen. Breite landesweite Entwicklungen, wie
    die Aktivität von mehreren großen TZ oder der Ausbau regionaler Ver-
    sorgungszentren sind im Rahmen der geschaffenen oder angestrebten
    Strukturen möglich.

4. Perspektiven für die weitere Entwicklung

Die vielseitigen Zielsetzungen, die mit einem TR ansteuerbar erscheinen,
sind nur in einem langfristigen Entwicklungsprozeß approximierbar. Entscheidend ist, daß das Ausgangskonzept nicht zu einem limitierenden Faktor wird, also gegenüber Veränderungen flexibel ausgelegt ist. Dies betrifft die Organisation der Informationswege, die Verarbeitung einschließlich der technischen Aspekte, die inhaltlichen Fragestellungen und letztlich auch die wissenschaftstheoretischen Perspektiven. Prognosen könnten
als Extrapolationen der Vergangenheit gesehen werden, die durch die Veränderung, durch die Rückwirkung des Erreichten und Nicht-Erreichten auf
die laufende Arbeit und durch eine damit sich ändernde intellektuelle
Einstellung präzisiert und korrigiert werden. Prognosen zu fixieren ist
notwendig, um das Erreichte am Angestrebten, am Wünschenswerten zu orientieren und somit Fehlentwicklungen frühzeitig begegnen zu können. Da für
TR fehlende strukturelle Voraussetzungen die inhaltlichen Ziele ins Spe-
kulative entrücken lassen könnten, soll die Skizzierung der Verankerung
des TRM in der Umwelt der Darlegung der inhaltlichen Aspekte vorangestellt werden.

4.1 Verankerung in der Umwelt

Mit der Gründung von TZ wurde die Bedeutung der interdisziplinären Kooperation für die moderne Tumortherapie zum Ausdruck gebracht und durch Formalisierung intensiviert. Die Wirkung in der Anlaufphase muß auf Grund
des Konzepts als begrenzt betrachtet werden. Als Gradmesser für die langfristige Wirkung kann nur das Wissen um die Versorgung, das Wissen um
die Erfolge gelten und dies geht nicht ohne Dokumentation. Von einem Konzept für eine Tumorverlaufsdokumentation ist zu fordern, daß die als
notwendig erachteten Daten möglichst weitgehend aus der ärztlichen Versorgung, aus den dafür existierenden Kooperationsverbindungen gewonnen
werden. In Abb. 62 sind unsere Vorstellungen skizziert. Kreise stehen
für die niedergelassenen Ärzte, Quadrate für Kliniken. Um einseitige
Ausrichtungen zu vermeiden, sind zwei TZ berücksichtigt worden, deren

Einflußsphären sich überlappen können, eine realistische Annahme, wenigstens für die seltenen Erkrankungsformen. Ein TR wird anfänglich durch die Kooperation einiger weniger - mutiger - Kliniken getragen. Schon mit den ersten Aktivitäten für die Definition eines Dokumentationskonzeptes müssen sich tumorspezifisch Vertreter der Kliniken zusammenfinden, die an der Kooperation interessiert sind. Diese tumorspezifischen Arbeits- oder Projektgruppen sind unabdingbar, wenn an Aufgabenstellungen wie Pflege der Dokumentation, Auswertung der Daten, Erarbeitung von Therapie und Nachsorgeempfehlungen, Planung und Durchführung von Studien und Integration weiterer Kliniken mit dem Ziel einer vollzähligen Erfassung in definierten tumorspezifisch variierenden Regionen gedacht wird. Die Zusammenarbeit einiger Projektgruppen von zwei und mehr TZ dürfte selbstverständlich sein, allein aus Interesse an der Vergrößerung der wissenschaftlichen Kapazität und an der Angleichung von Empfehlungen.

Besondere Schwierigkeiten bereitet bei interdisziplinärer Betreuung der chronisch Erkrankten die Kommunikation über den Krankheitsverlauf und als Konsequenz davon die Fortschreibung der Verläufe im Register. Eine Unterstützung dieser Kommunikation bezüglich der einzelnen Patienten hat das TZM mit der Einführung eines allgemeinen Nachsorge-Terminkalenders versucht. Dieser Kalender unterscheidet sich von anderen Entwürfen. Im hier zu erörternden Kontext ist wesentlich, daß der durch eine eindeutige Nummer identifizierte Kalender von den primär behandelnden Kliniken ausgestellt wird, daß Basisfakten eintragbar sind und damit gleichzeitig die Nachsorgeterminplanung dem Patienten an die Hand gegeben wird.

Ein Konzept über die Nachsorgedokumentation setzt Vorstellungen über das Mengengerüst voraus. Implizit darf angenommen werden, daß mit tumorspezifischen Lösungen - oder gar tumor-

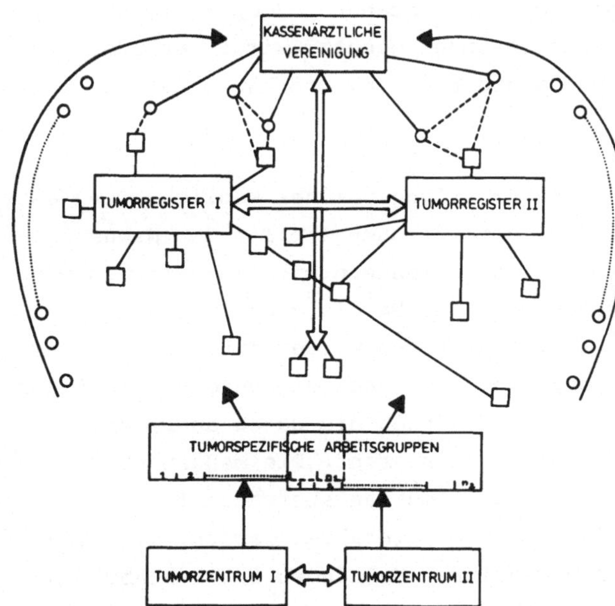

Abb. 62: Organisations- und Informationsstrukturen für die Erfassung der Primärtherapie, der Tumornachsorge und Folgetherapie durch Kliniken (Quadrate) und niedergelassene Ärzte (Kreise)

spezifischen Pässen - keine weiterreichenden Perspektiven verbunden sein können. Wird als durchschnittliche 5-Jahres-Überlebensrate für alle Tumorerkrankungen 30% angenommen, so ist in einer Region eine Patientengruppe von ca. dem 2,6fachen der jährlichen Neuerkrankungsrate zu versorgen (Prävalenz). Für ein Einzugsgebiet von 2 Mio. Einwohnern z.B. wären damit bei ca. 400 Neuerkrankungen auf 100.000 Einwohner knapp 21000 Patienten zu betreuen. Insgesamt könnten bei einem Nachsorgeangebot von 14 Terminen (4-3-3-2-2) in den ersten 5 Jahren ca. 74000 Nachsorgetermine von diesen Patienten wahrgenommen werden. Je nach Zusammensetzung der Patientengruppe und nach Definition der Zielereignisse führen ca. 5-15% dieser Nachsorgeuntersuchungen zu auffälligen Befunden.

Neben dem Mengengerüst ist auch der jetzige Informationsstand jeder an einer Primärtherapie beteiligten Institution zu bedenken. Trotz der Aktualität des Begriffes Qualitätssicherung wird nach wie vor das Wissen um Langzeitverläufe, das für chronische Erkrankungen ja letztlich die Qualitätsbeurteilung gestattet, nicht einmal pauschal beschrieben, weil es Mängel in der Organisation der Kommunikation der Versorgungsträger offenlegen würde. Ein TZ hat die Aufgabe, hier auf Veränderungen zu drängen. Dabei ist darauf zu achten, daß die bestehende Kooperationsbereitschaft nicht nur für egozentrische Lösungen genutzt wird. Veränderungen müssen in der Breite wirksam werden und bleiben, unabhängig von der Existenz von TR.

Die Perspektive des TZM ist auf die Schaffung solcher Möglichkeiten ausgerichtet. Die primär behandelnden Institutionen stellen den Nachsorge-Terminkalender aus. Über die eindeutige Kalendernummer ist eine anonyme Dokumentation der Nachsorgebefunde möglich. Da die Hauptlast der Nachsorge von den niedergelassenen Ärzten getragen werden muß, sollten anonymisierte Daten über die Nachsorge an die Abrechnung gekoppelt bei der KV zusammengeführt werden. Durch die KV können die Daten ausgewertet werden. Die Versorgungssituation wird transparent. Die Maßnahmen lassen sich gegebenenfalls optimieren. Die Daten müssen aber auch für interessierte primär behandelnde Kliniken abrufbar gehalten werden, die sich neben der ausführlichen Dokumentation ihrer Maßnahmen für den Abruf nur zusätzlich die Kalendernummer vermerken müssen. Aus Abb. 62 wird deutlich, daß von einem solchen Konzept jedes TZ, aber auch jede einzelne, nicht in einem TZ kooperierende Klinik profitieren kann.

Dieses Konzept schafft Möglichkeiten für alle Tumorerkrankungsformen.
Im Unterschied zu den Nachsorgekalendervorschlägen mit je einem Durchschlag für die eigenen Akten, für die Dokumentation und für die primär
behandelnde Institution - obwohl die Primärbehandlung oft von mindestens
zwei Institutionen getragen wird - würde bei einer zentralen Zusammenfassung niemand zur Verwaltung von Tausenden von Nachsorgebelegen ge-
zwungen. Aber dennoch werden Möglichkeiten für aktiv Interessierte geschaffen. Für die in TZ kooperierenden Kliniken würde der Abruf über
die Kalendernummern gemeinsam erfolgen.

Die dringend erforderlichen Daten über den Krankheitsverlauf würden so
verfügbar. Dieses Konzept erfordert zwar eine Systemveränderung, aber
nur im informationstechnischen Sinne. Denn es sind nur neue Informationswege erforderlich, ohne Kanalisierung von Patientenströmen. Eine unnötige Arbeitslast wäre vermieden, keine Institution würde über alle Daten
verfügen, die Anonymisierung der Dokumentation würde dem Datenschutz
Rechnung tragen.

Das Konzept basiert voll auf dem dezentralen Versorgungssystem der BRD,
ja es fördert die patientennahe Versorgung. Es ist kein totalitärer Ansatz, im Gegenteil es schafft für alle Interessierten Möglichkeiten, es
erleichtert eine demokratische Kontrolle, besser Selbstkontrolle, weil
Institutionen - verschiedene Fachdisziplinien, Kliniken und niedergelassene Ärzte - kooperieren, denen oft unterschiedliche Interessen nachge-
sagt werden.

Ein solches Konzept ist eine Herausforderung für Kliniken, Insellösungen
auch dann nicht zu realisieren, wenn sie öffentlich gefördert werden, sondern sich für multiplikationsfähige, kostenvertretbare Organisationsabläufe einzusetzen. Ein solches Konzept ist eine Herausforderung für die
Standesvertreter, die mit der Kooperation interessierter Kliniken und
mit Registern verbundenen - zum Teil sehr fiktiven - Gefahren nicht zu
überzeichnen, sondern in der Medizin verankerte, unter Eigenbeteiligung
überschaubare und damit leicht kontrollierbare Strukturen zu schaffen.

Der Inhalt der Nachsorgedokumentation bedarf einer gesonderten Erörterung.
Für die vielen 'Ohne Befund'-Nachsorgekontakte reicht sicherlich das Quar-
tal, die Kalendernummer, die KV-Nummer des niedergelassenen Arztes und
eine Information über den Status aus. Für einen positiven Befund wäre die
Art der Sicherung - klinischer Verdacht, radiologisch, histologisch
usw. - und der Progressionstyp - Rezidiv, Metastase mit Lokalisation

usw. - minimal erforderlich. Sollte dies in unserem Versorgungssystem
im Interesse der Patienten nicht machbar sein?

Es gibt inzwischen sehr unterschiedliche Entwürfe für Nachsorgekalender.
Zum Teil sind diese tumorspezifisch ausgelegt mit all den für notwendig
erachteten Nachsorgemaßnahmen, zum Teil wird auch eine zusätzliche Dokumentation dieser Maßnahmen gefordert. Die Vielzahl der Entwürfe erklärt
sich aus den unterschiedlich gewichteten Anforderungen, die mit Terminplanung, Dokumentation wichtiger Krankheitsverlaufsaspekte, Kommunikation
zwischen den Ärzten, Datenübermittlung an früher behandelnde Institutionen oder Empfehlung für Diagnostikmaßnahmen pauschal umschrieben werden
können. Da sich der Kalender in der Hand des Patienten befindet und für
alle Erkrankungsformen geeignet sein soll, haben wir unseren Entwurf nach
langer Diskussion auf ein Angebot an Freiraum reduziert. Die direkte
Nutzung des Kalenders ist damit eingeschränkt auf die Terminplanung und
auf die Übermittlung von Fakten, die für die Behandlung des Patienten
unmittelbar von Bedeutung sind. Zusätzlich ermöglicht die Kalendernummer
eine anonymisierte Dokumentation.

Dazu einige Erläuterungen. Die Spielbreite und Art der Patientenaufklä-
rung variiert fachspezifisch und klinikspezifisch erheblich, z.T. auf
Grund der Prognose und der Einschätzung der psychischen Verfassung des
Patienten. Organisationsmittel, die allgemein verwendbar sein sollen,
dürfen diesen Freiraum nicht verspielen. Sicherlich sollen sie dazu beitragen, ein nicht tolerierbares Zurückhalten von Informationen zu erschweren. Eine formalisierte Dokumentation darf aber nicht dazu führen,
daß Patienten verängstigt werden durch vorgezeichnete Maßnahmenkataloge
bzw. durch erkennbare Abweichungen von diesen, d.h. durch Weglassen von
geplanten oder Hinzufügen von nicht geplanten Untersuchungen. Auch durch
nahezu kryptografische Zahlenkombinationen usw. zur Übermittlung von Befunden via Kalender können Patienten in erheblichem Maß beunruhigt oder
verunsichert werden. Was ein Kalender enthalten kann, sind die Behandlungsmaßnahmen, die der Patient erfahren hat, Operationen, Bestrahlungen,
Medikationen, mit Identifikation der jeweiligen Urheber. Unsere Erfahrung
zeigt, daß trotz 'programmierter Nachsorge' die notwendigen individuellen
Variationen das ärztliche Handeln wesentlich mitbestimmen. Dies beginnt
nicht erst mit einer nachweisbaren Progression. Erst recht danach muß
ein Kalender individuell nutzbar sein.

Der Freiraum in unserem Kalender führt dazu, daß ohne Benutzeranleitung
spontan das fixiert wird, was als beachtenswert für den Kollegen eingestuft wird. Es ist nur konsequent, auch dem Patienten Freiraum für Mit-

teilungen an seinen Arzt anzubieten, damit sie nicht in der Streßsitua-
tion des Arztkontaktes vergessen werden (22). Für die Routinedokumentation sind solche Kalendereinträge in der Breite uninteressant, weil sie
individuell sind.

Ein spezieller Aspekt zum Kalenderentwurf sei noch erwähnt. Es ist bei
der zunehmenden Empfindlichkeit gegenüber Datenerhebungen nicht erforderlich, in Gegenwart des Patienten seinem Kalender Durchschläge für die
Verteilung zu entnehmen und ihn dadurch zu verunsichern. Daß trotzdem
eine minimale anonyme Dokumentation erfolgt, ist nicht als Verheimli-
chung einzustufen. Im Gegenteil, im Kalender sollte festgehalten werden,
daß der Patient der Übermittlung seiner Daten zwischen seinen behandelnden Ärzten zustimmt, mit der Zusicherung, daß diese Daten innerhalb der
Ärzteschaft bleiben. Damit würden die Ärzte und Kliniken von der büro-
kratischen Nachweispflicht entbunden. Auch würde es den Patienten nur
verunsichern, wenn er von jeder Institution erneut um Zustimmung angesprochen würde. Für eine positive Einstellung der Patienten ist es entscheidend, daß die Datenflüsse einfach, geordnet und überschaubar sind
- hier also im Rahmen der kassenärztlichen Leistungsabrechnung wie seine
anderen Daten weitergeleitet werden.

Ergänzend sei angemerkt, daß durch die Trennung der Funktionen das Organisationsmittel Kalender unabhängig wird von sich ändernden Nachsorgeempfehlungen und Dokumentationskonzepten, die auf Grund der tentativen
Definitionen erwartet werden müssen.

Eine systematische, klinikübergreifende Evaluierung des Entwurfes wurde
bisher noch nicht durchgeführt. Dennoch ist die Erfahrung beurteilbar.
In einigen Kliniken wurde die Nutzung des Kalenders durch Mitarbeiter
des TRM über einen Zeitraum bis zu einem Jahr beobachtet. Anhand von ca.
3000 Kalendern konnte festgestellt werden, daß bisher kein Patient Einwände erhoben hat, im Gegenteil, daß der Kalender als Ausdruck einer geplanten Betreuung und Sorge empfunden wird, daß er spontan ohne Benut-
zungshinweise eingesetzt wird, daß die Ärzte darin eine nützliche Informationsquelle sehen, daß sie durch gut geführte Kalender und durch Patienten selbst zu aussagekräftigen Einträgen angehalten werden. Als problematisch wird von Kliniken derzeit lediglich das Faktum angesprochen, daß
eine explizite Terminempfehlung von Kliniken und eine direkte Vorgabe von
durchzuführenden Untersuchungen an sich ungewöhnlich sind. Die Schwierigkeiten beruhen z.T. darauf, daß im Umfeld des TZM nur für drei Diagnosen
offizielle Nachsorgeempfehlungen existieren und deshalb für die anderen
Diagnosen große Unsicherheit besteht und somit die Kommunikation über die

Notwendigkeit, über die Kosten usw. aufwendig wird. Andererseits wird
auch deshalb die explizite Vorgabe und die damit verbundene Übernahme von
Verantwortung durch die Kliniken erwartet.

Es gibt verschiedene Kalenderentwürfe. Das muß so sein, um Erfahrungen
zu sammeln. Skepsis ist jedoch angebracht, wenn inhaltliche Vorgaben un-
erklärt bleiben und ein Gesamtkonzept, das letztlich die Bewertung der
Nachsorgemaßnahmen ermöglichen muß, nicht erkennbar wird. Dies legt den
Verdacht nahe, daß mit Kalendern Aktivitätsnachweise, Prioritätsdenken
oder Zuständigkeitsansprüche ihren Ausdruck finden. Wichtig ist dagegen,
daß überregionale Kommunikationsstrukturen erkennbar werden, in denen
über Willensbekundungen hinaus auch Erfahrungen konferiert werden, um
Konzepte zu verbessern.

4.2 Klinische und epidemiologische Aufgaben: Problemstellung

Bisher wurde versucht, mit der Skizzierung des Dokumentationsinhaltes
und der Bearbeitung und Aufbereitung der Daten den Ist-Zustand zu vermitteln. Die Darlegung der Organisation und die erhoffte Integrations-
wirkung durch den Nachsorgekalender verdeutlichen die Einbettung des
Ansatzes in das existierende Versorgungssystem. Parallel zur Versorgung
sollen durch die Kooperation der Versorgungsträger die Daten für die
klinikübergreifende Verlaufsdokumentation gewonnen werden.

Diesem Konzept sollen nun die wissenschaftlichen Aufgaben gegenübergestellt werden, zu denen Beiträge von TZ erwartet werden. Die Organisation
ist deshalb von Bedeutung, weil alle Anforderungen nach Daten auf einen
Zugang zum Patienten im Rahmen regulärer ärztlicher Kontakte hinauslaufen sollten.

Das Aufgabenspektrum ist aus der Tumorerkrankung als chronischer Erkrankung, als Langzeitprozeß abzuleiten, der zu verschiedensten Zeitpunkten
Interventionsmöglichkeiten bietet und ärztliche Maßnahmen erfordert, um
den Prozeß zu verhindern, zu stoppen, zu verzögern bzw. fürsorgend und
human zu begleiten. Da eine 'grundsätzliche Lösung' des Problems - Ver-
hütung oder Heilung - in naher Zukunft nicht zu erwarten ist, kann nur
ein abgestimmtes Zusammenwirken der verschiedenen Aktionsmöglichkeiten
eine dem Kenntnisstand entsprechende, befriedigende Antwort auf diese
Herausforderung darstellen. Damit wird nicht gegen Schwerpunktaktivitäten
Stellung bezogen, die z.B. die Ätiologie oder die Früherkennung betref-
fen können. Es muß allerdings eine wissenschaftstheoretisch fatale Isolierung jeweils einer dieser Aufgaben vermieden werden. Dies könnte sonst

z.B. dazu führen, daß kostenintensive und die Gesunden bzw. Tumorkranken belastende Untersuchungen im Rahmen von Früherkennungs- bzw. Nachsorgemaßnahmen eingeführt werden, deren Nutzen nicht nachweisbar ist.

Da der Krankheitsprozeß nicht teilbar ist, kann eine positive Entwicklung
nur von einer intensiven Kooperation der für die verschiedenen Krankheitsabschnitte zuständigen Institutionen bzw. Disziplinen erwartet werden.
Vier 'Krankheitsabschnitte' können unterschieden werden, die sich grob
als Aufgabenkomplexe - Ursachenforschung, Früherkennung, Primärtherapie
und Nachsorge - umschreiben lassen. Die methodisch und organisatorisch
sinnvolle Koordinierung dieser Aufgabenkomplexe ist gesondert zu betrachten und definiert einen eigenständigen fünften Bereich.

Ursachenforschung:

Ein prozessuales Denken muß primär die Ursachen der Erkrankung zu erkennen versuchen. Die Identifizierung möglicher Ursachen, ihre Bekanntma-
chung, ihre Reduzierung oder gar ihre Entfernung aus der Umwelt des
Menschen muß eine verpflichtende wissenschaftliche Aktivität sein, eine
notwendige begleitende Forschung zur Manipulation der Umwelt (von der
Änderung der Verhaltensweisen bis hin zur Einführung neuer Substanzen).
Angesichts der in einer Industriegesellschaft sich schnell ändernden Bedingungen besteht deshalb die Verpflichtung, möglichen induzierten Krebs-
gefährdungen nachzugehen, eine Art Überwachungssystem zur Verfügung zu
haben.
Die Notwendigkeit der ätiologischen Forschung im Bereich Krebs kann von
niemandem als Spekulation abgetan werden. Die Identifizierung einer Vielzahl von synkanzerogenen Substanzen spricht für sich, die Verhaltensgewohnheiten der Menschen, ihre psychische Grundhaltung, familiäre Belastungen, virale und iatrogene Ursachen sind bekannte bzw. vermutete Faktoren. Große geographische Unterschiede in den Auftretenshäufigkeiten und
die Ergebnisse von Migrationsstudien (79) (z.B. die Veränderung der Er-
krankungshäufigkeiten von Japanern, die nach den USA ausgewandert sind)
rechtfertigen jeden Optimismus.

Früherkennung:

Wenn man den Theorien über global konstante Krebsinzidenzen ihre Berechtigung nicht ganz abspricht (68), so dürfte doch der zweite wissenschaftliche Aktivitätsbereich, die Früherkennung, in seiner Bedeutung unumstrit-
tener sein. Welchen Gruppen sollen welche Diagnostikmaßnahmen angeboten
werden, um die Erkrankung in einem Frühstadium, in einem asymptomatischen

Stadium, das im allgemeinem prognostisch günstig ist, zu erkennen?

Eine wichtige Teilaufgabe in diesem Gebiet ist die Beobachtung und Betreuung von Patienten mit Präkanzerosen, mit Erkrankungsformen, für die eine hohe Entartungswahrscheinlichkeit bekannt ist.

Der Nutzen der gynäkologischen Früherkennungsuntersuchung wird meistens als erwiesen angenommen, wenngleich auch gewichtige Zweifel geäußert werden (2). Aber schon bei der Früherkennung für das Mammakarzinom im Alter unter 50 Jahren führt die Größenordnung der Effekte der Früherkennung durch die Mammographie und durch die mit der Aufklärung der Patienten zunehmende Selbstbefundung zu erheblich unterschiedlichen Vorschlägen für die erforderlichen Untersuchungsintervalle (3,82,83,84). Die Prostatafrüherkennung scheint nur der Glaube an den Nutzen zu rechtfertigen. Generell ist die Tendenz zu verzeichnen, daß die Zeitintervalle zwischen Früherkennungsuntersuchungen zunehmend vergrößert werden, zum Teil aus Furcht vor den Belastungen durch die Untersuchungsmethoden bzw. auf Grund der faktischen Inanspruchnahme durch die Bevölkerung. Eine wissenschaftliche Klärung der Fragen im Sinne präziser Definitionen für Risikopopulationen dürfte sicherlich von keinem Verantwortungsträger abgelehnt werden.

Primärtherapie:

Der dritte wissenschaftliche Forschungsbereich betrifft Entwicklung, Analyse und Bewertung der Maßnahmen im Rahmen der Primärtherapie. Zur Charakterisierung dieses Problemfeldes sei zum einen an die Dynamik der letzten 20 Jahre erinnert, die zum Teil zu sehr erfolgreichen therapeutischen Konzepten führte (12). Zum Teil ist aber auch hier ein überschnelles Aufnehmen von in der Literatur als wirksam vorgestellten Strategien zu verzeichnen, ein Variieren in Ausmaß und Umfang der Therapiemodalitäten, das zu beachtlichen Therapievarianten zwischen den Institutionen geführt hat.

Die besondere Situation gegenüber der Früherkennung ist in der Tatsache zu sehen, daß ein sich informierender Patient mit dieser beachtlichen Variabilität von Therapieempfehlungen konfrontiert und dadurch verunsichert wird.

Zusätzlich muß festgestellt werden, daß in den letzten Jahren zwar eine umfangreiche Palette von Therapiekonzepten und Therapiemodifikationen entwickelt wurde, ein nennenswerter Beitrag aus der Bundesrepublik jedoch nicht zu verzeichnen ist. Forschungsaktivitäten im Bereich der therapeutischen Maßnahmen sind aber Aufgabe der Kliniken, die Träger der TZ sind. Können TR hier Impulse geben?

<u>Nachsorge:</u>

Während die Primärtherapie in der Hand der Kliniken liegt und dabei eine
Individualisierung der Therapiemaßnahmen angestrebt wird, scheint im Bereich der Nachsorge die Standardisierung der Maßnahmen zur Zeit noch im
Vordergrund zu stehen. Die Motivation für das Handeln durch die Nachsorge
ist vielschichtig. Sie reicht - tumorspezifisch - von der 'Kaschierung'
des Eingeständnisses, keine Handlungsmöglichkeiten zu haben bis hin zur
Überzeugung, wesentliche Vorteile durch eine kontinuierliche Nachsorge
zu gewinnen. Die Philosophie ist dabei, durch frühzeitiges Erkennen von
Rezidiven, von Metastasen oder von Therapiekomplikationen (physischen und
psychischen) prognostisch günstigere Ausgangsbedingungen für ein erneutes
kuratives oder frühzeitiges palliatives Handeln zu erhalten.

Notwendig sind deshalb wissenschaftliche Analysen, um in Nachsorgeprogrammen zu einer rationalen Entscheidung und Ausgewogenheit zwischen psychi-
scher und somatischer Betreuung und apparativer Diagnostik zu gelangen.

<u>Organisatorische Gesamtstruktur:</u>

Allein durch den Krankheitsprozeß ist die intensive Kooperation der zuständigen Disziplinen zu begründen. Dies bedeutet, noch mehr Disziplinen
und spezialisierte Forscher zur Teamarbeit zu gewinnen, also eine Wissen-
schaftsgemeinschaft zusammenzubringen, die sich u.a. auf gemeinsame Ziele
geeinigt hat, eine gemeinsame Sprache verwendet und wissenschaftssoziologische Asymmetrien auszugleichen versucht. Dadurch erhalten die organisatorisch-technischen und methodisch-inhaltlichen Fragen einen großen
Stellenwert. Die Erfahrung gerade im Tumorbereich zeigt, daß methodisches
Agieren ohne den klinischen Bezug den Erwartungen nicht nachkommt und
daß die klinische Intuition nicht selten an der Unterschätzung organisa-
torischer und methodischer Probleme scheitert.

Diese beiden extremen Ansätze sind aber im Bezug auf das Scheitern asym-
metrisch. Wenn wenige Methodiker mit unzureichenden oder realitätsfernen
Konzepten an den Gegebenheiten der Versorgungsrealität scheitern und nur
mit den eigenen Problemen ausgefüllt sind, ist ein Neuanfang durch Austausch oder durch Etablierung von Konkurrenz jederzeit möglich. Scheitern
jedoch Konzepte, die die Träger der Versorgung optimistisch initiiert haben, werden notwendige Neuanfänge dann von einer 'Schrebergartenmentali-
tät' ausgehen, also die fatale Isolierung und inhaltliche Reduzierung als
konzepttragendes Element aufweisen. Von einer solchen Isolierung kann aber
bei den skizzierten Aufgabenstellungen kein Lösungsansatz erwartet werden.
Deshalb sind diese übergeordneten formalen organisatorisch-technischen
Aspekte, letztlich die Führung von TZ, als ein eigener Aufgabenschwerpunk
zu sehen.

4.3 Klinische und epidemiologische Aufgaben: Lösungsansätze mit Registern

Für die vier aus dem Krankheitsprozeß abzuleitenden Aufgabengruppen sollen kurz die methodologischen Ansätze aufgezeigt werden. Speziell soll der Bezug zu einer klinikübergreifenden Verlaufsdokumentation angedeutet werden, die von den an einer Kooperation interessierten Kliniken getragen wird.

4.3.1 Ursachenforschung

Zur Beurteilung des Stellenwertes von TR für die Identifizierung von Risikofaktoren muß vom Erkenntnisprozeß ausgegangen werden. Zwei Stufen sind dabei zu unterscheiden, die Hypothesengenerierung und die Prüfung von Hypothesen. Für die Hypothesengenerierung können drei klassische Wege unterschieden werden. Aus empirisch gewonnenen Erkenntnissen über Wirkungsketten, aus in-vitro-Tests, über Analogieschlüsse aus Tiermodellen lassen sich konkrete Hypothesen formulieren. Aus der Vielfalt möglicher Einflüsse werden einige Faktoren gezielt herausgegriffen. Dies ist die erste Form der Hypothesengenerierung, der Weg über systematische Grundlagenforschung.

Weit ungünstiger sind die Voraussetzungen, wenn ohne empirische oder theoretische Erkenntnisse das ganze Spektrum, beginnend bei den Umwelteinflüssen, übergehend zu Ernährungs- und Verhaltensgewohnheiten bis hin zu den genetischen Einflüssen einer Frage würdig ist. Die Größenordnung eines Problems, letztlich die Inzidenz, kann eine solche pauschale Fragestellung 'gibt es irgendwelche Unterschiede zwischen den Erkrankten und den Gesunden' rechtfertigen. Auffälligkeiten oder Zusammenhänge, die aus der für diese globale Frage notwendigen Erhebung gewonnen werden, können durch den Zufall bedingt sein. Im nächsten Schritt sind deshalb Modellvorstellungen zu entwickeln und in konkrete Hypothesen umzusetzen. Somit mündet dieser zweite Weg i.a. in den oben beschriebenen.

Erkenntnistheoretisch günstige Situationen im Sinne einer Erhöhung der Wahrscheinlichkeit, Risikofaktoren zu entdecken, sind mit Veränderungen oder Unterschieden bezüglich der Inzidenz oder des Typs einer Erkrankung gegeben, letzterer differenziert z.B. nach Histologie oder Lokalisation. Wenn eine Zunahme bzw. ein Rückgang der Neuerkrankungen oder lokale Häufungen bzw. Häufungen für Berufsuntergrupppen erkennbar werden, so besteht die Chance, durch Unterschiede im Leben der Betroffenen, durch Vergleich von früher und jetzt, durch seltenes bzw. häufiges Auftreten Hinweise zu erhalten. Diese Aufgabenstellung gehört zur deskriptiven Epidemiologie.

Inzidenzregister oder auch Mortalitätsdaten lassen solche Häufungen oder Veränderungen im Prinzip sichtbar werden. Während die Nutzungsmöglichkeiten von Mortalitätsdaten sich hierbei im wesentlichen auf die Analyse regionaler Unterschiede beschränken, läßt sich darüber hinaus bei Inzidenzregistern auch Verteilungsunterschieden für andere Untergruppen nachgehen, sofern ein geeigneter Personenbezug gegeben ist. Ein zusätzlicher Vorzug von Inzidenzregistern im Vergleich zu Mortalitätsdaten liegt in der Registrierung krankheitsspezifischer Details wie Lokalisation und Histologie, die erst die Krankheitseinheiten definieren. So wird vermutet, daß zum Teil erhebliche Umschichtungen auch innerhalb der Krankheitseinheiten stattfinden, die sich nicht in der Mortalitätsstatistik niederschlagen können. Bekannte Beispiele sind die Verschiebungen im Spektrum der Histologie beim Bronchialkarzinom (74) oder der Lokalisation beim malignen Melanom (58). Damit sind die ca. 50 Lokalisationen der Krebserkrankungen für epidemiologische Fragestellungen zu ca. 200 verschiedenen Formen aufzufächern. Die im Vergleich zur ungezielten Suche günstigere Situation bei der durch äußere Veränderungen gesteuerten Hypothesengenerierung ist dadurch gegeben, daß durch die Veränderungen letztlich der Zeitpunkt definiert wird, zu dem Fragen zu stellen sind bzw. daß sich spezifische Kohorten herauskristallisieren, die die Hypothesengenerierung erleichtern.

Soweit die klassischen Ansatzpunkte der Hypothesengenerierung zur Tumorätiologie. Jeder der genannten Ansätze hat in der Vergangenheit zu Teilerfolgen geführt und damit seinen Nutzen unter Beweis gestellt. Allerdings wurde bisher dem an epidemiologischen Fragestellungen interessierten Kliniker oder Praktiker nicht systematisch ein Forum geboten, in dem dieser seine auf einzelnen Beobachtungen basierenden Erfahrungen oder Vermutungen einbringen konnte. Eine positive Möglichkeit muß daher auch in einer intensiven Kommunikation all derer gesehen werden, denen aus der Patientenversorgung heraus solche Kasuistiken verfügbar sind. Jeder anamnestisch aufmerksame und interessierte Arzt kann epidemiologische Fragen formulieren. Es müssen dann allerdings Organisationsstrukturen existieren, über die er angesprochen oder angeregt wird oder in denen seine Vermutungen gehört, in denen sie diskutiert, in denen andere - seinesgleichen - sensibilisiert werden. In dieser Hinsicht sind auch Bemerkungen wie 'Krebsforschung zurück an die Klinik' als Hinweis auf zusätzliche Erkenntnisquellen zu verstehen, selbst wenn sie im ursprünglichen Kontext als Absolutheitsanspruch formuliert erscheinen (68, S.187).

Hypothesen zur Tumorätiologie entstehen also aus der Grundlagenforschung, aus der systematischen, 'flächendeckenden' Inzidenzbeobachtung oder aus der klinischen Beobachtung heraus. An dieser Stelle ist nun einem verbreiteten Mißverständnis entgegenzutreten. Der Prozeß der Hypothesengenerierung wird häufig bereits mit der erfolgten Überprüfung der Hypothese gleichgesetzt, d.h. die gestellte Frage wird mit der Antwort verwechselt. Dabei ist die Annahme, daß aus beobachteten Unterschieden der Mortalität oder Inzidenz allein bereits definitive Rückschlüsse auf die zugrundeliegenden Ursachen zu ziehen sind, in aller Regel verfehlt. Ebenso unbegründet ist die weitere Annahme, daß es praktiziert werde bzw. nötig sei, im Rahmen von Registern all jene Faktoren prospektiv zu erheben, die bei Aufnahme der Aktivität oder in Zukunft als potentiell krankmachend anzusehen sind. Schlagwörter wie 'der gläserne Patient' sind Ausdruck der Unkenntnis über die Methodik. Um relevante Faktoren nachzuweisen, sind z.B. ca. 300 Patienten einer Erkrankungsform zu befragen und im Rahmen einer sogenannten Fall-Kontroll-Studie einer in der Regel gleich starken Kontrollgruppe gegenüberzustellen. Auch Kohortenstudien sind zu nennen, insgesamt Ansätze, die zur analytischen Epidemiologie zu zählen sind.

Solche Studien sind temporäre Forschungsaktivitäten. Nur für wenige Patienten werden entsprechend den Hypothesen viele Daten erhoben. Wo Fall-Kontroll-Studien an geringer Fallzahl scheitern, behilft sich die Epidemiologie mit der Errechnung von Risikozahlen für Angehörige einer bestimmten Untergruppe. Wenn für bestimmte Untergruppen tatsächlich ein erhöhtes Risiko gemessen wird, an einer bestimmten Tumorform zu erkranken, wird dieses im indirekten Schluß denjenigen Faktoren zugeschrieben, durch die die bezeichnete Untergruppe sich vom Rest der Bevölkerung unterscheidet (47). Dies führt zu teilweise recht unspezifischen Ergebnissen, wie jenem, daß die Tätigkeit in einer Telefonzentrale ein erhöhtes Leukämierisiko nach sich zieht (105).

Kehren wir jedoch zurück zur Methode der Fall-Kontroll-Studien. Es wurde gesagt, daß ein Kollektiv von etwa 300 Patienten ausreicht, um den Rückschluß auf relevante Ursachen zu ermöglichen. Dies bedeutet in der Realität, daß für einen seltenen Tumor, z.B. das Maligne Melanom, nahezu alle in einem Jahr neu erkrankten Patienten aus Südbayern für die Studie gewonnen werden müßten, daß beim Mammakarzinom jedoch bei der Beteiligung aller Münchner Kliniken eine vergleichbare Studie in drei Monaten durchgeführt werden könnte. Die statistische Masse, die induktive Basis ist trotz unterschiedlicher Auftretenshäufigkeit für

beide Untersuchungen gleich groß. Nur erfordert die unterschiedliche
Häufigkeit bei konstanter Erfassungsdauer unterschiedliche Einzugsgebiete.

Dies ist realistisch und aus der Versorgungssituation ableitbar und un-
terstreicht die epidemiologische Leistungsfähigkeit eines TR mit tumorspezifisch variabel großen Einzugsgebieten. Der Vergleich der Situation
des TRM mit den beschriebenen Möglichkeiten der Hypothesengenerierung
zeigt die interessanten und vielfältigen Möglichkeiten auf. Besonders
ist hervorzuheben, daß durch den engen Klinikbezug ein adäquater Weg
zur Überprüfung von Hypothesen besteht, die im eigenen Bereich oder an-
derswo entstanden sein können.

Die z.B. im Zusammenhang mit dem Registergesetzentwurf vorgetragenen
Horrorbilder von epidemiologischen Interviewern an der Haustür sind in
diesem Rahmen unbegründet. Um jede Selektion - z.B. durch Frühsterblichkeit - zu vermeiden, ist eine Identifizierung der Therapeuten mit der
Studie erforderlich, um das anamnestische Interview im Rahmen der Primärtherapie gegebenenfalls selbst zu führen oder den Zugang zum Patienten
zu ermöglichen. Auch die zu fordernde Diskussion der Hypothesen, der ver-
muteten Zusammenhänge durch die Epidemiologen mit interessierten Ärzten
in einem Tumorzentrum kann vor Durchführung einer Studie präzisierend
wirken und sollte als realitätsnah gesehen werden.

Als Erläuterung der epidemiologischen Vorgehensweise soll ergänzend betont werden, daß ein Register, wenn es jährlich auch nur 10% der neu
erkrankten Patienten für epidemiologische Studien gewinnen könnte, zu
den führenden der Welt gehören dürfte. Zusätzlich kann angenommen werden,
daß von der für diese Arbeiten notwendigen Wissenschaftsinfrastruktur,
die durch ein existierendes funktionierendes Register mitgeschaffen wird,
auch anderweitig wesentliche Impulse ausgehen.

Dieser letzte Punkt ist ein wissenschaftstheoretischer Aspekt. Register
sind keine unmittelbaren Werkzeuge zur Krebsbekämpfung. Sie können
allerdings zur Formulierung von Fragen bezüglich der möglichen Ursachen
beitragen, sie können Signalfunktion haben, auf Veränderungen ansprechen. Alle Aktivitäten, die aus solchen Hinweisen abgeleitet werden,
erfordern spezielle Studien. Der Zugang zum Patienten ist damit ein
wesentlicher Aspekt. In klinischen Verlaufsregistern finden Epidemiologen diesen Kontakt.

Auf einen juristisch abgesicherten, über die Sicherstellung von Rahmenbedingungen hinausgehenden Freiraum sollte man dafür allerdings nicht setzen. Dies ist nicht notwendig. Denn Tumorregister sind Ausdruck der wissenschaftlichen Aufgeschlossenheit und Kooperationsfähigkeit der klinisch und theoretisch involvierten Versorgungsträger. Sie schaffen das Forum, um auf selbstgestellte oder von außen herangetragene Fragen umgehend gemeinsam zu reagieren. Dies ist eine selbstverständliche Verpflichtung gegenüber der Bevölkerung. So hat es den Anschein, daß wohlgemeinte gesetzliche Maßnahmen diese Aktionsbereitschaft eher dämpfen als fördern.

Wenn aus der Überprüfung der Hypothesen ein empirisch belegbarer Verdacht resultiert, so ist - falls möglich - im nächsten Schritt die Exposition zu reduzieren. Dies reicht von der Aufklärung zur Veränderung von Verhaltensweisen bis hin zur Eliminierung angeschuldigter Noxen aus der Umwelt des Menschen durch geeignete Maßnahmen. Sofern Inzidenzen als brauchbares Kriterium betrachtet werden, bieten Register die adäquate Struktur und die Daten zur langfristigen, empirischen Bewertung der Wirksamkeit der Maßnahmen.

4.3.2 Früherkennung

Ein Teil der wissenschaftlichen Ergebnisse der ätiologischen Forschung sind kaum beeinflußbare Faktoren wie UV-Licht-Exposition oder das Alter bei erster Geburt, Erkenntnisse, die zum einen die Aufmerksamkeit bei der Individualversorgung steigern, zum anderen aber zur Definition von Risikogruppen und im nächsten Schritt zum Überwachungsangebot mittels Früherkennungsmaßnahmen führen, bei deren Planung und Bewertung neben den medizinischen Kriterien auch mathematische und statistische Methoden eingesetzt werden müssen.

Aus ökonomischen, politischen und organisatorischen Gründen lassen sich Früherkennungsmaßnahmen im allgemeinen nicht in kontrollierten Studien überprüfen. Ob solche Versuche, wenn sie in größerem Umfang durchgeführt würden, mit dem Makel unethisch zu belegen wären, kann nach den weltweit vorliegenden Erfahrungen aus kontrollierten und routinemäßig durchgeführten Früherkennungsprogrammen bezweifelt werden. Es ist jedoch davon auszugehen, daß das Instrument der kontrollierten Prüfung von Vorsorgeprogrammen auch für die Zukunft in unserem Land nicht zur Diskussion stehen wird. Es mag deshalb nicht als Methodenblindheit gewertet werden, wenn im folgenden, statt auf die Ergebnisse der bisher durchgeführten randomisierten Studien und der im Anschluß geführten ausgiebigen Diskussion

(z.B. 83) einzugehen, die Wertigkeit von TR bei der Evaluation von Vorsorgeprogrammen angesprochen wird. Die wahrscheinliche Vermengung von säkularen Trends, der Wirkung der Aufklärung der Bevölkerung und dadurch
induzierter Selbstbefundung und von spezifischen diagnostischen Früherkennungsmaßnahmen zu einem positiven Gesamteffekt macht auch hier differenzierte Studien für Stichproben der zu behandelnden Patienten erforderlich. Als Ergebnis solcher Studien ist z.B. der Nachweis zu erwarten,
welcher Anteil einer beobachteten Verschiebung der Stadien tatsächlich
der Intervention Vorsorgeprogramm zuzuschreiben ist.

In diesem Zusammenhang sei besonders an die Hypothese erinnert, daß die
Früherkennungsmaßnahmen zu einer Selektion führen, da für früherkannte
ein langsameres Tumorwachstum, für mit Symptomen zwischen den Untersuchungen registrierte Patienten jedoch ein schnelleres Tumorwachstum anzuneh-
men ist. Deshalb fällt der Nachweis schwer, daß aus der beobachteten und
kausal der Vorsorge zugeschriebenen Verschiebung der Stadien auch ein
meßbarer prognostischer Vorteil für die so erkannten Fälle und nicht
etwa nur eine Vorverlegung des Diagnosedatums bei konstantem Endpunkt
resultiert. Es werden weiterhin indirekte Kriterien für die Beurteilung
angenommen werden müssen, wie z.B. der Vergleich der Prognose der verschiedenen Stadien vor und nach Einführung der Vorsorgemaßnahmen. Auch
für Planung und Bewertung von Primärtherapien und Nachsorge ist der Einfluß der unterschiedlichen Wachstumsraten nicht außer Acht zu lassen.
Dies zeigt wiederum die Interdependenz der wissenschaftlichen Aktivitäten, die nowendige Kooperation für eine optimale Betreuung und den Stellenwert eines Registers mit detailliertem Krankheitsverlauf. Vom ZI
wurde bereits nach 2-jähriger Laufzeit der Krebsfrüherkennungsprogramme
der Ausbau eines Verbundes klinikbezogener Tumorverlaufsregister gefordert (110, S.43).

Zusammenfassend ist festzuhalten, daß der so schwierig zu erbringende
grundsätzliche Nachweis der Nützlichkeit eines Vorsorgeprogramms mit den
Mitteln eines TR allenfalls eingeschränkt und indirekt zu erbringen ist.
Geht man jedoch von der Grundannahme des Nutzens einer Stadienverschie-
bung aus - diese Annahme scheint zumindestens für bestimmte Tumorarten
gerechtfertigt -, so bieten Register günstige Bedingungen zur Effizienz-
messung der Programme. Wie sich ein zu einem bestimmten Zeitabschnitt
etabliertes Vorsorgeprogramm in den Daten eines TR niederschlagen kann,
wird beispielshaft in (71) demonstriert. Die in unserem Lande eingeführ-
ten Maßnahmen zur Früherkennung wurden nicht von zur Evaluation geeigneten Strukturen begleitet. Wenngleich Versäumtes nicht nachzuholen ist,
bleibt doch zu hoffen, daß im Zuge der beginnenden Systematisierung der

Tumornachsorge vergleichbare Fehler wie bei der Vorsorge nicht wiederholt werden. Die Schwierigkeiten und Möglichkeiten sind dargestellt worden (64,73).

4.3.3 Primärtherapie

Die Qualität therapeutischer Maßnahmen kann i.a. nicht durch eine postoperative Beurteilung allein gesichert werden. Nur Langzeitergebnisse sind wissenschaftlich angemessen. Bei häufigen Tumoren werden mittlerweile 10- oder sogar 15-Jahres-Überlebensraten mitgeteilt.

An einer Primärtherapie sind nicht selten zwei oder drei Kliniken mit unterschiedlichen therapeutischen Maßnahmen beteiligt. Diese sind zur Bewertung ihrer Versorgungsleistung alle an denselben Fragen aus dem weiteren Krankheitsverlauf interessiert. Notwendigkeit zur und Interesse an der Kooperation müssen klar gesehen werden.

Eine Forderung, jede Klinik solle ihr eigenes System aufbauen, würde - wenn man die Nachsorgemaßnahmen miteinbezieht - zur mehrfachen Erhebung derselben Daten zu einem Patienten führen. Von der notwendigen Personalkapazität in jeder Klinik sei dabei ganz abgesehen. Da die Nachsorge im allgemeinen von der niedergelassenen Ärzteschaft durchgeführt wird, würde jeder niedergelassene Arzt neben der patientenspezifischen Abrechnung - die indirekt wesentliche Informationen enthält - mit einem kaum verständlichen Informationsbedürfnis verschiedenster Kliniken zum gleichen Patienten konfrontiert.

Bei dem skizzierten Aufwand ist es verständlich, daß kaum eine Klinik für ihre Patienten - kontinuierlich - den Nachweis des Versorgtseins oder gar 10-Jahres-Überlebensraten vorlegen kann. Folglich ist es den Kliniken auch nicht möglich, die in der Literatur dargestellten Behandlungsergebnisse mit neuen Therapiemodifikationen - für immer wieder andere Untergruppen - mit eigenen Ergebnissen zu vergleichen. Dies kann leicht zur hektischen Einführung immer neuer Konzepte führen. Zusätzlich ist bekannt, und wird durch Registerdaten bestätigt, daß das Patientengut gerade der Universitätskliniken selektiert ist, indem nicht selten die jüngeren Patienten mit prognostisch ungünstigerem Verlauf überrepräsentiert sind. Unterschiedliche und z.T. schlechtere Ergebnisse sind somit allein auf Grund der Selektion zu erwarten. Das Setzen auf neue Therapiekonzepte ist damit auch verständlicher, aber vielleicht nicht immer gerechtfertigt.

Dieser Aufgabenkomplex Primärtherapie läßt klar eine Prioritätsfolge für klinikübergreifende Verlaufsregister erkennen: Erfassung des Krankheitsverlaufs einschließlich der Überlebenszeit, Klassifikation der Therapiemaßnahmen und Vergleich der Ergebnisse mit kooperierenden Kliniken und

mit der Literatur, Bewertung von Hypothesen - auch extern generierter -
und Anregung zur Hypothesengenerierung aus eigenem Material durch Deskription bzw. Planung und Durchführung von Therapiestudien. Nur ein Register, in dem die in der Versorgung kooperierenden Kliniken zusammenarbeiten und das damit eine Versorgungseinheit bildet, ist eine adäquate Antwort auf diese vielseitigen Aufgabenstellungen. TR stützen damit empirische Vorgehensweisen.

4.3.4 Nachsorge

Die Motivation für Nachsorgemaßnahmen wurde schon angesprochen. Hervorgehoben werden muß die Abhängigkeit der Planung und Beurteilung der Maßnahmen von dem prätherapeutischen Verlauf, dem Primärbefund und den bisher durchgeführten Maßnahmen. Für jede Nachsorgemaßnahme in den ersten
Jahren nach der Primärtherapie müssen die Wahrscheinlichkeit für das Auftreten des früh zu entdeckenden Rezidivs, der Metastase und der Therapie-
nebenwirkungen verfügbar sein. Auch der durch die erneute 'Früherkennung'
zu erzielende Gewinn (abermalige kurative Behandlung bzw. Verlängerung
der Überlebenszeit) ist anzugeben.

Es ist eine Tatsache, daß diese Fakten im allgemeinen nicht verfügbar
sind. Jede Definition eines Nachsorgeprogramms bedarf deshalb einer differenzierten Analyse zur Aufwandsrechtfertigung. Auch hierfür ist die
Verfügbarkeit eines TR nützlich. Eine breite tragende Kooperationsbasis
ist vielleicht die Voraussetzung, um einen einmal empfohlenen Leistungsumfang trotz des sensiblen vielschichtigen Anspruchsdenkens zu modifizieren oder gar zu reduzieren.

Zu betonen ist trotz der Geringfügigkeit des ärztlichen Aufwands für eine
minimale Nachsorgedokumentation ihr großer Stellenwert. Allein das Faktum
eines 'ohne Befund'-Arzt-Patienten-Kontaktes bedeutet für die Primärbe-
handler ärztlich einen Hinweis auf das Versorgtsein der Patienten und
wissenschaftlich eine Beurteilung der Qualität ihrer Therapiemaßnahmen.
Für die Bewertung eines Nachsorgeprogramms ist es von Bedeutung, die
Selektion zu erkennen, welche Patienten das Angebot in Anspruch nehmen.
Es könnte z.B. die Gruppe der sich genau selbst beobachtenden Patienten
sein, für die gegebenenfalls auf Grund ihres Gesundheitsbewußtseins und
ihrer Selbstbeobachtung ein reduzierter Diagnostikaufwand vertretbar
wäre. Auch muß abgeklärt werden, ob nicht der Gewinn an Lebenszeit lediglich durch eine Vorverlegung des Diagnosezeitpunktes und verlängerte
Hospitalisierung erreicht wird. Dies wiederum ist teilweise methodisch
auf der Basis eines Registers bewertbar, in dem auch die nicht nachge-

sorgten Patienten, die später irgendwo klinisch behandelt werden müssen,
in einer kooperierenden Klinik des Versorgungsgebietes erfaßt werden.
Denn das, was sich mit unserer aktuellen ethischen Grundhaltung experi-
mentell nicht überprüfen läßt, wird auf Grund der unterschiedlichen Einstellung zur Schulmedizin oder auf Grund individueller Sorglosigkeit als
'natürliches Experiment' angeboten, aus dem sich Kenntnisse gewinnen lassen.

Die Nachsorgeprogramme der KVen in mehreren Bundesländern sind auf Grund
ihrer nur z.T. juristisch begründeten Abkopplung von dem Primärbefund
und der Primärtherapie als problematisch einzustufen. Sie sind praktisch
nicht bewertbar, z.T. lassen sie nicht einmal Ansätze für eine Bewertung
erkennen. Die Dokumentation berücksichtigt i.a. nur abrechnungstechnische
Aspekte, eine Prüfung der Selektion ist nicht möglich, eine Information
für die primär behandelnden Kliniken ist bisher ausgeschlossen, eine entsprechend der Prognose abgestufte individuelle Nachsorgestrategie ist
langfristig aus der Erfahrung nicht ableitbar. Es müssen Wege zu einer
Kooperation zwischen den niedergelassenen Ärzten und den Kliniken gefun-
den werden, um zu der medizinisch notwendigen und vertretbaren Versorgung
der Patienten zu kommen. Das TRM möchte hierzu eine Brücke schlagen.

4.3.5 Organisatorische Gesamtstruktur

Der Stellenwert der Lösungsansätze für die organisatorischen und formalen
Probleme wurde hinreichend betont. Mit der Gründung von TZ, die allen
kooperationsbereiten Versorgungsträgern offenstehen, scheint der adäquate
Ansatz gegeben zu sein. Unabhängig von der Rechtsform der TZ bringt nahezu jede Satzung entweder implizit mit dem globalen Begriff Krebsbekämpfung oder explizit mit einer detaillierten Auflistung der Aufgabenstellungen programmatisch die Interdependenz der skizzierten Ziele zum Ausdruck. In den USA ist für diese komplexe Aufgabe des systematischen, ko-
ordinierten und kontrollierten Einsatzes verfügbarer Möglichkeiten der
Begriff 'Cancer Control' geprägt worden, dem vom Begriffsumfang her das
Wort Krebsbekämpfung sehr nahe kommt, wenn es nicht explizit auf Einzel-
aspekte eingeschränkt wird (12,50,61).

Unzureichend erscheint bisher allerdings die organisatorische Verankerung
der TZ, wenn man an die Vielzahl der politisch und medizinisch verantwortlichen und interessierten Gruppen denkt. Die sozialmedizinischen Probleme
der Versorgung, die spezifischen Aufgaben der individuellen Versorgung
durch die niedergelassene Ärzteschaft, die letztlich zu Kosten-Nutzen-
Analysen zwingende Verpflichtung aus der Krankenversicherungsperspektive,

die Frage der Risiken durch Berufs- und Umweltexpositionen und nicht zuletzt die datenschutzrelevanten Aspekte der Geheimhaltungs- und Sorgfalts-
pflicht umschreiben Aufgaben von Verantwortungsträgern, die es zu integrieren gilt. Denn mit vielfältigen z.T. offensichtlich unkoordinierten
Bemühungen verschiedener Träger, wie die Aktivitätsbeschreibung im DFG-
Bericht 'Bestandsaufnahme der Krebsforschung in der BRD' charakterisiert
wird, kann nicht einmal näherungsweise die mögliche Wirksamkeit erreicht
werden (11).

In einer breiten aktiven Basis für TZ könnten die auf Großen Krebskonferenzen abgegebenen Aktivitätsbereitschaftserklärungen und die geplanten
und laufenden Ansätze ihre Konkretisierung bzw. Koordinierung finden.
Denn eine Gruppe wird ihrer Verantwortung gerecht, wenn sie ihren Beitrag definiert, ihre Erwartungen, letztlich den Nutzen umreißt und die
Bedingungen für die Kooperation formuliert. Wenn keine spezifischen Erwartungen oder Anforderungen zu formulieren sind, kann wenigstens die
schlichte öffentliche Bejahung und die kritisch begleitende Kontrolle
erwartet werden. Daraus resultieren die finanzielle Unterstützung, gekoppelt an Förderungsbedingungen, die die Summe der Anforderungen widerspiegeln, zumindest aber nicht verbauen sollen. Die Kontrolle der Aktivitäten wird durch das Funktionieren der TR, durch ihre Nutzung ermöglicht, und zwar über Rechenschaftsberichte, über aktuelle Anfragen und
spezifische Analysen zu Nachsorgestrategien oder zur Versorgungssituation, über tumorspezifische und klinikbezogene Auswertungen. Gerade
weil der Aktionsrahmen transparent ist, ist die Kontrolle konzeptimmanent gegeben.

Eine adäquate Ebene, auf der involvierte Gruppen zusammenarbeiten können, ist im Rahmen der TZ zu etablieren. Wesentlicher als neue Strukturen ist hierbei die kooperative Grundhaltung der Beteiligten. Dies
wäre die Ebene der sachgerechten, Risiko-Nutzen abwägenden Kontrolle,
der Überwachung einer zielkonformen Entwicklung, der Neudefinition und
Präzisierung der Ziele. Letzteres ist erforderlich, da auf Grund der
Komplexität eine risikolose, allen Interessen gerecht werdende Schreib-
tischlösung nicht antizipierbar ist. Es muß eine Entwicklung in Gang
gesetzt werden mit globalen Zielvorgaben. Eine Feinsteuerung bis hin
zum Abbruch erfordert aber eine permanente Auseinandersetzung.

Konsens und Kooperation sind zwar Konstituenten einer Wissenschaftsge-
meinschaft, Konkurrenz und Konflikt haben aber unter dem Entwicklungs-
aspekt nahezu eine größere Bedeutung. Entscheidend für die Entwicklung

der TZ ist jedoch die Ebene, in der diese Wirkungsmechanismen zum Tragen
kommen. Konflikte zwischen den Gruppen ohne Kompromißbereitschaft para-
lysieren und können sogar eine mögliche positive Entwicklung verhindern.
Da von den gesellschaftlichen Gruppen wohlwollende Unterstützung erwartet werden muß, dies aber nicht nach Selbsternennung zum TZ eingeklagt
werden kann, ist die Festlegung der Anzahl der TZ in einer Region etwa
nach dem Ebenenkonzept der ADT erforderlich. Die fachliche Konkurrenz
der TZ ist konstitutiv für die tragenden Kräfte jedes einzelnen TZ.
Entwicklungsvarianten (z.B. Entwicklung für repräsentative Register zur
Versorgungsnähe und vice versa) sind notwendig, da optimale Konzepte
eben fehlen. Auf der Ebene der tumorspezifischen Projektgruppen muß der
Konsens der fachspezifischen Zielsetzung von den Kliniken getragen werden, die Konkurrenz zwischen den Fächern muß motivierend wirken, der
Konsens in den Kliniken und die Konkurrenz zwischen den Kliniken usw.
sind auf den nächsten Stufen erforderlich.

Die Konsensverpflichtung erfordert die Anerkennung formaler Regelmecha-
nismen und Organisationsstrukturen, die auch aus der Erfahrung heraus
zunehmend Anerkennung und Präzisierung finden müssen. Nur ein überzeich-
netes Konkurrenz- und Konfliktdenken kann die Anerkennung dieser neuen
Strukturen als Kompetenzverlust interpretieren. Aus einer Bejahungshal-
tung für die Projektgruppen heraus, als Ausdruck der neuen Organisationsstruktur könnte die Akzentuierung beispielsweise auf Durchführung multizentrischer Studien oder Erarbeitung und Verbreitung von Empfehlungen
für die Peripherie liegen.

Von dieser Problemsicht aus sollten auch die bisherigen Bemühungen des
TRM bezüglich des Dokumentationskonzeptes und der Organisationsabläufe
beurteilt und letztlich in Entscheidungen für die weitere Entwicklung
einbezogen werden. Dabei geht es nicht um den personellen und finanziellen Ausbau von Institutionen, sondern um die Transparenz für Informations-
vermittlung, für Mitarbeit, für Studienkooperation usw. Verstärkt sollte
die Bedeutung solcher Konzepte für die Versorgung der Patienten mitbeach-
tet werden, die ja höchste Priorität bei der Konzeptentwicklung des TRM
hat.

4.4 Inzidenzregister oder versorgungsorientiertes Register?

Über die Ziele, die mit TR erreicht werden sollen, besteht weitgehend
Einigkeit. Über die Wege und die erforderlichen Strukturen jedoch besteht
Unklarheit. Exponenten der Wege sind auf der einen Seite die populationsbezogenen Register von Hamburg (88), Saarland (87) und Baden-Württemberg
(63) - letzteres mit eingeschränkten Record-Linkage-Möglichkeiten -, mit
denen die Bundesrepublik auch in der internationalen Statistik vertreten
ist. Hervorzuheben ist die Leistung des Baden-Württembergischen Registers
das trotz der nicht realisierten Nutzung der Mortalitätsdaten für ein
großes Gebiet beachtliche Inzidenzzahlen vorlegt. Diese Register sind an
Gesundheitsbehörden bzw. an Statistische Landesämter angegliedert. Sie
geben in ihren Berichten im wesentlichen die altersspezifischen Inzidenzen an. Auf der anderen Seite steht die Konzeption der ADT mit der Basisdokumentation für Tumorkranke (97). Dieser Entwurf, der der Dokumentation
des TRM inhaltlich zugrunde liegt, ist für den Aufbau klinischer Verlaufsdokumentationen konzipiert worden. Weitere Beispiele sind die Register von Münster und Köln (32,42,89).

Die Realisierungsvorstellungen der ADT beschränken sich dabei auf die
Erläuterung eines integrativen Modells mit drei Ebenen, den sogenannten
TZ, onkologischen Schwerpunkthäusern sowie niedergelassenen Ärzten und
kleineren Krankenhäusern (4). Der Krankheitsverlauf möglichst jedes
Krebskranken in einer definierten Population sollte verfolgt werden. Da-
zu wird die Empfehlung gegeben, daß die dritte Ebene ein Exemplar des
Folgeerhebungsbogens dem jeweiligen regionalen TR zustellen sollte. Dies
verträgt sich allerdings nur mit der Annahme, daß es keine regionalen
Überschneidungen und tumorspezifisch variierende Einzugsgebiete benach-
barter Register gibt.

Der 1982 vorgeschlagene und mittlerweile zurückgestellte Registergesetzentwurf trägt bezüglich solcher Realisierungsvorstellungen auch nicht
zur Klärung bei. Auf der einen Seite sollten klinische Register und
Nachsorgeregister zur Meldung an das Krebsregister berechtigt sein,
deren Fortführung nicht eingeschränkt worden wäre. Die in Hamburg und
im Saarland gegebene Auswertung anderer Unterlagen hätte allerdings nur
dem Krebsregister zugestanden, die essentielle Übermittlung dieser Daten an die klinischen Register wurde nicht einmal erwähnt. Die Widersprüche würden nur aufgehoben, falls die Länderregierungen klinische
Register mit der Führung des Krebsregisters beauftragen.

Damit sind für die Ermittlung von Inzidenzzahlen zwei Wege definiert, deren Prioritätssetzung pauschal mit den Begriffen Inzidenzregister und klinisches Verlaufsregister mit epidemiologischer Zielsetzung charakterisiert werden kann. Wir halten beide Wege für gangbar, sehen aber langfristig Vorteile für klinische Verlaufsregister. Dies sei im folgenden durch die Gegenüberstellung beider Formen erläutert.

Bei der Entwicklung des Registerkonzeptes für das TRM wurde von Beginn an ein enger Kontakt zu den Kliniken, den Datenurhebern gesucht. Denn die Gewinnung brauchbarer Daten auf Grund kontinuierlicher Mitarbeit setzt eine weitgehende Identifikation der Datenurheber mit dem Gesamtkonzept voraus. Auch wenn übergeordnete Zielvorstellungen - umschrieben mit der Ermittlung der Inzidenz unter der Voraussetzung, daß alle sich beteiligen - eine tragfähige Grundlage darstellen sollten, kann es sich nachteilig auswirken, wenn nicht auch die Möglichkeit der Nutzung des eigenen Teilregisters für jeden Datenurheber deutlich erkennbar wird.

Die bisherige Entwicklung des TRM hat diese Annahme gerechtfertigt. Denn obwohl bisher noch kein zufriedenstellender Stand erreicht ist, u.a. deshalb, weil die Kooperation mit der niedergelassenen Ärzteschaft bisher noch nicht institutionell gesichert ist, stabilisiert sich die Erfassung und wächst das Interesse in einem Ausmaß, daß den Erwartungen mit dem verfügbaren Personal kaum nachgekommen werden kann.

Sicherlich ist bis jetzt das TRM bezüglich Inzidenzangaben als epidemiologisch unbrauchbares Klinikregister einzustufen. Die Zielsetzung erscheint aber nach wie vor realistisch. Die Bewertung der unterschiedlichen Wege nach ihrer Tauglichkeit zur Überwindung der Anlaufschwierigkeiten bezüglich Vollzähligkeit und Vollständigkeit, kann nicht a priori erfolgen. Erwartungen können positiv an klinische Verlaufsdokumentationen oder negativ als Bedenken gegen Inzidenzregister formuliert werden.

Es ist wohl fragwürdig, wenn in einer Kulturnation, die nicht nur Kultur pflegen sondern auch Wissen schaffen muß, nur wenige Übersichten zur Krebsmorbidität verfügbar sind. Ein Hinweis z.B. auf skandinavische Register, die seit Jahrzehnten arbeiten und weit über 1 Million Patienten erfaßt haben, ist nützlich, aber die Übernahme des Konzeptes damit nicht begründbar. Die unterschiedliche Bevölkerungszahl, die Voraussetzungen durch die unterschiedlichen Gesundheitssysteme, die unterschiedlichen Erfahrungen und Einstellungen der Öffentlichkeit lassen vermuten, daß Gleiches nicht mit gleichem Aufwand in der Bundesrepublik erreichbar ist.

Was die Nutzung der Daten aus Inzidenzregistern anbetrifft, so findet
sich in vielen Arbeiten ein Zweifel an der Repräsentativität der Daten
(86,103). Dies verweist auf Probleme bei der Integration und Identifikation der Datenurheber. Auf denselben Aspekt verweist die Verwunderung,
weshalb Daten von Inzidenzregistern zu wenig Interesse bei Datenurhebern
finden (106). Dies kann durch zuwenig medizinisch relevante Daten, fehlende Verlaufsinformationen, durch ein fehlendes Angebot für eine klinische Nutzung bedingt sein und sollte mit alternativen Konzepten begründet
werden.

Zwar ist der Wissenschaftsoptimismus gerechtfertigt, aus den erfaßten
Daten eines TR unter bestimmten Voraussetzungen Hypothesen generieren
zu können bzw. durch diese auf Auffälligkeiten gestoßen zu werden. Das
Prüfen von Hypothesen erfordert aber in vielen Fällen den Zugang zum Patienten, am besten während der Primärtherapie. An der Versorgung orientierte Register erleichtern diesen Zugang, allerdings nach Zustimmung
der betreuenden Ärzte. Folgt man dieser organisatorischen Vorstellung,
so verliert die kontrovers diskutierte Regelung der Datenweitergabe an
Dritte im Registergesetzentwurf der Bundesregierung erheblich an Stellenwert, da sich dann die Ubermittlung von persönlichen Daten an Stellen,
die nicht in die Behandlung des Patienten involviert sind, erübrigen
dürfte.

Wird bezüglich der zukünftigen Bedeutung von Inzidenzregistern auf den
Merkmalskatalog des Gesetzes verwiesen (§ 3), so wird dabei zu wenig
beachtet, daß selbst große Kliniken und die bisher arbeitenden Register
nicht unbedingt über eine vergleichbare lückenlose Beschreibung ihrer
Patienten verfügen. Unter diesen Umständen machen die eigenen 'wissenschaftlichen Interessen' ein Datenabliefern dann problematisch, wenn die
Auswertung keine Perspektiven für die einzelnen Datenurheber aufzeigt.

Im Registerentwurf und auch bei anderen Aktivitäten werden deshalb Struk-
turkonzepte vermißt, die ein Zusammenwirken von nationalen und regionalen
Registern, von regionalen Registern und den Versorgungsträgern erkennbar
machen. Vor allem kommt der große klinische Bedarf an Registern nicht zum
Ausdruck. Die Vielzahl der Therapiestudien hat den Krankheitsverlauf atomisiert, Verlaufsvorstellungen sind rar. Das Mehrfachmalignomproblem als
langfristiger Verlaufsaspekt wird in den internationalen Statistiken nicht
und im Rahmen von Studien selten erwähnt. Die Dissemination von Therapie-
innovationen läßt Verbesserungen für die Versorgung möglich erscheinen.
Deshalb kann das Faktenwissen über die Versorgung nicht von sekundärer Bedeutung im Informationsfluß zwischen den Datenurhebern sein, erst recht
nicht aus operationalen Gründen, um wenigstens minimale Angaben zu erhalten

Zusätzlich wäre diese Faktenbasis auch von entscheidender Bedeutung für die Definition und die Bewertung von Nachsorgeprogrammen, obwohl die zu bemerkende Lancierung von Nachsorgekonzepten den Anschein erweckt, es handle sich lediglich noch um eine versorgungstechnische Aufgabe. Inzidenzregister sollten diesen klinischen Bedarf und die Konsequenzen für die Identifizierung der Datenurheber sehen. Dies legt dann die Orientierung hin zur Versorgung nahe.

Versorgungsorientierte Register treten zunächst mit dem Startnachteil an, daß sie vom Staat nicht wie Inzidenzregister durch Zugang zu anderen Unterlagen gestützt werden. Wenn zur Zeit aber Entwicklungen im wesentlichen von klinischen Registern ausgehen, so zeigt dies, daß die Initiative von der Versorgungsnotwendigkeit und von klinisch-onkologischen Interessen getragen wird. Welche Perspektiven können klinische Verlaufsregister aber trotz des Startnachteils für sich in Anspruch nehmen? Es besteht die Hoffnung, daß sie vom breiten Interesse der kooperierenden Kliniken getragen werden. Erwartet wird, daß sich die Fachdisziplinen mit den Aufgabenstellungen für TR identizifieren, die Medizin aus eigener Kraft und im eigenen Interesse die erforderlichen Daten zusammenträgt. Damit können TR als Zusammenfassung von fachspezifischen Registern gedacht werden. Für die Träger eines solchen Fachregisters sind die Versorgungswege und die Versorgungsträger bekannt. Wo welche Erkrankungen bzw. Stadien und wieviele Patienten behandelt werden, welche Zahlen auf Grund der Versorgung brauchbar sind, wem in welchen Regionen die Kooperation angeboten werden sollte, erscheint beantwortbar, wenn eine Identifizierung erreicht werden kann.

Dieser versorgungsorientierte Ansatz führt automatisch zu tumorspezifisch variierenden und deswegen realistischen Einzugsgebieten. Dies steht zwar im Widerspruch zu Empfehlungen, daß die Erfassung der Krebskranken aus einer Teilpopulation von 15-30% in der Bundesrepublik für die Forschung benötigt würde. Dennoch werden versorgungsorientierte Register für jede Erkrankungsform zu einer vergleichbar großen induktiven Basis für die Erkenntnis führen, nämlich durch einen sehr hohen Erfassungsgrad - auf die Bundesrepublik bezogen - für seltene Erkrankungen und durch die empfohlenen Werte für ubiquitär behandelte Erkrankungsformen. Auf das Ebenenkonzept der ADT übertragen würden die regionalen TZ für die seltenen Erkrankungsformen also ein großes Einzugsgebiet überdecken, in dem gleichzeitig für die häufigeren Tumoren eine Reihe von Subzentren an den onkologischen Schwerpunkthäusern wirken. Die notwendigen Betriebs- und Personalmittel lassen allerdings eine begleitende Dokumentation in

Subzentren nur langfristig realisierbar erscheinen. Methodisch besteht
zwar keine Notwendigkeit, da, wie oben festgestellt, nach allgemeiner
Ansicht ein repräsentativer Ausschnitt von 15-30% der Bevölkerung der
BRD ausreichen würde. Wenn jedoch u.a. aus versorgungstechnischen Perspektiven ein engmaschiges Netz von TR für sinnvoll erachtet wird, sollte
hinsichtlich der Gewinnung von Inzidenzdaten nicht an diesen Registern
vorbeigeplant werden.

Auf Grund der Vielzahl der tumorspezifischen Register ist zu erwarten,
daß einige Teilregister schneller das geplante Entwicklungsziel erreichen
als andere. Dies kann als Rechtfertigungsnachweis herangezogen werden.
Von Bedeutung ist jedoch der Motivationsimpuls, wenn eine Gruppe ihre
Zielsetzung erreicht und damit die Bedenken bezüglich Machbarkeit,
Nutzung, Kooperationsgrenzen usw. widerlegt hat.

Das Überblicken der Basisdaten wird langfristig die wissenschaftlichen
Aktivitäten verlagern. Zunächst werden spontan retrospektive Aktivitäten
aufgenommen, indem z.B. für alle fortgeschrittenen Erkrankungsformen die
Metastasierungsprozesse vervollständigt und ausgewertet werden, differenzierte makroskopische Befunde auf ihre prognostischen Eigenschaften hin
untersucht werden usw. Wenn aus den kooperierenden Kliniken Doktoranden
zur statistischen Beratung mit Ersterhebungen zu bisher noch nicht im
Register erfaßten Patienten kommen und ihre Daten zusätzlich die Patien-
tenidentifizierungszahl des Registers enthalten, sind das erste positive
Anzeichen, daß mit den Daten gearbeitet wird. Eine schwierige Aufgabe in
der Anlaufphase von TR besteht darin, den Nutzen retrospektiver (retro-
lektiver), auf Auswertung vorhandener Unterlagen ausgerichteter Studien
abzuschätzen und Kliniker von der häufig begrenzten Aussagekraft zu
überzeugen. Der Ansatz scheint so naheliegend, zumal die Patientengruppe
definiert ist. Notwendig ist als nächster Schritt die Planung prospektiver, wenn möglich randomisierter Studien, für die die wichtigsten
Planungsgrößen, z.B. für die Fallzahlberechnungen vorliegen.

Durch die notwendige breite Kooperation wird die verfügbare wissenschaft-
liche Kapazität wesentlich vergrößert. Häufig sind bisher in den Kliniken
Einzelpersonen die Träger der tumorspezifischen wissenschaftlichen Arbeit.
Auch wegen des großen organisatorischen und zeitlichen Aufwandes einer
Tumordokumentation müssen Detailaspekte herausgegriffen werden, die mög-
lichst unabhängig von der Kenntnis des gesamten Krankheitsverlaufs sind.
Durch eine breite Kooperation verlagert sich jedoch die Tätigkeit, Anre-
gungen und Konkurrenz in den Projektgruppen verbreitern das Interessen-

feld, fördern das multizentrische Arbeiten. Auch solche psychologischen und soziologischen Randbedingungen wissenschaftlichen Arbeitens dürfen nicht unberücksichtigt bleiben. Sie sollten auch unter dem Nutzungsaspekt den sehr oft ausschließlich unter epidemiologischer Leitung stehenden Inzidenzregistern gegenübergestellt werden.

Gleichzeitig ist jedoch zu beachten, daß der multizentrischen Kooperation auch Grenzen gesetzt sind. Ein Hauptproblem dafür liegt in der notwendigen inhaltlichen und zeitlichen Synchronisation der wissenschaftlichen Interessen. Die fehlende Information über die Therapiestrategien, über die Ergebnisse der jeweils anderen verursacht Neugier und Zurückhaltung. Die Nutzung der gemeinsam nach standardisierter Dokumentation erhobenen Daten für Klinikvergleiche braucht Zeit, unabhängig davon, ob es sich um große inner- oder außeruniversitäre Kliniken handelt. Indirekt kann der Nutzen von Versorgungsregistern auch aus den akuten Anlaufschwierigkeiten beleuchtet werden, deren größter Teil Probleme widerspiegelt, die Auswirkungen auf die akute Versorgung haben könnten. Eine Lösung für das formale Abbild der Versorgungsrealität in einem TR dürfte nicht ganz wirkungslos in der Routine bleiben. Denn die Dokumentation setzt das Wissen um die Befunde voraus, sie belegt einen Arzt-Patientenkontakt, eine dokumentierte Kalendernummer impliziert die Ausgabe eines Kalenders und das kommentierende Gespräch über die Bedeutung der Nachsorge usw.

Nicht zuletzt sollte ein Zusammenhang zwischen der Qualität der Aufgaben, der Qualität der Daten und Ergebnisse einerseits und der dadurch bedingten Attraktivität der Arbeit in einem TR sowie der Qualität und dem Interesse der Mitarbeiter andererseits gesehen werden. Die Personalkonfiguration eines Registers muß es realistisch erscheinen lassen, TR als Gesprächspartner für die Ärzte. zu fordern. Für den wissenschaftlichen Stellenwert eines Registers wäre deshalb der Personalschlüssel eine mögliche Maßzahl.

Diese Punkte unterstreichen die Bedeutung von Tumorverlaufsregistern für die klinische Arbeit. Dabei ist der Nutzen wiederum vor allem indirekt in der Intensivierung und in der zum Teil leider erst durch Register induzierten Aufnahme lokaler, multizentrischer Kooperationen zu sehen. Die Erweiterung zu einer vollzähligen Erfassung in einer tumorspezifisch überschaubaren Region ist der naheliegende nächste Schritt, wenn von der Kooperation Attraktivität ausgeht.

4.5. Sind die Daten der versorgungsorientierten Register für die klinische Onkologie brauchbar?

Im letzten Abschnitt wurden Vorteile für den Weg genannt, Inzidenzen durch den schrittweisen Ausbau von versorgungsbezogenen TR zu gewinnen. Daneben zeigt das TRM die Perspektive auf, den Datenurhebern auch klinisch relevante Auswertungen anbieten zu können. Selbstüberschätzung oder Fehlinterpretation dieser Perspektive führt zu der Frage, ob die klinisch 'relevanten' Daten eines versorgungsbezogenen TR nicht eher Datenfriedhöfe darstellen. Wir haben jeweils im Kontext die Perspektiven für TR skizziert mit deutlichen Hinweisen auf die methodischen Grenzen. Dennoch seien an dieser Stelle einige Argumente zusammengestellt, die wiederum eingeschränkt für den skizzierten Typ TRM gelten, für den wir bisher Erfahrungen sammeln konnten. Diese Erfahrungsabhängigkeit begründet auch die Reihenfolge der Abschnitte dieser Darstellung.

Die Datensammlung des TRM könnte als eine <u>Zusammenfassung tumorspezifischer, multizentrisch organisierter, prospektiver Beobachtungsstudien</u> aufgefaßt werden. Hierbei trifft das Attribut multizentrisch in zweierlei Hinsicht zu, indem nämlich selbst die Dokumentation eines einzelnen Falles nicht von einem zuständigen Arzt zusammengetragen wird, sondern sich aus unabhängigen Beiträgen verschiedener Institutionen zusammensetzt, entsprechend der realen Versorgung (s. Abb. 3). Schon dies steht zum Teil in Kontrast zu den künstlichen, experimentellen Bedingungen der kontrollierten klinischen Studien, für die jedes Zentrum aus den insgesamt verfügbaren Daten zu einem Fall einen logisch schlüssigen und vollständigen Verlauf komponiert. Diese in TR fehlende Zuständigkeit für die Gesamtdokumentation eines Patienten ist als Fehlerquelle unter methodischen Gesichtspunkten nachteilig zu bewerten. Andererseits liefert diese Realitätsnähe Informationen für die Verallgemeinerbarkeit von Studienergebnissen, die oft unter sehr artifiziellen Bedingungen gewonnen wurden.

Es kann z.B. nützlich sein und Aktivitäten kanalisieren, wenn die Anteile der primär, der mit Zusatztherapie oder an Rezidiven behandelten Patienten bekannt und die Therapieerfolge bei diesen Gruppen vergleichbar sind. Das Problem ist, die Gesamtpopulation der Patienten zu überschauen, einschließlich derer, die erst in fortgeschrittenen Stadien von den im TR kooperierenden Kliniken behandelt werden.

Weitere Fragen können gestellt werden. Welche Bedeutung für die Individualisierungen haben prognostisch relevante Kriterien, wenn diese in der Realität nicht verfügbar sind? Das Wissen um den Status quo in der Breite definiert Steuerungsaufgaben für die Spitze. Was ist von Therapieschemata zu halten, die in voller Dosierung und Zeitdauer in bemerkenswerten Größenordnungen nicht durchgehalten werden, so daß die Grenze zum 'toxischen Placebo' erreicht werden kann? Wie bindend sind standardisierte Konzepte in der täglichen Konfrontation mit den Wünschen der Patienten und der Realität der Befunde?

Diese Kritik ist kein Plädoyer für Alternativen zu kontrollierten Studien. Zwar haben wir die Bedeutung von TR für ein breites Spektrum wissenschaftlicher Aktivitäten von der Ursachenforschung bis hin zur Evaluierung von diagnostischen und therapeutischen Maßnahmen in der Nachsorge skizziert. Aber dabei wurde betont, daß die verschiedenen Aktivitäten nicht erst beim Patienten zusammentreffen dürfen, daß Dr. A mit einem Fragenkatalog zur Ätiologie, Dr. B mit Fragen zur Früherkennung vor dem Patienten erscheint während sein behandelnder Arzt C im Rahmen der Anamnese vergleichbare Daten erhebt. Auch die 'Methodiker' sollten ihre Aktivitäten koordinieren und integrieren.

Auch wenn wir in Abb. 48 angedeutet haben, daß Studien als Überbau für TR zu betrachten sind und deshalb nicht aus einer Konkurrenzsituation argumentiert werden muß, sei zu einigen Einwänden Stellung genommen. Dabei muß allerdings eine zu abstrakte Diskussion vermieden werden, d.h. der Bezug zur chronischen Erkrankung Krebs mit dem notwendigen Langzeit-Follow-up darf nicht aus den Augen verloren werden. Denn bei akuten Erkrankungen stellt sich dieser scheinbare Gegensatz nicht.

Die Kritik an prospektiven Datensammlungen wie TR wird meist mit der Frage nach der Selektion begonnen. Dieser Gesichtspunkt bereitet allerdings nur bedingt Probleme - auch bei großer Distanz zur Vollzähligkeit. Mit Alter, Geschlecht, Wohnort, Schweregrad der Erkrankung (Stadium, Histologie, Lokalisation) sind Basisvariablen verfügbar, die in einem multizentrischen Register auf ihre interzentrische Variabilität überprüfbar sind. Die Relation zu der Altersverteilung aus den Mortalitätsdaten (Abb. 29,30) liefert weitere Hinweise. Die Abildungen deuten insgesamt an, auf welchem Niveau umgekehrt Studien planbar werden, wenn solche Daten aus TR verfügbar sind.

Dies betrifft natürlich auch die durch die Verlaufsdokumention ermöglichte Beurteilung der Therapieergebnisse. Auswertungen dienen zum einen dazu, die eigenen Ergebnisse mit der Literatur vergleichen zu können. Auch hier ist eine wichtige Funktion das Formulieren von Fragen, das Aufdecker von möglichem Freiraum für Verbesserungen auf Grund erkannter Unterschiede. Die multizentrische Organisation liefert hierfür zusätzliche Möglichkeiten. Sicherlich kann von einer Basisdokumentation keine Bewertung übe: die konstante Durchführung der Therapiemaßnahmen erwartet werden. Denn selbst bei konstant bleibendem Dokumentationsverhalten und gleichen Dokumentationsinhalten können sich die Randbedingungen in den Kliniken entscheidend ändern. Ein Beispiel wäre die Veränderung einer Bestrahlungsdosis für eine definierte Patientengruppe. Durch solche klinikinternen Änderungen werden Kohorten definiert, die sich dann im historischen Vergleich gegenüberstellen lassen. Die Auswertung von Daten kann weitergehender, interessanter aber auch einfacher, selbsterklärender, weniger zeitaufwendig werden, wenn ein enger Kontakt zu den Kliniken, zu ihren Interpretationsvorschriften besteht. Auch auf die Gefahr, daß mangelnder Klinikkontakt zur Fehlinterpretation führen kann, muß hingewiesen werden

Nur konsequent ist es, wenn Kliniken über das klinikspezifische Feld, das auf jedem Dokumentationsformular oben rechts zu finden ist, die Zugehörigkeit zu einem Therapiearm im Rahmen einer randomisierten Studie festhalten. Ein organisatorisches Hilfsmittel wurde bereits in Abb. 7 vorgestellt. Wenn die Therapiealternativen konstant eingehalten werden bzw. z.B. die Anzahl der durchgeführten Zyklen oder die verabreichte Dosis als Prozentsatz der geplanten miterfaßt werden, muß die Frage erlaubt sein, warum randomisierte Studien nicht an sich mit weniger Daten als Beobachtungsstudien auskommen können. Unter dem Aspekt der Planung von Therapiestudien stellt sich allerdings eine Frage. Wenn einer Klinik oder einer Gruppe von Kliniken nachweislich in den letzten Jahren konstante Ergebnisse vorliegen, so fallen Begründungen für randomisierte Studien sehr schwer, wenn eine neue vielversprechende Therapiestrategie eingeführt werden soll.

Eine nicht seltene Kritik an der Nutzung von TR-Datensammlungen bezieht sich auf die explorative Analyse. Wenn die verschiedensten Zusammenhänge überprüft werden, muß die Auswahl auffälliger Ergebnisse sich an Wahrscheinlichkeitsgrenzen orientieren. Damit ist aber die Problematik des multiplen Testens verbunden. Die vielen Hinweise auf mögliche Krebsursachen und die meist folgenden Entwarnungen deuten die Gefahren an, die von der Veröffentlichung von Ergebnissen der Hypothesengenerierung ausgehen können.

Die Bedenken sind berechtigt, zum Teil aber auch unrealistisch. Auf
Grund der sehr heterogenen Krankheitsformen, die in einem TR zusammengefaßt sind, ist ein 'einheitlicher explorativer Algorithmus' für alle
Erkrankungen schon begrifflich ein Widerspruch. Explorative Analysen
und die Auseinandersetzung mit den Ergebnissen kosten viel Zeit und
setzen eine kreative Teamarbeit voraus. Das ist nicht auf Knopfdruck
initiierbar.

Wissenschaftstheoretisch interessanter sind Hypothesengenerierungen, die
nicht datengesteuert, sondern von außen kommen, aus Literaturhinweisen,
aus sachlogischen Zusammenhängen usw. Der Übergang vom Generieren zum
Testen von Hypothesen ist als Kontinuum zu betrachten. Prospektive Datensammlungen könnten so zum 'in-numero-Experimentierfeld' werden, mit einer
Potenzierung der Aussagekraft, wenn Hypothesen an mehreren unabhängig
voneinander aufgebauten Datenbeständen überprüfbar wären.

Häufig werden TR mit der gegenteiligen Annahme konfrontiert, daß die Anzahl der fehlenden Werte die Klassifizierung von TR als Datenfriedhof
rechtfertigt. Wichtiger als globale Angaben ist die zeitliche Veränderung solcher Kriterien für die einzelnen Kliniken. Konstant fehlende
Werte decken bei primär behandelnden Kliniken mangelndes Feedback auf,
und sie lassen Informationslücken im Versorgungssystem erkennen bei Kliniken, die Zusatzbehandlungen durchführen oder bei Progression die Behandlungen übernehmen. Die Größenordnung des Fehlens relevanter Werte in
der Versorgung kann Hinweise geben auf den Anteil derer, die nicht die
Einschlußkriterien für Studien bzw. für die später standardisierte Therapie erfüllen werden. Neben der Kenntnis solcher Fakten sollte in diesem
Zusammenhang auch die brisante Frage gestellt werden, welche minimalen
Anforderungen für eine Beteiligung an einem TR zu erfüllen sind und
welche Maßnahmen vorgesehen sind, um unzulänglich dokumentierende Kliniken zu beeinflussen, wobei die Datenqualität in einem TZ auf verschiedene
Weise steigerbar wäre.

Einen Gegensatz zwischen - randomisierten - Studien und TR konstruieren
zu wollen, fällt sehr schwer. Mit Studien wurde viel Erfahrung gewonnen.
Vergleichbares gilt nicht für Register. Eher zeigt sich die Tendenz, daß
die Ansprüche an TR von nicht Beteiligten überzogen und daraus Gegenargumente abgeleitet werden. Auch aus Registersicht lassen sich deshalb
Fragen an Studien verschiedensten Typs stellen. Welchen Beitrag liefern
im Bereich Krebs die Studien zum gesamten Krankheitsbild? Besteht nicht
die Gefahr, daß der Krankheitsverlauf zu stark in Krankheitsabschnitte

untergliedert, atomisiert wird, daß dadurch die Relevanz einer Studie
auf Grund der fehlenden Synopse überschätzt wird, daß die Fakten zur
Planung von Nachsorgestrategien damit nicht sehr fundiert sind? Ist es
nicht denkbar, daß eine verbesserte Therapie bei einer zentralisierten
Versorgung zwar den nachgewiesenen Gewinn bringt, daß das Therapiekon-
zept aber nicht auf ein dezentral organisiertes Gesundheitssystem übertragbar erscheint und deshalb nur die Ausschöpfung der Standardtherapien
den Gesamtnutzen optimiert?

Diese Problematik wird verdeutlicht, wenn man in einer Zusammenstellung
von Studienprotokollen (66) allein zum Mamma-Karzinom 152 im wesentlichen
aus den USA angemeldete Protokolle zu überschauen versucht. Dies ist
nicht auf eine Erkrankungsform beschränkt. Für Ovarialkarzinom wurde Vergleichbares anhand von 34 ausgewählten Studien berichtet (72), auf Grund
derer sich kein stringentes Verhalten ableiten läßt.

Ein weiteres Mißverständnis bei der Diskussion von TR liegt in der Ein-
engung der Diskussion auf den Nutzen der gespeicherten Daten. Diese
Realitätsferne ist erstaunlich. Wir haben es angedeutet, daß eine Klinik
z.B. von einem bestimmten Zeitpunkt ab konsequent radikaler bestrahlt.
Damit ist eine neue Kohorte definiert, aus der für das Register nur eine
zusätzliche Auswertungsbedingung resultiert. Eine Pathologie fordert
zwei Patientengruppen an, schnell metastasierende und langsam metastasierende, um die Präparate unter diesem Aspekt nachzubefunden. Es ist
eine wesentliche Funktion der Register, aus den Minimaldaten Extremgrup-
pen zu definieren und unter diesem Aspekt Unterschiede in anderweitig
verfügbaren Daten zu suchen. Denkt man an die programmierte Nachsorge,
so reicht auch die pauschale Information "Nachsorgeprogrammschritt x
ohne Befund vom Datenurheber y durchgeführt" aus, um z.B. zu den metastasierten Patienten die letzte negative Röntgenaufnahme mit dem vorliegenden positivem Befund zu vergleichen. Ein minimaler Krankheitsverlauf reduziert sich unter dieser Perspektive auf die Beantwortung der
Frage "wer wann welche für den Krankheitsverlauf relevante Statusände-
rung diagnostiziert hat". Mit diesen Beispielen wird verdeutlicht, welche entscheidende Wegweiserfunktion TR zukommt.

Wenn aus einer Region eine onkologische, radiologische und operative
Klinik und vielleicht auch die Pathologie über jeweils ca. 100 Fälle
aus ihrem Material zur gleichen Erkrankungsform die Ergebnisse vorlegen,
so bedeutet dies nicht, daß damit insgesamt viermal über 100 verschiedene Patienten berichtet wird. Krankheitsverläufe wurden mehrfach ver-

folgt, die Selektion für jede Teilmenge ist unbekannt, das Therapieergebnis für alle Patienten ist nicht überschaubar. Aus klinikübergreifenden Verlaufsregistern lassen sich direkt aus den Daten der Komplexität chronischer Erkrankungen Rechnung tragende Deskriptionen der Krankheitsverläufe und der Versorgungsrealität sowie Klinikstatistiken und Inzidenzraten im säkularen Verlauf gewinnen. Indirekt werden durch die notwendigen organisatorischen Verbesserungen Strukturen geschaffen, die zu zusätzlichen wissenschaftlichen Aktivitäten anregen. Es ist deshalb nicht zu verstehen, wenn für den Vergleich zwischen TR und Studien eine Fragestellung herausgegriffen wird, für die es speziell entwickelte und optimale Methoden gibt und dann anhand dieses einen Nutzungsaspektes trivialerweise die Überlegenheit der speziellen Methodik begründet wird.

Für eine Wissenschaft, die innovativ bleiben will, die Fragen formulieren muß, ist ein Methodenpluralismus zu fordern. Der Wissenschaftler muß deshalb ein methodischer Opportunist sein, für die Spontaneität seiner Ideen muß durch adäquaten Zugang zur Realität, zur Beobachtung Freiraum geschaffen werden, um Fragen zu stellen. Erst danach ist die methodische Strenge, das rationale, d.h. das mit allgemeinen, anerkannten Regeln und Maßstäben übereinstimmende Vorgehen zu fordern.

Deshalb sind primär Deskriptionen erforderlich. Das den Studien immanente Kausalitätsdenken, das Erklärungsbedürfnis über Ursache-Wirkungsmodelle folgt erst im zweiten Schritt. Allein der Begriff Beobachtung legt nahe, nicht gleich nach Aussagekraft zu fragen. Mit dem Begriff Beobachtung ist primär Aufmerksamkeit, das Erkennen von Auffälligkeiten verbunden, als Anstoß, Fragen zu formulieren. Zufällige und systematische Beobachtungen, retrospektive und prospektive Studien, Interventionsstudien und Experimente in Form von randomisierten Studien sind Stufen in einem Kontinuum von zunehmend formalisierteren Auseinandersetzungen mit der Realität, die sich aber auch durch zunehmende Einschränkung der Realitätssicht bis hin zum Realitätsverlust auszeichnen können.

Daß mit einem erfolgreichen TR auch das Anspruchsniveau und der Mut steigt, aufwendige, langwierige Studien zu planen, liegt zwar auf einer anderen Ebene, muß aber ebenfalls berücksichtigt werden. Dies bedeutet wiederum, nicht an den verfügbaren Daten das Denken enden zu lassen, sondern Wechselwirkung zwischen Ergebnissen und Datenurhebern für die Datenqualität, für weitere Aktivitäten für möglich zu halten, also prozessual zu denken.

Notwendig ist es deshalb, die Vorzüge verschiedener methodischer Wege zu
nutzen, ihre jeweiligen Grenzen zu erkennen und ihre Integration auf der
organisatorischen Ebene anzustreben. Es sollte deshalb eingeräumt werden
daß die über theoretische Überlegungen und Spekulationen hinausgehende
Erfahrung mit Registern fehlt. Dies bedeutet hierzulande, daß die organisatorischen Voraussetzungen geschaffen werden müssen, daß die Kooperationsbereitschaft und die Integration der vielen Aktivitäten zur Präzisierung der Urteilskraft gefördert werden müssen.

4.6 Geht die wissenschaftliche Entwicklung an Tumorregistern vorbei?

Die Diskussion des wissenschaftlichen Stellenwertes von TR erfolgte bisher sehr allgemein. Ausgangspunkt waren der natürliche Krankheitsverlauf
und die damit verbundenen Maßnahmen. Für die Beurteilung der verschiedenen Aktivitäten sind populationsbezogene Angaben zu den Neuerkrankungen,
zum Krankheitsverlauf einschließlich des schicksalshaften Ausgangs erforderlich. Der Stellenwert läßt sich besonders dann erkennen, wenn bei
der Klassifikation der wissenschaftlichen Aktivitäten nicht von formalen
Aspekten, sondern vom Objekt und dem wissenschaftlichen Interesse ausgegangen wird. Zunächst ist damit eine Auflösung in viele Einzelaktivitäte
verbunden. Die Tumorätiologie läßt sich z.B. nicht auf der Ebene der
Tumordiagnose untersuchen. Zu unterscheiden sind - abhängig vom jeweiligen Tumor - Lokalisation, Histologie etc. Die Früherkennungsmaßnahmen
z.B. beim Mamma-Ca, die standardisierte Primärtherapie, die Nachsorgestrategien oder die therapeutischen Maßnahmen fortgeschrittener Erkrankungsformen sind jeweils begrenzte, i.a. tumorspezifische Fragestellunger
die bei jeder Diagnose von ganz unterschiedlichem Erkenntnisstand ausgehen, denen jeweils ein anderer gesundheitlicher Stellenwert zukommt und
die deshalb in ihrer Aktualität säkular variieren. Man kann in diesem
Zusammenhang die förderungspolitischen Schwerpunkte der letzten Jahre
wie Früherkennung, Therapieoptimierung und Breitenwirkung erwähnen, dener
i.a. wissenschaftliche Aktivitäten vorausgingen, die zu Modifikationen
aufforderten.

Was kann ein TR angesichts dieser tumorspezifischen Aktivitäten und der
säkularen Schwerpunktsverlagerung für die wissenschaftliche Entwicklung
leisten? Welchen Veränderungen ist dabei ein TR unterworfen? Welche Gefahren für die wissenschaftliche Entwicklung können von einem TR ausgehen, wenn ihm auf dieser Ebene eine Bedeutung zukommt? Mit diesen drei
Fragen sollen Probleme der Konzeption eines TR mit Blick auf die wissenschaftliche Entwicklung erläutert werden.

Für die Diskussion der ersten Frage ist zunächst zu beachten, daß wir
als tragfähige Basis für ein funktionierendes Register die Kooperation
der Datenurheber und der in die Versorgung involvierten Interessengruppen gefordert haben. Für diese Kooperation sind Kommunikationskanäle,
letztlich Strukturen erforderlich, in denen sich der wissenschaftliche
Intellekt finden kann. Unabhängig von der variierenden Aktualität bestimmter Fragestellungen muß diese strukturelle Voraussetzung für TR
auch für die meisten wissenschaftlichen, epidemiologischen und klinischen
Aktivitäten als notwendig betrachtet werden. Die Planung einer epidemiologischen Studie oder einer kontrollierten klinischen Studie und ihre
Durchführung werden wesentlich erleichtert, wenn Zahlen vorliegen, wer
in welchem Zeitraum wieviele Patienten behandelt hat. Es muß als Beitrag
zur Bewertung der Nachsorgemaßnahmen gesehen werden, wenn Krankheitsverläufe zu nachgesorgten und nicht nachgesorgten Patienten vorliegen. Für
epidemiologische Fragestellungen muß es als Impuls gesehen werden, wenn
ein Zugang zu vielen Krankheitsverläufen mit Mehrfachmalignomen möglich
ist. Möglichkeiten zu Klinikvergleichen sind gegeben. Fragen zur Qualitätssicherung werden formulierbar. Die Initiative wird dadurch erleichtert, daß eben nicht erst neue Kooperationen aufgebaut werden müssen,
sondern für bestehende nur das Thema gewechselt werden muß bzw. Sondie-
rungen möglich sind, inwieweit auf Grund der existierenden Fakten andere
Fragestellungen erfolgversprechend aufzunehmen sind.

Zur Beurteilung sollte aber nicht nur der Aspekt beachtet werden, daß
eine oder mehrere Institutionen von sich aus agieren. Von großer Bedeutung ist die Fähigkeit, auch auf Aktionen anderer zu reagieren. Hypothesen sind zu bestätigen oder anzuzweifeln. Die Reaktionsgeschwindigkeit
ist dabei ein entscheidendes Kriterium. Sicherlich kommt selbst gut ge-
pflegten Datenkörpern nicht derselbe Stellenwert wie eingefrorenen Proben
oder archivierten Präparaten zu, weil sie keine vergleichbare Potenz für
neue Fragestellungen, neue Untersuchungsmethoden enthalten. Allerdings
dürfte sich unabhängig von der konkreten Fragestellung allein das Faktum
der kontinuierlichen, organisatorisch funktionierenden Registerdokumentation positiv auf Machbarkeitsüberlegungen auswirken. TR haben unter diesem
Aspekt den Vorteil weitgehender Standardisierung und multizentrischer Erfassung aufzuweisen.

Trotz der heutigen datentechnischen Möglichkeiten verfügen sehr wenige
Institutionen über einen adäquaten Zugang zu ihren Daten. Fragen nach
vergleichbarem Material, nach historischen Kontrollen können deshalb selten positiv beantwortet werden. Streng zu unterscheiden davon ist das

Wissen um die Therapieergebnisse. Dies wird oft über Dissertationen in
zeitlichen Abständen überprüft. Im allgemeinen wird dieses Material aber
nicht ausgeschöpft - vor allem wenn die Sammelphase zu lange dauert -,
es gehen davon keine Impulse auf die Verbesserung der Führung von Krankenakten aus, und das Material bleibt selten nach Abschluß der Arbeit
verfügbar, ganz zu schweigen von einer Fortschreibung bezüglich der einzelnen Verläufe und der Fallzahlen.

Die Forderung nach der Integration der Aktivitäten kann auch aus einer
anderen Sicht begründet werden. Zunächst muß es für eine Gesellschaft,
die ihre Umwelt kontinuierlich verändert, verpflichtend sein, die Auswirkungen auf die Gesundheit durch adäquate Indikatoren kontrollieren zu
können. Am Beispiel der lange Zeit als bedeutungslos eingestuften kontinuierlichen Belastung der Umwelt mit mittlerweile nahezu exponentiell
ansteigenden Schäden zeigt sich, daß die Auswirkungen unterschätzt wurden
und keine Frühindikatoren verfügbar waren. Parallelen zur Exposition der
Bevölkerung mit möglichen Auswirkungen auf die Tumorinzidenzen sollten
nicht leichtfertig abgewiesen werden. Solange die Hypothesen zu einem
kausalen Zusammenhang nicht 'widerlegt' sind, sollten Inzidenzzahlen von
der Medizin gefordert werden.

Diese reichen allerdings nicht aus. Von vergleichbarer Bedeutung sind
Prioritätssetzungen nach der Größenordnung des Versorgungsaufwandes.
Erst durch Rangierung nach Erfolgswahrscheinlichkeiten auf Grund wissenschaftlicher Teilerkenntnisse wird es möglich, bei begrenzten wissenschaftlichen und materiellen Kapazitäten gezielt Aktivitäten zu intensivieren und zu konzentrieren.

Prognosefaktoren müssen umgesetzt werden in Definitionen von Risikopopulationen mit Intensivierung der Aufklärung über die Bedeutung von Früherkennungsmaßnahmen. Ist trotz anerkannter Therapiestrategien eine große
Variabilität der Ergebnisse zu verzeichnen, sollten Maßnahmen zur Qualitätskontrolle ins Kalkül gezogen werden. Ist der Nutzen von Nachsorgestrategien belegbar, müssen sie in ein breites Angebot umgesetzt werden.
Sind in der Realität erhebliche Therapiemodifikationen zu registrieren,
so muß man sich primär um eine Bewertung bemühen und damit Therapiestudien als indiziert betrachten. Parallel zu diesen versorgungstechnischen und klinischen Fragen müssen Aktivitäten initiiert werden, die
sich um die Erkennung möglicher Ursachenkomplexe bemühen.

Eine systematische Klassifikation des Erkenntnisstandes sollte angestrebt werden, nach Inzidenzen und ihren Variabilitäten, nach möglichen Ursachen, nach Erkenntnissen über den prätherapeutischen Verlauf, über Prognosekriterien, über den posttherapeutischen Verlauf, nach Therapiestrategien und nach den Möglichkeiten der Nachsorge. Eine Auflösung in eine Vielzahl von möglichen Teilaktivitäten erschwert solche globalen Übersichten bzw. schließt sie aus. Die Gründung von TZ und die anlaufenden Aktivitäten in TR könnten in dieser Sicht als Gegenmaßnahme interpretiert werden.

Die zweite Frage nach möglichen Veränderungen, denen ein TR unterworfen sein kann, ist brisant. Wenn für das Problemfeld Tumorerkrankungen eine wissenschaftliche Dynamik zu verzeichnen ist, kann dann ein TR als abstraktes, verkürzendes Abbild der Realität stabil und gleichzeitig attraktiv bleiben? Wenn es Veränderungen mitvollzieht, ist dann die Idee TR überhaupt noch tragfähig? Die Frage, ob versorgungsorientierte TR unter diesen Bedingungen stabil und gleichzeitig attraktiv bleiben können, muß sicherlich verneint werden. Die Erfahrung zeigt, daß zwar formal ein Merkmal, z.B. die Stadienklassifizierung, dauerhaft existiert, aber doch erheblichen inhaltlichen Veränderungen unterworfen ist. Zur Zeit ist z.B. schon die dritte Auflage des TNM-Handbuches verfügbar (1. Auflage 1970, 3. Auflage 1979). Aber auch die Erweiterung des Merkmalssatzes ist unabdingbar, wenn man z.B. an die Tumormarker AFP und HCG beim Hodenkarzinom, an das CEA, an die Hormonrezeptoren beim Mammakarzinom denkt. Ebenso muß über Reduzierungen nachgedacht werden, wenn die organisatorischen Voraussetzungen oder die Resultate nicht den Erwartungen entsprechen. Solche Veränderungen sind einzuplanen, der wissenschaftlichen Entwicklung ist Rechnung zu tragen. Es ist nicht adäquat, Merkmalssätze in Gesetzen zu fixieren und damit die Anpassungsunfähigkeit festzuschreiben. Dies ist z.B. für das Meldewesen zu fordern, für eine wissenschaftliche Aktivität ist es ein Widerspruch in sich. Gute Voraussetzungen für die Anpassungsfähigkeit bieten natürlich tumorspezifische Erhebungsbögen und die tragende Infrastruktur mit den jeweils zuständigen Projektgruppen. Ebenso muß aber bei Bejahung der Anpassungsfähigkeit der Freiraum für die strukturelle Einbindung von TR als eingeengt gesehen werden. Denn es wäre unrealistisch, außerhalb wissenschaftlicher Institutionen diese Anpassungsfähigkeit, ja letztlich die adäquate Nutzung von TR, zu erwarten.

Ändert sich nun durch diese Forderung nach Anpassungsfähigkeit etwas an der Idee TR? Ja, die Akzeptanz dürfte mit dem flexiblen Reagieren auf die Veränderungen der Realität größer werden. Die globalen Aspekte von der Inzidenz bis hin zur Synopse des Krankheitsverlaufs bleiben unbe-

rührt, auch wenn sich für ein Teilkollektiv mit durchschnittlich 80%
Überlebenswahrscheinlichkeit zwei Subpopulationen mit 90% bzw. 60% nach-
weisen lassen. Der Nachweis, daß mit aufwendiger Differenzierung der
Klassifikation auch ein Handlungsgewinn und nicht nur eine Präzisierung
der Prognoseaussagen verbunden ist, könnte auch von Interesse sein, bevor die Erkenntnis als Standard empfohlen wird. Daß auf den differenzierten Erkenntnisstand in Zentren weitere Aktivitäten aufbauen, ist
selbstverständlich.

Gibt es auch Gefahren, die von TR bezüglich der wissenschaftlichen Entwicklung ausgehen können? Dies war die dritte Frage zum tumorspezifischen
wissenschaftlichen Stellenwert von TR. Zunächst ist dazu die Frage zu
beantworten, inwieweit durch die Kooperation der Versorgungsträger auch
Diagnostik- und Therapiestandards propagiert und etabliert werden. Eine
Bejahung führt dann sofort in die Problematik der Innovationsfeindlich-
keit von Standards auf Grund ihres administrierten Beharrungsvermögens.
Auch bei adäquater wissenschaftlicher Kooperation läßt sich dieses
Dilemma sicherlich nur schwer lösen. Zwar sind die Addition der Anstrengungen, die Förderung der Phantasie, die Verbesserung des Urteilsver-
mögens und der Lernfähigkeit wichtige Argumente für die Kooperation in
Projektgruppen. Weil aber eine einheitliche Sprache, eine gemeinsame
Aufgabe, letztlich gemeinsame Standards konstituierend für die Kooperation sind, kann man sich nur im Rahmen der 'normal science', der gängigen Methodologie bewegen. Es führt damit zu einem Widerspruch, neue
Ansätze in der Gruppe verfolgen zu wollen, eine 'neue Schule' zu etablieren.

Der Gedanke führt damit direkt zur Frage über, ob beginnendes Außensei-
terdenken und Integrationsfähigkeit vereinbar bleiben. Gerade eine Tumorverlaufsdokumentation ist primär so 'elastisch' und so abstrakt, daß
kein Widerspruch gesehen werden kann. Vor allem bei zunehmender Standardisierung gewinnt die Erfassung zufälliger Abweichung an Gewicht. Auch
hierfür ist eine nicht selektierende Erfassung von hohem Wert. Im übriger
werden ja trotz der Erfassung in einem TR nach wie vor Patienten z.B.
für kontrollierte klinische Studien gewonnen. Das ist ohne weiteres vereinbar, ja wünschenswert. Zu fragen ist deshalb, ob nicht z.B. durch
systematische Analyse von unerwarteten Verläufen alternatives Denken,
das Verlassen herkömmlicher Anschauungen sogar gefördert werden kann.

Auch hier sollte die Erfahrung mit TR und die gezielte Auseinandersetzung
mit der Erfahrung möglichen Stellungnahmen vorausgehen. Wir haben diese
Perspektiven als positives Denken bewußt in die Darstellung des Standes
des TRM einbezogen. Solche Perspektiven lassen Entwicklungsrichtungen
erkennen, vor allem wenn sie durch die Erfahrung nahegelegt werden. Sie
unterscheiden sich damit grundsätzlich von den Negativszenarien, auf die
im Zusammenhang mit dem Datenschutz im folgenden Abschnitt einzugehen
ist.

4.7 Zur Datenschutzproblematik von Tumorregistern

Durch die Einführung einer Datenschutzgesetzgebung wurde im Bereich der
überwiegend personenorientierten medizinischen Datenverarbeitung allent-
halben Verunsicherung ausgelöst, die erst in jüngerer Zeit einer ansatzweise erkennbaren Vertrautheit mit der neuen Lage und damit einem hie
und da neu erwachenden Gefühl der Sicherheit zu weichen scheint. Gravie-
rende Probleme zwischen Datenschutzgesetzen und den Notwendigkeiten der
Datenverarbeitung in der Medizin bestehen dessen ungeachtet fort, wobei
aber die nach wie vor notwendige Diskussion hinsichtlich Stil und Niveau
der Auseinandersetzung von beiden Seiten her Züge annimmt, die nützliche
Ergebnisse erwarten lassen (1,9).

Besonders in der Auseinandersetzung um TR ist es dringend erforderlich,
daß nicht mehr jede Überlegung, unabhängig vom gedanklichen Ausgangspunkt, in reflexhafter Starrheit in das Thema Datenschutz münden darf.
Nachdem man sich in den letzten Jahren daran gewöhnen mußte, daß neben
Fragen über das Verhältnis von TR und Gesellschaft einerseits und Fragen
zum methodischen Stellenwert oder zur organisatorischen Struktur für TR
andererseits auch das Thema Datenschutz kompetent zu diskutieren ist,
sollte nun aus der Überbetonung des Datenschutzgedankens heraus zu einem
thematischen Equilibrium zurückgefunden werden.

Im Rahmen eines Erfahrungsberichtes über ein TR interessiert zum einen
die Frage nach den praktischen Aspekten zum Datenschutz (organisatorische
und technische Maßnahmen) und andererseits die grundsätzliche Lösung der
Frage der Rechtsgrundlagen eines personenbezogenen TR. Die typischen organisatorischen und technischen Maßnahmen zur Gewährleistung der notwendigen Sicherheit der Datenverarbeitung können als allgemein bekannt vorausgesetzt werden. Hinzu kommen für jedes TR spezifische, von den lokalen
Gegebenheiten abhängige weitere Maßnahmen, die nicht von einem TR auf ein
anderes zu übertragen sind. Eine Darstellung der am TRM durchgeführten

Maßnahmen im einzelnen fände daher kein besonderes Interesse. Der Hinweis auf den insgesamt erzielten, hohen Anforderungen genügenden Grad von Sicherheit soll ausreichen.

Die rechtliche Begründung der Arbeit eines TR stößt im Gegensatz dazu in der Regel auf reges Interesse. Da diese jedoch derzeit stark durch die unterschiedliche Gesetzgebung auf Länderebene bestimmt ist, sehen wir auch in der ausführlichen Darlegung der grundlegenden Rechtspositionen des TRM keinen großen Nutzen. Wir beschränken uns daher auf den Hinweis, daß aus der aktuellen Struktur und Tätigkeit des TRM kein Gegensatz zum geltenden Recht abzuleiten ist, das in Bayern in dieser Frage vor allem durch das Bayerische Datenschutzgesetz und das Bayerische Krankenhausgesetz bestimmt ist.

Ergänzend ist zu erwähnen, daß unabhängig von der Rechtslage die meisten Kliniken eine spezifische schriftliche Einverständniserklärung zur Speicherung personenbezogener Daten einholen oder die Aufklärung und die Zustimmung zur Speicherung mit der Ausgabe des Nachsorge-Terminkalenders verbinden.

Dagegen ergeben sich aus den geschilderten Perspektiven des TRM auch hinsichtlich der Datenschutzthematik Aspekte, deren Relevanz sich u.E. nicht auf den lokalen Raum beschränkt und die daher in breiterer Form erörtert werden sollen.

Hinsichtlich der Perspektiven sollen die folgenden Ausführungen vom Ziel der Datenschutzgesetze ausgehen. Aufgabe und Gegenstand des Datenschutzes ist nach § 1 Abs 1 des BDSG, "Durch den Schutz personenbezogener Daten vor Mißbrauch bei ihrer Speicherung, Übermittlung, Veränderung und Löschung (Datenverarbeitung) der Beeinträchtigung schutzwürdiger Belange der Betroffenen entgegenzuwirken". Dieser Zielsetzung werden zusammenfassend die Aufgaben eines TR gegenübergestellt und zwar in dem Sinne, welche Aktivitäten nach der Speicherung notwendig sind und wie weit dabei schutzwürdige Belange der Betroffenen beeinträchtigt werden könnten. Mögliche Formen des Mißbrauchs bzw. unausgesprochene Ängste sind zu nennen. Ebenso ist die Relevanz der datenschutzspezifischen Terminologie und die damit zum Ausdruck gebrachte Intention auf ihre Bedeutung für TR zu hinterfragen. Da eine grundsätzliche Ablehnung der Speicherung medizinischer Daten inhaltlich sicherlich nicht vertretbar ist, ist zu überdenken, welche Formen des Schutzes personenbezogener Daten implizit in einem solchen TR-Konzept wirksam sind und welche zusätzlichen Kontrollen etabliert werden sollten.

4.7.1 Elementare personenbezogene Aktivitäten

Eine zentrale Aufgabe eines klinikübergreifenden Verlaufsregisters ist
es, die aus der Versorgung gewonnenen Daten über den Anlaß und die Art
der Versorgung für die jeweiligen Datenurheber patientenorientiert zusammenzuführen. Zehn und mehr Meldungen zum Teil mit der einfachen Aussage
'der Patient ist versorgt und es geht ihm gut' sind bei einer breiten
Kooperation für mehr als 50% der erfaßten Patienten zu erwarten. Des
weiteren kann davon ausgegangen werden, daß ein Patient von mindestens
zwei Kliniken, einem Facharzt und seinem Hausarzt betreut wird. Diese
Daten aus der Versorgung werden im TR gespeichert.

Eine solche medizinisch notwendige gegenseitige Information der Ärzte
untereinander wird von den Patienten erhofft, ja erwartet. Es muß akzeptiert werden, daß jede ärztliche Behandlung von einem unausgesprochenen
therapeutischen Übereinkommen zwischen Arzt und Patient ausgeht, von dem
der Patient eine Besserung seiner Erkrankung, eine Sicherung des bisherigen Erfolges und der Arzt eine Befolgung seiner Empfehlungen erwartet.
Dieses Therapieübereinkommen ist die Grundlage einer vertrauensvollen
Zusammenarbeit und erfordert wegen der interdisziplinären Versorgung
einen Informationsaustausch. Die Einwilligung dazu ist somit Teil der
Zustimmung des Patienten zur Therapie. Die Sorge um den Patienten, auch
nach Jahren, ist damit Teil der Therapie und für den Arzt verpflichtend.

Ebenso ist es für eine Klinik verpflichtend, den Erfolg ihrer Maßnahmen
für die Gesamtzahl ihrer Patienten überschauen zu können. Die Therapiestrategien sind in einem dem Patienten nicht bekannten Ausmaß Veränderungen unterworfen. Deshalb ist für Außenstehende die Notwendigkeit nicht
so leicht beurteilbar, daß jede Institution ihre Ergebnisse im Vergleich
zum internationalen Standard kennen muß, um Verbesserungen zum Nutzen
der Patienten einzuführen.

Welches Organisationsproblem stellt sich, um diese Transparenz zu erreichen? Eine operative Klinik wird, abhängig von der Art und dem Schweregrad der Erkrankung, mit verschiedenen radiologischen und internistischen
Kliniken zusammenarbeiten. Dies hängt zum Teil vom Wohnort des Patienten
ab. Auch wenn sich alle Kliniken an der Dokumentation dieser einen operativen Klinik beteiligen, würde jede internistische und radiologische
Klinik daraus nur über einen selektierten, geringen Anteil ihrer Patienten informiert werden können. Denn in dem gegebenen Versorgungsnetzwerk
arbeiten diese Kliniken wiederum mit verschiedenen operativen Kliniken
zusammen. Institutionsorientierte Lösungen bringen trotz des großen or-

ganisatorischen und kostenintensiven personellen Aufwandes keine Lösung.
Im Gegenteil, wenn sich verschiedene Kliniken gegebenenfalls wiederholt
direkt an den Patienten oder an seinen Hausarzt wenden, so sind zum Teil
recht peinliche Antworten unvermeidlich. Dies ist die Konsequenz des
Nicht-Informiertseins als Folge einer nicht adäquaten Kooperation.

Wenn ein Patient die vom Arzt empfohlene Nachsorge wahrnimmt, hat er von
der Tatsache der Speicherung in einem TR nicht die geringste Beeinträchtigung zu erwarten. Entzieht er sich dieser Empfehlung, sollte er ein-
oder zweimal von seinem Hausarzt oder der Klinik erinnert werden, vergleichbar zur Erinnerung der Krankenkassen an ihre Mitglieder, die Vor-
sorgeuntersuchungen wahrzunehmen. Der Patient kann jede weitere Nachsorge ablehnen. Ein entsprechender Vermerk unterbindet jede weitere Kontaktaufnahme durch die Kliniken, praktisch gleichzeitig zur Entlassung
seines Arztes aus der fürsorgenden Verpflichtung, was im Zusammenhang
mit Abb. 15 eingehend erläutert wurde. Es muß deshalb das Interesse der
Versorgungsträger an intensiver Rückwärtskommunikation gesehen werden.
Dabei sind die negativen Reaktionen zu beachten, die Bemühungen um Kontaktaufnahme beim Patienten auslösen können, wenn er unabhängig von der
Klinik regelmäßig betreut wird. Dies vermittelt den Eindruck von fehlenden Absprachen und widersprüchlichen Empfehlungen.

Es wäre unrealistisch, die vertrauensvolle Kooperation und das Befolgen
der Empfehlung durch den Patienten zu überschätzen. Der Kontakt zu Patienten - nicht nur zu denen, die explizit eine Betreuung ablehnen - geht
verloren. Jeder um die Grenzen seiner Maßnahmen wissende Arzt muß interessiert sein, ob nicht vielleicht doch die Gruppe der Verweigerer, der
Anhänger alternativer Methoden genauso gut gestellt sein könnte. Im Interesse aller ist deshalb der Zugang zu den Einwohnermeldeämtern, zu dem
Faktum 'der Bürger lebt' von hohem wissenschaftlichen Stellenwert. Es
handelt sich dabei um eine Anfrage, mit der den Behörden nicht übermittelt werden darf, daß es sich um einen Tumorpatienten handelt. Behörd-
liche Auskünfte werden wie jede Datenurheberschaft im TRM festgehalten.
Ein TR stellt nur an behandelnde Ärzte die Daten ihrer Patienten zur
Verfügung, an andere Institutionen werden keine Daten übermittelt. TR
sind in diesem Sinne Informationssenken und keine für jeden sprudelnde
Informationsquelle.

Eine weitere denkbare Nutzungsart personenidentifizierender Daten ist
der Abgleich der Patienten eines TR mit verschiedensten Personenver-
zeichnissen. Notwendig wäre dafür, aus der Alters- und Geschlechtsver-
teilung einer Berufsinnungskrankenkasse, einer Betriebs-Pensionskasse

die erwartete Zahl der Tumorkranken zu schätzen. Die abweichende Zahl
der tatsächlich Erkrankten - gewonnen durch einen einfachen Namensver-
gleich - müßte von Interesse für die jeweilige Institution sein, als
Entwarnung einer verunsicherten Bevölkerungsgruppe oder als Hinweis,
weitere Fragen zu stellen. Die Medizin muß dieses Angebot unterbreiten,
auch wenn es nicht unmittelbar wahrgenommen wird. Auf keiner Seite wird
dabei ein Datenbestand erweitert, kein Patient hat daraus ein direktes
Eindringen in die Privatsphäre durch zusätzliche Fragen zu befürchten.
Die Wahrnehmung von Gruppeninteressen durch epidemiologische Forschung
stößt hier aber an die Grenzen des geltenden Rechtes (28).

Gesetzliche Änderungen wurden allerdings nur in einem Teilaspekt epidemiologischer Forschung geplant, wobei hier unzureichende methodische
und organisatorische Vorstellungen zugrunde gelegen haben dürften. Zwar
ist eine Beeinträchtigung durch zusätzliche Fragen an Tumorpatienten
nicht zu umgehen, wenn neue Erkenntnisse über die Krankheitsursachen
und die Bewertung der Therapiemaßnahmen gewonnen werden sollen. Dafür
ist ein Artikel über Weitergabe von Daten an Dritte in dem Register-
Gesetzentwurf vorgesehen, der Anlaß gibt, epidemiologische Haustürin-
terviews als Negativ-Szenarien auszumalen. Da aber solche Befragungen
im Rahmen eines Routinekontaktes mit Zustimmung des betreuenden Arztes
erfolgen sollten, sind TR, mit denen sich die Datenurheber identifizieren, die sicherste Garantie gegen einseitig orientierte Zielsetzungen.
Welche zusätzlichen Daten auch immer erhoben werden müssen, die für die
direkte Versorgung des Patienten nicht relevant sind, es wird das er-
läuternde und die Zustimmung des Patienten einholende Gespräch vorge-
schaltet sein. Solche zusätzlichen Daten werden anonym erhoben. Ein TR
wird nicht durch diese Daten in Richtung eines gläsernen Patienten aufgestockt. Zudem würde aus Personalkapazitätsgründen auch nur ein kleiner
Prozentsatz von Patienten mit diesem Ansinnen konfrontiert werden können.

Die Vielzahl der offenen Fragen und die geringe wissenschaftliche Kapazität erfordern es, Prioritäten zu definieren. Wenn jedes Jahr in einem
TZ eine epidemiologische Studie durchgeführt werden soll, müssen Regeln
für die Auswahl formuliert werden, durch die ein Interessenausgleich,
eine Kontrolle und Korrektur gesichert werden kann. Für die Bevölkerung
beunruhigende Fragen könnten auf Bundesebene als Forschungsthemen aus-
geschrieben werden, um die sich TZ bewerben, eine weitere Möglichkeit,
Kontrolle und Motivation der Bevölkerung zu verbinden. Dies braucht nicht
mit Verlust an Freiraum für die Genialität des einzelnen verbunden sein.

Solche personenbezogenen Aktivitäten verdeutlichen, daß Patienten in
keiner Weise beeinträchtigt werden, wenn die Medizin ihren Aufgaben
entsprechend der Erwartung der Öffentlichkeit nachgeht. Im Gegenteil,
es läßt sich ein <u>Datenschutzparadoxon</u> skizzieren. Denn wenn die Verpflichtungen zur Qualitätssicherung, zur Optimierung - und darin ist
auch eine Reduzierung der Maßnahmen enthalten -, zur Aufdeckung von
Ursachen ernstgenommen werden, ohne daß man TR zur Entfaltung kommen
läßt, werden immer wieder von unterschiedlichsten Institutionen Patienten kontaktiert, wird der Leidensweg immer wieder neu aufgerollt. Dies
ist, weil nicht nötig, eine Art des Mißbrauchs, der Beeinträchtigung
durch fehlende, ungenaue Daten oder durch das Vergessen, nicht das
Speichern von Daten. Werden jedoch an wenigen Stellen, die damit sehr
leicht einer demokratischen Kontrolle unterstellt werden können, die
Daten personenidentifiziert gespeichert, so wird durch diesen Flaschen-
hals der Schutz der Privatsphäre der Patienten am sichersten garantiert.
Dieses Paradoxon muß gesehen werden.

4.7.2 Mißbrauch von Daten

Wenn konkrete Mißbrauchsformen diskutiert werden, so ist zunächst zu bedenken, daß bisher weltweit trotz weitverbreiteter Tumorregistrierung
kein Fall von Datenmißbrauch in TR bekannt geworden ist. Des weiteren
ist bei dem hier skizzierten Konzept auch der geringe Informationsgehalt
einer Auskunft 'der Patient ist nicht gespeichert' zu erwähnen. Denn bei
einem pulsierenden Einzugsgebiet (vgl. Abschn. 2.4) ist diese Aussage
nicht mit der Information 'der Patient ist nicht tumorkrank' gleichzusetzen.

Die Argumentation gegen TR kann mit Hilfe des Datenschutzgedankens natürlich auf eine unangreifbare und emotionale Ebene gehoben werden,
indem unbegründet Ängste durch unsachliche Darstellung geweckt werden (81).

Dennoch muß man sich den Ängsten stellen, die mit TR assoziiert werden.
Befürchtet oder unterstellt werden Anfragen durch Versicherungen, durch
Arbeitgeber oder Wirtschaftsunternehmen, die für Werbekampagnen die
Adressen benötigen könnten. Dafür existiert keine Rechtsgrundlage. Solche
Mutmaßungen unterstellen den Mitarbeitern von TR kriminelle Akte, den
Datenurhebern Passivität und mangelnde Bereitschaft zur Kontrolle.

4.7.3 Kontrollmechanismen

Wichtiger als die Mißbrauchsformendiskussion, mit denen sich der Intellekt an die Ausgestaltung von Negativszenarien bindet, ist die Erörterung von Positivszenarien wie den faktischen internen Kontrollmechanismen und der zusätzlichen notwendigen Aufsicht. Dies ist besonders wichtig in einer Phase, in der vielerorts über Register nachgedacht wird, wobei das Zielbündel sich notwendigerweise sehr umfangreich und unpräzis darstellt. Man braucht dabei nicht in idealistische Spekulationen zu verfallen, sondern kann direkt von den Aufgaben und Gruppeninteressen der involvierten Institutionen ausgehen. Eine Behörde, die Eingriffen in die Umwelt für eine positive Entwicklung eines Landes zustimmt, muß interessiert sein, Vermutungen über die resultierende Beeinträchtigung der Gesundheit der Bevölkerung zu widerlegen. Eine kassenärztliche Vereinigung wird interessiert sein, möglichst viele Versorgungsleistungen ambulant erbringen zu lassen,aber dabei Über- und Unterversorgung zu vermeiden. Krankenkassen müssen auf die Optimierung der Versorgungsleistungen drängen, Kliniken werden auf die Nutzung ihrer wissenschaftlichen Ergebnisse achten usw. Als objektive Kontrollinstanz wird der Datenschutzbeauftragte die durch die Routineaufgaben mögliche Beeinträchtigung der Privatsphäre kritisch im Auge behalten und gegegebenenfalls gegenüber dem gesellschaftlichen Nutzen abwägen. Daraus wird ersichtlich, wie ausgeprägt eine wirksame Kontrolle auf Grund der Aufgaben und der Gruppeninteressen der Involvierten sein könnte.

Die Sensibilisierung gegenüber Datenmißbrauch ist schließlich auch beim Bürger soweit fortgeschritten, daß allein Vermutungen, die auf einen Datenmißbrauch hindeuten, alle Beteiligten zur Stellungnahme zwingen, eine Fortsetzung eines Registers gefährden könnten. Aber auch folgendes muß beachtet werden: Allein die jetzt im TRM erreichte Kooperation zwischen den Kliniken wäre gefährdet, wenn für Auswertungen die Urheberschaft unbeachtet bliebe, wenn in Auswertungen - identifiziert und anonym - Fälle anderer Kliniken auftauchen würden.

Wenn einige Gruppen von TR eine Unterstützung der Versorgung und eine Verbesserung des Wissens erwarten, ist es sicherlich verständlich, wenn andere Gruppen dem Lösungsweg mit Skepsis gegenüberstehen. Unverständlich ist es jedoch, wenn durch emotionale Argumente allein der Versuch blockiert wird, einen solchen Nachweis des Stellenwertes zu erbringen. In einer entwicklungsfähigen demokratischen Gesellschaft sollte sich der Intellekt auf Interessenausgleich, auf die Erarbeitung sicherer Konzepte

und auf wirksame Kontrollmechanismen für eine zielkonforme Entwicklung
richten. Auch wenn dafür gesetzlich definierte Freiräume zunächst als
nützlich angesehen werden, sollte beachtet werden, daß dadurch nicht
auch automatisch die notwendige Zusammenarbeit, der Interessenausgleich,
die gegenseitige Kontrolle der involvierten Kräfte aktiviert wird.

Entscheidend ist also, daß denkbare Kontrollmechanismen eingeführt werden, anstatt aus 'Angst vor Mißbrauch' sogar auf die Erkundung sinnvoller
Aktivitäten zu verzichten. Man muß den Anachronismus überwinden, daß die
Gesellschaft den Aufbau von verschiedensten Datenbeständen, vom Einwohnermeldeamt über Pensionskassen bis zur amtlichen Mortalitätsstatistik, fi-
nanziert, aber die Nutzung für die Gesellschaft unmöglich gemacht wird.
Diese darf nicht generell freigegeben werden, sie muß kontrolliert möglich gemacht werden. Die adäquate Kontrollinstanz ist der Datenschutzbeauftragte. Ist es denn nicht denkbar, daß unter aktiver Kontrolle des
Datenschutzbeauftragten das Record Linkage unabhängiger Datenbestände
durchgeführt wird zur Beantwortung der spezifischen Fragen und damit den
interessierten Institutionen und Betroffenen die Angst vor dem Mißbrauch
der Daten weitgehend genommen wird. Wenn die Bereitschaft vorhanden ist,
Möglichkeiten für die Gesellschaft zu nutzen, so lassen sich auch Kontrollmechanismen finden, die einen Mißbrauch minimieren.

Diese Vorstellung skizziert eine weitere Bedeutung von TR, die häufig
auf Grund einseitiger, von der Epidemiologie ausgehender Anforderungen
übersehen wird. Es sind z.B. Berufsgruppen oder Großbetriebe, die auch
von ihrer Seite das Interesse haben sollten, mögliche Gefährdungen für
ihre Bevölkerungsgruppen frühzeitig zu erkennen. Dafür bietet die Medizin
aus ihrer Kooperation Möglichkeiten mit TR an und muß die Kontrolle zum
Schutz ihrer Patienten gesichert wissen.

In diesem Zusammenhang sei an die Regierungskampagne für die Volkszählung
1983 erinnert. Der öffentlich geschürte Zweifel, der unredliches Verhalten der Verwaltung unterstellte, wurde zurückgewiesen, von Nichtwissen,
das zu Fehlinvestitionen in Milliardenhöhe führen könnte, war die Rede.
Die Einfachheit und Diskretion der Erhebung wurde unterstrichen, von der
keine Konsequenzen für die Privatsphäre des Bürgers erwartet werden könnten. Von Notwendigkeit, Harmlosigkeit und Vertrauen der Bürger war die
Rede, von Rechten, die nicht ohne Pflichten bleiben könnten. Letztlich
war es nicht das Anliegen der Volkszählung an sich, sondern die Erweiterung der Zielsetzung, gleichzeitig mit der notwendigen Zählung einen Abgleich der Melderegister zu erzielen, die zur vorläufigen Einstellung
führte.

Die positiven Appelle gelten auch für TR, nur daß die Kooperation auf freiwilliger Basis erfolgt. Auch werden für TR nicht Hunderttausende von Zählern eingesetzt, gelangen die Daten nicht an Behörden zum Abgleich ihrer Melderegister, an Personen, die auch andere, dieselben Bürger betreffende Verwaltungsaufgaben haben. Schon die Gesamtkonzeption gibt bei TR zu weniger Zweifel Anlaß. Denn TR sind mit geringem Aufwand kontrollierbar, ganz ungeachtet von der wirksamen Selbstkontrolle durch die Datenurheber. Ist es nicht gerade im Kontext dieser Gegenüberstellung beachtenswert, wenn eine Regierung sich aus Datenschutzgründen nicht in der Lage sieht, die anonymisierten Daten der Mortalitätsstatistik auf Kreisebene (Abb. 22) für eine begrenzte Region und nur für ein definiertes Diagnosespektrum einer oder zwei Institutionen im eigenen Land zur Bearbeitung zur Verfügung zu stellen, um sie den geschätzten Neuerkrankungen gegenüberzustellen?

4.7.4 Wie relevant sind die Datenschutzbegriffe für die Medizin

Es ist bekannt, daß die Datenschutzgesetze ohne besondere Berücksichtigung der medizinischen, klinisch-wissenschaftlichen Aufgaben konzipiert wurden. Daraus resultieren auch die Schwierigkeiten, die Datenschutzbegriffe auf die Medizin zu übertragen. Dies sei an den Begriffen Übermittlung, Löschen und Richtigkeit kurz skizziert.

Es kann bisweilen der Verdacht nicht entkräftet werden, daß die Datenschutzgesetze als Alibi für Kooperationsdesinteresse sehr zweckdienlich sind, wie es im Tätigkeitsbericht des Bundesbeauftragten für Datenschutz heißt (13, S. 46). Daß damit ein Rechtsgut in Mißkredit gerät, die problemadäquate Diskussion unterdrückt wird, sind negative Folgen, wenn inhaltlichen Argumenten nur mit Emotionen schürenden Bildern begegnet wird.

Zuerst sei der Begriff der <u>Übermittlung</u> problematisiert. Im außermedizinischen Bereich ist es das Ziel, die Weitergabe von im allgemeinen unabhängigen Fakten zu unterbinden, damit an keiner Institution ein 'gläserner Bürger' entsteht, Dossiers über einzelne Personen aufgebaut werden können, die zu Zusatzinformationen und damit zur Ungleichheit vor den Gesetzen führen können.

In der Medizin, speziell bei chronischen Erkrankungen wie Krebs, werden durch Verlaufsfortschreibung keine unabhängigen neuen Fakten erfaßt. Es sind zum Teil mit Sicherheit eintretende Aspekte eines Prozesses, zum Teil sind es für die Planung neuer Therapiemaßnahmen für den Patienten entscheidende Randbedingungen. Das Bild vom gläsernen Patienten ist deshalb nicht zutreffend.

Was im Rahmen der Diagnostik sinnvoll sein kann, einen Kollegen durch
den Befund oder eine ausführliche Anamnese eines anderen nicht zu beeinflussen, ist auf die Versorgung von Tumorkranken nicht übertragbar. To-
xische Grenzen von einzelnen Präparaten oder Strahlenbelastungen sind
Randbedingungen, deren Nicht-Übermittlung lebensgefährliche Folgen haben
kann. Daß zu dieser Übermittlung die Zustimmung der Patienten vorausgesetzt werden kann, kommt dadurch zum Ausdruck, daß besonders solche Ärzte
das Vertrauen ihrer Patienten haben, die den Patienten gegebenenfalls zu
einem Kollegen überweisen mit allen relevant erscheinenden Informationen
und Untersuchungsergebnissen. Nichts anderes wird hier für eine chronische Erkrankung gefordert.

Daraus folgt, daß in der Medizin eine Datenübermittlung - Erfassung im
Register und Übermittlung der Daten eines Patienten gegebenenfalls nach
Jahren an einen weiterbehandelnden Arzt als Dritten - zum Nutzen der
Patienten für eine adäquate medizinische Versorgung erfolgen muß, ein
Nicht-Übermitteln als 'Kunstfehler' einzustufen ist und damit das Gegen-
teil von dem darstellt, was die Datenschutzgesetze schützen möchten.
Erst durch Übermittlung von Daten wird das dem Patienten gerecht werdende
adäquate medizinische Handeln erreicht.

Zweifel an der Relevanz der Datenschutzgesetze für die chronischen Krebserkrankungen müssen auch in Verbindung mit dem Recht des Betroffenen auf
<u>Auskunft</u>, <u>Berichtigung,</u> <u>Sperrung</u> und <u>Löschung</u> seiner Daten verbunden wer-
den. Sicherlich ist es außerhalb der Medizin notwendig, ein ungerecht-
fertigtes Verhalten einer Institution, das durch Bezug auf falsche Daten
über eine Person verursacht wird, durch Einsicht, Korrektur oder Löschung
der Daten zu verändern. Auf die Medizin übertragen bedeutet dies im Grunde
genommen, die Richtigkeit der Diagnose und aller durch sie bedingten Maßnahmen anzuzweifeln, eine Problemstellung, die auf einer ganz anderen
Ebene liegt.

Mit der Klassifikation von objektiven Daten, die auskunftspflichtig sind,
hat der Bundesgerichtshof auf die Problematik der randunscharfen medizinischen Daten hingewiesen, zu denen eben auch die Diagnose gehören kann.
Eine Diagnose ist wertlos, wenn sie nicht implizit den therapeutischen
Rahmen aufzeigt und eine Prognose zuläßt. Beides variiert extrem bei ein
und derselben Diagnose. Weil die Daten eines TR deshalb stets der Interpretation des Arztes bedürfen, ist eine direkte Auskunftspflicht gegenüber dem Patienten nicht vertretbar. Die Daten sind für die Patienten
nicht auf ihre Richtigkeit überprüfbar. Um das Problem der Richtigkeit

weiter zu beleuchten, sei die prä- und postoperative Stadieneinteilung
für maligne Tumoren erwähnt. Man erfaßt gezielt zweimal einen Sachverhalt,unter anderem, um Klarheit zu bekommen, wie oft der prätherapeutische Befund auf Grund der begrenzten Aussagekraft der diagnostischen
Maßnahmen falsch war. Damit werden für die prätherapeutische Stadien-
angabe nicht korrekte Daten gespeichert. Aus diesen falschen Daten läßt
sich prinzipiell jedoch keine Beeinträchtigung der persönlichen Freiheit
der Patienten ableiten, ihre medizinische Relevanz steht jedoch außer
Frage.

Ein weiteres Beispiel ist die Aussage 'tumorfrei, diagnostisch aufwendig
gesichert'. Die Richtigkeit einer solchen Aussage wird unterschiedlich
eingestuft werden müssen, je nachdem, ob sie schon nach vier Wochen, oder
erst nach ein oder zwei Jahren nicht mehr wiederholt werden kann. Die Bedeutung solcher empirisch gewonnenen Richtigkeitsbewertungen für die Versorgung ist einsichtig. Der Richtigkeitsbegriff in der Medizin ist vielschichtig, vom Merkmal, vom Kontext und damit auch von der Vollständigkeit der Daten abhängig. Die Diskussion über Datenqualität ist Ausdruck
der Bemühung, zu richtigen, interpretierbaren Daten zu kommen. Die Forderung der Datenschutzgesetze nach Auskunft gegenüber dem Patienten und
durch ihn veranlaßte Berichtigung kann Denkanstöße liefern, löst aber
nicht das Problem.

Der Richtigkeitsbegriff der Datenschutzgesetze bezieht sich dagegen offensichtlich auf nachweisbare, überprüfbare einfache Fakten, die bei fehlerhafter Erfassung Nachteile für den Betroffenen bringen. Ein einfaches
Beispiel ist die Zahl der Kinder und der damit verbundene Kindergeldan-
spruch. Daraus erklärt sich die Auskunftspflicht und die Korrekturnotwen-
digkeit. Das Ziel ist die Gleichheit vor dem Gesetz. Beide Forderungen
sind nicht für ein TR relevant, da ja unmittelbar keine Beeinträchtigung
- die die Datenschutzgesetzbegriffe verdeutlichen und die die Rechte verhindern sollen - für den Patienten resultiert.

In der jetzigen Situation ist es daher nahezu verpflichtend, von verzer-
renden, einseitigen Darstellungen abzusehen, weil damit auch denkbare
positive Entwicklungen unmöglich gemacht werden. Der Stellenwert von TR
kann auch anders gesehen werden. Es geht nicht um Daten, die von vielen
geliefert und von wenigen mit aufwendiger Technik bearbeitet und präsentiert werden. Es geht um Strukturen, um transparente Informationskanäle,
in denen sich interessierter wissenschaftlicher Intellekt zusammenfindet,
Erfahrungen austauscht, Hypothesen diskutiert und nach Antworten sucht.

Die Vielzahl der Involvierten darf nicht zu einer Paralysierung jegli-
chen vernünftigen Handelns führen, sondern sie muß als optimale Voraussetzung für eine demokratische Kontrolle der TR gesehen werden.

4.7.5 Tumorregister als Ausdruck gemeinsamer Anstrengungen

Wir haben deutlich zu machen versucht, daß Langzeitprozesse wie die Tumorerkrankungen auf Grund der weitgehenden Spezialisierung in der Medizin
besondere Anstrengungen zur Unterstützung der Kommunikation erfordern, um
den Stellenwert jeder einzelnen Maßnahme vor dem Hintergrund des gesamten
Krankheitsverlaufs zu beurteilen, um auf neue Fragestellungen zu stoßen
und deren Relevanz abschätzen zu können. Tumorerkrankungen unterscheiden
sich von anderen chronischen Erkrankungen dadurch, daß sehr viele Versor
gungsträger im stationären und ambulanten Sektor in die Patientenbetreuung involviert sind. Eine Medizin, die nicht nur Versorgungsleistungen
erbringen soll, sondern auch wissenschaftliche Beiträge zur Verbesserung
der Versorgung liefern muß, hat sich dieser Herausforderung zu stellen.
Klinikübergreifende Tumorverlaufsdokumentationen mit epidemiologischer
Zielsetzung sind eine notwendige Antwort. Sie sind indiziert auf Grund
des Wissensdefizits über Inzidenzen, über den Krankheitsverlauf - von
der Karzinogenese bis zum posttherapeutischen Verlauf -, auf Grund des
chronischen Langzeitcharakters der Erkrankung, der Vielzahl der betreuen
den Ärzte, der Notwendigkeit der Qualitätsselbstkontrolle der Kliniken,
der relativen Seltenheit der Erkrankung usw.

Vor einer Ablehnung sollte andererseits auch der Stellenwert des Krebs-
problems in der Öffentlichkeit mit ins Kalkül gezogen werden. Ergebnisse
der wissenschaftlichen Aktivitäten erreichen die Bevölkerung i.a. in
einer überzeichneten Form, seien es Verunsicherung auslösende neue
Risikofaktoren oder erfolgversprechende therapeutische Möglichkeiten,
die nicht selten wieder eingeschränkt und zurückgenommen werden. Dies
fördert die Angst vor dem Krebs, dies schürt die Zweifel sogar an unum-
strittenen Standardtherapien, dies schwächt das Vertrauen in die Medizin
Positive Fakten über hohe Überlebensraten, über nahezu sichere Heilungs-
chancen bei Früherkennung werden nicht wahrgenommen.

In diesem Zusammenhang sollte auch eine vom BMJFG in Auftrag gegebene
Studie zu Krebsregistern und Krebsregistrierung beachtet werden, in der
die Einstellung und die Bereitschaft der Bevölkerung ermittelt wurde.
76% der Bevölkerung sind der Ansicht, es müsse noch mehr für die Krebsbekämpfung getan werden und 88% sehen in Krebsregistern auch eine Maßnahme zur Verbesserung der Krebsbekämpfung, 78% sind unter der Annahme

einer eigenen Krebserkrankung im Prinzip mit der Meldung persönlicher Daten an ein Krebsregister einverstanden. Beachtenswert ist der Zusammenhang zwischen der Ablehnung der Krebsregistrierung und einer defaitistischen Haltung - keine Heilungschance -. Wenig überraschend ist eine höhere Ablehnung bei jüngeren Altersgruppen. Beachtenswert aber ist dabei die Tatsache, daß für mehr als 50% die Zweifel am garantierten Datenschutz ausschlaggebend sind (108).

Zu fragen ist deshalb, welche Auswirkungen die gegenwärtigen Einstellungen von Verantwortungsträgern zu Fragen der Tumorregistrierung auf die Bevölkerung haben werden. Die im TRM kooperierenden Kliniken sehen im gemeinsamen Aufbau eines TR's eine Chance für ihre Patienten. Von der Bayerischen Landesärztekammer dagegen wird die Nutzlosigkeit von TR für die Krebsbekämpfung herausgestellt (81). Dem Bayerischen Staatsministerium des Inneren scheint eine wissenschaftlich exakte Definition der Ziele zu fehlen, die einen Eingriff in grundrechtsgeschützte Positionen zur Erreichung eines gemeinschaftswichtigen Zieles rechtfertigen kann (9,S.39).

Welche Angst vor Datenmißbrauch muß eine solche Haltung beim Bürger wecken? Welche Auswirkungen könnte langfristig die Propagierung der Nutzlosigkeit von TR für diese haben, wenn in der Bevölkerung eine positive Erwartungshaltung sicherlich mit einem erhöhten Interesse an Gesundheitsfragen und damit indirekt auch mit der Bereitschaft zusammenhängt, Vorsorgeangebote wahrzunehmen und vielleicht auch Lebensgewohnheiten auf Grund des deutlich gemachten Zusammenhangs mit Krebserkrankungen zu ändern. Gerade wegen des großen Interesses der Bevölkerung ist die Kooperation aller relevanten Kräfte eine verpflichtende Aufgabe, durch konzertierte Aktionen beruhigend zu wirken anstatt sich in Kontroversen zu erschöpfen und damit indirekt Ratlosigkeit zu vermitteln.

Auch wenn für die Realisierung von TR eine Reihe von Sicherungen gegen Mißbrauch implizit eingebaut sind, ist die Entwicklung langfristig nicht prognostizierbar. Notwendig ist es deshalb, wirksame zusätzliche Kontrollmechanismen einzubauen, bei denen die Breite der gesellschaftlich interessierten Gruppen berücksichtigt wird. Die Zahl der notwendigen TR in der Bundesrepublik wäre überschaubar, die Kontrolle damit realisierbar. Entscheidend für die Wahrnehmung der Kontrollfunktion und für die Akzeptanz durch die Bevölkerung ist die Einfachheit, die Transparenz des Konzeptes und seiner Ziele. Dies muß verständlich gemacht werden.

Gesetzliche Regelungen können möglicherweise zur Transparenz der Informationsflüsse in und um TR beitragen. Allerdings dürfte dies durch Festschreibung von Konzepten, die unbedingt entwicklungsfähig bleiben müssen, zum Nachteil gewendet werden. Diesen Aspekt haben wir u.a. im Abschnitt 4.6 im Zusammenhang mit der Frage der Gefährdung der wissenschaftlichen Entwicklung der Onkologie durch TR angesprochen. Da auf der Basis dieser Überlegungen ein Gesetz schwer denkbar erscheint, mit dem die Nachteile vermieden werden, sollten alle Anstrengungen auf Lösungsmöglichkeiten im Rahmen der bestehenden Gesetze konzentriert werden. Die in der genannten Studie (108) aufgezeigte Meinung der Bevölkerung bietet dafür eine gute Voraussetzung. Des weiteren ist eine problemadäquate Kooperation der Versorgungsträger erforderlich, die dann klare Aussagen der verantwortlichen Politiker erleichtert. Taktieren, Hinhalten durch überzogene Gesetzesinterpretationen ist nicht problemadäquat. 'Ja' erfordert eine Beteiligung und die Ausschöpfung von Handlungs- und Kontrollmöglichkeiten im Rahmen der bestehenden Gesetze. 'Nein' muß die Einschränkung aller Aktivitäten bezüglich TR zur Folge haben. Umstrittene Zwischenlösungen können schädlich sein, weil sie die Bevölkerung verunsichern.

Die Umfrage hat gezeigt, daß die Bevölkerung der Idee TR aufgeschlossen gegenübersteht. In der Zusammenarbeit mit Institutionen konnte beim Aufbau des TRM nicht eine einheitlich vergleichbare positive Erfahrung gemacht werden. Gesetzliche Regelungen werden daran nach unserer Erwartung nur wenig verändern können, solange die Institutionen nicht von sich aus an der Abklärung des Nutzens von TR Interesse finden. Erforderlich ist, daß die in der Bevölkerung erkennbare Einstellung auch in die beteiligten Institutionen hineinwirkt, und damit der Nutzen für TR nachweisbar wird und damit TR zur Entfaltung kommen können.

4.8 Zusammenfassung der Perspektiven

Die Diskussion der Perspektiven verdeutlichte, daß die systematische Nutzung eines TR nicht allein von dem Instrumentarium abhängt, das vom Register zur Verfügung gestellt wird. Es ist vielmehr von großer Bedeutung, daß in Richtung der langfristigen Zielsetzungen ein Entwicklungsprozeß in Gang gesetzt wird, der zunehmend an Wirksamkeit gewinnen muß. Wichtige Teilschritte können schlagwortartig mit Begriffen belegt werden durch die dann aber nicht die notwendige Dynamik des Prozesses zum Ausdruck gebracht werden kann. Nachfolgend werden einige für den Ist-Zustand und für die Perspektiven des TRM wesentliche Aspekte dargestellt, die unter dem Aspekt der Nutzung zwar als eigenständig gesehen werden könnten, die aber unter einer prozessualen Betrachtungsweise nur als Teilziele verstanden werden dürfen.

1. Tragendes Element des Registerkonzepts für das TRM ist das Prinzip der klinikübergreifenden Verlaufsdokumentation. Damit wird das Bemühen beschrieben, durch interdisziplinäre Zusammenarbeit einzelfallbezogene, vollständige Daten zum Krankheitsverlauf zu gewinnen.

   Dieser Ansatz darf nicht an den Grenzen eines TZ enden, wenn er wirkungsvoll und attraktiv bleiben soll. Durch die angestrebte Zusammenarbeit mit den niedergelassenen Ärzten und die dadurch zu erreichende Vollständigkeit des Krankheitsverlaufs wird die Attraktivität der Kooperation für alle Beteiligten entscheidend erhöht.

2. Aus Kliniksicht stellt sich dieser Ansatz als multizentrische Kooperation dar, die es ermöglicht, sich bei der Erfassung auf die eigenen Maßnahmen zu beschränken und dennoch über den Datenbestand eines Klinikverlaufsregisters zu verfügen. Durch die Teilnahme an der prospektiven Dokumentation des TRM gewinnt jede Klinik einen kontinuierlichen Zugang zur eigenen Erfahrung und Leistung.

   Aus der Verknüpfung von Daten zu Primärbefund und -therapie mit Information aus der Nachsorge bietet sich jeder Klinik die Möglichkeit zur ergebnisbezogenen Qualitätskontrolle ihrer Maßnahmen. In einer die kontinuierliche Betreuung betonenden Sicht wird damit jedes Klinikregister zu einem Nachsorgeregister.

3. Dieses Bedürfnis nach Transparenz des eigenen Handelns und die mit TR verbundenen diesbezüglichen Möglichkeiten erleichtern die Werbung für den notwendigen und systematischen Ausbau der Kooperation in Richtung populationsbezogener, tumorspezifischer Teilregister.

   Als strukturelle Maßnahmen sind tumorspezifische Projektgruppen erforderlich, in denen die Vertreter interessierter Kliniken zusammenarbeiten. Aufgabe dieser Projektgruppen ist es unter anderem, für jeden Tumor das Einzugsgebiet festzulegen, für das tumorspezifisch der Polpulationsbezug herzustellen ist und die Trägerschaft für das tumorspezifische Inzidenzregister zu übernehmen.

   Die Zusammenfassung dieser Inzidenzregister läuft langfristig, auf das populationsbezogene TR hinaus.

4. Verläßt man die Ebene des einzelnen Versorgungsträgers, so bietet die Möglichkeit der Verknüpfung von Daten zum Primärbefund und zum

Verlauf attraktive Ansätze zur Definition und Bewertung von Nach-
sorgeangeboten. Bei gegebenem Versorgungsangebot sind der tatsächliche <u>Versorgungsaufwand</u> und damit die <u>Versorgungssituation</u> systematischer zu beschreiben und zu bewerten.

Mit wichtigen Basisvariablen von den soziodemographischen Größen über
die Krankheitsparameter bis hin zu den institutionell variierenden
therapeutischen Maßnahmen sind damit hinreichend Ansatzpunkte für die
Generierung oder Prüfung von Hypothesen gegeben.

5. Das TR kann damit als Basis für intensive Auswertungen bzw. als
   '<u>In-numero-Experimentierfeld</u>' für versorgungsspezifische und wissenschaftliche Fragestellungen über diese Institutionsgrenzen hinweg genutzt werden, da nicht alle mit TR bearbeitbaren, z.T. von der Öffentlichkeit formulierten Fragestellungen auch intrainstitutionell und
   ohne zusätzliche Information aus staatlichen und privaten Institutionen zu bearbeiten sind. Insgesamt kann ein TR aus methodischer Sicht
   auch als <u>Zusammenfassung multizentrischer prospektiver Beobachtungs-
   studien</u> aufgefaßt werden.

6. Das TR ist Ausgangspunkt und Hintergrund für weiterführende Studien.
   Die mit TZ etablierten Organisations- und Kommunikationswege sind für
   die Durchführung von Fall-Kontroll-, Kohorten- und kontrollierten
   klinischen Studien zu nutzen, um eine Verbesserung des Handlungsspiel-
   raums für die verschiedenen Ebenen der Prävention zu erzielen.

   Ein gewisser Grad an Formalisierung und Pflege der Kommunikationsverbindungen ist Voraussetzung für Verbreitung von Empfehlungen und
   Standards, zur Erzielung von Sensibilität für Probleme und zur
   Weckung von Interesse für Ideen. Die strukturellen Voraussetzungen
   sind mit tumorspezifischen Projektgruppen gegeben. Die Wirksamkeit
   kann an der Zahl, an der multizentrischen Beteiligung, an der Aktualität und damit an der Geschwindigkeit gemessen werden, mit der Studien
   definiert und in Gang gebracht werden. TR und sie tragende Strukturen
   sind eine adäquate <u>Basis für wissenschaftliche Aktivität</u>.

7. Der skizzierte Entwicklungsprozeß wird nur dann eine Eigendynamik
   entfalten und damit den Aufwand rechtfertigen, wenn die Verantwortungsträger ihren Beitrag leisten, auch dann wenn er sich auf die
   wichtige Kontrollfunktion beschränkt. Der Aufbau von TR umfaßt damit
   einerseits die <u>Entwicklung von Instrumenten</u> und andererseits die
   <u>Konzeption zieladäquater Strukturen</u>, deren Bedeutung wir wiederholt
   zum Ausdruck gebracht haben.

Die Perspektiven werden deshalb nur dann eine Realisierungschance
haben, wenn sie von einem gesamtgesellschaftlichen Willen getragen
werden. Es muß also insgesamt versucht werden, die Daten aus der Versorgung für die wissenschaftliche Nutzung in Betracht zu ziehen und
auszuschöpfen. Zur globalen Beschreibung dieses Entwicklungsprozesses
haben wir die Bezeichnung <u>kliniübergreifende Tumorverlaufsdokumentation mit epidemiologischer Zielsetzung</u> gewählt.

5. Zur aktuellen Situation des Tumorregisters München

Eine Beurteilung der bisher überschaubaren Entwicklung des TRM darf in
einem Erfahrungsbericht nicht fehlen. Sie kann nur subjektiv sein, weil
die Planung und Entwicklung von den Autoren mitgetragen und mitverant-
wortet wird. Der Versuch, die Versorgung der Patienten zu unterstützen,
definiert das Konzept. Aus der Versorgung der Tumorkranken werden minimale Daten gewonnen, mit denen die Datenurheber in ihren klinischen und
wissenschaftlichen Aufgaben unterstützt werden. In eine Bewertung muß
aber auch die Abhängigkeit der Entwicklung von der lokalen Konstellation
der Kräfte eingehen, weil der Aufbau von diesen Strukturen getragen werden muß. Damit sind einem Vergleich zur Entwicklung an anderen Orten
Grenzen gesetzt.

Was vorliegt haben wir in Abschnitt 3 erläutert. Das Dokumentationskonzept ist transparent, die Verarbeitung der Daten ist auf einem akzeptab-
len Niveau möglich, die Vorstellungen zur Organisation der Nachsorge wurden erläutert. Auf eine explizite Angabe von Fallzahlen wurde allerdings
verzichtet. Sie sind ein gefährliches Kriterium, messen nur allzu oft an
der Realität, an den Problemen vorbei. Der an solchen Zahlen interessiert
Leser hat sich im Zusammenhang mit der formalen Diskussion der Elemente
der Datenaufbereitung detailliert aus den Abbildungen informiert. Zur Beurteilung der Dynamik und der Vollständigkeit halber ist zu erwähnen, daß
über 5000 Neuzugänge und ca. 10.000 Folgeerhebungen pro Jahr verarbeitet
werden. Eine Bewertung des Erreichten sollte nur in Relation zu den Perspektiven erfolgen und erfordert eine Beurteilung der Entwicklungsge-
schwindigkeit in Richtung der langfristigen Ziele.

Der versorgungsorientierte Ansatz schließt mit Notwendigkeit eine enge,
vertrauensvolle Kooperation mit der kassenärztlichen Vereinigung ein. Denn
eine direkte Benachrichtigung eines von vielen Kliniken getragenen Verlaufsregisters durch die niedergelassenen Ärzte ist zu aufwendig und nicht
multiplikationsfähig, auch wenn dies aus der speziellen Sicht eines Klinikregisters naheliegt (30,68). Von dieser angestrebten Kooperation ist

das TZM noch weit entfernt. Als kleine Schritte existieren zwar Entschlie-
ßungen des Bayerischen Ärztetages von 1980 und 1982, in denen die Konzeption eines allgemeinen Nachsorgekalenders gefordert wurde und wo einer Kooperationsgemeinschaft von Kliniken die Bearbeitung klinisch-wissenschaft-
licher und epidemiologischer Aufgaben zugestanden wurde. Vergleichbare
Formulierungen finden sich auch in einer Stellungnahme der Bundesärztekam-
mer zum Registergesetzentwurf. Damit kann ein klinikübergreifendes Verlaufsregister leben, denn diese Stellungnahmen umschreiben nur die Aufgaben der Versorgungsträger. Trotz öffentlich erklärter Kooperationsbereitschaft scheinen einer aktiven Kooperation aber Grenzen gesetzt. So mußte,
wie erwähnt, auf die Bitte des TZM, zur Unterstützung der Kommunikation
zwischen Kliniken und niedergelassenen Ärzten die Kassenarzt-Adressen zur
Verfügung zu stellen, 'eine Offenbarung der Kassenarztdaten an das TZM
im Mai 83 abgelehnt werden, weil sie nicht für die Erfüllung der gesetzlichen Aufgaben nach RVO erforderlich ist'. Datentechnisch können letztlich aufwandsbedingt die einweisenden und nachsorgenden niedergelassenen
Ärzte nur durch die ins Gesundheitssystem eingeführte Kassenarztnummer
festgehalten werden. Die Ablehnung erschwert damit die Unterstützung der
Kommunikation der kooperierenden Versorgungsträger. Da wir vom Konzept her
in unserer Arbeit nicht auf Duldung, sondern auf Kooperation gesetzt haben, in der anonymisierte Daten aus den Versorgungsleistungen der niedergelassenen Ärzte den Kliniken für ihre Aufgaben angeboten werden, muß in
diesem entscheidenden Punkt trotz des geäußerten Kooperationsinteresses
eine Stagnation zugegeben werden. Dagegen sind in den Gesundheitsabtei-
lungen im engeren politischen Umfeld nicht einmal die grundsätzlichen
Einstellungen abgeklärt bzw. transparent.

Aus diesen Gründen waren wir auch sehr zurückhaltend in der Werbung für
die Kooperation im TRM. Zur Zeit arbeiten ca. 30 Kliniken mit unterschiedlicher Intensität im TRM zusammen. Eine Verdopplung entspräche der realen
Versorgungssituation und wäre technisch unproblematisch. Aber die Verantwortung auf Grund der unklaren Perspektiven diktiert in diesem Punkt Zurückhaltung. Klinikübergreifende Verlaufsregister sind u.E. eine verpflichtende Aufgabe der Versorgungsträger und werden deshalb ohne eine
Beteiligung der niedergelassenen Ärzte langfristig sinnlos.

Auch die Bewertung des TRM aus methodischer Sicht oder besser aus der
Sicht der Inzidenzregister wird negativ ausfallen. Schon die Darstellung
der Versorgungsnähe reicht aus zur Einstufung als 'Nachsorgeregister'.
Es scheint mit internationalen Maßstäben nicht vereinbar zu sein, wenn
mit einem gewissen Opportunismus auf eigengesetzliche Entwicklungen ge-

setzt, ein Relativismus der Wege vertreten wird, die sich durch unterschiedliche Gewichtung der Ziele definieren lassen. In der Theorie regiert die Vernunft mit unbestrittener Autorität. Die Praxis allerdings erweitert den Gesichtskreis, zeigt Kompromißmöglichkeiten auf, macht Kompromisse notwendig.

Der epidemiologische Stellenwert des TRM muß konzeptbedingt bisher begrenzt sein, wenn unter Epidemiologie populationsbezogene Aufgaben subsumiert werden. Wer allerdings Analysen zum natürlichen Krankheitsverlauf, wie sie mit den Abbildungen angedeutet wurden, zu den Aktivitäten einer klinischen Epidemiologie (25) zu zählen bereit ist, wird den epidemiologischen Stellenwert des bisher Erreichten optimistischer klassifizieren.

Das TRM ist kein Inzidenzregister, es ist auch kein von der Kooperation der Versorgungsträger gepflegtes Verlaufsregister. Bleibt deshalb nur die Hoffnung? Nicht nur. Es sind in Relation zu den Perspektiven kleine Schritte, wenn einige große Kliniken über ihre Behandlungszahlen aus den letzten 6 und mehr Jahren informiert sind, wenn ein Teil von ihnen mehr als 70% der Patienten von sich aus mit hohem Aufwand weiterverfolgt hat. Daß das wissenschaftliche Denken auf diesen Fakten aufsetzt, ist zwar selbstverständlich, aber der Unterschied zu nicht kooperierenden Kliniken ist auffällig. Es darf ebenfalls nicht unbeachtet bleiben, daß zu einigen Erkrankungsformen mittlerweile 60-120% der nach nationalen und internationalen Statistiken zu erwartenden Neuerkrankungen erfaßt werden (bezogen auf 1,3 bis 6,1 Mio. Einwohner), wobei über die Kenntnis der Behandlungszahlen der übrigen, noch nicht kooperierenden Versorgungsträger die tatsächliche Inzidenz teilweise mit über 150% anzusetzen ist.

Eine gewisse Relevanz leiten wir auch aus der Verlaufsdokumentation ab, wenn aus den Ergebnissen Fragen zur Berechtigung von einzelnen Nachsorgemaßnahmen formuliert werden können. Auch die Intensivierung der lokalen Kooperation ist, obwohl für Außenstehende weniger beurteilbar, u.E. als ein wichtiges Indiz anzusehen für eine beginnende Veränderung, die zur Hoffnung berechtigt. Es ist ebenso ein weiterer kleiner Schritt, wenn mehrere große Kliniken Ergebnisse aus ihren Klinikregistern austauschen können, wobei sie sich in der Diskussion auf die Tabellennummer der identisch aufgebauten Auswertungen beziehen können. Damit ist zugleich angedeutet, daß auch in der Datenverarbeitung ein brauchbares Niveau erreicht wurde. Sie ist kein limitierender Faktor auch bei komplexen Fragestellungen, wie mit Abb. 55 angedeutet wurde.

Wir haben die Zeitdauer für den Aufbau eines TR unterschätzt, weil wir
die Bereitschaft in der Medizin, auf dem Problemfeld der Tumorerkrankungen in Kooperation eine Initiative ohne Erfolgsgarantie zu starten, überschätzt haben. Dennoch halten wir die äußeren Bedingungen für modifizierbar bzw. für reversibel.

Der kritische Leser mag den Eindruck gewinnen, daß nicht zufriedenstellende Entwicklungen häufig mit dem Verhalten Dritter in Verbindung gebracht werden. In der Tat sind wir der Ansicht, daß das TRM, wie in der
Einleitung angesprochen, ein Stadium erreicht hat, von dem ab für die
weitere Entwicklung auch Verhaltensänderungen der Umwelt notwendig sind.
Zusätzlich darf jedoch auch die hemmende Wirkung einer Reihe konzept-
immanenter Probleme nicht aus dem Auge verloren werden. Einige Aspekte
sollen deshalb noch abschließend in der Diskussion angesprochen werden.

6.   Diskussion spezifischer Aspekte der Entwicklungsarbeit

Wir haben in den vorangehenden Abschnitten den Stand des TRM skizziert,
Perspektiven und Grenzen aus wissenschaftlicher Sicht aufgezeigt. Verständlicherweise sind wir von dem eingeschlagenen Weg, von seiner logischen Konsistenz überzeugt. Auch die bisher dargelegten Schwierigkeiten
zwingen zu keiner Konzeptmodifikation, im Gegenteil, sie können als Be-
stätigung gelten. Gegenüber alternativen Konzepten wurde bisweilen Skepsis
formuliert. Dennoch wurde an keiner Stelle ein Absolutheitsanspruch erhoben. Es wurde die Meinung vertreten, daß mit dem Aufbau von TR ein Prozeß eingeleitet wird, durch den sich die Einstellung der involvierten
Personen und Institutionen, angefangen von den Patienten als den Betroffenen über die Ärzte als Datenurheber, von den Kliniken bis hin zu den
politisch Verantwortlichen einschließlich der Bevölkerung allmählich
ändert. Es wird ein Meinungsbildungsprozeß eingeleitet, der es erleichtert, entsprechend der Größenordnung des Problemfeldes Stellung zu beziehen und zu handeln.

Die positiven Entwicklungsmöglichkeiten sind kaum zu prognostizieren.
A-priori-Stellungnahmen negativer oder positiver Art für einen 'Königs-
weg' sind nicht problemadäquat. Wenn auch verschiedene Gruppen positive
Impulse von TR erwarten, so muß dennoch gesehen werden, daß einzelne
durch Verweigerung ihrer Kooperation sogar den Versuch blockieren können,
einen Nutzen nachzuweisen. Obwohl es mit der pluralistischen Ordnung unserer Gesellschaft schwer vereinbar wäre, hier übermäßigen Druck auszu-
üben, ist es doch aus unserer Sicht legitim, Verweigerungshaltung als be-
denklich anzusprechen. Alleingänge sind nutzlos. In einer demokratischen
Gesellschaft, die noch entwicklungsfähig ist, sollte erwartet werden, daß
bei einvernehmlicher Zielsetzung Skepsis über den Weg nicht zu Konfrontation führt.

Entwicklungsfähig sein bedeutet offen sein. Es ist nicht gerechtfertigt und nicht möglich, alle für ein TR sinnvollen Funktionen und Informationsflüsse zu antizipieren und quasi durch einen juristisch definierten Freiraum ein Aktionsfeld abzustecken. Vielmehr ist Rechenschaft über Entwicklungsschritte abzulegen, auf denen aufbauend dann über die nächste sinnvolle Aktion - dazu gehört auch der Abbruch - entschieden werden muß. Dies erfordert die Bereitschaft, sich zu informieren, es erfordert die Wahrnehmung von Kontrollfunktionen, es belastet die Verantwortungsträger.

Wenn mit TR ein Prozeß eingeleitet wird, wenn Wege auf ein unscharfes Zielbündel beschritten werden, so gibt es naturgemäß verschiedene Ausgangspunkte. Ein Pathologie-gebundenes Inzidenzregister, ein Verbund von Klinikverlaufsregistern, ein auf Meldeberechtigung basierendes Inzidenzregister, fachspezifische Register usw. können Ausgangspunkte sein. Die Annahme, daß mit der regelmäßigen Abgabe eines Meldescheins wesentliches erreicht wäre, käme allerdings einem verfehlten mechanistischen Denken gleich. Sicherlich kommt aggregierten Aussagen wie Lungenkarzinome nehmen zu, Magenkarzinome nehmen ab, eine Signal- und Kontrollfunktion zu, die Aufmerksamkeit provozieren kann. Aber erst die Auseinandersetzung vieler Datenurheber mit ihren Daten, ihren Leistungen und Mißerfolgen, ihren Unterschieden untereinander wird über den Nachweis von Fakten hinaus Rückwirkungen auf die Routine zur Folge haben.

Schädlich und die Einleitung einer Entwicklung verhindernd sind Äußerungen wie 'die ätiologische Forschung braucht nur den Namen, die Diagnosen und den Zugang zum Patienten', 'Klinikverbundregister sind wissenschaftlich bedeutungslos' oder 'mit Inzidenzdaten kann kein Kliniker etwas anfangen'. Durch solche überzogenen Fachegoismen wird von vornherein eine sinnvolle Kooperation unmöglich gemacht. Es geht also darum, von verschiedenen Ausgangspunkten eine Entwicklungsvielfalt zu initiieren. Diese bietet, wenn sie nicht vorher förderungstechnisch eingeschränkt wird, bei dem nahezu parallelen Anlaufen verschiedener TR zugleich die Chance, daß parallel Lösungen für unterschiedliche Probleme erarbeitet werden müssen, wodurch bei adäquater Kooperation die TR im Laufe ihrer Entwicklung voneinander profitieren. Unter kontrollierten Bedingungen ist die Wirksamkeit der TR nachzuweisen, am besten mit quasi sequentiellen Strategien, um einen notwendigen Abbruch nicht hinauszuzögern. Bei nur einem Typ von Registern dagegen besteht die Gefahr gemeinsamer Stagnation. Im Sinne der Bejahung von Vielfalt sollen zusammenhängend zu wichtigen Aspekten des skizzierten Konzeptes organisatorische, technische und wissenschaftssoziologische Probleme angesprochen werden, die den Erfolg in Frage stellen können.

6.1 Zentrale versus dezentrale Organisationsform

Unter einer zentralen Lösung verstehen wir die gemeinsame Speicherung der
nach einem standardisierten Dokumentationskonzept erhobenen Daten zu allen Erkrankungsformen aller Datenurheber in einem System mit einheitlichen Verarbeitungswegen einschließlich der Datenqualitätskontrolle, mit
Rückkoppelung der Fehler und Auswertungen an alle Datenurheber über einen
Funktionsträger. Eine dezentrale Erfassung für wenige Schwerpunktskliniken ist damit vereinbar. Die dezentrale Organisationsform definiert sich
durch die Negation, wobei durch moderne Softwaretechnologie die gestreute
Speicherung der Daten wieder aufgehoben wird (s. Abb. 3). Zusätzlich erfordert die Diskussion auch Annahmen über die Versorgungssituation. Es
wird die Existenz kleiner Kliniken angenommen, für die Aufbau und Pflege
eines eigenen Klinikregisters nicht denkbar ist, wobei aber zweiseitig
- aus Klinik- und Tumorzentrumssicht - Kooperationsinteresse besteht
(s. Abb. 2).

Unter diesen Voraussetzungen ist u.E. eine zentrale Lösung für klinikübergreifende Verlaufsregister mit epidemiologischer Zielsetzung zu favorisieren. Alle Dokumentationsformulare werden von einer Organisationsstelle
nach einheitlichen Kriterien bearbeitet. Problemfälle können gesammelt
und von einem qualifizierteren Mitarbeiter bearbeitet werden. Für kleine
Kliniken ist es unproblematisch, Daten von einer unabhängigen Stelle ver-
walten zu lassen, während bei einer Ausrichtung auf das dezentrale Register einer führenden Fachklinik die Mitarbeit kleinerer Kliniken in Frage
steht.

Eine zentrale Organisation kann damit über Stand und Entwicklung der
Klinikregister jederzeit berichten, Stagnation oder Qualitätsverlust ansprechen, gegebenenfalls mit ambulanten Dokumenationskräften Schwäche-
perioden in bestimmten Kliniken überbrücken helfen. Die Verantwortung für
ein zentrales Register ist zwar wesentlich größer, aber wegen der Kontrollmöglichkeiten auch leichter wahrzunehmen. Eine zentrale Lösung wird
i.a. bei gleicher Aufgabenstellung mit weniger Personal und mit geringe-
rem technologischen Aufwand realisierbar sein.

Der wichtigste Aspekt einer zentralen Organisation ist aber die problemlose Zusammenführung der Verlaufsinformation. Der Versorgungsweg ist nicht
für jeden Fall neu aufzurollen, um zu entscheiden, wem welche Daten zuzu-
stellen sind. Ein dezentrales Organisationskonzept entspricht nicht der
Realität der Versorgung. Selbst für häufige Erkrankungsformen kann die
Versorgung patientennah in Schwerpunktskliniken durchgeführt werden, aber

auch abhängig z.B. vom Stadium, vom Allgemeinzustand des Patienten bis
hin zur Einschätzung der Versorgungsqualität der verschiedenen Häuser
für den individuellen Fall durch den einweisenden Arzt patientenfern
gesteuert werden.

Um wenigstens an einer Stelle zu einer Synopse des Krankheitsverlaufs zu
kommen, reicht es nicht aus, auf die technologischen Möglichkeiten eines
Datenaustauschs zu verweisen. Record-linkage ist technologisch trivial
für harte Daten, z.B. für Basisfakten wie 'existiert als Tumorpatient',
'ist zum Zeitpunkt x tumorfrei', 'ist verstorben' usw. Ein Zusammenführen
von Krankheitsverläufen, von Rezidiven, Metastasenlokalisationen, von Behandlungen erfordert nach wie vor 'den Fall in die Hand zu nehmen, zu
bearbeiten'. Dies ist mit großem Arbeitsaufwand verbunden, nur eine sim-
plifizierende Abstraktion kann in dezentralen Ansätzen Vorteile erkennen.
Auch die Kooperationsvorstellungen zu den niedergelassenen Ärzten, die
zentralen Anfragen beim Einwohnermeldeamt, die einheitlichen tumorspezifischen Auswertungen für alle kooperierenden Kliniken usw. sind zum Teil
erst durch eine Zentralisierung effizient lösbar.

In der Anlaufphase wird eine zentrale Organisation zwar Widerstand hervorrufen, da ein eigener Rechner, eine jederzeit verfügbare zusätzlich
finanzierte Dokumentationskraft in jeder Klinik mehr Zufriedenheit erzeugt als eine Beteiligung an einem zentralen System. Nachteilig wirkt
sich auch die notwendige Formalisierung der Kommunikation aus. Es müssen
Zuständigkeiten vereinbart werden. Die Einwirkungsmöglichkeiten des Registers auf die klinikinterne Organisation sind begrenzt, eine bei der
täglichen Zusammenarbeit am Rande erfolgende Motivation ist nicht möglich.
Das Verständnis für die Probleme der Informationsverarbeitung wird nicht
durch die eigene Erfahrung in den Kliniken verbreitert, Anforderungen
werden deshalb aggressiver formuliert. Ein gemeinsam verabschiedetes Konzept wird aus der Perspektive eines möglichen eigenständigen Neubeginns
als Verlust an Freiraum empfunden und so die Motivation schwächen. Werden
aber durch dezentrale Lösungen solche Bedenken hinfällig? Kann trotzdem
die Kooperation der Datenurheber gefördert werden? Neben kritischen Überlegungen wird auch die praktische Erfahrung, also die Bejahung von Alternativen und die Bewertung der Ergebnisse zur Klärung dieser Frage beitragen.

6.2 Bemerkungen zur Informationsverarbeitung

Die Diskussion der Problematik der Informationsverarbeitung kann sehr allgemein geführt werden, da sich die Schwierigkeiten weitgehend unabhängig vom spezifischen Anwendungsfeld TR erkennen lassen. Zunächst ist festzustellen, daß trotz des 20-jährigen Einsatzes der Datenverarbeitung die Probleme der Anwendung in der Medizin in einem erstaunlichen Maß hinter den Perspektiven verborgen bleiben. Auf Grund der Erfahrung überwiegen daher in der Medizin probleminadäquate negative und positive Vorurteile. Eine realistische Einstufung des Instrumentes Computer ist selten. Abweisung und Euphorie sind natürliche Haltungen gegenüber Neuerungen, das Erstaunen bezieht sich daher nicht auf die Reaktionen an sich, nur auf die Zeitdauer bis zu einer vernünftigen Synthese.

Der Präzisierung dieser Ansicht ist eine Bemerkung vorauszuschicken. Datenverarbeitung mit klar definierten harten Daten - das reicht von den bildgebenden Verfahren über die Laborautomation bis hin zur Verarbeitung von Individualbegriffen in Verwaltungssystemen - ist unumstritten. Attribute wie innovativ, schnell, zuverlässig, exakt, rationell, auf Knopfdruck abrufbereit sind nicht unberechtigt.

Die Datenverarbeitung mit randunscharfen Daten tut sich aber nach wie vor schwer. Wir meinen hier nicht die technischen Probleme im Sinne der Beherrschung des Instrumentes, durch die ganze Gruppen vollständig absorbiert sein können, so daß es gar nicht zur Nutzung in der Medizin kommt. Es geht nicht um die Abbildung einer Fragestellung auf die Merkmale einer Datenbank oder um die Überwindung der mnemotechnischen Abkürzungen oder um die Redundanz der Abfrageformulierungen in natürlicher Sprache. Vielmehr meinen wir die explorative Abklärung der Tragweite unterschiedlicher Entscheidungen, die bei jeder Abfrage zu treffen sind, den Stellenwert unvollständiger Daten, die Analyse der Randgruppen, das Anpassen der oft theoretischen Vorstellungen der Fragesteller an die Realität, das Mitgeber von Fakten, denen auf Grund der aktuellen Frage mehr Aufmerksamkeit gewidmet wird. Es geht also um die Wechselwirkung zwischen Mensch und Maschine im Rahmen der wissenschaftlichen Aktivität, um psychologische Aspekte, um realistische Möglichkeiten und überzogene Erwartungshaltungen, um den Aufwand, der mit der Nutzung, der Aggregation von Daten verbunden ist, der also jenseits des Faktenabrufs fallbezogener Daten liegt.

Speziell in der Versorgung von Tumorpatienten wird die Notwendigkeit der Intensivierung der Kooperation und der Formalisierung der Kommunikation nicht bestritten. Jedesmal dann, wenn ein Patient zur Rezidiv- oder Meta-

stasenbehandlung ohne weitere Information über den bisherigen Krankheitsverlauf im Gesundheitssystem auftaucht, wird diese Unzulänglichkeit erlebt. Der gleiche Anstoß wird empfunden, wenn zur Qualitätsbeurteilung
für ein Patientenkollektiv die 2-oder 5-Jahres-Überlebensraten ermittelt
werden sollen, vor allem wenn in einer anderen Klinik simultan derselbe
Aufwand investiert wird.

Abstriche werden jedoch gemacht, wenn die inhaltlichen und organisatorischen Randbedingungen einer mit der täglichen Routine zu verbindenden Dokumentation diskutiert werden. Inhaltlich wird am Sinn der Erfassung der
Minimaldaten gezweifelt, weil deren Umfang im Widerspruch zur Komplexität
der Entscheidungen im Einzelfall steht. Das Erleben der Grenzen der Handlungsmöglichkeiten macht es schwer, der Forderung nachzukommen, den Fall
für die Dokumentation, für ein globales Ziel zu abstrahieren, das Wesentliche festzuhalten. Die Frage nach dem Nutzen für den einzelnen Patienten
scheint berechtigt, da die distanzierte wissenschaftliche Abstraktion unter dem Druck der ungelösten Einzelfallproblematik zu erbringen ist.

Für die Grundlagenforschung entfällt durch die klinische Ferne dieses
Spannungsverhältnis zwischen der Komplexität der täglichen Entscheidung
im Rahmen der Versorgung und der Einfachheit des dokumentierten Abbildes.
Die Hoffnung auf die praktische Anwendung wirkt motivierend. Vielleicht
ist letztlich der Zweifel an der Bedeutung von TR Ausdruck 'intellektuel-
ler Arroganz' des Menschen. Wenn aus wenigen Angaben Erkenntnisse gewonnen werden könnten, wäre man selbst schon eher aufmerksam geworden. Deshalb kann nur ein kompliziertes Bedingungsgefüge vorliegen, das nicht mit
wenigen Angaben zu erkennen sein kann. Die Erkenntnisfähigkeit des Menschen ist aber limitiert, wenn Jahre zwischen Ursache und Wirkung liegen,
wenn häufige Risikofaktoren und häufige Erkrankungen zusammenhängen, wenn
Ursachen für seltene Ereignisse abzuklären sind, wenn ein multifaktoriel-
les Geschehen zugrundeliegt, es sich also nicht um erkennbar determini-
stische Prozesse handelt. Wie schwierig ist es z.B. für einen niedergelassenen Arzt, den Zusammenhang zwischen Rauchen und Lungenkrebs nachzu-
vollziehen, wenn 50% und mehr seiner Patienten rauchen und alle zwei bis
drei Jahre ein Lungenkarzinom diagnostiziert wird. Daß der Nachweis eines
Zusammenhangs und die wahren Wirkungsmechanismen auf verschiedenen Ebenen
liegen, kann ebenfalls nicht als Begründung für Passivität herangezogen
werden.

Auch die Unterstellung von Desinteresse, von mangelnder Sorgfalt bei der
Dokumentation auf der 'Nachbarstation' wirkt demotivierend. Wissenschaft
und komplexe Organisation wird als Widerspruch empfunden. Nur dem wird

vertraut, was man selbst macht. Lösungen werden eher von romantischer
Forscheridylle erwartet, die aber den Problemen der klinischen Onkologie
nicht gerecht wird.

Das mag als überspitzt eingestuft werden, aber zu dieser Einstellung ist
im weiteren Sinne auch die Meinung zu zählen, dezentral durch eigene Systeme das zu leisten, was als zentral nicht realisierbar eingestuft wird.
Eine solche Haltung wird durch die Datenverarbeitung gefördert. Es ist
verblüffend einfach, einige Fälle in einer Datei zu speichern, zu korrigieren und abzurufen. Dies vermittelt das Gefühl der Kompetenz und fördert Insellösungen. Die Möglichkeiten, technologisch die gestreute Speicherung aufzuheben, bestätigen die Berechtigung für diese Vorstellung.
Daß dies nicht multiplikationsfähig ist, daß der Aufwand n-fach erbracht
werden muß, daß die vergleichbaren Auswertungsprobleme n-fach gelöst werden müssen, daß die Kooperationseinstellung sich nicht verändert, daß die
natürlichen Informationskanäle nicht ausgebaut werden, bleibt zunächst
hinter den Scheinerfolgen der ersten Schritte verborgen, kann 'aber langfristig zur Ablehnung führen.

Wenn zusätzlich die Institution TZ keine Möglichkeiten und keine Kompetenzen hat oder wahrnimmt, auf Grund von Kooperationsbedingungen zu
reglementieren - erstaunlicherweise wird dies für die Durchführung von
multizentrischen Studien vorausgesetzt und akzeptiert, und TR sind bis
auf die Randomisierung in nichts davon zu unterscheiden -, wird die
Machtlosigkeit des einzelnen gegenüber großen Organisationen empfunden,
in Passivität transformiert oder aber als Begründung für eine überschaubare Eigeninitiative gesehen.

Zusätzlich erschwert die Erfahrung einen Einstieg. Der tägliche erdrücken-
de Formularberg wird nicht als notwendige Standardisierung für die konventionelle Informationsverarbeitung in komplexen Organisationen gesehen,
sondern mit Datenverarbeitung gleichgesetzt, mit der andere irgend etwas
tun. Das Mißtrauen in TR wird durch extreme Positionen bezüglich der Datenschutzproblematik weiter gefördert.

Kann dennoch ein Einstieg auf Grund des Interesses erreicht werden, bedarf es zunächst einer großen Anstrengung, übertriebene Erwartungshaltungen, das positive Image der Datenverarbeitung auf die Realität abzubauen
Datenverarbeitung bedeutet primär Konfrontation mit der Insuffizienz. Dies
beginnt mit der Einsicht über die Größenordnung des Aufwandes, aus der
eigenen Klinik zuverlässige Daten zu erhalten. Die Vollzähligkeit der Erfassung ist ein organisatorisches Problem. Die Vollständigkeit und die in

haltliche Qualität dagegen sind von vielen Faktoren abhängig. Es ist organisatorisch nicht leicht, Daten - zur Personenidentifikation, zur Anamnese, zur Operation, zum pathologischen Befund, zum Therapieerfolg - die i.a. nicht alle einem Arzt bekannt sind, zusammen von einem Arzt auf ein Formular bringen zu lassen. Des weiteren ist das Abstrahieren eines Befundes in ein formales Korsett eine Frage der Ausbildung. Ebenso muß man mit der Versorgungsrealität leben, da eben für Patienten, die zur Zusatzbehandlung überwiesen wurden, nur unvollständige Daten vorliegen. Es ist nicht vertretbar, für eine Routinedokumentation mit extrem hohem Aufwand Vollständigkeit zu erzielen. Notwendig ist vielmehr, einen Prozentsatz unvollständiger Daten festzulegen und zu akzeptieren. Diese Rate wird für ein primär behandelndes, operatives Fach klein sein, für ein internistisches Fach die Versorgungsrealität beschreiben.

Eine adäquate Informationsverarbeitung muß diese Mängel offenlegen. Sie muß den Prozentsatz fehlender Histologien, fehlender TNM-Stadien, fehlender Verlaufsinformationen beschreiben, damit sich die Anspannung, die Zielidentifikation in der täglichen Routine nicht abschwächt. Die Datenverarbeitung verkürzt die Distanz zur Datenqualität, sie schwächt das Vertrauen in die Ergebnisse, weil Unvollständigkeit akzeptiert werden muß.

Eine solche Ernüchterung wird nicht erlebt bei kontrollierten Studien, wenn durch die Aufnahmekriterien selektiert wird, also die Wahrscheinlichkeit vollständiger Daten erhöht wird. Diese Ernüchterung wird ebenso nicht erlebt, wenn die Daten über ein ausgewähltes Kollektiv, das man selbst zusammengetragen hat, einem Doktoranden anvertraut werden. Er allein kennt die Daten, sorgt so für Distanz, liefert die gewünschten Ergebnisse, für die eine Vielzahl später nicht mehr nachvollziehbarer Klassifikationen erforderlich war. Unterschiede in der Methode werden in der Folge leicht einer vermeintlichen Insuffizienz der Datenverarbeitung zugeschrieben.

Wenn das Image der 'Knopfdrucktechnik', das durch die bildgebenden Verfahren, durch Anfragen an Verwaltungsdatenbanken so nahegelegt wird, durch die Beschreibung von anwenderfreundlichen Systemen, die interessierten Kliniken zur selbständigen Anwendung angeboten werden, auch von kompetenter Seite noch gepflegt wird, so braucht man sich über die Folgen der Ernüchterung nicht zu wundern.

Der Aufbau, die Pflege und Auswertung einer Tumorverlaufsdokumentation ist nicht auf dieser Ebene realisierbar. Zur Verdeutlichung sei an eine einfache Frage nach der Überlebenszeit einer Patientengruppe gedacht. In welche Teilfragen ist sie aufzulösen? Zunächst ist festzulegen, für wel-

ches Zeitintervall, wie weit zurück, Patienten in die Mengendefinition
einzubeziehen sind. Sind die Patienten mit Zweitmalignomen auszuschlie-
ßen? Sind nur die in der Klinik primär behandelten zu betrachten? Sind
die Patienten mit fehlendem Lymphknotenstatus miteinzubeziehen? Muß die
Zusatztherapie wirklich 2 bis 3 Wochen nach Operation begonnen worden
sein? Bei wieviel Prozent lag der Beginn später? Ist eine tumorfreie
Zeit zu definieren oder sind die rezidivierenden und metastasierten Fälle
getrennt zu behandeln? Wie ist die Verteilung der Patienten, zu denen
der Kontakt abgebrochen ist? Wie sind die Fälle mit unbekannter Todesursache einzustufen? Wie sind fragliche Befunde zu behandeln, wenn danach
eine Progression diagnostiziert wurde? Wieviel Patienten bleiben danach
übrig? Wie sehen die Ergebnisse aus, wann man sich für andere Klassifikationen entscheidet? Wie sind die Ergebnisse für die benachbarten Stadien? Was wird aus den Therapieverweigerern? Gibt es Einflüsse der Histologie, der Lokalisation usw.? Das Aufarbeiten der Daten, das Arbeiten
in numero kostet viel Zeit, eine intime Kenntnis des Datenkörpers, der
Unzulänglichkeiten und der Randbedingungen des Abbildungsprozesses ist
notwendig. Typische Verläufe und Literaturwissen sollten als Plausibilitätsprüfung bei den Abfragen parat sein. Die Bejahung solcher Fragese-
quenzen ist notwendig, um die methodischen Grenzen bloßzulegen. Sie kann
aber auch als Chance gesehen werden, um von der Fallzahl abhängig die
Möglichkeiten auszuschöpfen. Beides erfordert ein adäquates Werkzeug.

Knopfdrucktechnik ist denkbar. Sie muß aber im Leistungsumfang definiert
werden, sie setzt 'künstlich gehärtete Daten', am besten ohne Zeitbezug
mit möglichst wenig fehlenden Werten, letztlich einen idealisierten Date
körper voraus. Ein Insistieren auf einen Wert vor der Speicherung verlagert nur das Problem, läßt es nicht bewußt werden und liefert damit auch
keine Impulse zur Beseitigung. Es ist das Ziel, in Auswertungen an die
Grenzen der Aussagefähigkeit der Daten heranzuführen, Fragen offen zu
lassen, neue Fragen aufzuwerfen. Dies ist eine andere Dimension als der
Faktenabruf von Individualbegriffen für Existenzaussagen, für Einzelfall
auflistungen, für Mahnsysteme usw., mit denen die einfache Handhabung
schlüsselfertiger Systeme so gern demonstriert wird. Es ist deshalb erforderlich, die Erwartungen nicht zu hoch zu schrauben, damit der Kontrast zur Realität nicht in eine Abwehrhaltung führt.

Ein weiteres Problem kann durch die Informationsverarbeitung mit der Fra
ge der Beteiligung an Publikationen aufgeworfen werden. Ohne TR wird i.a
ein Mitarbeiter einer Klinik für Dokumentation und Auswertung zuständig
sein, seine Leistung ist unumstritten.

Ein funktionierendes, ökonomisch arbeitendes TR setzt eine von allen
Ärzten getragene Dokumentation voraus - das skizzierte Konzept ist dafür
ausgelegt worden. Jüngere Mitarbeiter werden i.a. für die klinikinterne
Organisation verantwortlich gemacht und stehen als Kommunikationspartner
für das TR zur Verfügung. Sie werden mit zeitaufwendig zu beantwortenden
Rückfragen konfrontiert. Diese Rückfragen erfordern und fördern die Sach-
kompetenz. Dennoch müssen mit der Nutznießung auch weitere Mitarbeiter
beauftragt werden, ohne daß dies durch einen besonders herausragenden Arbeitsaufwand begründet erscheint. Dies erzeugt Spannungen. Von dem bestehenden Abhängigkeitsverhältnis von der Informationsverarbeitung außer
Haus sei dabei letztlich angenommen, daß es nicht mißbraucht wird.

Mit diesen Andeutungen haben wir Problemfelder skizziert, die die Aufnahme
der Dokumentation in einer Klinik erschweren, den kontinuierlichen Ablauf
und die Nutzung der Registerdaten erheblich belasten können. Sicherlich
stellen sich für Inzidenzregister mit zwei oder drei medizinischen Daten
solche Schwierigkeiten nicht. Die Probleme werden deshalb vielleicht auch
in der Tragweite nicht richtig verstanden. Ziel dieser Darlegung ist es
aber, über Erfahrungen zu berichten, auch wenn diese zusätzliche Fragen
aufwerfen und unbeantwortet lassen. Wie weit sie als Motivation, als Be-
stätigung oder als Rechtfertigung eingestuft werden, muß offen bleiben.
Das hängt vom Bezugssystem des Urteilenden ab.

6.3 Fragen zur Kooperation in Tumorzentren

TR sind mehr als eine rationelle Zusammenfassung von verschiedenen Klinikregistern. Durch die standardisierte zentrale Dokumentation und Auswertung
wird es mit vergleichbar geringem Aufwand möglich, allen Beteiligten die
für chronisch kranke und interdisziplinär behandelte Patienten so dringend
benötigten Langzeitverläufe vorzulegen und Leistungsstatistiken für die
eigene Kontrolle und zum Vergleich mit anderen zu erreichen. Damit die
Kommunikation bewältigbar wird, sind tumorspezifische Projektgruppen erforderlich, die von Mitarbeitern der Kliniken getragen werden. Das tatsächliche therapeutische Vorgehen einschließlich bestehender Unterschiede
muß herausgearbeitet und als Diagnostik- und Therapieempfehlung zur breiten Information in einem Manual fixiert werden. Die prospektive Dokumentation wird durch unterschiedliche Vorgehensweisen nicht unbedingt in Frage
gestellt, im Gegenteil, fest eingehaltene Unterschiede sollten als potentielle Erkenntnisquellen betrachtet werden.

Aber diese Kooperation schafft neue Probleme. Wird die Mitarbeit in den
Projektgruppen, in der ja auch kleinere Kliniken aus der Region vertreten
sind, von den führenden Kliniken als ein Aspekt der Fortbildung akzep-

tiert, auch wenn sie aus der Klinik ausgelagert wird? Ist die Arbeit in
den Projektgruppen so attraktiv, daß Mitarbeiter kleinerer Häuser in
ihre Arbeitsumwelt einen Informationsvorsprung mitnehmen können? Wenn
große Fortbildungsveranstaltungen mit breiter Beteiligung der Mitglieder
der Projektgruppe vom TZ veranstaltet werden, was bleibt dann den einzelnen Kliniken? Werden von den einzelnen Kliniken dann ganz gezielt ihre
einweisenden Ärzte zur individuellen Fortbildung, zur Fallbesprechung
eingeladen? Ist es wirklich so attraktiv, in viel kürzerer Zeit - sicherlich nicht bezogen auf die Studienplanung - multizentrische Studien in
der Region durchzuführen? Wird z.B. ein telefonisches Tumorkonsil in
seiner Beratungsfunktion anerkannt, ist es transparent organisiert oder
wird dahinter eine Kanalisierung von Patientenströmen vermutet?

Welche Einstellungen sind des weiteren erforderlich, um die Daten auch
sinnvoll zu nutzen? Bei 4000 Neuerkrankungen, die in unserem Versorgungssystem i.a. von weit mehr als 20 Kliniken zusammengetragen werden, kann
mit ca. 200 Mehrfachmalignomen gerechnet werden. Wer wertet diese Fälle
aus, wer betreut die Dissertationen? Stellen alle Kliniken ihre Daten
auch zur Verfügung?

Wissenschaftliche Aktivitäten verlaufen schubweise, auch weil Tumorerkrankungen nicht das einzige Forschungsgebiet einer Klinik sein können.
Ist eine Klinik gerade aktiv, findet sie dann einen Gesprächspartner in
einer anderen Klinik, um gemeinsam unter Einbeziehung der Variabilität
in wenigstens zwei Kollektiven aus der Kooperation Nutzen zu ziehen? Dies
ist ein kaum lösbares Synchronisationsproblem. Oder ist es vielleicht
doch denkbar, daß vertrauensvoll einem Kliniker die Daten aller Kliniken
zu einer Diagnose zur Verfügung stehen, um Unterschiede, Probleme zu erkennen, um Auswertungen zu definieren, die am Ende klinikweise durchgeführt und präsentiert werden? Sicherlich darf eine solche Kooperation
nicht a priori formal gefordert werden. Sie wirkt anfänglich eher befrem-
dend und macht jeden Einstieg unmöglich. Die notwendige Zusammenarbeit
wird über ad hoc Vereinbarungen nach einigen Erfahrungen zunehmend selbst-
verständlicher werden. Wichtig ist, mit den Perspektiven auch ihre Randbedingungen zu nennen, die sich mit der Erfahrung eines laufenden Registers zunehmend präzisieren. Da die für den Aufbau von TR erforderlichen
Organisationsstrukturen nicht vorausgesetzt werden können, bleibt nur die
Alternative des Nichtstun oder der unbegründeten Hoffnung auf eine koope-
rationskonstituierende Aufbauwirkung. Auch solche Aspekte sind Bestand-
teile der Kooperation und müssen deshalb wesentlich präziser angesprochen
werden.

Existieren solche Positionspapiere von TZ, die den Entwicklungsweg grob
vorzeichnen? Neue Strukturen sind nur zu rechtfertigen, wenn für die
Förderung und Kontrolle einer geplanten Entwicklung auch Kompetenzen
eingeräumt, wahrgenommen und damit Abhängigkeiten etabliert werden. Von
einer Überbewertung des Kompetenzverlustes an TZ gegenüber den Vorteilen
durch die Unterstützung für die eigenen Aufgaben kann allerdings keine
Motivation ausgehen.

6.4 Probleme der strukturellen Einbindung

Nachdem die Vorteile der zentralen Organisationsstruktur diskutiert, die
Probleme der Kooperation der sie tragenden Institutionen angedeutet und
die Schwierigkeiten bei der Informationsverarbeitung erläutert wurden,
stellt sich naturgemäß die Frage nach der strukturellen Verankerung eines
TR. Zwei Ebenen sind zu unterscheiden. Zum einen muß die strukturelle
Einbindung jedes TR in das <u>lokale Institutionsgefüge</u> definiert werden,
dessen Aufgaben unterstützt werden sollen. Zum anderen sind aber auch
<u>übergeordnete Strukturen</u> erforderlich, um über die unterschiedlichen An-
sätze Erfahrungen auszutauschen, Ergebnisse zu vergleichen und zusammenzufassen, und um Ausdauer und Motivation aus den vergleichbaren Schwierigkeiten anderer ableiten zu können.

Mit den Perspektiven des TRM wurde auf Grund der vielseitigen Nutzungsmöglichkeiten ein hohes personalintensives Anspruchsniveau definiert. Es
ist einsichtig, daß auf der Basisdokumentation aufsetzende Aktivitäten
i.a. an die Organisation der Registerdokumentation und zum Teil direkt
an die Daten gebunden sein müssen. Dies hat u.E. Konsequenzen für die
strukturelle Anbindung von TR.

In den letzten Jahren wurden zahlreiche Register gegründet. Institutionell
sind es Register der TZ. Danach beginnt jedoch die Variation. Vorschläge
bzw. Realisierungen sind die Etablierung von unabhängigen Registern oder
die Anbindung an existierende Institutionen, z.B. an Pathologien, an
Klinikregister, die aufgestockt werden, an Institute für medizinische Informationsverarbeitung und medizinische Statistik. Auch die Anbindung an
Behörden ist ein bisher für Inzidenzregister realisierter Modus. Die
Frage ist, wieweit durch die strukturelle Verankerung die Funktionen und
die Entwicklungsmöglichkeiten eines TR vordefiniert sind.

Das TRM des TZM ist engstens an das Institut für medizinische Statistik
und Informationsverarbeitung (ISB) der LMU gebunden. Es ist klar, daß
dieses Faktum ebenso wie die existierende technologische Infrastruktur,

die mit zwei Universitäten gegebene spezielle TZM-Trägerstruktur usw.
konzeptprägende Elemente sind. Ein Teil der Aufgaben des genannten Insti-
tutes ist auf Unterstützung und Beratung - informationstechnisch und
statistisch - ausgerichtet, Konzepte zu entwerfen, Entwicklungen einzu-
leiten. Das Problemfeld Tumorerkrankung ist eines von diesen Arbeitsge-
bieten. Bei der erforderlichen Personalkapazität und der realen Personal-
situation läßt sich die strukturelle Anbindung nicht auf die Frage reduzieren, ob man sich lokal eine luxuriöse, aber natürlich befruchtende
Konkurrenzsituation zwischen Institut und Register leisten kann.

Aus einer möglichen Bejahung der Trennung resultieren viele Probleme.
Kann in das Aufgabenspektrum eines TR eine Grenze gelegt werden, ab der
die Zuständigkeit für 'esoterische Statistik' wechselt? Ist für aufge-
setzte Studien das TR nur Datenlieferant? Ist es nicht ebenso unrealistisch, alles von TR bearbeiten zu lassen? Dies erfordert ein Verfolgen
der Methodenentwicklungen, einen Freiraum für die Erarbeitung und das
Bewerten neuer Möglichkeiten.

Eine Trennung würde u.E. im Widerspruch zu den formulierten Erwartungen
stehen oder wäre nur denkbar für einen Registertyp, der jährlich einen
von einem wissenschaftlichen Beirat initiierten und akzeptierten Bericht
vorlegt, mit allen Konsequenzen der geringen Attraktivität der Arbeit im
TR. Die Kontinuität des Registers und die arbeitsrechtlichen Bedingungen
auf der einen Seite, die Last der Routine, die negativen Folgen der Ge-
wohnheit und die Unabdingbarkeit neuer Ideen und Methoden auf der anderen
Seite lassen eine Anbindung von TR an fachkompetente Institutionen als
notwendig erscheinen. Damit wäre unter Beibehaltung stabiler Beschäfti-
gungsverhältnisse eine Jobrotation zwischen Theorie und Praxis ermöglicht,
das stets erforderlich wird auf Grund der scheinbaren Attraktivität und
Freiheit theoretischer Arbeit und der lähmenden Monotonie der Routine.
Allerdings bereitet die relativ große notwendige Personalausstattung der
Register neue Probleme. U.E. darf die befruchtende Konkurrenz nur zwischen
den Registern etabliert werden.

Für die überregionale Kooperation von TR existiert mit der ADT ein an sich
geeignetes Forum. Dieses Forum hat zunächst eine sachlogisch begründete
Basisdokumentation vorgelegt, deren erweiterter Merkmalskatalog in den
Registergesetzentwurf der Bundesregierung eingegangen ist. Das Ziel ist
die notwendige Vergleichbarkeit der Daten der verschiedenen TR. Vergleicht
man diese Vorschläge jedoch mit den von der UICC veröffentlichten Ergebnissen anerkannter Register, ist Skepsis bezüglich der Realisierbarkeit
angebracht. Mit keinem Wort wird darauf hingewiesen, daß dieses Konzept
in unserem Versorgungssystem erst in einem langen Entwicklungsprozeß rea-

lisierbar werden wird. Ebenso ist kein Hinweis zu finden, daß die Form
und auch der Merkmalskatalog nicht notwendigerweise mit den Bedürfnissen
und Interessen der Datenurheber koinzidieren muß und damit die Realisierbarkeit in Frage gestellt ist.

Dieses quasi mechanistische Denken, daß mit einem Merkmalskatalog der
entscheidende Schritt getan ist, kommt auch in den Personalempfehlungen
der ADT zum Ausdruck (4), die implizit eine Registerdefinition enthalten,
in der eine intensive Nutzung der Daten durch die Datenurheber nicht berücksichtigt ist. Überspitzt formuliert werden TR als notwendige regionale Datensammelplätze betrachtet, die auf Abruf ihren Beitrag höheren Institutionen zur Verfügung stellen sollen. Ein Bedarf an Entwicklungsvielfalt für eine Nutzung von TR in ihrem lokalen Umfeld ist dabei zumindest
konzeptimmanent nicht zu erkennen. Die Passivität der ADT bezüglich Daten-
schutzregelungen, Nachsorgestrategien, Terminkalender usw. läßt einige
Fragen offen.

Diese Kritik wird bestätigt durch neuere Entwicklungen von umfangreichen
tumorspezifischen Dokumentationen, in die sehr viel Wünschenswertes aufgenommen wird. Mit keinem Wort werden die organisatorischen, informa-
tionsverarbeitungstechnischen und die psychologischen Probleme angesprochen, die für ein laufendes Register, mit dem sich die Datenurheber langsam identifizieren, durch solche Empfehlungen entstehen können. Mit Ein-
ladungen zu Arbeitssitzungen an alle ist dies nicht abgetan. Sicherlich
wäre jeder Einwand unberechtigt, wenn solche Neukonzeptionen auf Ergebnissen der Basisdokumentation aufgesetzt würden und zwar von denen, die
Basisdaten im nennenswerten Umfang zu allen von ihnen behandelten Tumor-
formen vorgelegt haben. Konzeption und Realisierung müssen von den Datenurhebern getragen werden. Notwendig sind Kommunikationsebenen für den Er-
fahrungsaustausch, eine Erfolgskontrolle für den ersten Ansatz sowie Pla-
nungspausen, anstatt in schwer realisierbare Positivszenarien abzuheben.

Wir können nur wiederholen, daß der Nutzen von TR nicht allein an die erfaßten Daten gekoppelt werden sollte. Entscheidend ist die Kontinuität
der Dokumentation der Minimaldaten. Die dafür notwendigen Kommunikationsstrukturen erleichtern es dann, gezielt für eine begrenzte Laufzeit epidemiologische Studien, Therapiestudien, Studien zur Validierung von prognostischen Kriterien, von Diagnostikmaßnahmen usw. am besten von jeweils
zwei Regionen durchführen zu lassen. Klinische Wunschvorstellungen sollten deshalb die organisatorischen Schwierigkeiten und die vielfältigen
methodologischen Möglichkeiten nicht unberücksichtigt lassen.

Die Zusammenfassung der Ergebnisse der Minimaldaten zu einem 'National Cancer Survey' dürfte unproblematisch sein. Dafür gibt es international Beispiele.

6.5 Aspekte zum Personalbedarf

Bisher haben wir den zentralen Ansatz diskutiert, die Probleme der Informationsverarbeitung und der Kooperation mit den Kliniken sowie die strukturelle Einbindung eines TR, bei der wir die Mobilität bzw. den Informationsaustausch zwischen Theorie und Praxis hervorgehoben haben. Zum Teil läßt sich daraus wiederum der in Abschnitt 3.5 erwähnte Personalbedarf verstehen, für den beim nicht-wissenschaftlichen Personal die Abhängigkeit vom Formulareingang und beim wissenschaftlichen die Abhängigkeit von der Anzahl der Tumor-Entitäten und Kliniken und letztlich von der wissenschaftlichen Attraktivität hervorgehoben wurde.

In Abschnitt 3.5 haben wir vier bis fünf Wissenschaftlerstellen als notwendig dargelegt. Mit dieser Forderung wird zum Ausdruck gebracht, daß die etablierten Informations- und Kommunikationsverbindungen eines TR für die verschiedensten Aktivitäten gemeinsam genutzt werden sollten, also wissenschaftliche Kapazität zentral verfügbar ist. In der Anlaufphase sollte dem erst allmählich wachsenden Bedarf mit Flexibilität begegnet werden. Wenn z.B. eine an der Beantwortung epidemiologischer Fragen interessierte Institution in einem TZ Interesse wecken kann, sollte es selbstverständlich sein, den Start- und Durchführungsvorteil in einem TR durch eine mehr oder weniger enge Kooperation zu nutzen und durch die Finanzierung einer projektgebundenen Stelle zu honorieren. Ebenso kann ein Teil der zusätzlichen onkologischen Aktivitäten der Kliniken von den entsprechenden theoretischen Instituten als Routineberatung übernommen werden, wenn Freiraum verfügbar ist. Auch könnte es denkbar werden, daß ein Kliniker eine Woche Arbeitsurlaub für die Durchdringung der Daten am Register verbringt und zum Teil mit Unterstützung die Daten der Klinik auswertet. Unterstrichen wird durch diese Modelle die Notwendigkeit und der Zeitaufwand für die Nutzung der Daten.

Angesichts eines begrenzten Etats stellt sich damit die Frage nach der flexiblen Aufteilung der verfügbaren Mittel. Wenn ein klares Organisationskonzept vorgelegt ist, sollte für die organisatorische Unterstützung der Kliniken ein Fallzahlschlüssel über ganztägigen, halbtägigen und stundenweisen Personaleinsatz eine transparente Verfahrensbasis darstellen. Ist es denn z.B. wirklich so undenkbar, die Betreuung von Kliniken durch mobile Dokumentationskräfte auf Wochentage zu konzentrieren und damit eine Organisationsunterstützung möglich bzw. effektiv zu machen? Können

Dokumentationen nicht dem Arztbrief beigelegt und damit zentral gesammelt
werden, um dann Plausibilitätskontrollen, Vollständigkeitsprüfungen usw.
auf den Umfang von Stunden zu beschränken?

Wenn dieser Fallzahlschlüssel zu großzügig ausgelegt ist, muß dies notwendigerweise die Funktionsfähigkeit der Zentrale schmälern. Letztlich
stellt sich die Frage nach dem Stellenwert einer Unterstützung im eigenen
Wirkungsbereich und einem möglichen Zugriff auf zentrales Personal. Folgerichtig steht hinter dieser Alternative der Zweifel an den kooperativen
Ausgangsbedingungen eines TZ, wenn ein Vorteil darin gesehen wird, alles
selbst zu machen. Der verführerisch einfache Einstieg in die Datenverarbeitung hat wiederholt solche Tendenzen in verschiedenen Bereichen realisierbar erscheinen lassen, mit unterschiedlichem Erfolg und zum Teil erst
nach erheblichem Ausbau der Personalkapazität. Welchen n-fachen Arbeitsaufwand dies für eine Dokumentation interdisziplinär behandelter Patienten bedeutet oder welche Selektion und damit Aussageeinschränkung durch
die Beschränkung auf Teilkollektive daraus resultiert, wurde wiederholt
angesprochen.

Für eine solche Haltung gibt es Gründe. Trotz entsprechender Bemühungen
der Vertreter des Faches Informationsverarbeitung und Statistik ist in
der Medizin noch nicht aktzeptiert, daß die personalintensive wissenschaftliche Aktivität erst mit der Verfügbarkeit der Daten beginnt. Man
hat zwar ein Register, wenn die Daten auf Standardform aus dem Automaten
kommen, aber man nutzt es nicht. Des weiteren wird der methodische Stellenwert von Registern unterschätzt. Register sind prospektive Studien mit
zu klinischen Studien vergleichbarem Aufwand. Und welche Standards auch
bezüglich der Kosten sind bei klinischen Studien mittlerweile anerkannt!
Ist so eine Einstellung vielleicht damit begründbar, daß es einfach an
praktischer Erfahrung aus alternativen Ansätzen fehlt, die den Denkrahmen
vergrößern hilft, Typenvielfalt toleriert und durch Empfehlungen Spiel-
raum garantiert?

Auch aus einer anderen Perspektive sollte der Personalbedarf beurteilt
werden. Es ist erfahrungsgemäß auf Dauer für die Mitarbeiter eines TR
nicht möglich, Anforderungen der Kliniken unbefriedigend unvollständig
zu beantworten, und dies nicht einmal im Sinne des Ausschöpfens methodischer Varianten, sondern bereits in der adäquaten Deskription zur formulierten Fragestellung. Dies wird als Abfertigung erlebt, mit negativer
Rückwirkung auf die Qualität des weiteren Datenflusses, seine Kontinuität,
auf die Ansprechbarkeit für inhaltliche und organisatorische Probleme.
Zu geringe Personalkapazität stellt damit den ganzen Ansatz in Frage.

6.6 Grenzen des Dokumentationskonzeptes

6.6.1 Zurück zum Einheitsformular?

TR können hinsichtlich zahlreicher Ordnungskriterien katalogisiert werden.
Während im allgemeinen die Zielsetzung eines Registers das zur Klassifikation dominierende Kriterium darstellt, wurde hier ein strukturbezogener
Ansatz, ein versorgungsorientiertes TR mit epidemiologischer Zielsetzung
dargestellt. Weitere wesentliche Merkmale wurden diskutiert, wie z.B.
zentrale versus denzentrale Organisation oder die Art der strukturellen
Einbindung eines TR in die Umwelt.

Neben Fragen, wie der, ob TR an Großforschungseinrichtungen zu betreiben,
an Behörden anzukoppeln oder im Rahmen der Aufgabenstellung eines wissenschaftlichen Instituts zu führen sind, mag die Überlegung, wieviele Formulare in einem TR verwendet werden sollen, sekundär erscheinen. Ein
Formularbestand von weit über 30 Formularen mit allen damit verbundenen
Lasten rechtfertigt jedoch einige kritische Anmerkungen.

Wo 'Benutzerfreundlichkeit' und 'Verarbeitbarkeit' einander zu widersprechen scheinen, ist es eine Frage des Standpunkts, ob man Vorteile oder
Nachteile als auf der Hand liegend einstuft. Diese Darstellung ist subjektiv, geschrieben aus dem Blickwinkel eines TR, von dem aus auf die
Kliniken gesehen wird, nicht umgekehrt. Manche der vorgebrachten Argumente erhielten wohl eine andere Klangfärbung, wenn nur der Standort wech-
seln würde. Dies ist weder darstellbar noch beabsichtigt. So gesehen ist
die Bewertung des am TRM entwickelten und benutzten Formularsystems eindeutig: klar überwiegen die Nachteile.

Als herausragende Schwäche ist die Vielfachheit des Irrtums anzusprechen.
Die Gründe sind vielschichtig, wer auch immer verantwortlich sein mag.
Bei Verwendung nur eines einzigen Ersterhebungsformulars sind die Folgen
jedes Irrtums auf dieses eine Formular beschränkt. Multiple Ersterhebungsformulare führen in der Regel zur Multiplikation von Irrtümern mit allen
Folgen für die Logistik. Die mehrjährige Anlaufphase des TRM erlaubt den
Rückblick auf eine Vielzahl von Irrtümern. Sie lassen sich klassifizieren
an Hand ihrer Herkunft, z.B. lokal versus global, an Hand der Ursache,
wie z.B. wissenschaftlich, politisch, organisatorisch oder schlicht fahr-
lässig. Der globale Irrtum wird beispielsweise durch den Übergang von der
ersten zur zweiten Auflage des für TR verbindlichen Lokalisationsschlüssels verkörpert. Wenn 30 tumorspezifische Formulare im Umlauf sind, führt
die Veränderung des Lokalisationsschlüssels zur Notwendigkeit, 30 Formulare
auszumustern und durch überarbeitete Versionen zu ersetzen. Dies ist eine

Feststellung, keine Schuldzuweisung. Der zugrundeliegende Irrtum könnte als 'wissenschaftlich' klassifiziert werden.

Die nachträgliche Einführung der Merkmale 'am längsten ausgeübte Tätigkeit' sowie 'Zahl der Geburten' in den Basismerkmalssatz der ADT liefert dagegen ein Beispiel für den politisch motivierten Irrtum. Es sei betont, daß hier mit dem Prädikat Irrtum lediglich die nachträgliche Modifikation bzw. Einführung von Tatbeständen und nicht die Veränderung in der Sache selbst belegt wird. Andererseits soll nicht verhehlt werden, daß wir gerade die Einführung der beiden letztgenannten Merkmale auch in der Sache für methodisch verfehlt halten. Die Zielrichtung unserer Kritik entspricht hierbei den Vorbehalten, mit denen wir auch unserem eigenen Merkmal 'mögliche Ätiologie' gegenüberstehen, das mehr auf Wunsch der beteiligten Kliniken als auf Betreiben seitens des TRM in das Dokumentationskonzept aufgenommen wurde. Brauchbare Alternativen, wie in einem versorgungsorientierten TR ätiologische Fragen aktiviert werden könnten, wurden beschrieben.

Organisatorische Irrtümer sind nach bisheriger Erfahrung lokal verursacht, d.h. selbstverschuldet. Beispiel ist die nachträgliche Aufnahme der Information 'Todesursache nicht zu ermitteln' auf allen Erhebungsbögen. Dies entspricht einer zu spät vollzogenen Fortsetzung der praktischen Erfahrung, der zufolge bereits a priori auf die Erhebung der ICD-Todesursache zugunsten einer schlichten Klassifikation in 'Tod tumorabhängig', 'Tod tumorunabhängig' bzw. 'Todesursache fraglich tumorabhängig' verzichtet wurde. 'Todesursache nicht zu ermitteln' wird zusätzlich benutzt beispielsweise in solche Fällen, wo das Ableben eines Patienten über eine retournierte Postsendung in Erfahrung gebracht wird. Solche und weitere organisatorische Änderungen haben die Organisationsstelle des TRM bisher in der Vielfachheit der betroffenen Erhebungsbögen belastet.

Allen vorgenannten Änderungen ist das Gefühl gemeinsam, nach Vollzug der Änderungen den Status quo sachlich an einer Stelle günstig verändert zu haben. Es soll nicht verschwiegen werden, daß auch eine vierte Art von Irrtum, ausschließlich selbstverschuldet, dem TRM bisher mehrfach begegnet ist, und zwar der Schreib- bzw. Druckfehler. Im Prinzip ist selbstverständlich jedes Druckerzeugnis von dieser Fehlerquelle betroffen. Jedoch ist aus der eigenen Erfahrung abzuleiten, daß die n-fache Produktion von im wesentlichen gleichartigen Formularen eine durch 'routinierte Nachlässigkeit' bedingte Erhöhung der Fehlerquote zur Folge hat. Derartige Fehler sind zwar jeweils auf ein Formular begrenzt, jedoch kann sich bei entsprechender Häufung eine Belastung der täglichen Routine ergeben. Poten-

tiell kritisch sind hierbei vor allem Druckfehler in den eingedruckten
Code-Nummern auf den Durchschlägen der Formulare. Insgesamt war die Druck
fehlerquote im TRM relativ niedrig, wobei die einzelnen Fehler bisher
leicht zu beherrschen waren.

Entgegen einer naheliegenden Vermutung sind derartige Irrtümer nicht primär durch den Einsatz von Geldmitteln auszugleichen, da sie typischerweise
erst dann zutage treten bzw. produziert werden, wenn bereits eine erhebliche Anzahl der betroffenen Formulare im Umlauf ist. Exemplare, die - wie
auch immer - fehlerbehaftet sind, laufen noch Jahre nach der Ausgabe einer
Neuauflage in der Organisationsstelle ein. Dies demonstriert lediglich den
klinikintern zu erwartenden Standard an Organisation, der durch den Verweis auf ein neues Referenzbuch (z.B. Lokalisationsschlüssel) anstatt
Austausch eines Formulars nur verdeckt, nicht aber beseitigt werden kann.
So kann der logistische Nachteil multipler Formulare im Einzelfall sogar
zum Garanten der Datenqualität werden. Gefordert ist jedoch in jedem Fall
hohe Aufmerksamkeit der Organisationsstelle.

Wenn Geld auch nicht die Folgen des Irrtums nivellieren kann, so spielen
finanzielle Überlegungen doch eine wichtige Rolle in der Liste der Nachteile tumorspezifischer Erhebungsbögen. Primär ist für jedes Formular erneut der volle wirtschaftliche Aufwand der Erstellung zu erbringen. Zu-
rechenbare Druckkosten von DM 1000,-- bis 2000,-- beschreiben diesen Aufwand nur zum Teil. Hinzu kommt der Aufwand für Lagerhaltung, da die Organisationsstelle von jedem Formular eine hinreichende Anzahl vorzuhalten
und entsprechend den Bestand in den einzelnen Kliniken zu überwachen hat.
Schließlich muß registriert werden, daß der 'natürliche' Schwund bei einem
n-fachen Bestand an Formularen nahezu das n-fache Ausmaß erreicht. Dennoch
sprengt die Finanzierung des Formularwesens am TRM nicht den vernünftigen
Rahmen.

Soweit die Darstellung der Nachteile tumorspezifischer Erhebungsbögen am
TRM. Die Mehrzahl der eben beschriebenen Nachteile war vor Aufnahme diese
Aktivität bekannt bzw. absehbar. Um so gravierender müssen die Gesichts-
punkte gewesen sein, die zur Erstellung tumorspezifischer Formulare Anlaß
gaben. Sie wurden im Rahmen der Darstellung des Dokumentationskonzeptes
bereits genannt, eine Wiederholung an dieser Stelle erübrigt sich. Statt
dessen soll der Prozeß, der in die Entwicklung tumorspezifischer Unterlagen mündete, kurz beschrieben werden.

Am Anfang der Aktivität stand auch für das TRM ein allgemeiner, d.h. nich
tumorspezifischer Erhebungsbogen (s. S. 260). Die erfaßten Merkmale ent-
sprachen weitgehend dem später von der ADT definierten Basisdatensatz. Es

wurde jedoch von Anfang an für notwendig erachtet, alle Informationen,
die tumorspezifisch benötigt werden, zusammenzustellen. Deshalb wurde der
allgemeine Ersterhebungsbogen von tumorspezifischen Anleitungen flankiert,
die die Bearbeitung des Formulars ohne weitere Unterlagen ermöglichten.
In der Sammlung dieser Anleitungen war damit die tumorspezifische Auslegung des Systems bereits vorprogrammiert. Das mit diesem System verbundene
mühsame Eintragen von Schlüsselzahlen wurde von den bereits in dieser
Pilotphase beteiligten Kliniken bald zu Recht bemängelt. Der zweite
Schritt bestand folgerichtig im Übergang zu tumorspezifischen Formularen,
indem die Dokumentationsanleitungen selbst zum Datenträger umfunktioniert
wurden. Hierzu wurden lediglich die vorher selbsterklärenden Angaben des
Erhebungsbogens in die Anleitungen eingearbeitet, die anschließend in der
nötigen Stückzahl kopiert wurden. Der Erhebungsbogen war damit durch etwa
vier Seiten lange, vom Computer erstellte Formulare ersetzt. Auf Seite 261
ist ein Teil eines solchen Erhebungsbogens wiedergegeben. Diese Belege
bildeten schließlich die Grundlage für die jetzt gültigen Durchschreibe-
formulare. Neben der formal ansprechenderen und zweckmäßigeren Gestaltung
zeichnen sich diese Formulare dadurch aus, daß sie inhaltlich von allen
fachlich betroffenen Einrichtungen gemeinsam getragen werden.

Der Zeitfaktor ist ein letzter Gesichtspunkt, der den Aufbau einer Sammlung tumorspezifischer Erhebungsbögen nicht nur stören, sondern beenden
kann. Nicht allein die enge personelle Kapazität (3 Mannjahre waren für
die Erstellung der Formulare des TRM zu veranschlagen) wirft dabei Probleme auf. Entscheidend ist die während der genannten Entwicklungsarbeit
asymmetrische und inhomogene Organisationsstruktur. Es wurde dargelegt,
daß die Erhebungsbögen eines TR sich möglichst nahtlos in bestehende
organisatorische Abläufe einfügen sollen. Wie aber soll man klinikintern
tragfähige Organisationskonzepte erarbeiten, wenn für jeden Tumor anders-
artige Unterlagen bereit stehen bzw. laufend Austauschaktionen vorzuneh-
men sind? Im Bereich des TRM wurde ein organisatorisches Chaos hauptsäch-
lich dadurch vermieden, daß die geschilderten mehrseitigen, aus Anleitungen hervorgegangenen früheren Formulare bereits nach Abschluß der ersten
Pilotphase für alle Tumorarten vorlagen. Es mag provozierend klingen,
wenn zugegeben wird, daß der raschen formalen Fertigstellung dieser ersten
Unterlagen der Vorrang vor der letztgültigen Ausfeilung aller Merkmale im
Detail gegeben wurde. Der relativ reibungslose Übergang auf die neuen Formulare hat dieses Wagnis allerdings ex post gerechtfertigt.

Vor allem im Hinblick auf andere laufende Projekte zur Erstellung tumorspezifischer Unterlagen kann nicht eindringlich genug vor der Fehlein-
schätzung gewarnt werden, man müsse nur im Lauf von Jahren nach und nach

Formulare definieren, diese würden ihren Weg in die Kliniken auf Grund
der inhaltlichen Perfektion dann schon von selbst nehmen. Aus der eigenen
Erfahrung leiten wir den Schluß her, daß nur auf der Basis einer einge-
fahrenen Organisation der Einbau neuer Formulare gelingen kann und daß
dies zudem für jedes Fachgebiet bzw. jede Klinik möglichst an einem Stück
erfolgen soll. Auch in der Projektsteuerung über Förderungsbedingungen
sollte dieser Aspekt der Basisorganisation verstärkt beachtet werden, um
homogen gewachsene Strukturen nicht durch schwer integrierbare Umstellun-
gen bzw. Randbedingungen zu gefährden.

6.6.2 Ist eine Änderung der Merkmalsanzahl notwendig?

Neben der formalen Erweiterung, der Diversifikation in tumorspezifische
Erhebungsbögen, steht die Erweiterung des zu erarbeitenden Merkmalsspektrums für das Dokumentationskonzept des TRM im Vordergrund. Die Begründung für die Erweiterung des Merkmalskataloges wurde bereits großenteils
gegeben, auf einige spezielle Probleme wird hier noch eingegangen.

Wer viel fragt, der geht viel in die Irre oder anders ausgedrückt, durch
Verfeinerung des Abfrageniveaus werden u.U. Widersprüche sichtbar und damit Fehler aufgedeckt, die im Rahmen der Basisdokumentation verborgen ge-
blieben wären. Hierdurch kann in der Klinik Ausbildungsbedarf sichtbar
werden, wie bereits ausgeführt wurde. Andererseits stellt sich dabei die
Frage nach der optimalen Qualifikation der in der Routine eingesetzten
Mitarbeiter eines TR. Wie subtil dürfen theoretisch erkennbare Fehler
höchstens sein, um von der die Daten prüfenden Dokumentationskraft auch
tatsächlich erkannt zu werden? Nicht ohne Grund konnte die Stelle eines
Arztes im Rahmen der Verarbeitung der eingehenden Fallinformation als
notwendig ausgewiesen werden. In der derzeitigen Praxis tut sich eine be-
dauerliche Kluft zwischen der Perspektive des Wünschbaren und der Praxis
des Machbaren auf. Je umfangreicher das Merkmalsspektrum, je differenzierter also das zur Bearbeitung erforderliche medizinische Wissen wird,
umso unwahrscheinlicher wird die tatsächliche Entdeckung von Widersprüchen bzw. Fehlern im Rahmen der Datenprüfung, während die Wahrscheinlichkeit für das Auftreten von Widersprüchen steigt.

Nach Abschluß der Datenkorrektur und Übernahme der Daten in den Rechner
wird nicht mehr die verursachende Klinik, sondern das TR für die entdeck-
baren aber unentdeckt gebliebenen Fehler verantwortlich gemacht. Zu differenzierte Einzelinformationen können also ein sicherer und schneller
Weg sein, die Leistungsfähigkeit eines TR fragwürdig erscheinen zu lassen.
Aber ist es nicht bei aller Insuffizienz eher als Gewinn zu betrachten,

wenn Fehler quantifizierbar werden, die bei Einschränkung auf die reinen
Basisdaten schlicht verdeckt bleiben?

Diese Überlegungen zeigen, daß die in der Organisationsstelle arbeitenden
Dokumentationskräfte sich spezifisch lokales Know-how über das Dokumentationskonzept, die Gegebenheiten in den einzelnen Kliniken und über die
Informationsflüsse erarbeiten müssen. Dies kann und muß in der üblichen
Einarbeitungszeit erfolgen. Solche Erfahrung steht im Widerspruch zu den
Vorstellungen der ADT, die eine 3-monatige Ausbildung zur Dokumentations-
hilfskraft als erforderlich ansieht. In dieser Ausbildung soll Basiswissen
in medizinischer Terminologie, Dokumentation, Datenverarbeitung und Statistik vermittelt werden. In einem zentralen TR-Konzept stellt sich u.E.
kein Bedarf nach theoretischer Ausbildung in Statistik und Datenverarbeitung für technisches Personal. Die Kurzausbildung wird nur im Zusammenhang mit einem dezentralen Konzept verständlich, bei dem eben eine Doku-
mentationshilfskraft ein dezentrales Klinikregister im wesentlichen führt,
über dessen Perspektiven man allerdings nachdenken muß. Aber auch aus
praktischer Sicht läßt sich für das in Frage kommende Personenspektrum
ein 3-monatiger Kurs schwer vorstellen einschließlich der Wahl des Zeit-
punktes für die Kursteilnahme während der Einarbeitungszeit - ein kontinuierliches Angebot vorausgesetzt.

Wichtiger erscheint uns die Ausarbeitung von spezifischen Ausbildungs-
unterlagen, die unabhängig von Einstellungs- und Kurszeitpunkten interessierten Mitarbeitern die Möglichkeit bieten, ihre Qualifikation aktiv zu
heben. Einen schnellen Einstieg würden Teile des Self-Instruction-
Manual des SEER-Programms (109) bieten, die nur zentral auf deutsche
Verhältnisse angepaßt werden müßten.

Neben der Erweiterung des Merkmalsspektrums ist unser Dokumentationskonzept durch eine im Vergleich zum Basisdatensatz der ADT weichere Datenstruktur gekennzeichnet. Ein Beispiel soll dies verdeutlichen. Während
im erstgenannten Fall z.B. nur je eine Angabe zu Histologie und Lokalisation zugelassen ist, gestatten die Formulare des TRM hier mehrfache
Angaben. Durch diese Extras verlieren die Ergebnisse der Auswertungen
erheblich an Griffigkeit. Doch ist auch hier als Gewinn anzusprechen,
daß die Quantifizierung von Unschärfen möglich wird. Wieviele Rektum-
karzinome weisen eine zusätzliche Lokalisation im Colon auf oder umgekehrt?

Man muß wohl davon ausgehen, daß selbst unter optimalen Bedingungen der
Abstand zwischen Realität und Papier häufig noch groß genug ist. Hiermit
soll nicht der verfehlten Ideologie das Wort geredet werden, der zufolge

man nur möglichst viele zusammenhangslose Einzeldaten in den Computer zu werfen hat, der dann schon das Richtige herausfinden wird. Aber wo liegt der Nutzen, wenn durch unnötig starre Strukturen des Erhebungsbogens die ohnehin gegebene Realitätsferne noch forciert wird?

Neben dem unentdeckten Datenfehler und der unauflösbaren Unschärfe des Objekts fürchtet man die Unschärfe der Begriffe. Im Abschnitt 3 haben wir zu der Frage der Standardisierung klar Stellung bezogen: Nicht für jede für das TRM dokumentationsrelevanten Sachverhalt kann klinikübergreifende Standardisierung gefordert werden. Andererseits aber kann teilweise mit geringem Aufwand die Standardisierung gefördert werden, indem Interpretationsprobleme aus dem Halbdunkel eines Dienstzimmers in die Organisations stelle verlagert werden, wo in bestimmten Fällen leichter einheitliche Kriterien Anwendung finden können. Auch hierzu zwei kleine Beispiele: Ist eine Probethorakotomie im Rahmen der Dokumentation als 'Operation' zu werten oder nicht; soll die Verabreichung von Mistelextrakt als Immuntherapie verstanden werden oder nicht? Durch die Erweiterung der Abfrage kann leicht Klarheit geschaffen werden. Damit ist auf Anhieb wenigstens die banalste Fehlerquelle ausgeschaltet, wenn klinikspezifisch unterschiedliche Behandlungsergebnisse zur Disputation anstehen.

Für den dokumentierenden Arzt muß der intellektuelle bzw. zeitliche Aufwand nicht zwangsläufig wachsen, wenn der Umfang des Erhebungsbogens erweitert wird. Auch dies zeigen diese willkürlichen Beispiele über Grenzfälle auf, in denen es unter Umständen mehr Zeit beansprucht, sich für ein einziges Kreuz im erstgenannten Fall zu entscheiden, als für die Bearbeitung von zwei zusätzlichen klärenden Angaben anzusetzen ist.

Bei genauerer Betrachtung der erfaßten Merkmale fällt auf, daß durch die tumorspezifische Auslegung der Formulare zusammen mit der Erweiterung der Merkmale bei aller makroskopischen Homogenität im Detail doch relativ unterschiedliche Strukturen verarbeitet werden müssen. Dies ist durchaus natürlich - die für alle Tumoren wirklich homogen zu verarbeitende Merkmalsbasis läßt sich nicht beliebig verbreitern. Dabei sprengt genau besehen schon das TNM-System die einheitliche Verarbeitung, denn ohne Loka lisationsangabe sind T- und N-Stadium nicht interpretierbar. Durch die vorliegende tumorspezifische Erweiterung der Dokumentation wird dieser Weg nur um ein Stück weiter beschritten. Seitens der im Rechner geführte Datenstruktur wird vorwiegend ein Satz von Merkmalen benötigt, deren Dateninhalt nur in Kenntnis der Tumordiagnose interpretierbar ist. Invasio in die Venen beim Nierenkarzinom, Lymphgefäßbefall beim Blasenkarzinom, zentraler oder peripherer Sitz beim Bronchialkarzinom sind einige Beispiele. Belastend wirkt sich diese Kategorie von Daten besonders in der

Auswertung aus, und zwar in zweierlei Hinsicht. Einerseits wird durch die tumorspezifisch definierten Merkmale der Generierungs- und Auswertungsaufwand für die Erstellung der Routineauswertungen vervielfacht. Diese Problematik wurde ausführlich besprochen. Zum anderen steigt der Bedarf an ad-hoc-Auswertungen, z.B. im Vorfeld von Kongressen, mit der Detaillierung der anzubietenden Information, letztlich also mit der Differenziertheit der erhobenen Daten. Hieraus resultiert eine zusätzliche, in ihrer langfristigen Wirkung häufig kaum sichtbare Arbeitsbelastung für die Mitarbeiter am TRM.

Am Beispiel der TNM-Klassifikation wird deutlich, daß kein TR ohne tumorspezifische Hilfskonstrukte auskommen kann. Es bleibt nur zu fragen, welche obere Grenze für die Anzahl derartiger Merkmale sinnvoll ist. Dazu ist von der Zielsetzung eines TR auszugehen, Basisinformationen kontinuierlich zu erfassen und bereitzustellen. Fragen, die in begrenzter Zeit absehbar abgeschlossen werden können, sollten nicht zur Ausweitung des Merkmalsspektrums führen, wenngleich eine organisatorische und datentechnische Koppelung mit den im TR erfaßten Daten nützlich sein kann. Andererseits ist der Wandel ein Kennzeichen des Fortschritts und auch Systeme wie TNM oder ICD können nicht auf Dauer stabil gehalten werden. Da der Auswertungsbedarf ja in etwa exponentiell mit der Anzahl erfaßter Merkmale steigt, spielen Fragen der Machbarkeit, d.h. der personellen und strukturellen Kapazität eines TR bei der Definition eines Merkmalsspektrums eine gewichtige Rolle. Daneben ist es eine Frage der subjektiven Einschätzung, welche Alterungsgeschwindigkeit der Daten man noch für registerfähig halten möchte.

Neben den klassisch langsam alternden Merkmalen, die typischerweise in TR Eingang finden, faszinieren hierbei paradoxerweise auch die äußerst kurzatmigen Prozesse. Denn wer soll beispielsweise den therapeutischen Überblick behalten, wenn neue Chemotherapien so zahlreich aus dem Boden schießen, daß keine Zeit mehr bleibt, um die bisherigen in randomisierten Studien abschließend zu beurteilen? Es sollen hier keine Patentlösungen angeboten werden, statt dessen sollte lediglich darauf hingewiesen werden, daß auch die datentechnische Einstellung auf kurzlebige Anteile in einem TR wissenschaftlich äußerst reizvoll sein kann.

Aus diesen Überlegungen lassen sich in der Zusammenschau keine eindeutig festlegbaren oberen Grenzen für das Merkmalsspektrum in einem TR festlegen. Wichtiger als verbaler Methodenstreit scheint uns der konkrete Nachweis der Machbarkeit und des Nutzens verschiedener Ansätze. Mit dem TRM wird ein Registertyp vorgestellt, dessen verarbeitetes Merkmalsspektrum in etwa jene Grenze erreicht hat, die nach unserer Ansicht noch rationell

gehandhabt werden kann. Inwieweit diese Aktivität durch die tatsächlich
erbrachten Leistungen gerechtfertigt werden wird, bleibt der mittelfri-
stigen Reaktion und Beurteilung der Umwelt anheimgestellt.

6.7 Ist das Konzept portabel?

Entsprechend den vielfältigen Zielsetzungen, die für TR formuliert werden
können, gibt es durch unterschiedliche Prioritäten begründete unterschiedliche Ansätze. Deren Realisierung ist zweckmäßig, damit sich auf der Basis
einer Entwicklungsvielfalt die Wirksamkeit der verschiedenen Ansätze empirisch beurteilen läßt. Scheitern alle, so entfällt die Möglichkeit, mit
dem Argument des verfehlten Ansatzes neue Versuche zu begründen. Auf Grund
dieser notwendigen Diversifikation ist die Frage nach der Portabilität nur
rhetorisch zu verstehen. Sie soll genutzt werden, wichtig erscheinende
Erfahrungsinhalte aus der bisherigen Entwicklung zusammenzufassen.

Formal gibt es zwei Gegenständlichkeiten, die auf ihre Portabilität hin
befragt werden können, das Dokumentationskonzept und die Verarbeitungs-
programme. Die Entwicklung der Formulare hatte u.E. in der Anlaufsphase
des TRM eine wichtige integrative Funktion. Auch die permanent geforderte
Auseinandersetzung mit dem Inhalt bzw. die Anträge an die Projektgruppen
auf Modifikationen können ein Detektor sein, daß sich die Realität zu
verändern beginnt, die Abbildung nicht mehr adäquat ist. Dies wird regional variieren, letztlich damit auch der erste Entwurf. Solange die Übernahme eines Konzeptes in die Nähe der wissenschaftlichen Kritiklosigkeit
gerückt wird, ist Portabilität nicht zu diskutieren. Der Aufwand - per-
sonell und materiell - sowie die Aspekte eines schnellen Einstiegs zur
Nutzung eines Anfangselans liegen deshalb auf einer anderen Ebene.

Die Verarbeitung des Dokumentationsinhaltes ist ein Kriterium für die
Programm- oder sogar die Rechnerauswahl. Auch wenn sich die Daten von den
Formularen nur im Dialog erfassen lassen, so dürfte heute sicherlich jedes System die Dokumentationsvorgaben problemlos bewältigen. Auch die Abbildung der scheinbaren Vielfalt auf wenige Merkmale ist über Schlüssel-
systeme unproblematisch und macht erst ein Register aus. Ebenso ist die
Verkettung von Folgeerhebungen keine spezifische Forderung. Aufwendiger
dürfte i.a. den Auswertungsanforderungen nachzukommen sein, vor allem
wenn die Zielvorstellungen auf ein automatisiertes Berichtswesen hinauslaufen. Zusammen sind aber die Datenhaltung und Auswertung elementare
Funktionen, die zum Alltag entsprechend tätiger Institutionen gehören
und für die Lösungsansätze verfügbar sind. Folglich haben wir auf exi-
stierender Hardware mit vorhandenen Programmbausteinen den Einstieg in

die Entwicklung begonnen. Das System ist an Siemensanlagen mit dem Betriebssystem BS 2000 gebunden. Mit der Nutzung von Eigenentwicklungen ist allerdings eine große Verantwortung und gegebenenfalls Belastung verbunden, die man soweit als möglich durch Verwendung von Standardprodukten, deren vielfältiger Einsatz Weiterentwicklungen wahrscheinlich macht, vermeiden sollte. Auch wenn in der Datenverarbeitung vieles als machbar eingestuft wird, so ist dabei doch kritisch zu prüfen, inwieweit die Instrumente den Ideen angepaßt werden können und nicht umgekehrt.

Das, worauf es beim Aufbau von TR ankommt, ist aber gerade nicht das Gegenständliche, sondern es sind die Konzepte, die Organisationslösungen sowie Fehler, die man vermeiden könnte. Hier gegenseitig zu einer Portabilität zu kommen, wird für die Entwicklung der TR in der BRD von entscheidender Bedeutung sein. Wir haben uns mit Positionen Dritter auseinandergesetzt und haben unsererseits Positionen bezogen, die abgelehnt, als für die eigenen Probleme irrelevant eingestuft oder bejaht werden können.

So vertreten wir als TR eines TZ einen versorgungsorientierten Zugang mit langfristigen epidemiologischen Zielsetzungen, während allgemein die Vorstellungen und Realisierungen von TR sich primär an epidemiologischen, d.h. populationsbezogenen Zielen orientieren. Wir plädieren für tumorspezifische Dokumentationen, die uns viel Arbeit bereiten, während i.a. das Einheitsformular propagiert wird. Wir sehen Vorteile in einer zentralen Organisationsform, durch die zentrumsadäquat eine rationelle und standardisierte Bearbeitung möglich ist, obwohl sehr engagiert dezentrale Konzepte vertreten werden. Wir sehen einen Nutzen für die klinische Onkologie, für die i.a. die klinischen Studien herausgestellt werden und Desinteresse für TR resultiert. Wir haben spezifische Vorstellungen zu einem Nachsorgekalender unterbreitet, mit einem zentralisierten Datenfluß über die KV, während der Datenfluß sonst i.a. von den niedergelassenen Ärzten direkt auf die Kliniken konzipiert wird.

Wir sehen eine Anbindung der TR an entsprechend tätige Institutionen als notwendig an, während nicht selten diesbezüglich auf Distanz geachtet wird. Wir relativieren den Stellenwert von Hardware und Software und nutzen Verfügbares, während nicht selten neue Systeme für eine sinnvolle Entwicklung gefordert werden. Wir plädieren für eine minimale Dokumentations-, Organisationsunterstützung der Kliniken und fordern dafür statistische wissenschaftliche Kapazität, während i.a. die Forderungen gerade umgekehrt sind. Wir stehen, begründet durch den Versorgungsansatz und die nach wie vor ambivalente Einstellung zum Stellenwert von TR, paradoxer-

weise auch aus Datenschutzgründen neuen gesetzlichen Regelungen reserviert
gegenüber, da diese die notwendigen Kontrollfunktionen schwächen können.
Diese werden aber von Seiten der TR i.a. gefordert.

Die Relevanz der Tumorerkrankungen für die Gesellschaft ist unumstritten.
An sich müßten auch TR als ein tentativer Lösungsansatz unumstritten sein
Für TR sind die langfristigen Ziele einvernehmlich formulierbar. Vielfältig sind jedoch die einzuschlagenden Wege. Einen haben wir ausführlich
begründet, vielleicht ideell portabler gemacht und sei es zur Begründung
von Gegenpositionen.

6.8 Prognose

Über kleine Schritte, die das TRM in der bisherigen Anlaufphase zurückge-
legt hat, ist ausführlich informiert worden. Die Datenurheber finden ein
funktionsfähiges, in seinen Leistungen überschaubares TR vor. Das Erreichte
wird als adäquate Grundlage für die notwendige systematische Ausweitung
der Kooperation betrachtet. Auch die Perspektiven sind einschließlich der
Hindernisse - aus der Sicht des TRM - dargelegt worden. Was fehlt und was
erwartet werden kann, ist eine Prognose für die weitere Entwicklung. Die
Chancen, den Nutzen des skizzierten Konzepts in der realen Umwelt zur Entfaltung zu bringen, müssen als gering angesehen werden. Die aufgezeigten
Widerstände können den Nachweis der Nützlichkeit unmöglich machen und
einer Weiterführung des Projekts die Rechtfertigung nehmen.

Zu dieser pessimistischen Prognose jedoch ein Gedankenspiel. Der Versuch,
die Bedeutung eines TR nachzuweisen, hätte Erfolgsaussichten, wenn in der
BRD die flexible Software aus A-Stadt, die kooperativen Kliniken und Ärzte
aus B-Stadt, der aktive Tumorzentrumsvorstand aus C-Stadt, die interessierte KV aus D-Land, der zur begleitenden Kontrolle geneigte Datenschutzbeauftragte aus E-Land, die interessierten, Verantwortung mittragenden
Politiker aus F-Land und die aufgeschlossene Bevölkerung des G-Landes
aufeinandertreffen würden. Das Gedankenspiel zeigt: es gibt natürliche
Handlungsspielräume, die - bei voller Wahrung und Förderung der Gruppeninteressen - Entwicklungen auch ohne überzogenen juristischen Flanken-
schutz möglich machen könnten.

Die Frage ist, wie weit bei der realen lokalen Konstellation der Kräfte
die Kooperationsverweigerung oder die mangelnde Bereitschaft, Verantwor-
tung zu tragen, verbreitet sind bzw. wie weit solche Einstellungen auf
Grund eines verbesserten Problembewußtseins reversibel sind. Dieser
Zwischenbericht sollte zur Verbesserung des Problembewußtseins beitragen.
Könnte sich dann vielleicht die pessimistische Prognose für die weitere
Entwicklung als eine 'self-destroying prophecy' erweisen?

7. Nachwort: Denkanstöße aus anderer Sicht?

Ein Erfahrungsbericht über ein TR muß notwendigerweise dieses TR in
den Mittelpunkt der Betrachtung stellen, wie es programmatisch mit der
Abb. 1 zum Ausdruck gebracht wurde. Zugleich standen damit die Datenflüsse im Vordergrund. Eine egozentrische Darstellung war gerechtfertigt, um die Möglichkeiten der Unterstützung herauszuarbeiten.

Welcher Prozeß soll aber durch versorgungsbezogene TR unterstützt werden?

In einer unter dem Versorgungsaspekt konzipierten Darstellung rückt sofort der Patient in den Mittelpunkt der Betrachtung (Abb. 63). Er bietet
mit seinem Krankheitsverlauf zunächst verteilt über die Versorgungsträger
individuelle Daten, die kommunizierbar gemacht und im Rahmen seiner Behandlung, aber auch als Beobachtung und Erfahrung zusammengeführt werden
müssen. Sie sind damit ein Beitrag zum Wissen, sie begründen und erklären
somit das Handeln, das auch durch andere Rahmenbedingungen beeinflußt
wird. Woran ist jetzt in Abb. 63 die zentrale Stellung eines TR zu erkennen? In dieser versorgungsorientierten Sicht ist ein TR nicht mehr
lokalisierbar, weil es Beiträge leisten kann zur Unterstützung der individuellen Versorgung, zur Kommunikation der Versorgungsträger, zur Standardisierung der Beobachtung, zur Gewinnung von Erkenntnissen usw. Gerade
die Schwierigkeit, ein TR in einer solchen die Versorung und ihre Rahmenbedingungen skizzierenden Abbildung schematisch zu placieren, zeigt die
vielen Ansatzpunkte und damit die umfassende Bedeutung, die TR im Versorgungsprozeß erlangen können.

Ein Lösungsansatz für die in Abb. 63 implizit dargestellten Probleme muß
umfassend sein.

Es müssen alternative Wege erkennbar und Machbarkeit, Flexibilität, Prioritäten, Effektivität usw. beurteilbar werden. Eine Beschränkung auf formale Positionen ist nicht sachgerecht. Es geht um die Einleitung langfristiger Entwicklungen, für die die Interdependenz vieler Teilziele charakteristisch ist. Dies bedeutet, daß Ziele zu Wegen werden für übergeordnete Ziele, daß mit der Entwicklung Strukturen für verbessertes Handeln geschaffen werden.

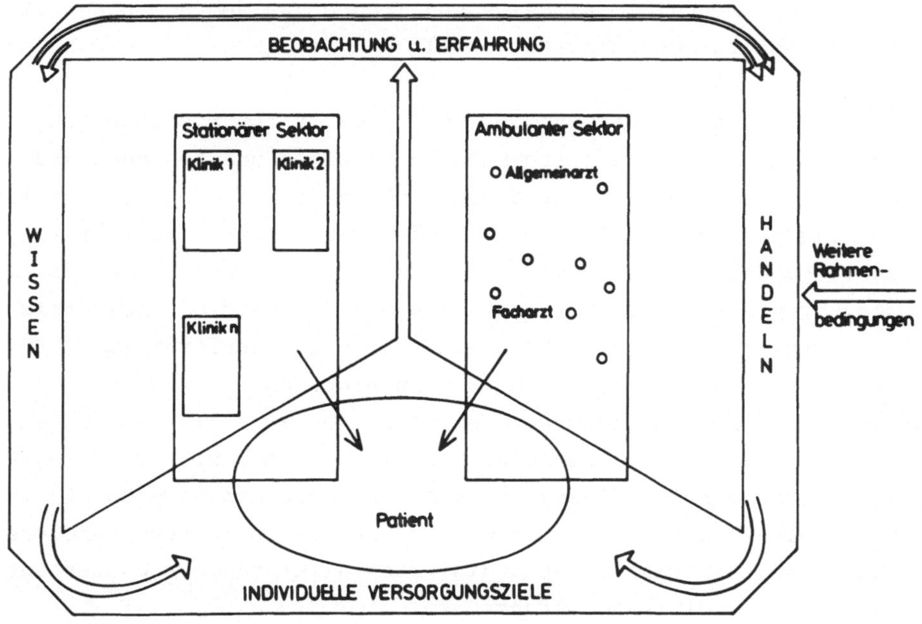

Abb. 63: Ansatzpunkte für Tumorregister im Versorgungsprozeß

    ⟶ Versorgungswege   ⟹ Rahmenbedingungen für die Versorgung

Durch solche Rückkopplungen wird aber die Wirksamkeit von Konzepten
schwer prognostizierbar. Dies ist charakteristisch für komplexe Systeme.
Dieser Mangel beinhaltet aber auch die Chance, Möglichkeiten zu nutzen,
in einen Lernprozeß einzutreten und gleichzeitig die Entwicklung zu
kontrollieren, zu modifizieren und evtl. Stagnationen zu registrieren.
Solche Entwicklungsprozesse sind gesellschaftlich zumutbar, wenn sie
kontrollierbar sind.

Sind aber, gemessen am Status quo, Veränderungen überhaupt notwendig?

Das ist eine Frage der Wertvorstellungen. Lösungsansätze enthalten selbst
keine verbindlichen Wertvorstellungen. Sie sind aber ohne gesellschaftlichen Bezug, z.B. zu unserem dezentralen Versorgungssystem unverständlich und sie können auch irrelevant werden, wenn gesundheitspolitische
Prioritäten anderer Länder zugrundegelegt werden. Der Lösungsansatz TR
ist deshalb eine Antwort auf zeit- und ortsabhängige Fragen zu Problem-
feldern der Patientenversorgung und Erkenntnisgewinnung.

In diesem Sinne haben wir eine Reihe von Fragen aus dem Spannungsfeld
Patient-Arzt-Institution zusammengestellt und sie in eine logische An-
ordnung entsprechend aufbauender Teilschritte zu bringen versucht, obwohl an sich nur ein netzwerkartiges Gefüge ihrer Interdependenz Rechnung tragen kann. Da auch die Trennung in Probleme und Lösungen arbi-
träre Züge annehmen müßte, wurde diese nicht versucht. Dennoch umreißen
die Fragen die thematische Breite, das oft kritisierte weil diffus
wirkende Zielbündel, zu dem Beiträge von TR erwartet werden. Ebenso ist
die Vermengung von Aspekten des Erkennens und Handelns offensichtlich,
so daß Antworten nur zum Teil wissenschaftlich und wertfrei zu geben
sind. Damit sind grundsätzliche Positionen nicht nur zu wissenschaftstheoretischen und methodologischen, sondern auch zu ethischen Fragen zu
beziehen. Durch diese thematische Breite wird erkennbar, warum tragfähige Lösungsansätze notwendigerweise einen umfassenden Anspruch formulieren und damit Freiräume von Einzel- und Gruppeninteressen tangieren
müssen. Das Scheitern vieler unkoordinierter Alleingänge rechtfertigt
diese Aussage aus empirischer Sicht.

Gerade der Bezug zu den Wertvorstellungen verdeutlicht, daß die Vertau-
schung der Abb. 1 und 63, also die Ableitung der Aufgabenstellung aus
einer subjektiven Bewertung des Istzustandes der klinischen Onkologie
und Versorgung eine unnötig emotionale Ausgangsposition bedeutet hätte,
da eben auch die enge Verzahnung von Versorgung und klinischer Forschung
gerade für chronische Erkrankungen nicht aus Lösungsansätzen eliminiert
werden kann. Wichtiger ist es uns, nun am Ende den Leser mit diesem Nach-
wort nach einem subjektiven Erfahrungsbericht zur Reflexion der Voraussetzungen anzuregen, vielleicht damit einige Denkanstöße zu geben. Er
soll sich selbst in den Mittelpunkt stellen und den möglichen Beitrag
von TR zu seinen eigenen Aufgaben, Zielsetzungen bzw. Bedürfnissen beurteilen. Diese Reflexion, ja der Bezug zu anderen Zielen sollte zur aktiven Unterstützung oder wenigstens zur neugierigen Toleranz führen.

Fragen zu Problemen der Erfahrungsgewinnung und der Versorgung im Tumorbereich:

1. Existieren anerkannte tumorspezifische Empfehlungen zu Diagnostik,
   Therapie und Nachsorge, die einen Standard aufzeigen und gleichzeitig auf individuell zu entscheidende Alternativen hinweisen?

2. Gibt es sichere Informationskanäle, auf denen dieses Wissen bzw. die
   Neuerungen systematisch den Versorgungsträgern angeboten werden können?

3. Ist auf der Basis solcher Empfehlungen eine regional gleichwertige, patientennahe und kostengünstige Versorgung sichergestellt?

4. Gibt es in Problemsituationen etablierte Informationskanäle, über die Entscheidungshilfen eingeholt werden können?

5. Ist dem Patienten die Bedeutung einer intensiven und interdisziplinären Betreuung klargemacht worden?

6. Sind die Möglichkeiten für Rehabilitationsmaßnahmen usw. aufgezeigt worden?

7. Sind im Rahmen der individuellen Versorgung die Fakten zum bisherigen Krankheitsverlauf bekannt?

8. Sind die bisherigen Versorgungsträger leicht kontaktierbar?

9. Werden die aktuell durchgeführten Maßnahmen in einer Form festgehalten, daß sie für spätere Rückfragen leicht zugänglich und damit mitteilbar sind?

10. Ist sichergestellt, daß durch optimale Informationsflüsse unnötige Mehrkosten bei interdisziplinärer und dezentraler Betreuung vermieden werden?

11. Ist es möglich, daß Patienten bei Nichtinanspruchnahme von Versorgungsleistungen auf das Angebot hingewiesen werden können?

12. Ist gewährleistet, daß die Ergebnisse aus dem Verlauf der Versorgung den früher Beteiligten verfügbar werden können?

13. Ist es damit möglich, daß interessierte Kliniken sich ihre Langzeiterfolgsbilanzen erarbeiten können?

14. Ist es möglich, daß interessierte Kliniken ihre Statistiken vergleichen und gemeinsam die Ergebnisse der Literatur gegenüberstellen können?

15. Ist es möglich, systematisch Beobachtungen aus nicht dem Standard entsprechenden Behandlungen zu nutzen?

16. Ist es möglich, Bewertungskriterien für Nachsorgestrategien zu gewinnen?

17. Ist es möglich, Kriterien für die Inanspruchnahme von Leistungen und die Ausschöpfung der Empfehlungen zu gewinnen?

18. Ist es denkbar, daß es die Versorgungsträger als ihre Aufgabe ansehen, von sich aus die Neuerkrankungsraten zu ermitteln?

19. Ist es möglich, Bewertungskriterien für Vorsorgemaßnahmen zu gewinnen?

20. Werden die gemeinsam gemachten Beobachtungen über Verlaufstypologien,
    Prognosefaktoren, Behandlungsalternativen usw. in kommunizierbarer
    Form verfügbar?

21. Ist es denkbar, daß die Arbeitskontakte zwischen den Kliniken so
    intensiviert werden, daß gemeinsame Studien zügig geplant werden
    können?

22. Können die aus der Versorgung gewonnenen Beobachtungen ohne Verlet-
    zung des Patientengeheimnisses mit anderen Daten korreliert werden?

23. Ist es denkbar, daß extern und intern formulierte Hypothesen zur
    Ätiologie mit epidemiologischen Studien überprüft werden können?

24. Ist gewährleistet, daß typische epidemiologische und klinische Auf-
    gabenstellungen der Onkologie und Ergebnisse über die Bedeutung der
    Prävention und der Vorsorge der Öffentlichkeit systematisch bekannt
    gemacht werden?

25. Sind vorgelegte Konzepte so attraktiv, daß es der Bürger bzw. der
    betroffene Patient gerechtfertigt sieht, mit seinen individuellen
    Daten einen Beitrag zu leisten?

26. Kann die gemeinsame Zielorientierung in der Versorgung Tumorkranker
    unter Berücksichtigung von unterschiedlichen Standpunkten sowie Wah-
    rung von Einzel- und Gruppeninteressen unterstützt werden?

27. Ist die kontinuierliche Pflege der tumorspezifischen Empfehlungen
    und ihre rasche Verbreitung gesichert?

Mit dem im vorliegenden Buch skizzierten Lösungsansatz möchten wir zur
Beantwortung dieser Fragen beitragen. Wir sehen in dem Aufbau einer
klinikübergreifenden Tumorverlaufsdokumentation, die in einer adäquaten
Kooperationsstruktur realisiert werden kann, einen Beitrag zur Versorgung und eine Chance für die klinische und epidemiologische Forschung.

8. Referenzen

8.1 Kooperierende Institutionen

Zum Aufbau des TRM haben im wesentlichen die folgenden Institutionen
beigetragen. Die Beiträge beziehen sich auf die Beratung im Rahmen der
Planung der Dokumentationskonzeption und der Auswertung. Die Mitarbeiter
dieser Institutionen sind im Abschnitt 7.2 genannt. Gleichzeitig haben
die Kliniken im Rahmen des zu erwartenden Umfangs regelmäßig ihre Teilregister fortgeschrieben.

A   Kliniken der Ludwig-Maximilians-Universität München

    Frauenklinik
    Direktor: Prof. Dr. K. Richter

    Chirurgische Klinik
    Direktor: Prof. Dr. G. Heberer

    Radiologische Klinik und Poliklinik im Klinikum Großhadern
    Direktor: Prof. Dr. J. Lissner

    Klinik und Poliklinik für Hals-, Nasen- und Ohrenkranke
    Direktor: Prof. Dr. H. Naumann

    Dermatologische Klinik und Poliklinik
    Direktor: Prof. Dr. O. Braun-Falco

    Medizinische Klinik III
    Direktor: Prof. Dr. W. Wilmanns

    I. Frauenklinik
    Direktor: Prof. Dr. J. Zander

    Urologische Klinik und Poliklinik
    Direktor: Prof. Dr. E. Schmiedt

    Kinderklinik - Abt. für Päd. Hämatologie
    Abt. Vorsteher: Prof. Dr. R. Haas

    Chirurgische Klinik und Poliklinik Innenstadt
    Direktor: Prof. Dr. L. Schweiberer

B   Kliniken der Technischen Universität München

    Chirurgische Klinik und Poliklinik
    Direktor: Prof. Dr. J.R. Siewert

    Urologische Klinik und Poliklinik
    Direktor: Prof. Dr. W. Mauermayer

    Frauenklinik und Poliklinik
    Direktor: Prof. Dr. H. Graeff

    Medizinische Klinik und Poliklinik, Abt. Hämatologie und Onkologie
    Abt. Vorsteher: Prof. Dr. J. Rastetter

    Nuklearmedizinische Klinik und Poliklinik
    Direktor: Prof. Dr. H.W. Pabst

C   Außeruniversitäre Kliniken

Gynäkologisch-Onkologische Klinik Bad Trissl
Direktor: Dr. A. Leonhardt

Zentralkrankenhaus Gauting der LVA
Direktor: Prof. Dr. H. Blaha

Städt. Krankenhaus Harlaching, 1. Med. Abteilung
8000 München 90
Oberarzt: Dr. R. Sanders

Krankenhaus der Barmherzigen Brüder, Abteilung Urologie
8000 München 19
Chefarzt: Prof. Dr. E. Elsässer

Urologische Abteilung im Städt. Krankenhaus an der Thalkirchnerstr. 48
8000 München 2
Chefarzt: Prof. Dr. A. Hofstetter

Krankenhaus Martha Maria, Chirurgische Abteilung
8000 München 71
Chefarzt: Prof. Dr. F. Spelsberg

Städt. Krankenhaus Passau, Chirurgische Abteilung
Chefarzt: Dr. H. Zangerle

Krankenhaus Deggendorf, Urologische Abteilung
Chefarzt: Prof. Dr. P. Carl

Elisabeth-Krankenhaus Straubing, Urologische Abteilung
Chefarzt: Prof. Dr. Naber

D   Kooperierende Institute

Pathologisches Institut der LMU
Thalkirchnerstr. 36
8000 München 2
Vorstand: Prof. Dr. M. Eder

Institut für allgemeine Pathologie und pathologische Anatomie der TU
Ismaninger Straße 22
8000 München 80
Direktor: Prof. Dr. W. Goessner

Institut und Poliklinik für Strahlentherapie und Radiologische
Onkologie der TU
Ismaninger Straße 22
8000 München 80
Direktor: Prof. Dr. A. Breit

Institut für Medizinische Informationsverarbeitung, Statistik und
Biomathematik der LMU
Marchioninistr. 15
8000 München 70
Vorstand: Prof. Dr. K. Überla

Institut für Medizinische Statistik und Epidemiologie der TU
Ismaninger Straße 22
8000 München 80
Direktor: Prof. Dr. H.-J. Lange

8.2 Beratende Ärzte und Wissenschaftler

Für die Konzeption der TRM ist der enge Kontakt zur Versorgung charakteristisch. Eine diesbezügliche Planung ist nur auf der Basis einer intensiven Kommunikation mit motivierten Ärzten und Wissenschaftlern möglich. Vielen sind wir zu Dank verpflichtet, den wir mit der folgenden Zusammenstellung zum Ausdruck bringen möchten. Sicherlich werden wir dabei einig Namen vergessen haben. Dies bitten wir zu entschuldigen.

Balda, B.	Hartenstein, R.	Rattenhuber, U.
Baltzer, J.	Hartung, R.	Reitz-Niethmann, Ch.
Bartels, H.	Heidenreich, P.	Remberger, K.
Bary, S. von	Helmig, M.	Remy, W.
Bassermann, R.	Hiller, E.	Richter, M.
Bauer, H.	Hopfinger, C.	Rohloff, R.
Bauer, H.W.	Huhn, D.	Sanders, R.
Bender-Goetze, C.	Janka, G.	Sauer, H.-J.
Biehl, T.	Jehn, U.	Schalhorn, A.
Boening, L.	Jocham, D.	Schiele-Luftmann, K.
Bohmert, H.	Kanitz, W.	Schmeisser, K.-J.
Brach, M.	Kohl, H.-J.	Schmidt, B.
Brückner, W.	Konz, B.	Schmidt, J.
Büll, U.	Kruis, W.	Schmöckel, C.
Burg, G.	Kürzel, R.	Schneller, W.
Chucholowski, M.	Kütgens, P.	Schroeck, R.
Clemm, C.	Lamerz, R.	Schünemann, H.
De Waal, J.	Landthaler, M.	Schuster, H.
Denecke, H.	Lange, J.	Sintermann, R.
Dielert, E.	Lieven, H. von	Spilker, G.
Dittler, H.-J.	Lindner, H.	Stähler, G.
Dittmer, H.	Lochmüller, H.	Stein, G.
Egger, B.	Löhrs, U.	Stelter, W.
Ehrhart, H.	Lohe, K.	Stochdorph, O.
Eicher, W.	Lutz, H.-J.	Thiel, E.
Eichner, H.	Mack, D.	Thurmayr, G.R.
Eiermann, W.	Mahr, W.	Wiebecke, B.
Emmerich, B.	Mann, K.	Willich, N.
Feifel, G.	Marx, F.-J.	Witte, J.
Fink, U.	Mayer, R.	Wohlrab, R.
Fischer, M.	Meyer-Busche, G.	Wolf-Hornung, B.
Forster, G.	Moser, E.	Wündisch, G.
Göttinger, H.	Naujokat, B.	Zink, R.
Günther, B.	Olbrisch, R.-R.	Zumtobel, V.
Hartel, E.	Präuer, H.	

8.3 Literaturverzeichnis

1   85. Deutscher Ärztetag. Beschlüsse: Schweigepflicht und Datenschutz.
     Dtsch. Ärzteblatt 79 (1982) Nr. 21, 17-44

2   Arnold, H.: Kosten und Nutzen der Krebsfrüherkennung. Öff. Gesund-
     heitswesen 40 (1978) 329-338

3   Aumiller, J.: Schwerpunkte der Krebsfrüherkennung. MMW 123 (1981)
     721-730

4   ADT (Arbeitsgemeinschaft Deutscher Tumorzentren): Zur Konzeption
     und zum Personal- und Finanzbedarf der Tumorzentren in der Bundes-
     republik Deutschland. Selbstverlag der ADT, Heidelberg 1979

5   ATO: Der Nachsorgepaß. Rhein. Ärzteblatt 5 (1983) 203-222

6   Bayer. Landesamt für Statistik und Datenverarbeitung: Statistische
     Berichte - Altersstruktur der Bevölkerung Bayerns (AI3-J/81).
     Selbstverlag des Bayer. Landesamtes für Stat. u. Datenverarb.,
     München 1982

7   Bayer. Staatsministerium des Innern und für Arbeit und Sozialord-
     nung (Hrsg.): Bericht über das Bayerische Gesundheitswesen für das
     Jahr 1981. Selbstverlag d. Bayer. Statist. Landesamtes, 1982

8   Bayerisches Statistisches Landesamt (Hrsg.): Einwohnerzahlen -
     Gemeinden, Kreise und Regierungsbezirke in Bayern. Selbstverlag
     des Bayer. Statist. Landesamtes, 1979

9   BL - DS 9/1712: 4. Tätigkeitsbericht des Landesbeauftragten für
     den Datenschutz, 1982

10   Blum, R.L.: Discovery and Representation of Causal Relationships
     from a Large Time-Oriented Clinical Database: The RX Project.
     Lecture Notes in Medical Informatics, Bd. 19, Springer Verlag,
     Berlin 1982

11   Boedefeld, E. (Hrsg.): Bestandsaufnahme der Krebsforschung in der
     BRD - Bd. 1: Studienberichte und Empfehlungen. DFG-Schrift (1980)
     161-179

12   Breslow, L.: Opportunities for Cancer Control. In: Fraumeni, J.
     (Ed.): Persons of High Risk of Cancer - An Approach to Cancer
     Etiology and Control. Academic Press, New York 1975

13   BT - DS 9/1243: 4. Tätigkeitsbericht des Bundesbeauftragten für
     den Datenschutz. H. Heger-Verlag, Bonn 1981

14   BT - DS 8/3556: Krebsbericht als Fortschreibung der Antwort der
     Bundesregierung auf die große Anfrage betreffend Krebsforschung.
     H. Heger-Verlag, Bonn 1980

15   Bundesminister des Innern (Hrsg.): Die Krebssterblichkeit in der
     Bundesrepublik Deutschland 1970-1978. Verlag TÜV-Rheinland, Köln
     1983

16   Byar, D.P.: Why Data Bases should not replace Randomized Clinical
     Trials. Biometrics 36 (1980) 337-342

17   Clark, R.L.: Cancer 1980 - Achievements, Challenges, and Prospects.
     Cancer 49 (1982) 1739-1745

18   Cole, P.; Morrison, A.S.:   Basic Issues in Population Screening for
     Cancer. J. Natl. Cancer Inst. 64 (1980) 1263-1272

19   Dambrosia, J.M.; Ellenberg, J.H.:   Statistical Considerations for
     a Medical Data Base. Biometrics 36 (1980) 323-332

20   Day, E.:   Is the Periodic Health Examination Worthwhile? - Some
     Perspectives. Cancer 47 (1981) 1210-1214

21   Deneke, J.F.V.:   Beachtung der ärztlichen Schweigepflicht in der
     medizinischen Forschung. Dtsch. Ärzteblatt 30 (1981) 1441-1444

22   Erdmann, H.:   Tumornachsorge aus der Sicht des niedergelassenen
     Arztes. MMW 124 (1982) 703-705

23   Ferner, H.; Staubesand, J. (Hrsg.): Sobotta/Becker - Atlas der
     Anatomie des Menschen - II Eingeweide. Urban-Schwarzenberg-Verlag,
     München 1972

24   Ferner, H.; Staubesand, J. (Hrsg.): Sobotta/Becker - Lehrbuch der
     Anatomie des Menschen - II Eingeweide und Kreislauf. Urban-
     Schwarzenberg-Verlag, München 1975

25   Fletcher, R.H. et al.:   Clinical Epidemiology - the Essentials.
     Williams & Wilkins, Baltimore 1982

26   Freedman, L.S.:   Variations in the Level of Reporting by Hospitals
     to a Regional Cancer Registry. Br. J. Cancer 37 (1978) 861-865

27   Gehan, E.A.:   Progress of Therapy in Acute Leukaemia 1948-1981:
     Randomized versus Non-Randomized Clinical Trials. Contr. Clin.
     Trials 3 (1982) 199-207

28   Greiser, E.:   Probleme des Datenbedarfs und Datenzugangs für die
     epidemiologische Forschung. In: Kilian W.; Porth, A.J. (Hrsg.):
     Juristische Probleme der Datenverarbeitung in der Medizin.
     Med. Informatik und Statistik, Bd. 12, Springer Verlag, Berlin 1979

29   Gremy, F.:   Editorial: Informatics and Medical Methodology: Random
     Reflections about Clinical Data Bases. Med. Inform. 7 (1982) 85-91

30   Griffith, G.W.:   Cancer Surveillance with Particular Reference to
     the Uses of Mortality Data. Intern. J. Epidemiol. 5 (1976) 69-76

31   Gruenagel, H.H.; Hilger, P. et al.:   Interdisziplinäre nachsorgende
     Gesamtbetreuung Tumorkranker mit Hilfe des Krankenhausinformations-
     systems. Med. Welt 32 (1981) 824-827

32   Grundmann, E.:   Ziele des Registers für onkologische Nachsorge der
     GBK in Münster. GBK-Mitteilungsdienst 6 (1978) Nr. 24, 2-3

33   Harvei, S.; Solheim, O.:   The Prognosis in Osteosarcoma: Norwegian
     National Data. Cancer 48 (1981) 1719-1723

34   Hasford, J.; Selbmann, H.K.:   Mißbildungsregister - Möglichkeiten
     und Grenzen. In: Berger, J.; Holme, K.H. (Hrsg.): Methoden der
     Statistik und Informatik in Epidemiologie und Diagnostik. Med.
     Informatik und Statistik, Bd. 40, Springer-Verlag, Berlin 1983

35   Wolf-Heidegger, S.W.:   Atlas der systematischen Anatomie des
     Menschen - Band II. S. Karger-Verlag, Basel 1971

36   Hölzel, D.; Schubert, G.; Thieme, Ch.; Überla, K.K.: Tumorregister:
     Informationssysteme für Tumorzentren. MMW 123 (1981) 1373-1376

37   Hölzel, D.; Eckel, R.:   Basisfunktionen für die Analyse von Ver-
     laufsdaten. In: Horbach,L.; Duhme, C. (Hrsg.): Nachsorge und Krank-
     heitsverlaufsanalyse. Med. Informatik und Statistik, Bd. 28,
     Springer-Verlag, Berlin 1981

38   Hölzel, D.; Schubert, G.; Thieme, Ch.:   Das Tumorregister München.
     Ziele, Probleme, Stand. Vortrag auf dem 15. Krebskongreß der
     Deutschen Krebsgesellschaft, München März 1980

39   Hölzel, D.; Schubert-Fritschle, G.; Thieme, Ch.:   Tumornachsorge:
     Eine Herausforderung an die Kooperationsfähigkeit in der Medizin.
     Vortrag zur 18. wissenschaftlichen Jahrestagung der Deutschen
     Gesellschaft für Sozialmedizin in München, 1982

40   Hölzel, D.: Nachsorgeunterstützung durch Tumorpässe. MMW 123 (1981)
     1869-1872

41   Hölzel, D.; Eckel, R.: MINDIUS Programmbeschreibung. Techn. Bericht
     Nr. 5 des ISB, Selbstverlag 1977

42   Hoepker, W.-W.:   Aufgaben und Organisationsstruktur des Registers
     für onkologische Nachsorge Münster. GBK-Mitteilungsdienst 6 (1978)
     Nr. 24, 3-9

43   Hoffmeister, H.; Lingk, W. (Hrsg.):   Krebsregistrierung in der
     Bundesrepublik Deutschland - Möglichkeiten und Grenzen. Dietrich
     Reimer-Verlag, Berlin 1981

44   Hoover, R.:   Environmental Cancer. Ann Ny Acad Sci 329 (1979) 50-60

45   Horwitz, R.I.; Feinstein, A.R.:   Methodologic Standards and
     Contradictory Results in Case-Control Research. Am. J.Med. 66 (1979)
     556-563

46   Jacob, W.; Scheida, D.; Wingert, F. (Hrsg.):   Tumor-Histologie-
     Schlüssel ICD-O-DA. Springer-Verlag, Berlin 1978

47   Jensen, O.M.:   Cancer Morbidity and Causes of Death among Danish
     Brewery Workers. Int. J. Cancer 23 (1979) 454-463

48   Kaatsch, P.; Michaelis, J.:   Bericht über 3 Jahre kooperative Doku-
     mentation von Malignomen im Kindesalter. Technischer Bericht des
     IMSD, Selbstverlag Mainz 1983

49   Kayser, K.; Burkhardt, H.-U.:   The Regional Cancer Registry in
     North Baden: A Review of four Years Experience. Med. Inform. 6
     (1981) 99-108

50   Knowelden, J.; Mork, T.; Phillips, A.J. (Eds.):   The Registry in
     Cancer Control. UICC Technical Report Series 5, Vol. 5, Geneva 1970

51   Köhler, C.O.:   Ziele, Aufgaben, Realisation eines Krankenhaus-
     informationssystems. Med. Informatik und Statistik, Bd. 36,
     Springer-Verlag, Berlin 1982

52   Koller, S.; Wagner, G. (Hrsg.): Handbuch der medizinischen Dokumen-
     tation und Datenverarbeitung. Schattauer-Verlag, Stuttgart 1975

53   Kottmeier, H.L.:   Annual Report on the Results of Treatments in
     Gynecological Cancer   1973-1975, Vol. 18.   Edit. Office:
     Radiumhemmet Stockholm 1983

54   Krieg, V.; Witting, Ch.; Wisniewski, R.:   Sechsjahres-Register für
     onkologische Nachsorge der GKB in Münster. GKB-Mitteilungsdienst 9
     (1981) Nr. 35, 11-13

55   Leonhardt, A.; Schuster, H.:   Hinweise für die Führung der Dokumen-
     tationsbögen. Bayerisches Ärzteblatt Mai 1978, 489

56   Levin, D.L.; Connelly, R.R.; Devesa, S.S.:   Demographic
     Characteristics of Cancer of the Pancreas: Mortality, Incidence,
     and Survival. Cancer 47 (1981) 1456-1468

57   Magnus, K.; Miller, A.B.:   Controlled Prophylactic Trials in Cancer
     J. Natl. Cancer Inst. 64 (1980) 693-699

58   Magnus, K.:   Habits of Sun Exposure and Risk of Malignant Melanoma.
     Cancer 48 (1981) 2329-2335

59   McClatchie, G.:   An Information Retrieval Procedure for a Cancer-
     Treatment Data Base System. Comp. Biomed. Res. 7 (1974) 157-163

60   Miller, A.B.; Hoogstraten, B. et al.:   Reporting Results of Cancer
     Treatment.   Cancer 47 (1981) 207-214

61   Miller, A.B.:   Opportunities for Cancer Etiology. In: Fraumeni, J.
     (Ed.): Persons of High Risk of Cancer - An Approach to Cancer
     Etiology and Control.   Academic Press, New York 1975

62   Murphy, G.P.:   Cancer Prevention History and Perspectives.
     In: Aoki, K. et al. (Eds.): Cancer Prevention in Developing
     Countries. The University of Nagoya Press, Nagoya 1982

63   Neumann, G.:   Krebsregister Baden-Württemberg 1981. Selbstverlag
     des Krebsverbandes Baden-Württemberg E.V., Stuttgart 1983

64   Neumann, G.: Der Trend der Tumorhäufigkeit und mögliche Beziehungen
     zu Früherkennungsmaßnahmen. Fortschr. Med. 100 (1982) 1073-1078

65   NN: Adjuvant Chemotherapy of Breast Cancer. Br. Med. J. 281 (1980)
     724-725

66   NN: Compilation of Cancer Therapy Protocol Summaries. NIH Publi-
     cation No. 80-1116, 1980

67   NN: Entschließung - Errichtung von Krebsregistern. Konferenz
     der für das Gesundheitswesen zuständigen Minister und Senatoren der
     Länder am 19./20.3.1980 in Bad Salzuflen

68   Oeser, H.:   Krebs: Schicksal oder Verschulden? Georg Thieme Verlag,
     Stuttgart 1979

69   Ott, G.H.:   Krebsnachsorge eine Gemeinschaftsaufgabe von Klinik und
     Praxis.   GBK-Mitteilungsdienst 6 (1978) Nr. 21

70   Painter, J.T.:   What is Cancer Control? In: Burchemel, J.H.;
     Oettgen, H.F. (Eds.): Cancer Achievements, Challenges and Prospects
     for the 1980s. Grune & Stretton, New York 1980

71   Pedersen, E.:   Some Uses of the Cancer Registry in Cancer Control.
      Brit. J. Prev. Soc. Med. 16 (1962) 105-110

72   Pfleiderer, A.:   Probleme und Fehldeutungen bei randomisierten
      Studien. Vortrag auf dem Fachtreffen der Deutschen Gesellschaft
      für Gynäkologie und der GMDS, München 1983

73   Prorok, P.C.; Hankey, B.F.; Bundy, B.N.:   Concepts and Problems in
      the Evaluation of Screening Programs. J. Chron. Dis. 34 (1981) 159-171

74   Rothschild, H.; Buechner, H. et al.:   Histologic Typing of Lung
      Cancer in Louisiana. Cancer 49 (1982) 1874-1877

75   Sackett, D.L.:   Bias in Analytic Research. J. Chron. Dis. 32 (1979)
      51-63

76   Saxen, E.; Teppo, L.:   Finnish Cancer Registry 1952-1977. Selbst-
      verlag, Helsinki 1978

77   Scheibe, O.; Wagner, G.:   V. Dokumentation der Nachsorge in Klinik
      und Praxis. In: Scheibe, O. et al. (Hrsg.): Krebsnachsorge. Urban
      u. Schwarzenberg, München 1980

78   Schmidt, C.G.:   Nachsorge-Probleme in der internistischen Krebs-
      therapie. Klinikarzt 8 (1979) 640-655

79   Schottenfeld, D.:   The Epidemiology of Cancer: An Overview.
      Cancer 47 (1981) 1095-1108

80   Schubert-Fritschle, G.; Hölzel, D.; Eckel, R.; Thieme, Ch.:
      Informationsverarbeitung für klinikübergreifende Verlaufsregister.
      In: Berger, J.; Holme, K.H. (Hrsg.): Methoden der Statistik und
      Informatik in Epidemiologie und Diagnostik. Med. Informatik und
      Statistik, Bd. 40, Springer-Verlag, Berlin 1983

81   Sewering, H.J.:   Zur Kenntnis genommen. Bayerisches Ärzteblatt 37
      (1982) Nr. 4, 259

82   Shapiro, S.:   Statistical Evidence for Mass Screening for Breast
      Cancer and Some Remaining Issues. Cancer Detection and Prevention 1
      (1976) 347-463

83   Shapiro, S.:   Evidence of Screening for Breast Cancer from
      Randomized Trial. Cancer 39 (1977) 2772-2782

84   Spitzer, W.O. et al.:   The Periodic Health Examination - Canadian
      Task Force on the Periodic Health Examination. CMA Journal 121
      (1979) 1193-1254

85   Starmer, C.F.; Lee, K.L.; Harrell, F.E.; Rosati, R.A.:   On the
      Complexity of Investigating Chronic Illness. Biometrics 36 (1980)
      333-335

86   Staszewski, J.:   Cancer of the Kidney: International Mortality
      Patterns and Trends. World Health Stat. Quarterly 33 (1980) 42-47

87   Statistisches Amt des Saarlandes (Hrsg.): Saarländische Krebsdoku-
      mentation 1975-1978. Selbstverlag des Statistischen Amtes des
      Saarlandes, Saarbrücken 1982

88 Statistisches Landesamt Hamburg (Hrsg.): Statistik des Hamburgischen
    Staates - Hamburger Krebsdokumentation 1972 bis 1974. Selbstverlag
    des Statistischen Landesamtes, Heft 116, Hamburg 1976

89 Suhr, P.; Stützer, H.; Weidtman, V.: Das klinische Krebsregister
    des Tumorzentrums Köln. In: Horbach, L.; Duhme, C. (Hrsg.): Nach-
    sorge und Krankheitsverlaufsanalyse. Med. Informatik und Statistik,
    Bd. 28, Springer-Verlag, Berlin 1981

90 Tallis, G.M.; O'Neill, T.J.: Analysis of Detection Processes
    for Breast Cancer. Biom. J. 23 (1981) 203-217

91 Thieme, Ch.; Hölzel, D.: Patientendaten im zeitlichen Verlauf
    - Aspekte der Präsentation. Vortrag auf der GMDS-Frühjahrstagung,
    Heidelberg 1979

92 TZM: Jahresbericht 1980/1981. Selbstverlag 1982

93 TZM: Jahresbericht 1978/1979. Selbstverlag 1980

94 Überla, K.K.: Aufbau und Möglichkeiten eines Tumorregisters.
    Vortrag auf der Fortbildungsveranstaltung des TZM, München Nov. 197£

95 UICC: TNM - Klassifikation der malignen Tumoren. Springer-Verlag,
    3. Aufl., Berlin 1979

96 Viadana, E.; Bross, I.D.J.; Pickren, J.W.: Cascade Spread of
    Blood-Borne Metastases in Solid and Nonsolid Cancers of Humans.
    In: Weiss,L.; Gilbert, H.A. (Eds.): Pulmonary Metastasis. Martinus
    Nijhoff Medical Division, The Hague-Boston-London 1978

97A Wagner, G.; Grundmann, E. (Hrsg.): Basisdokumentation für Tumor-
    register. Springer-Verlag, 3. Auflage, Berlin 1983

97B DKFZ: Basisdokumentation für Tumorregister, 2. Auflage.
    DKFZ, Selbstverlag, Heidelberg 1980

98 Wagner, G. (Hrsg.): Tumorlokalisationsschlüssel. Springer-Verlag,
    Berlin 1979

99 Wagner, G.; Wiebelt, H.: Die Basisdokumentation für Tumorkranke
    der ADT. In: Horbach, L.; Duhme, C. (Hrsg.): Nachsorge und Krank-
    heitsverlaufsanalyse. Med. Informatik und Statistik, Bd. 28,
    Springer-Verlag, Berlin 1981

100 Wagner, G.: Krebsregister und Datenschutz, In: Kilian, W.;
    Porth, A.J. (Hrsg.): Juristische Probleme der Datenverarbeitung
    in der Medizin. Med. Informatik und Statistik, Bd. 12, Springer-
    Verlag, Berlin 1979

101 Wagner, G.; Wiebelt, H.: Die Basisdokumentation der Tumorzentren.
    Lebensversicherungsmedizin 34 (1982) Nr. 8, 169-174

102 Wagner, G.: Basic Data Set Collection Programs for Cancer
    Patients: In: Grundmann E.; Cole, J.W. (Eds.): Cancer Centers.
    Gustav-Fischer-Verlag, Stuttgart 1979

103 Waterhouse, J.A.H.: Strategies for the Development of a Coherent
    Cancer Statistics System. World Health Stat. Quarterly 33 (1980)
    185-196

104 Waterhouse, J.; Muir, C.; Correa, P.; Powell, J. (Eds.): Cancer
Incidence in five Continents - Volumme III. IARC-Scientific
Publications (15), Lyon 1976

105 Wiklund, K.; Einhorn, J.; Eklund, G.: An Application of the
Swedish Cancer Environment Registry. Leukaemia among Telephone
Operators at the Telecommunications Administration in Sweden.
Intern. J. Epidemiol. 10 (1981) 373-375

106 WHO: Cancer Statistics. Tech. Report Series 632. WHO, Geneva 1979

107 Zelen, M.: Theory of Early Detection of Breast Cancer in the
General Population. In: Heuson, J.C. et al. (Eds.): Breast Cancer:
Trends in Research and Treatment. Raven Press, New York 1976

---

108 BMJFG: Studie "Krebsregister - Krebsregistrierung - Die Einstellungen und Bereitschaften der Bevölkerung der BRD". Pressedienst des
Ministeriums, 20.7.83

109 NIH: SEER Program - Self Instructional Manual for Tumor
Registrars. NIH-Publication No. 80 - 917, 1980

110 Herwig, E.: Krankheitsfrüherkennung Krebs, Frauen und Männer.
Schriftenreihe des ZI, Band VI. Deutscher Ärzteverlag 1977

Anhang
Gliederung siehe
Inhaltsverzeichnis

Formulare des Tumorregisters München

Unter dem Verlaufsaspekt - das TRM versteht sich als klinikübergreifende Tumorverlaufsdokumentation - gibt es zur Erfassung der vollen Personenidentifikation
keine Alternative (s.S. 25). Nur so ist gewährleistet, daß Verlaufsinformationen
auch nach Jahren hinreichend sicher zugeordnet werden können. Für die Erfassung
der Tumornachsorge für Patienten, deren Primärbehandlung in einer Klinik des TZM
erfolgte, wurde im übrigen ein anonymisierter Weg über die Nummer eines Nachsorge-
Terminkalenders vorgeschlagen (vgl. Abschn. 3.1.4 und S. 260).

Die Anschrift des Patienten wird auf einem gesonderten Formular erhoben. Dadurch
kann dieser Vorgang organisatorisch abgekoppelt und delegiert werden, während die
Dokumentation der Befunde und Behandlungen in der Regel die Mitarbeit eines Arztes
erfordert. Unter dem Aspekt Datenschutz bietet die Trennung von Identifikation und
medizinischen Daten den Vorteil, daß nicht alle Informationen auf einem Beleg zusammen greifbar sind und daß die Anschrift nach erfolgter Datenerfassung vernichtet werden kann. Die tumorspezifischen Erhebungsbögen des TRM werden nachfolgend
vollständig abgedruckt. Über die Darstellung des Layout hinaus sollen damit für
die einzelnen Tumordiagnosen auch konkrete Merkmalssätze angeboten werden, die
sich teilweise erst nach langwierigen und intensiven Diskussionen TRM-intern stabilisiert haben.

<table><tr><td>Tumor
Zentrum
München</td><td colspan="2"># Ersterhebung Endometriumkarzinom</td></tr></table>

Patientin, geborene _______________ Klinik ☐☐☐ ☐☐☐☐

Geb.-Datum

☐☐ ☐☐ ☐☐☐☐
Tag Monat Jahr

Klinikspez. Feld
☐☐☐

EINWEISUNG
☐ zur Primärtherapie oder Diagnose im Hause gestellt
☐ zur Zusatzbehandlung, auswärts anbehandelt (Daten der Ersterhebung retrospektiv erhoben)
☐ wegen Rezidiv, Primärtherapie auswärts (Daten über Ersterhebung und Therapie retrospektiv erhoben)

ZEITANGABEN
Wann wurde erstmals die Diagnose gestellt   ☐☐ ☐☐ Monat Jahr

Wann war der erste Arztkontakt wegen Erstsymptomatik   ☐☐ ☐☐ Monat Jahr

Wann trat Erstsymptomatik auf   ☐☐ ☐☐ Monat Jahr

ERSTSYMPTOMATIK ☐ Spezifische Symptome   ☐ Zufallsbefund am Op-Präparat   ☐ Zufallsbef. gyn. Vorsorgeuntersuchung

Postmenopause ☐ Ja   ☐ Nein
Zweiterkrankungen ☐ Hochdruck   ☐ Diabetes Mellitus   ☐ Adipositas

Tumor ☐ Primärtumor   ☐ Zweittumor   ☐ Primärtumor unbekannt   ☐ Fraglich, ob Primärtumor

FIGO-STADIUM
prätherapeutisch   ☐ (Definition auf der Rückseite)
I-IV, a/b

Für FIGO III präther. ☐ Vagina   ☐ Resistenz im kleinen Becken
Für FIGO IV b präther. ☐ Lunge   ☐ Pleura   ☐ Skelett   ☐ Mamma   ☐ LK o. n. A.   ☐ Leber
☐ Peritonealkarzinose   ☐ ZNS   ☐ Haut   ☐ Sonstige: _______

HISTOLOGIE ☐ Adenokarzinom o. n. A.   ☐ Adenocancroid   ☐ Adenosquamöses Karzinom
☐ Sonstiges: _______
Reifegrad ☐ Gut diff. reifes Karzinom (G 1)   ☐ Wechselnd oder überwiegend gering diff. Karzinom (G 2)
☐ Vorwiegend solides oder völlig undiff. anaplastisches Karzinom (G 3)   ☐ Keine Angabe / nicht bekannt

PRIMÄRE THERAPIE ☐ Operation   ☐ Bestrahlung   ☐ Zytostatika   ☐ Hormone   ☐ Sonst.: _______

OPERATION Datum _______ ☐ im Hause   ☐ auswärts, Daten sind retrospektiv erhoben
☐ Primär   ☐ Nach vorausgehender Bestrahlung
Uterusexstirpation ☐ Vaginal   ☐ Abdominal
Tumorentfernung ☐ Möglich   ☐ Nicht möglich
Ausmaß der Operation ☐ Mit beiden Adnexen   ☐ Entfernung eines Vaginalanteils   ☐ Mitnahme d. Parametrien   ☐ Lymphonodektomie
Exenteration ☐ Ja   ☐ Nein
Histopathol. Ausdehnung ☐ Kein Ca-Nachweis im Op-Präparat
am Corpus Uteri ☐ Keine Angabe / nicht bekannt
☐ Beschränkt auf das Endometrium
☐ Infiltration des Myometriums, jedoch nicht über das erste Drittel hinausgehend
☐ Infiltration des Myometriums zu mehr als einem Drittel, Uterusoberfläche frei von Karzinom
☐ Infiltration des ges. Myometriums mit Serosa oder Karzinom auf der Oberfläche des Uterus
außerh. d. Corpus ☐ Keine Angabe / nicht bekannt   ☐ Infiltration der Cervix   ☐ Karzinom in Tuben oder Ovarien
☐ Ca-Nachweis in LK   ☐ Sonstige Ca-Ausbreitung außerhalb des Uterus: _______
pTNM pT (FIGO) ☐   pN ☐   pM ☐   (vgl. Rückseite)

BESTRAHLUNG
Bestrahlung im Hause Beginn am _______   Ende am _______
Strategie ☐ Primäre Strahlentherapie   ☐ Nur präop. Bestrahlung   ☐ Nur postop. Bestrahlung
☐ Prä- und postop. Bestrahlung   ☐ Bestrahlung von Fernmetastasen
Dosis ☐ Volle Tumordosis   ☐ Vorzeitig abgebrochen
☐ Nur teilweise Tumordosis (bei alleiniger präoperativer Bestrahlung)
Art der Bestrahlung ☐ Nur intracavitäre Bestrahlung   ☐ Nur externe Tiefentherapie   ☐ Kombinierte Strahlentherapie
Bestrahlungstechnik ☐ Radium-Langzeitbestrahlung   ☐ Afterloading-Verfahren   ☐ Gammatron   ☐ Betatron
Bestrahlung auswärts Zur Bestrahlung verlegt nach: _______

ZYTOSTATIKA Chemotherapie eingeleitet am _______
Chemotherapie im H. ☐ Adjuv. Chemoth. n. radik. Op   ☐ Chemoth. bei Inoperabilität und/oder Fernmetastasen
Chemotherapie ausw. Zur Chemotherapie verlegt nach: _______

HORMONE Hormontherapie eingeleitet am _______
☐ Adjuvante Hormontherapie   ☐ Hormontherapie bei Fernmetastasen oder dissem. Erkrankung

Nächster Kontrolltermin i. H. _______   Weiterbehandlung durch: _______
Terminkalender-Nr. ☐☐☐☐☐☐☐☐   KV-Nr. des Hausarztes ☐☐☐☐☐☐☐☐

Todesdatum _______
Todesursache: ☐ tumorabhängig ☐ tumorunabhängig ☐ nicht beurteilbar
☐ Todesursache nicht zu ermitteln   Obduktion: ☐ ja ☐ nein

Station: _______
Datum _______   Unterschrift des Arztes _______

Tumor Zentrum München

Ersterhebung Vaginal-, Cervixkarzinom

Patientin, geborene __________ Klinik

Geb.-Datum

Tag Monat Jahr

Klinikspez. Feld

EINWEISUNG
- ☐ zur Primärtherapie oder Diagnose im Hause gestellt
- ☐ zur Zusatzbehandlung, auswärts anbehandelt (Daten der Ersterhebung retrospektiv erhoben)
- ☐ wegen Rezidiv, Primärtherapie auswärts (Daten über Ersterhebung und Therapie retrospektiv erhoben)

ZEITANGABEN

Wann wurde erstmals die Diagnose gestellt

Monat Jahr

Wann war der erste Arztkontakt wegen Erstsymptomatik

Monat Jahr

Wann trat Erstsymptomatik auf

Monat Jahr

TUMORDIAGNOSE ☐ Cervixkarzinom   ☐ Vaginalkarzinom   ☐ Karzinom am Vaginalstumpf

ERSTSYMPTOMATIK ☐ Spezifische Symptome   ☐ Zufallsbefund am OP-Präparat   ☐ Zufallsbef. gyn. Vorsorgeuntersuchung
Anamnese ☐ Z. n. Konisation   ☐ Z. n. Uterusexstirpation   ☐ Z. n. supravag. Uterusamputation
☐ Ca. in situ der Portio   ☐ Ca. in situ der Vagina   festgestellt am: ________

Postmenopause ☐ Ja   ☐ Nein

Tumor ☐ Primärtumor   ☐ Zweittumor   ☐ Primärtumor unbekannt   ☐ Fraglich, ob Primärtumor

LOK. PRIMÄRTUMOR ☐ Cervix insgesamt   ☐ Ektocervix   ☐ Endocervix
☐ Vagina, oberes Drittel; Scheidenstumpf   ☐ mittleres Drittel   ☐ unteres Drittel

FIGO prätherapeutisch ☐ FIGO: ____   (vergleiche Rückseite)

Fernmetastasen in ☐ Lunge   ☐ Pleura   ☐ Skelett   ☐ Mamma   ☐ LK außerh. d. kleinen Beckens
☐ ZNS   ☐ Haut   ☐ Leber   ☐ Sonstige: ________

HISTOLOGIE Histolog. Befund Nr. ________
☐ Plattenepithelkarzinom o. n. A.   ☐ Adenokarzinom o. n. A.   ☐ Adenosquamöses Karzinom
☐ Mesonephroides (Clear Cell)   ☐ Sonst.: ________
Reifegrad ☐ Gut diff. reifes Karzinom (G 1)   ☐ Wechselnd oder überwiegend gering diff. Karzinom (G 2)
☐ Vorwiegend solides oder völlig undiff. anaplastisches Karzinom (G 3)   ☐ Keine Angabe / nicht bekannt

PRIMÄRE THERAPIE ☐ Operation   ☐ Bestrahlung   ☐ Zytostatika   ☐ keine Therapie   ☐ Sonstiges: ________
Bemerkungen __________ (Pat. verweigert, Kontraindik. etc.)

OPERATION Datum ______ ☐ Im Hause   ☐ auswärts, Daten sind retrospektiv erhoben
☐ Primär   ☐ Nach vorausgehender Bestrahlung
Uterusexstirpation ☐ Vaginal   ☐ Abdominal
☐ Uterusexstirpation nicht möglich, wegen: ________
Ausmaß der Operation ☐ Mit Entfernung eines Vaginalanteils   ☐ unter Mitnahme der Parametrien   ☐ mit Lymphonodektomie
Mind. ein Ovar belassen ☐ Ja   ☐ Nein
Exenteration ☐ Ja   ☐ Nein
Histopathol. Ausdehnung ☐ Im Gesunden entfernt   ☐ Nicht im Gesunden entfernt
Karzinomnachweis ☐ kein Nachweis im OP-Präparat   ☐ nur in der Cervix
☐ in den Parametrien   ☐ in Lymphknoten   ☐ in der Vagina
☐ Sonst., außerhalb des Uterus   ☐ keine Angabe/nicht bekannt

pTNM ☐ pT (FIGO) ____   ☐ pN ____   (vergleiche Rückseite, Fernmetastasierung siehe oben)

BESTRAHLUNG
Bestrahlung im Hause Beginn am ______   Ende am ______
Strategie ☐ Primäre Strahlentherapie   ☐ Nur präop. Bestrahlung   ☐ Nur postop. Bestrahlung
☐ Prä- und postop. Bestrahlung   ☐ Bestrahlung von Fernmetastasen
Dosis ☐ Volle Tumordosis   ☐ Vorzeitig abgebrochen
☐ Nur teilweise Tumordosis (bei alleiniger präoperativer Bestrahlung)
Art der Bestrahlung ☐ Nur intracavitäre Bestrahlung   ☐ Nur externe Tiefentherapie   ☐ Kombinierte Strahlentherapie
Bestrahlungstechnik ☐ Radium-Langzeitbestrahlung   ☐ Afterloading-Verfahren   ☐ Gammatron   ☐ Betatron
Bestrahlung auswärts Zur Bestrahlung verlegt nach: ________

Nächster Kontrolltermin i. Hause ______   Weiterbehandlung durch: ________

Terminkalender-Nr.   KV-Nr. des Hausarztes

Todesdatum ______   Todesursache: ☐ tumorabhängig   ☐ tumorunabhängig   ☐ nicht beurteilbar
☐ Todesursache nicht zu ermitteln   Obduktion: ☐ ja   ☐ nein

Station: ________

Datum

Unterschrift des Arztes

Tumor Zentrum München

Ersterhebung Ovarialkarzinom

Patientin, geborene _______________ Klinik ▯▯▯ ▯▯▯

Geb.-Datum

Klinikspez. Feld

▯▯▯▯▯
Tag Monat Jahr

EINWEISUNG	☐ zur Primärtherapie oder Diagnose im Hause gestellt
	☐ zur Zusatzbehandlung, auswärts anbehandelt (Daten der Ersterhebung retrospektiv erhoben)
	☐ wegen Rezidiv, Primärtherapie auswärts (Daten über Ersterhebung und Therapie retrospektiv erhoben)

ZEITANGABEN

Wann wurde erstmals die Diagnose gestellt ▯▯▯▯ Monat Jahr

Wann war der erste Arztkontakt wegen Erstsymptomatik ▯▯▯▯ Monat Jahr

Wann trat Erstsymptomatik auf ▯▯▯▯ Monat Jahr

ERSTSYMPTOMATIK
☐ Auf intraabdominellen Tumor hinweisende Symptome   ☐ Akutes Abdomen
☐ Zufallsbefund gynäkologische Vorsorgeuntersuchung   ☐ Zufallsbefund am Op-Präparat

Postmenopause ☐ ja ☐ nein

Tumor ☐ Primärtumor ☐ Zweittumor ☐ Primärtumor unbekannt ☐ Fraglich, ob Primärtumor

Lokalisation Primärtumor ☐ Rechts ☐ Links ☐ Beidseits

FIGO-STADIUM ▯▯▯ I–IV A/B/C 1/2 (Definition der Stadien auf der Rückseite)

Fernmetastasen in
☐ Lunge ☐ Pleura ☐ Skelett ☐ Mamma ☐ LK außerh. d. kleinen Beckens
☐ ZNS ☐ Haut ☐ Leber ☐ Sonstige: _______________

HISTOLOGIE
☐ Papillär-seröses Adeno-Ca. (1 c) ☐ Mucinöses Karzinom (2 c) ☐ Endometroides Karzinom (3 c)
☐ Undifferenziertes Karzinom (4) ☐ Mesonephroides Karzinom ☐ Nicht klassifizierbares Ca.
☐ Sonstiger maligner Ovarialtumor: _______________

Reifegrad
☐ Gut diff. reifes Karzinom   ☐ Wechselnd oder überwiegend gering diff. Karzinom
☐ Vorwiegend solides oder völlig undiff. anaplastisches Karzinom   ☐ Keine Angabe / nicht bekannt

PRIMÄRE THERAPIE ☐ Operation ☐ Bestrahlung ☐ Zytostatika ☐ Hormone ☐ Sonst.:

OPERATION Datum _______________ ☐ im Hause   ☐ auswärts, Daten sind retrospektiv erhoben
Art der Operation ☐ Exstirpation nur einer Adnexe   ☐ Exstirpation beider Adnexen
☐ Exstirpation des Uterus und beider Adnexen
☐ Netzresektion
☐ Nur Probeexcision für Histologie
Radikalität ☐ Radikale Operation, makroskopisch kein Resttumor   ☐ Palliative Operation zur Verkl. der Tumormasse
☐ Laparotomia probatoria
Ausdehnung entsprechend dem intraoperativen Befund und Op-Präparat bei Stadium II B, III und IV
Befall von ☐ Netz ☐ Peritoneum ☐ Lymphknoten
Form d. Ausdehnung ☐ Makroskopisch unverdächtig, mikroskopisch Ca-Nachweis (a)
(vgl. Rückseite) ☐ Einzelne Tumorknoten, die entfernt wurden (b)   ☐ Multiple Tumorknoten, d. nicht entf. werden konnten (d)
☐ Lokales, infiltratives Wachstum (c)   ☐ kleinknotige Peritonealcarcinose (e)

BESTRAHLUNG
Bestrahlung im Hause Beginn am _______________   Ende am _______________
Strategie ☐ Adjuvante postop. Strahlenth. nach radikaler Op.   ☐ Strahlenth. bei Tumorresten im kleinen Becken
☐ Strahlentherapie bei Inoperabilität   ☐ Bestrahlung von Fernmetastasen
Dosis ☐ Volle Tumordosis   ☐ Vorzeitig abgebrochen
Art der Bestrahlung ☐ Externe Bestrahlung des kleinen Beckens   ☐ Intracavitäre Bestrahlung (z. B. Radiumeinlagen)
☐ Externe Bestrahlung des gesamten Abdomens   ☐ Intraabdominale Instillation von Radioisotopen
Bestrahlung auswärts Zur Bestrahlung verlegt nach: _______________

ZYTOSTATIKA Chemotherapie eingeleitet am _______________
Chemotherapie im H. ☐ Adjuv. Chemoth. n. radik. Op ☐ Chemoth. bei Inoperabilität und/oder Fernmetastasen
Chemotherapie ausw. Zur Chemotherapie verlegt nach: _______________

HORMONE Hormontherapie eingeleitet am _______________
☐ Adjuvante Hormontherapie ☐ Hormontherapie bei Fernmetastasen oder dissem. Erkrankung

Nächster Kontrolltermin i. H. _______________   Weiterbehandlung durch: _______________

Terminkalender-Nr. ▯▯▯▯▯▯   KV-Nr. des Hausarztes ▯▯▯▯▯▯

Todesdatum _______________ Todesursache: ☐ tumorabhängig ☐ tumorunabhängig ☐ nicht beurteilbar
☐ Todesursache nicht zu ermitteln Obduktion: ☐ ja ☐ nein

Station: _______________   Datum   Unterschrift des Arztes

<table><tr><td>Tumor
Zentrum
München</td><td></td></tr></table>

Folgeerhebung Ovarialkarzinom

_______________________________ Patientin, geborene ___________ Klinik ⬚⬚⬚ ⬚⬚ ⬚⬚⬚

Geb.-Datum

⬚⬚⬚⬚⬚⬚
Tag Monat Jahr

Klinikspez. Feld
⬚⬚⬚⬚

Befundbericht über
- ☐ unauffällige Kontrolluntersuchung
- ☐ Veränderung der Tumorerkrankung
- ☐ Durch Tumortherapie bedingte Folgeerkrankungen (nicht bedingt durch Rezidiv oder Tumorprogression) bzw. therapiebedingte Langzeiteffekte
- ☐ Zweitmalignom
- ☐ Tod der Patientin

Untersuchungsdatum Wann wurde dieser Befund erhoben ⬚⬚⬚⬚
Monat Jahr

Zwischenanamnese ____

Erfolg der TU-Therapie
- ☐ tumorfrei (Vollremission)
- ☐ Tumorrückbildung (Teilremission)
- ☐ keine Änderung (no change)
- ☐ Progression

Regionales Rezidiv ☐ Rezidiv im kleinen Becken   ☐ intraabdominale Tumormetastasen

Fernmetastasen ☐ Lunge   ☐ Pleura   ☐ Skelett   ☐ Mamma   ☐ LK außerh. d. kleinen Beckens
☐ Leber   ☐ ZNS   ☐ Haut   ☐ Sonstige: ___________

Befund gesichert durch ☐ Klinik   ☐ Labor   ☐ Zytologie   ☐ Histologie   ☐ Röntgen
☐ Szintigrafie   ☐ Sonografie   ☐ Sonstiges: ___________

Folgeerkrankungen Therapiebedingte Folgeerkrankungen bzw. schwerwiegende therapiebedingte Langzeiteffekte

Fisteln ☐ f. vesicovaginalis   ☐ f. recto/sigmoideovaginalis   ☐ f. ureterovaginalis

Sonst. Schädigung von ☐ Blase   ☐ Rectum und Sigma
☐ Ureteren (einschließlich durch Stauung bedingte Nierenschädigung)
☐ Haut   ☐ Magen- und Dünndarm (oberer Gastrointestinaltrakt)
☐ Knochenmark   ☐ Herz   ☐ Lunge
☐ Leber   ☐ Nervensystem   ☐ Sonstiges: ___________

Ther. Folgeerkrankung ☐ operativ   ☐ medikamentös

Zweitmalignom ___________ Histologie ___________

Lokalisation ___________   ☐ rechts   ☐ links   ☐ beidseits

Weitere Tumortherapie ☐ Operation   ☐ Bestrahlung   ☐ Zytostatika   ☐ Hormone   ☐ Sonstiges: ___________

OPERATION
Datum ___________ ☐ im Hause   ☐ auswärts, Daten sind retrospektiv erhoben

Art der Operation
- ☐ Exstirpation nur einer Adnexe
- ☐ Exstirpation beider Adnexen
- ☐ Exstirpation des Uterus und beider Adnexen
- ☐ Netzresektion
- ☐ Nur Probeexcision für Histologie

Radikalität ☐ Radikale Operation, makroskopisch kein Resttumor   ☐ Palliative Operation zur Verkl. der Tumormasse
☐ Laparotomia probatoria

Ausdehnung entsprechend dem intraoperativen Befund und Op-Präparat bei Stadium II B, III und IV

Befall von ☐ Netz   ☐ Peritoneum   ☐ Lymphknoten

Form d. Ausdehnung ☐ Makroskopisch unverdächtig, mikroskopisch Ca-Nachweis (a)

(vgl. Rückseite) ☐ Einzelne Tumorknoten, die entfernt wurden (b)   ☐ Multiple Tumorknoten, d. nicht entf. werden konnten (d)
☐ Lokales, infiltratives Wachstum (c)   ☐ kleinknotige Peritonealcarcinose (e)

BESTRAHLUNG
Bestrahlung im Hause Beginn am ___________   Ende am ___________

Strategie
- ☐ Adjuvante postop. Strahlenth. nach radikaler Op.
- ☐ Strahlenth. bei Tumorresten im kleinen Becken
- ☐ Strahlentherapie bei Inoperabilität
- ☐ Bestrahlung von Fernmetastasen

Dosis ☐ Volle Tumordosis   ☐ Vorzeitig abgebrochen

Art der Bestrahlung
- ☐ Externe Bestrahlung des kleinen Beckens
- ☐ Intracavitäre Bestrahlung (z. B. Radiumeinlagen)
- ☐ Externe Bestrahlung des gesamten Abdomens
- ☐ Intraabdominale Instillation von Radioisotopen

Bestrahlung auswärts Zur Bestrahlung verlegt nach: ___________

ZYTOSTATIKA
Chemotherapie eingeleitet am ___________

Chemotherapie im H. ☐ Adjuv. Chemoth. n. radik. Op   ☐ Chemoth. bei Inoperabilität und/oder Fernmetastasen

Chemotherapie ausw. Zur Chemotherapie verlegt nach: ___________

HORMONE
Hormontherapie eingeleitet am ___________
☐ Adjuvante Hormontherapie   ☐ Hormontherapie bei Fernmetastasen oder dissem. Erkrankung

Nächster Kontrolltermin i. H. ___________   Weiterbehandlung durch: ___________

Terminkalender-Nr. ⬚⬚⬚⬚⬚⬚⬚   KV-Nr. des Hausarztes ⬚⬚⬚⬚⬚⬚⬚

Todesdatum ___________   Todesursache: ☐ tumorabhängig ☐ tumorunabhängig ☐ nicht beurteilbar
☐ Todesursache nicht zu ermitteln   Obduktion: ☐ ja ☐ nein

Station: ___________

Datum   Unterschrift des Arztes

Tumor Zentrum München	# Ersterhebung Vulvakarzinom

Patientin, geborene _______________   Klinik [ ][ ][ ][ ][ ][ ][ ]

Geb.-Datum

[ ][ ][ ]
Tag Monat Jahr

Klinikspez. Feld [ ][ ][ ][ ]

EINWEISUNG
☐ zur Primärtherapie oder Diagnose im Hause gestellt
☐ zur Zusatzbehandlung, auswärts anbehandelt (Daten der Ersterhebung retrospektiv erhoben)
☐ wegen Rezidiv, Primärtherapie auswärts (Daten über Ersterhebung und Therapie retrospektiv erhoben)

ZEITANGABEN
Wann wurde erstmals die Diagnose gestellt   [ ][ ] Monat Jahr

Wann war der erste Arztkontakt wegen Erstsymptomatik   [ ][ ] Monat Jahr

Wann trat Erstsymptomatik auf   [ ][ ] Monat Jahr

ERSTSYMPTOMATIK   ☐ Spezifische Symptome   ☐ Zufallsbefund gynäkologische Vorsorgeuntersuchung

Postmenopause   ☐ Ja   ☐ Nein

Tumor   ☐ Primärtumor   ☐ Zweittumor   ☐ Primärtumor unbekannt   ☐ Fraglich, ob Primärtumor

TNM prätherapeutisch   T [ ] [ ] c   N [ ] [ ] c   M [ ] [ ] c   (Definition der Stadien auf der Rückseite)

Fernmetastasen in
☐ Lunge   ☐ Pleura   ☐ Skelett   ☐ Mamma   ☐ LK   ☐ Leber
☐ ZNS   ☐ Haut   ☐ Sonstige: _______________

HISTOLOGIE   ☐ Plattenepithelkarzinom   ☐ Sonstiges: _______________
Reifegrad   ☐ Gut diff. reifes Karzinom   ☐ Wechselnd oder überwiegend gering diff. Karzinom
☐ Vorwiegend solides oder völlig undiff. anaplastisches Karzinom   ☐ Keine Angabe / nicht bekannt

PRIMÄRE THERAPIE   ☐ Operation   ☐ Bestrahlung   ☐ keine Therapie   ☐ Sonstiges: _______________

OPERATION   Datum _______   ☐ im Hause   ☐ auswärts, Daten sind retrospektiv erhoben
Tumorentfernung   ☐ Lokale Tumorexcision   ☐ Vulvektomie
☐ Elektrokoagulation des Tumors   ☐ Elektroresektion der Vulva
Lymphonodektomie   ☐ Homolaterale inguinale Lymphonodektomie   ☐ Beidseitige inguinale Lymphonodektomie
☐ Pelvine Lymphonodektomie
Histopathol. Ausdehnung und intraoperativer Befund
Primärtumor   ☐ Lokal im Gesunden entfernt   ☐ Nicht im Gesunden entfernt
Lymphknoten   ☐ LK karzinomfrei   ☐ LK vom Karzinom befallen

TNM postoperativ   pT [ ]   pN [ ]   (wie TNM, nach Kenntnis des histopathol. Befundes)

BESTRAHLUNG
Bestrahlung im Hause   Beginn am _______   Ende am _______
Strategie   ☐ Primäre Bestrahlung des Tumors
☐ Bestrahlung des Operationsgebiets
☐ Bestrahlung der inguinalen Lymphknoten
☐ Bestrahlung der Beckenlymphknoten
Bestrahlungstechnik   ☐ Radiumeinlagen oder Spicken des Tumors
☐ Gammatron   ☐ Betatron
Bestrahlung auswärts   Zur Bestrahlung verlegt nach: _______________

Nächster Kontrolltermin   i. H. _______   Weiterbehandlung durch: _______________

Terminkalender-Nr.   [ ][ ][ ][ ][ ][ ][ ]   KV-Nr. des Hausarztes [ ][ ][ ][ ][ ][ ][ ]

Todesdatum   _______   Todesursache: ☐ tumorabhängig ☐ tumorunabhängig ☐ nicht beurteilbar
☐ Todesursache nicht zu ermitteln   Obduktion: ☐ ja   ☐ nein

Station: _______________

Datum _______   Unterschrift des Arztes

<table>
<tr><td>Tumor Zentrum München</td><td colspan="2"># Ersterhebung Mammakarzinom</td></tr>
</table>

	Patient _________________________________	Klinik ☐☐☐☐☐☐☐
☐☐☐☐☐☐	Geb.-Datum	Klinikspez. Feld
Tag Monat Jahr	☐ weiblich ☐ männlich	☐☐☐

EINWEISUNG
☐ zur Primärtherapie oder Diagnose im Hause gestellt
☐ zur Zusatzbehandlung, auswärts anbehandelt (Daten der Ersterhebung retrospektiv erhoben)
☐ wegen Rezidiv, Primärtherapie auswärts (Daten über Ersterhebung und Therapie retrospektiv erhoben)

ZEITANGABEN
Wann wurde erstmals die Diagnose gestellt ☐☐ (Monat Jahr)
Wann war der erste Arztkontakt wegen Erstsymptomatik ☐☐ (Monat Jahr)
Wann trat Erstsymptomatik auf ☐☐ (Monat Jahr)

ERSTSYMPTOMATIK   ☐ Sekretion   ☐ Selbstbefund   ☐ Vors.-Unt.   ☐ Zufallsbefund   ☐ Schmerzen   ☐ Sonst.: _______

Geburten — Anzahl: ______   Alter bei erster Geburt: ______   Alter bei letzter Geburt: __________
Stillen — ☐ immer gestillt (mehr als 7 Tage)   ☐ immer abgestillt   ☐ unterschiedlich
Hormonpräparate — ☐ orale Kontrazept. durchgehend   ☐ orale Kontrazept. m. Unterbr.   ☐ Horm. therapeutisch (mind. 1 Jahr)
Familiäre Belastung — ☐ Mamma-Ca.: __________   ☐ andere Tu.: __________
Eigene Belastung — ☐ Ca. in situ   ☐ Gangpapillom   ☐ histol. gesicherte Mastopathie
Menarchealter: __________   ☐ Praemenopause   ☐ Postmenopause
Zweiterkrankungen — ☐ Diabetes   ☐ Adipositas   ☐ Hochdruck   ☐ Schilddrüse   ☐ Lunge   ☐ Nerven/Gemüt

Tumor   ☐ Primärtumor   ☐ Zweittumor   ☐ Primärtumor unbekannt   ☐ Fraglich, ob Primärtumor

LOK. PRIMÄRTUMOR
☐ äuß. oberer Quadrant   ☐ äuß. unterer Quadrant   ☐ innerer unt. Quadrant   ☐ innerer oberer Quadrant
☐ Mamille   ☐ zentr. Drüsenkörper   ☐ axilläre Ausläufer   ☐ mehrere Teilbereiche
☐ männliche Brust
Seite   ☐ rechts   ☐ links   ☐ beidseits

TUMORSPEZIFISCHE DIAGNOSTIK

(Spalten jeweils: pathologisch / normal / fraglich)

Primärtumor
☐☐☐ Tastbefund   ☐☐☐ Mammographie   ☐☐☐ Galaktographie   ☐☐☐ Zytologie
☐☐☐ Schnellschnitt   ☐☐☐ Histologie   ☐☐☐ Sonst.: ______

Fernmetastasen
☐☐☐ Röntgen Thorax   ☐☐☐ Röntgen Skelett   ☐☐☐ Röntgen: ______   ☐☐☐ Sonographie
☐☐☐ Szinti. Leber   ☐☐☐ Szinti. Skelett   ☐☐☐ CT Abdomen   ☐☐☐ CT: __________
☐☐☐ Zytologie: ______   ☐☐☐ Histol.: ______   ☐☐☐ Labor   ☐☐☐ Sonst.: __________

Hormonrezeptoren   ER: ☐ pos. ☐ neg. ☐ nicht bestimmt   PR: ☐ pos. ☐ neg. ☐ nicht bestimmt

TNM prätherapeutisch   T ☐☐ ☐(c)   N ☐☐ ☐(c)   M ☐ ☐(c)   (Stadiendefinition siehe Rückseite)

Fernmetastasen in   ☐ Haut   ☐ ZNS   ☐ Skelett   ☐ Leber   ☐ Lunge   ☐ Sonst.: ______

HISTOLOGIE   Pathologie-Bericht Nr.: __________________
Nicht invasives Ca.   ☐ intraductal   ☐ intralobulär
Invasives Ca.   ☐ solid   ☐ scirrhös   ☐ anaplastisch   ☐ invasiv lobulär   ☐ invasiv ohne nähere Angaben
☐ Sonderform lt. Rückseite: __________________   ☐ Sonstiges: __________

PRIMÄRE THERAPIE   ☐ Operation   ☐ Bestrahlung   ☐ Zytostatika   ☐ Hormone   ☐ Sonstiges: __________
Bemerkungen   __________________________________ (Kontraindikationen, Pat. verweigert)

OPERATION   Datum: __________   ☐ im Hause   ☐ auswärts
Mastektomie   ☐ subkutan   ☐ ohne M. Pektoralis   ☐ mit M. Pektoralis
Axillarevision   ☐ selektiv   ☐ systematisch
Komplikationen   ☐ intraop. Komplikationen   ☐ postop. Komplikationen: __________

TNM postoperativ   pT ☐☐☐   pN ☐☐☐   (siehe Rückseite)   Anzahl unters. LK: ☐☐☐

BESTRAHLUNG   Bestrahlung eingeleitet am __________   Bestrahlung beendet am __________
Bestrahlung im Hause   ☐ präoperativ   ☐ postoperativ   ☐ palliativ
Bestrahlung auswärts   zur Bestrahlung verlegt/überwiesen nach: __________

ZYTOSTATIKA   Chemotherapie eingeleitet am __________
Chemotherapie im H.   ☐ Adjuv. Chemoth. n. radik. Op   ☐ Chemotherapie bei Inoperabilität und/oder Fernmetastasen
Chemotherapie ausw.   Zur Chemotherapie verlegt/überwiesen nach: __________

HORMONE   Hormontherapie eingeleitet am __________   ☐ additive Hormontherapie   ☐ ablative Hormonth.

Nächster Kontrolltermin   im Hause __________   Weiterbehandlung durch: __________
Terminkalender-Nr.   ☐☐☐☐☐☐☐   KV-Nr. des Hausarztes ☐☐☐☐☐☐☐☐

Todesdatum   __________   Todesursache: ☐ tumorabhängig ☐ tumorunabh. ☐ nicht beurteilbar
Obduktion: ☐ ja   ☐ nein

Station: __________________   Datum __________   Unterschrift des Arztes __________

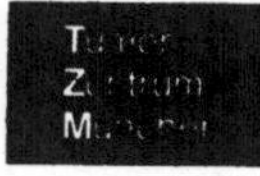

Ersterhebung Bronchialkarzinom

Patient ___________________________   Klinik ▯▯▯▯ ▯ ▯▯

Geb.-Datum

▯▯ ▯▯ ▯▯
Tag Monat Jahr

☐ männlich   ☐ weiblich

Klinikspez. Feld ▯▯▯▯

EINWEISUNG
☐ zur Primärtherapie oder Diagnose im Hause gestellt
☐ zur Zusatzbehandlung, auswärts anbehandelt (Daten der Ersterhebung retrospektiv erhoben)
☐ wegen Rezidiv, Primärtherapie auswärts (Daten der Ersterhebung retrospektiv erhoben)

ZEITANGABEN
Wann wurde erstmals die Diagnose gestellt   ▯▯▯▯ Monat Jahr
Wann war der erste Arztkontakt wegen Erstsymptomatik   ▯▯▯▯ Monat Jahr
Wann trat Erstsymptomatik auf   ▯▯▯▯ Monat Jahr

ERSTSYMPTOMATIK
☐ Husten   ☐ Auswurf   ☐ Hämoptoe   ☐ Thoraxschm.   ☐ Luftnot   ☐ Gew.-Verlust
☐ Fieber   ☐ Heiserkeit   ☐ Unspezifische Symptome   ☐ Metastasenbedingte Erstsympt.
☐ Zufallsbefund RRU   ☐ Zufallsbefund klinisch   ☐ Sonstiges: _________

Mögl. Ätiologie
☐ Berufl. Exposit.: _________   ☐ Famil. Belast.: _________   ☐ Tbc mit Narbenbildung
☐ Raucher jetzt   ☐ Raucher früher   ☐ Nie geraucht   ☐ Sonstiges: _________

Tumor
☐ Ersttumor   ☐ Zweittumor   ☐ Primärtumor unbekannt   ☐ Fraglich, ob Primärtumor

LOK. PRIMÄRTUMOR
☐ Oberlappen   ☐ Mittellappen   ☐ Unterlappen
☐ Carina   ☐ Hauptbronchus   ☐ Zwischenbronchus   ☐ Sonst., mehrere Teilbereiche
☐ Trachea   ☐ Pleura   ☐ Mediastinum

Seite   ☐ rechts   ☐ links   ☐ beidseits   ☐ nicht zutreffend

Besond. Angabe z. Lage   Nach Abtrennen des Durchschlags kann die genaue Tumorlokalisation umseitig eingetragen werden

TUMORSPEZIFISCHE DIAGNOSTIK

(Spalten: pathologisch / normal / fraglich)

Zytologie
☐☐☐ Sputum   ☐☐☐ Bronchusspülung   ☐☐☐ Bürste   ☐☐☐ Pleuraerguß

Histologie
☐☐☐ Bronchoskop. PE   ☐☐☐ Perbronch. PE   ☐☐☐ Transthor. Lu-Biops.   ☐☐ Offene Lungenbiops.
☐☐☐ Pleurabiopsie   ☐☐☐ Mediastinoskopie   ☐☐☐ _________   ☐☐☐ _________

Fernmetastasen
☐☐☐ Leberszinti.   ☐☐☐ Skelettszinti.   ☐☐☐ Hirnszinti.   ☐☐☐ KM-Biopsie
☐☐☐ Daniels   ☐☐☐ Sonst. LK-PE: ___   ☐☐☐ Sonogramm: ___   ☐☐☐

TNM prätherapeutisch   T ▯ ☐   N ▯▯ ☐   M ▯ ☐   (Stadiendef. s. Rücks. d. Durchschl.)
                                          c   c   c

Fernmetastasen in   ☐ Skelett   ☐ Lymphknoten   ☐ ZNS   ☐ Leber   ☐ Haut   ☐ Sonst.: ___

HISTOLOGIE   Pathologie-Bericht Nr.: _________
☐ Plattenephitelkarzinom   ☐ kleinzelliges Karzinom   ☐ Adenokarzinom
☐ Großzelliges Karzinom   ☐ Sonstiges Karzinom: _________

Differenzierungsgrad   ☐ gering   ☐ mittel   ☐ hoch

PRIMÄRE THERAPIE   ☐ Operation   ☐ Bestrahlung   ☐ Chemotherapie   ☐ Immuntherapie   ☐ keine Therapie   ☐ Sonst.: ___
Bemerkungen   _________ (Pat. verweigert, Kontraind., vorges. weitere Therapie)

OPERATION   Datum: _________   ☐ im Hause   ☐ auswärts, Daten sind retrospektiv erhoben
Ausmaß der Operation
☐ Lobektomie   ☐ Segmentresekt.   ☐ Bilobektomie OL und ML   ☐ Bilobektomie UL und ML
☐ Manschettenres. (Bronchusplastik)   ☐ Pneumonektomie   ☐ erweiterte Resektion
☐ Atypische Res./Keilexcision   ☐ Palliativoperation   ☐ Probethorakotomie

LK-Ausräumung   ☐ alle erreichbaren LK entfernt   ☐ selektive LK-Exstirpation
Komplikationen   ☐ intraoperativ   ☐ postop.: _________
Resttumor   ☐ kein Resttumor vorhanden   ☐ fraglich, ob Resttumor   ☐ Resttumor vorhanden
Befall der Lymphknoten   ☐ pos. LK zurückgelassen   ☐ LK am Op-Präparat befallen   ☐ gesondert einges. LK befallen

BESTRAHLUNG   Bestrahlung eingeleitet am _________   Bestrahlung beendet am _________
Bestrahlung im Hause   ☐ Vorbestrahlung   ☐ Nachbestrahlung   ☐ Bestrahlung bei Inoperabilität und/oder Fernmeta.
Bestrahlung auswärts   Zur Bestrahlung verlegt/überwiesen nach: _________

CHEMOTHERAPIE   Chemotherapie eingeleitet am _________
Chemotherapie i. Hause   ☐ adjuvante Chemotherapie   ☐ palliative/curative Chemotherapie
Chemotherapie auswärts   Zur Chemotherapie verlegt/überwiesen nach: _________

Nächster Kontrolltermin   i. H. ___ _________   Weiterbehandlung durch: _________

Terminkalender Nr.   ▯▯▯▯▯▯▯   KV-Nr. des Hausarztes ▯▯▯▯▯▯▯

Todesdatum   _________   Todesursache: ☐ tumorabhängig ☐ tumorunabhängig ☐ nicht beurteilbar
☐ Todesursache nicht zu ermitteln   Obduktion: ☐ ja   ☐ nein

Station: _________

Datum _________   Unterschrift des Arztes _________

Tumor Zentrum München — Ersterhebung Ösophaguskarzinom

Patient ___________________________   Klinik ☐☐☐☐☐☐☐☐

Tag ☐☐ Monat ☐☐ Jahr ☐☐   Geb.-Datum   Klinikspez. Feld ☐☐☐☐

☐ männlich   ☐ weiblich

EINWEISUNG
☐ zur Primärtherapie oder Diagnose im Hause gestellt
☐ zur Zusatzbehandlung, auswärts anbehandelt (Daten der Ersterhebung retrospektiv erhoben)
☐ wegen Rezidiv, Primärtherapie auswärts (Daten über Ersterhebung und Therapie retrospektiv erhoben)

ZEITANGABEN
Wann wurde erstmals die Diagnose gestellt   Monat ☐ Jahr ☐
Wann war der erste Arztkontakt wegen Erstsymptomatik   Monat ☐ Jahr ☐
Wann trat Erstsymptomatik auf   Monat ☐ Jahr ☐

ERSTSYMPTOMATIK
☐ Retrosternale Schmerzen   ☐ Dysphagie (feste Speisen)   ☐ Dysphagie (flüssige Speisen)
☐ Blut im Sputum   ☐ Erbrechen   ☐ Druckgefühl   ☐ Sodbrennen   ☐ Regurgitation
☐ Leistungsabfall   ☐ Gewichtsabn.   ☐ Zufallsbefund   ☐ Sonstiges: _______

Mögl. Ätiol. Faktoren
☐ Alkoholismus   ☐ Raucher   ☐ Achalasie   ☐ Famil. Belastung: _______
☐ Plummer-Vinson-Syndrom   ☐ Endobrachyösophagus   ☐ Sonstiges: _______

Tumor   ☐ Ersttumor   ☐ Zweitmalignom   ☐ fraglich, ob Primärtumor

LOK. PRIMÄRTUMOR   ☐ oberes Drittel   ☐ mittleres Drittel   ☐ unteres Drittel
☐ Ösophagus multilokulär

TUMORSPEZIFISCHE DIAGNOSTIK

Tumor/Region (pathologisch / normal / fraglich)
☐☐☐ Sputum   ☐☐☐ Bürste   ☐☐☐ Bronchoskopie
☐☐☐ Ösophagoskopie   ☐☐☐ Mediastinoskopie   ☐☐☐ CT Mediastinum
☐☐☐ Ösophaguskontrastdarstell.   ☐☐☐ LK-Biopsie   ☐☐☐ _______

Fernmetastasen   ☐☐☐ Sonogramm: _______   ☐☐☐ CT: _______   ☐☐☐ Leberszinti.

TNM prätherapeutisch   T ☐☐ ☐ c   N ☐ ☐ c   M ☐ ☐ c   ☐ (Def. siehe Rückseite)

Fernmetastasen in   ☐ Leber   ☐ Lymphknoten   ☐ Skelett   ☐ ZNS   ☐ Lunge   ☐ Pleura
☐ Sonstige: _______

HISTOLOGIE   Pathologiebericht Nr.: _______
☐ Plattenepithelca.   ☐ Adenoca.   ☐ adenoid-cystisches Ca.
☐ Mucoepidermoidca.   ☐ Adenosquamöses Ca.   ☐ undiff. Ca.
☐ Sarkom   ☐ Sonstiges: _______

Differenzierungsgrad   ☐ hoch   ☐ mittel   ☐ gering   ☐ nicht bestimmbar
Malignität zytol.   ☐ Verdacht   ☐ hochgrad. Verd.   ☐ „sicher"   ☐ kein Verdacht   ☐ kein verwertbares Material

PRIMÄRE THERAPIE   ☐ Operation   ☐ Bestrahlung   ☐ Chemotherapie   ☐ Immuntherapie   ☐ Sonstiges: _______
Bemerkungen   _______ (Pat. verweig., Kontraind., vorges. weitere Therapie etc.)

OPERATION   Datum _______   ☐ im Hause   ☐ auswärts, Daten sind retrospektiv erhoben
Ausmaß der Operation   ☐ Ösophagektom.   ☐ Ösophagusteilexstirpation   ☐ Palliative Operation   ☐ Probethorakotomie
Passagewiederherstellg.   ☐ Magen   ☐ Jejunum   ☐ Colon
☐ vorderes Mediastinum   ☐ hinteres Mediastinum   ☐ subkutan
Sonstige Operation   ☐ Witzelfistel   ☐ Ösophagustubus endoskopisch   ☐ Ösophagustubus operativ
☐ Sonstiges: _______
LK-Ausräumung   ☐ alle erreichbaren LK entfernt   ☐ selektive LK-Exstirpation   ☐ LK nicht exstirp.
Komplikationen   ☐ intraoperativ   ☐ postoperativ: _______

TNM postoperativ   pT ☐☐   pN ☐   pM ☐   (siehe Rückseite)

BESTRAHLUNG   Beginn am: _______   Ende am: _______
☐ präoperativ   ☐ postoperativ   ☐ curativ   ☐ palliativ
Bestrahlung auswärts   Zur Bestrahlung verlegt/überwiesen nach: _______

Nächster Kontrolltermin   i. H. _______   Weiterbehandlung durch: _______
Terminkalender-Nr.   ☐☐☐☐☐☐   KV-Nr. des Hausarztes ☐☐☐☐☐☐

Todesdatum   _______   Todesursache: ☐ tumorabhängig ☐ tumorunabhängig ☐ nicht beurteilbar
Obduktion: ☐ ja   ☐ nein   ☐ Ursache nicht zu ermitteln

Station: _______   Datum _______   Unterschrift des Arztes _______

Tumor Zentrum München

Ersterhebung Magenmalignom

Patient ________________________ Klinik [ ][ ] [ ][ ][ ]

Geb.-Datum

[ ][ ] [ ][ ] [ ][ ][ ]
Tag   Monat   Jahr

☐ männlich   ☐ weiblich   Klinikspez. Feld [ ][ ][ ]

EINWEISUNG
☐ zur Primärtherapie oder Diagnose im Hause gestellt
☐ zur Zusatzbehandlung, auswärts anbehandelt (Daten der Ersterhebung retrospektiv erhoben)
☐ wegen Rezidiv, Primärtherapie auswärts (Daten über Ersterhebung und Therapie retrospektiv erhoben)

ZEITANGABEN
Wann wurde erstmals die Diagnose gestellt   [ ][ ]
Monat   Jahr

Wann war der erste Arztkontakt wegen Erstsymptomatik   [ ][ ]
Monat   Jahr

Wann trat Erstsymptomatik auf   [ ][ ]
Monat   Jahr

ERSTSYMPTOMATIK
☐ Epigastrische Schmerzen   ☐ Druck- und Völlegefühl   ☐ Abneigung gegenüber Fleisch
☐ Gewichtsverlust   ☐ Melaena   ☐ Hämatemesis   ☐ Okkultes Blut
☐ Anämie   ☐ Erbrechen   ☐ Dysphagie   ☐ Virchowsche Drüse
☐ Metastasenbed. Erstsymptomatik   ☐ Zufallsbefund endoskopisch   ☐ Sonstiges: __________

Mögl. Ätiologie
☐ Karzinogenexposition: ______   ☐ Familiäre Belastung: __________
☐ frühere Resektion   ☐ chron. callöses Ulcus ventriculi   ☐ Sonstiges: __________

Präkanzerosen
☐ atrophische Gastritis   ☐ adenomatöse Magenpolypen
☐ Perniziöse Anämie   ☐ familiäre Polyposis   bekannt seit: __________

Tumor
☐ Primärtumor   ☐ Zweittumor   ☐ Primärtumor unbekannt   ☐ fraglich, ob Primärtumor

LOK. PRIMÄRTUMOR Bitte zwei Angaben kombinieren, wo erforderlich. Genaue Lage kann umseitig eingezeichnet werden.
a) ☐ Kardia   ☐ Fundus   ☐ Corpus   ☐ Antrum   ☐ Pylorus   ☐ mehr. Teilber.
b) ☐ Vorderwand   ☐ Hinterwand   ☐ kl. Kurvatur   ☐ große Kurvatur

TUMORSPEZIFISCHE DIAGNOSTIK
(pathologisch / normal / fraglich)
☐☐☐ Röntgen D'kontrast   ☐☐☐ Zytologie   ☐☐☐ Intra-op. Schnellschnitt
☐☐☐ Gastroskopie   ☐☐☐ Biopsie   ☐☐☐ __________

TNM prätherapeutisch   T [ ]   N [ ]   M [ ]   (Definition auf der Rückseite)
c   c   c

Fernmetastasen in
☐ Lunge   ☐ Pleura   ☐ Skelett   ☐ Lymphknoten   ☐ ZNS   ☐ Leber
☐ Peritoneum   ☐ Haut   ☐ Sonstiges: __________

HISTOLOGIE   Pathologie-Bericht Nr.: __________
Adenoca   ☐ papillär   ☐ tubulär   ☐ mucinös   ☐ Siegelringzell-Ca.
Anderes Karzinom   ☐ adeno-squamöses Ca.   ☐ Plattenepithel-Ca.   ☐ Undiff. Ca.   ☐ Unklass. Tumor
Sonstiges   ☐ Sarkom   ☐ Lymphom   ☐ Sonstiges: __________
Differenzierung histol.   ☐ gering (G 3)   ☐ mittel (G 2)   ☐ hoch (G 1)   ☐ nicht bestimmbar
Malignität zytol.   ☐ Verdacht   ☐ hochgr. Verd.   ☐ sicher   ☐ kein Verdacht   ☐ kein verwertbares Material

PRIMÄRE THERAPIE   ☐ Operation   ☐ Bestrahlung   ☐ Chemotherapie   ☐ Immuntherapie   ☐ keine   ☐ Sonst.: __________
Bemerkungen   __________ (Kontraindik., Pat. verweigert, etc.)

OPERATION   Datum: __________   ☐ im Hause   ☐ auswärts, Daten sind retrospektiv erhoben
Therapieanspruch   ☐ radikal   ☐ pall. Res.   ☐ pall., Tu. belassen   ☐ Expl. Laparotomie
Resektion   ☐ Gastrektomie   ☐ 4/5 Res.   ☐ 3/4 Res.   ☐ 2/3 Res.
☐ Resektion proximal   ☐ Res. distal   ☐ abdominal   ☐ abd./thorakal
Erweiterung auf   ☐ Netz   ☐ Milz   ☐ Pankreas   ☐ Leber   ☐ Querkolon   ☐ Sonst.: _____
Anastomose   ☐ Umgehungsanastomose   ☐ Endoprothese   ☐ Witzelfistel   ☐ Dünndarmfistel
☐ Ösoph.-Duod., mit Interpon.   ☐ Ösoph.-Duodeno   ☐ antecolisch
☐ Ösoph.-Jejuno, Roux   ☐ Magen-Duodeno, B I   ☐ retrocolisch
☐ Magen-Jejuno, B II   ☐ Jejuno-Jejuno, Braun
☐ Magen-Jejuno, Roux   ☐ Jejuno-Jejuno, Roux
Komplikationen   ☐ intraoperativ   ☐ postoperativ: __________

TNM postoperativ   pT [ ]   pN [ ]   pM [ ]   (Definition siehe Rückseite)

BESTRAHLUNG   Beginn am __________   Ende am __________
☐ präoperativ   ☐ adjuvant postoperativ   ☐ curativ   ☐ palliativ
Bestrahlung auswärts   Zur Bestrahlung verlegt/überwiesen nach: __________

Nächster Kontrolltermin   im Hause: __________   Weiterbehandlung durch: __________
Terminkalender-Nr.   [ ][ ][ ][ ][ ]   KV-Nr. des Hausarztes [ ][ ][ ][ ][ ][ ][ ]

Todesdatum   __________   Todesursache: ☐ tumorabhängig ☐ tumorunabhängig ☐ nicht beurteilbar
☐ Todesursache nicht zu ermitteln   Obduktion: ☐ ja   ☐ nein

Station: __________

Datum __________   Unterschrift des Arztes __________

Tumor Zentrum München

Ersterhebung Colon-, Rectum-, Analca.

Patient ___________________________ Klinik ☐☐☐ ☐☐

Tag ☐☐ Monat ☐☐ Jahr ☐☐ Geb.-Datum Klinikspez. Feld ☐☐☐

☐ männlich ☐ weiblich

EINWEISUNG
☐ zur Primärtherapie oder Diagnose im Hause gestellt
☐ zur Zusatzbehandlung, auswärts anbehandelt (Daten der Ersterhebung retrospektiv erhoben)
☐ wegen Rezidiv, Primärtherapie auswärts (Daten über Ersterhebung und Therapie retrospektiv erhoben)

ZEITANGABEN
Wann wurde erstmals die Diagnose gestellt Monat ☐☐ Jahr ☐☐
Wann war der erste Arztkontakt wegen Erstsymptomatik Monat ☐☐ Jahr ☐☐
Wann trat Erstsymptomatik auf Monat ☐☐ Jahr ☐☐

TUMORDIAGNOSE ☐ Colon-Ca. ☐ Rectum-Ca. ☐ Anal-Ca.

ERSTSYMPTOMATIK
☐ Änd. d. Stuhlg. ☐ Durchfall ☐ Schleimabgang ☐ Bleistiftstuhl ☐ Blut im Stuhl ☐ starke Blutung
☐ Stuhlverhaltg. ☐ Druckgefühl ☐ Flatulenz ☐ Meteorismus ☐ Tenesmen ☐ Inkontinenz
☐ Leibschmerzen ☐ Kreuzschmerz. ☐ Defäkat'schm. ☐ Schm. a. After ☐ Knot. a. After ☐ Juckreiz
☐ Inappetenz ☐ Gewichtsabn. ☐ Fieber ☐ Leistungsknick
☐ Zufallsbefund Vorsorge ☐ sonst. Zufallsbefund ☐ Sonstiges: __________

Mögl. Ätiologie ☐ fam. Belastung: __________ ☐ Z. n. Cholezystektomie

Präkanzerosen
☐ Adenom villös ☐ fam. Polyposis ☐ Colitis ulcerosa
☐ Adenom tubulär ☐ M. Crohn bekannt seit: __________

Tumor ☐ Primärtumor ☐ Zweitmalignom ☐ fraglich, ob Primärtumor

LOK. PRIMÄRTUMOR
☐ Appendix ☐ Zoekum ☐ Ileozökalkl. ☐ C. ascendens ☐ Flexura hepatica
☐ C. transversum ☐ C. transversum, pars media ☐ Flexura lienalis
☐ C. descendens ☐ Sigmoid ☐ Rectosigmoid, Übergang
☐ Rectum 12 cm und höher ☐ Rectum 7– <12 cm ☐ Rectum 4– <7 cm
☐ Anorectum ☐ Analkanal, Analsphinkter ☐ Sonstiges: __________

TUMORSPEZIFISCHE DIAGNOSTIK
(pathologisch / normal / fraglich)
☐☐☐ Kontrasteinlauf ☐☐☐ Rectosigmoidoskop. ☐☐☐ CT: __________ ☐☐☐ CEA
☐☐☐ Biopsie ☐☐☐ Colonoskopie ☐☐☐ Haemoccult ☐☐☐ __________

TNM prätherapeutisch T ☐☐☐ c N ☐☐ c M ☐☐ c (Def. s. Rückseite des Durchschlags)

Fernmetastasen in
☐ Lunge ☐ Pleura ☐ Leber ☐ Lymphknoten ☐ Peritoneum ☐ Skelett
☐ Haut ☐ ZNS ☐ Sonstige: __________

HISTOLOGIE Histolog. Befund Nr. __________
☐ Adenoca ☐ mucinöses Adenoca ☐ Siegelringzell-Ca. ☐ Plattenephitel-Ca.
☐ adeno-squamöses Ca. ☐ undiff. Ca. ☐ unklassifiziertes Ca. ☐ Sonstiges: __________

Differenzierungsgrad ☐ gering (G3) ☐ mittel (G2) ☐ hoch (G1) ☐ nicht bestimmbar
Malignität zytol. ☐ Verdacht ☐ hochgr. Verd. ☐ sicher ☐ kein Verdacht ☐ kein verwertbares Material

PRIMÄRE THERAPIE ☐ Operation ☐ Bestrahlung ☐ Chemotherapie ☐ Immuntherapie ☐ Sonstiges: __________
Bemerkungen __________ (Pat. verweigert, Kontraindik. etc.)

OPERATION Datum: __________ ☐ im Hause ☐ auswärts, Daten sind retrospektiv erhoben
Therapieanspruch ☐ kurativ ☐ palliativ, Res. ☐ palliativ, Tu. belassen ☐ Probelaparotomie
Art der Op.
☐ Hemicolektomie rechts ☐ Hemicolektomie links ☐ Transversumresektion
☐ Colektomie ☐ Sigmares. ☐ Sigmasegmentres. ☐ Sigmasegm'res. m. Ileo-Rectostom.
☐ Proctocolekt. ☐ Rectumexstirp. ☐ kontinenzerh. Rectumres. ☐ Hartmann'sche Op.
☐ elektrochir. Tu-Verkleinerung ☐ zusätzl. Erweiterungs-Op. ☐ inguinale Lymphadenektomie
☐ Colostomie einläufig ☐ Colostomie doppelläufig ☐ Bypass-Anastomose
☐ Kryotherapie ☐ Sonstiges: __________
Komplikationen ☐ intraoperativ ☐ postoperativ: __________
TNM postoperativ pT ☐☐ pN ☐☐ pM ☐ (wie TNM, nach Kenntnis des histopathol. Befundes)

Bestrahlung Beginn am __________ Ende am __________
☐ präoperativ ☐ postoperativ ☐ curativ ☐ palliativ
Zur Bestrahlung verlegt/überwiesen nach: __________

Nächster Kontrolltermin i. Hause: __________ Weiterbehandlung durch: __________
Terminkalender-Nr. ☐☐☐☐ KV-Nr. des Hausarztes ☐☐☐☐☐☐

Todesdatum __________ Todesursache: ☐ tumorabhängig ☐ tumorunabhängig ☐ nicht beurteilbar
☐ Todesursache nicht zu ermitteln Obduktion: ☐ ja ☐ nein

Station: __________ Datum __________ Unterschrift des Arztes

Tumor Zentrum München	# Ersterhebung Struma Maligna

___________________________	Patient	Klinik ☐☐☐ ☐☐☐

☐☐☐☐☐☐
Tag Monat Jahr

Geb.-Datum

Klinikspez. Feld ☐☐☐☐

☐ männlich   ☐ weiblich

EINWEISUNG
☐ zur Primärtherapie oder Diagnose im Hause gestellt
☐ zur Zusatzbehandlung, auswärts anbehandelt (Daten der Ersterhebung retrospektiv erhoben)
☐ wegen Rezidiv, Primärtherapie auswärts (Daten über Ersterhebung und Therapie retrospektiv erhoben)

ZEITANGABEN
Wann wurde erstmals die Diagnose gestellt

Monat Jahr

Wann war der erste Arztkontakt wegen Erstsymptomatik

Monat Jahr

Wann trat Erstsymptomatik auf

Monat Jahr

ERSTSYMPTOMATIK

☐ rasches Strumawachstum	☐ rasch wachsende Rezidivstruma	☐ isolierter Strumaknoten
☐ derbe höckr. unverschiebl. Str.	☐ fixierte Haut ☐ Einflußstaug.	☐ Konsistenzzunahme
☐ Hals-Ohren-Hinterhauptsschm.	☐ LK-Vergrößg. ☐ Cyanose	☐ Heiserkeit ☐ Rekurrenspar.
☐ mangelnde Schluckverschiebl.	☐ Schluckbeschw.☐ Stridor	☐ Hornerscher Symptomenkomplex
☐ Gewichtsverlust	☐ Fieber ☐ Durchfälle	☐ Schmerzen
☐ reduziertes Allgemeinbefinden	☐ Metastasenbedingte Erstsympt.	☐ Zufallsbefund ☐ Sonst.: _____

Schilddrüsenanamnese, mögliche Ätiologie

☐ Kropf seit: __ ☐ Struma-Op: __	☐ Schilddrüsennebenerkr.: ______	☐ frühere Radiojodbehandlung
☐ familiäre Bel. ______	☐ MEA (mult. endokr. Adenomat.)	☐ Bestrahlung der Halsregion

Stoffwechsellage ☐ euthyreot   ☐ hypothyreot   ☐ hyperthyreot   ☐ Sonstiges: ___________

Knoten jetzt ☐ kalt   ☐ warm   ☐ heiß   ☐ kein Knoten tastbar

Tumor ☐ Primärtumor   ☐ Zweitmalign.   ☐ fraglich, ob Primärtumor   ☐ Primärtumor unbekannt

LOK. PRIMÄRTUMOR
☐ Seitenlappen   ☐ Isthmus   ☐ Ductus Thyreoglossus
☐ Dystope Schilddrüse   ☐ Nebenschilddrüse (Formular ausfüllen, soweit auf Nebensch. anwendbar)

Seite ☐ rechts   ☐ links   ☐ beidseitig   ☐ Mitte

TUMORSPEZ. DIAGNOSTIK

(pathologisch / normal / fraglich)

☐☐☐ Szintigramm Schilddrüse	☐☐☐ Sono Schilddrüse	☐☐☐ Feinnadelpunktion
☐☐☐ Röntgen Thorax	☐☐☐ CT Schilddrüse	☐☐☐ Probeexcision
☐☐☐ intraop. Schnellschnitt	☐☐☐ Szi. Skelett	☐☐☐ Sonst.: __________

TNM prätherapeutisch T ☐ ☐ N ☐ ☐ M ☐ ☐   (Definition s. Rückseite des Durchschlages)
c   c   c

Fernmetastasen ☐ Lunge   ☐ Skelett   ☐ ZNS   ☐ LK außerh. „N"   ☐ Leber   ☐ Sonst.: _____

HISTOLOGIE Histolog. Befund Nr.: ______________

Epitheliale Tu.	☐ follikul. Ca.	☐ papilläres Ca.	☐ Plattenep. Ca.	☐ undiff. Ca.	☐ medulläres Ca.
Nichtepitheliale Tu.	☐ mal. Hämangioendotheliom	☐ Sarkom	☐ Mal. Lymphom	☐ Karzinosarkom	
	☐ unklassifizierter maligner Tumor		☐ Sonstiges: _________		

Differenzierungsgrad ☐ hoch   ☐ mittel   ☐ gering   ☐ nicht bestimmbar

Malignität zytolog. ☐ Verdacht   ☐ hochgr. Verd.   ☐ „sicher"   ☐ kein Verd.   ☐ kein verwertbares Material

PRIMÄRE THERAPIE ☐ Operation   ☐ Radiojodther.   ☐ ext. Bestrahlg.   ☐ Hormonther.   ☐ Chemother.   ☐ Immunther.

Bemerkungen _________________________ (z. B. Kontraind., Pat. verweig., vorges. weit. Ther. etc.)

OPERATION Datum der ersten Op.: _________   ☐ im Hause   ☐ auswärts, Daten sind retrospektiv erhoben

S. M. bekannt durch ☐ präop. Bef.   ☐ intraop/Schnellschnitt   ☐ kein Anhalt für Malignität bei erster Op.

Art der ersten Op. ☐ Thyreoidektom.   ☐ subtotale Strumaresektion   ☐ ultrarad. Op.   ☐ Hemithyreoidektomie
☐ Enukleation   ☐ Tumorreduktion

Nachoperation ☐ sek. Thyreoidektomie, **und zwar**   ☐ bis einschl. Tag 5 postop.   ☐ nach Tag 5 postop.

LK-Exstirpation ☐ keine   ☐ berry picking   ☐ funktionelle neck dissection   ☐ radikale neck dissection

Sonstiges ☐ Tracheotomie   ☐ Thorakotomie   ☐ Sternotomie   ☐ Sonstiges: __________

Nebenschilddrüsen Op. Art: __________

Radikalität ☐ kein Resttu.   ☐ Resttumor vorhanden

Kompilkationen ☐ intraop. Komplik.   ☐ postop. Komplik.: __________

TNM postop. pT ☐ pN ☐ pM ☐   (Definition s. Rückseite des Durchschlages)

STRAHLENTHERAPIE von _________ bis _________ bei: _________
☐ Radiojodtherapie, Radiojodspeicherung ☐☐ %   ☐ externe Strahlentherapie

Nächster Kontrolltermin i. H. _________   Weiterbehandlung durch: _________

Terminkalender-Nr. ☐☐☐☐☐☐   KV-Nr. des Hausarztes ☐☐☐☐☐☐

Todesdatum _________   Todesursache: ☐ tumorabhängig ☐ tumorunabhängig ☐ nicht beurteilbar
☐ Todesursache nicht zu ermitteln   Obduktion: ☐ ja   ☐ nein

Station: _________

Datum _________   Unterschrift des Arztes

Tumor Zentrum München

Ersterhebung Leber-, Gallen-, Pankreaskarzinom

______________________________ Patient

Klinik ☐☐☐ ☐☐☐

Tag Monat Jahr   Geb.-Datum

Klinikspez. Feld

☐ männlich   ☐ weiblich

EINWEISUNG
☐ zur Primärtherapie oder Diagnose im Hause gestellt
☐ zur Zusatzbehandlung, auswärts anbehandelt (Daten der Ersterhebung retrospektiv erhoben)
☐ wegen Rezidiv, Primärtherapie auswärts (Daten über Ersterhebung und Therapie retrospektiv erhoben)

ZEITANGABEN
Wann wurde erstmals die Diagnose gestellt — Monat Jahr
Wann war der erste Arztkontakt wegen Erstsymptomatik — Monat Jahr
Wann trat Erstsymptomatik auf — Monat Jahr

TUMORDIAGNOSE
☐ Karzinom der Leber bzw. der intrahepatischen Gallenwege
☐ Karzinom der extrahepatischen Gallenwege / Gallenblase   ☐ Karzinom des Pankreas

ERSTSYMPTOMATIK
☐ Ikterus   ☐ Schmerzen   ☐ Verdg.-Störg.   ☐ Inappetenz   ☐ Gewichtsabn.   ☐ Leistungsknick
☐ tastb. Tumor   ☐ Erbrechen   ☐ Fieber   ☐ tastbare Milz   ☐ Ascites   ☐ Thrombophleb.
☐ akutes Abdom.   ☐ Metastasenbed. Erstsymptomat.   ☐ Zufallsbefund   ☐ Sonst.: _______

Mögl. Ätiologie
☐ vorbest. Erkrankung d. Leber bzw. Galle: _______   ☐ chron. Pankreatitis
☐ fam. Belastg.: _______   ☐ Medikamente: _______
☐ Exposition gegen chem. Noxen: _______   ☐ Alkoholabusus

Tumor
☐ Ersttumor   ☐ Zweittumor   ☐ fraglich, ob Primärtumor   ☐ Primärtumor unbekannt
Bei Vorliegen eines anderen, **bekannten** Primärtumors bitte entsprechende Ersterhebung verwenden.

LOK. PRIMÄRTUMOR
☐ Rechter Leberlappen   ☐ Linker Leberlappen   ☐ intrahepatische Gallenwege
☐ Gallenblase   ☐ extrahepatische Gallenwege
☐ Pankreaskopf   ☐ Pankreaskörper   ☐ Pankreasschwanz   ☐ Sonst.: _______
Nach Abtrennen des Durchschlags kann die genaue Tumorlokalisation umseitig eingetragen werden.

TUMORSPEZIFISCHE DIAGNOSTIK

(pathologisch / normal / fraglich)

☐☐☐ Sono   ☐☐☐ CT   ☐☐☐ Angiografie
☐☐☐ Szinti   ☐☐☐ Laparoskopie   ☐☐☐ α_1 - FP
☐☐☐ PTC   ☐☐☐ diagnostische L'tomie   ☐☐☐ Pankreas-Funktionsprüfung
☐☐☐ ERC   ☐☐☐ Biopsie   ☐☐☐ _______
☐☐☐ ERCP   ☐☐☐ Zytologie   ☐☐☐ _______

STADIUM
„T" ☐ Tumor auf Organ beschränkt   Nur für Leber: ☐ solitär   ☐ multipel
☐ Tumor hat die Organgrenzen überschritten: _______
„N" ☐ kein LK-Befall   ☐ reg. LK befallen: _______
„M" ☐ keine Fernmet.   ☐ Metastasen in: ☐ Leber   ☐ LK   ☐ Peritoneum   ☐ Sonst.: ____

HISTOLOGIE
Pathologie-Bericht Nr.: _______

Leber und intrahepat. Gallenwege
☐ Hepatozelluläres/solides Ca   ☐ Cholangio-/Adenoca   ☐ Cystadenoca
☐ Hepatoblastom   ☐ undiff. Ca   ☐ unklass. mal. Tumor

Einschätzung des Pathol. ☐ Metastase ausgeschlossen   ☐ Metastase unwahrscheinlich   ☐ Metastase nicht ausgeschlossen

Gallenblase und extrahepat. Gallenwege
☐ Adenoca   ☐ Plattenep. Ca   ☐ undiff. Ca   ☐ unklass. mal. Tumor

Pankreas
☐ Adenoca   ☐ Plattenep. Ca   ☐ Cystadenoca   ☐ Acinuszellca   ☐ unklass. mal. Tumor
☐ Andere Histologie: _______

Differenzierungsgrad ☐ gering   ☐ mittel   ☐ hoch   ☐ nicht bestimmbar
Malignität zytologisch ☐ Verdacht   ☐ hochgrad. Verd.   ☐ „sicher"   ☐ kein Verdacht   ☐ kein verwertbares Material

PRIMÄRE THERAPIE ☐ Operation   ☐ Bestrahlung   ☐ Chemotherapie   ☐ Immuntherapie   ☐ Sonst.: _______
Bemerkungen _______ (z. B. Pat. verweigert, Kontraindikation)

OPERATION Datum: _______   ☐ im Hause   ☐ auswärts
Ausmaß der Op. ☐ radikal   ☐ erweitert radikal   ☐ palliativ   ☐ Probelaparotomie
Art der Op. _______
Komplikationen ☐ intraop.   ☐ postop.: _______
Histopathol. Befund ☐ im Gesunden   ☐ nicht im Gesunden

Nächster Kontrolltermin im Hause: _______   Weiterbehandlung durch: _______
Terminkalender Nr. ☐☐☐☐☐☐☐   KV-Nr. des Hausarztes ☐☐☐☐☐☐☐

Todesdatum _______
Todesursache: ☐ tumorabhängig ☐ tumorunabhängig ☐ nicht beurteilbar
☐ Todesursache nicht zu ermitteln   Obduktion: ☐ ja   ☐ nein

Station: _______

Datum   Unterschrift des Arztes

Tumor Zentrum München

Ersterhebung Weichteil-, Knochentumor

_________________ Patient	Klinik ☐☐☐ ☐☐☐
☐☐☐☐	
Tag Monat Jahr	Klinikspez. Feld
Geb.-Datum	☐☐
☐ männlich ☐ weiblich	

EINWEISUNG
☐ zur Primärtherapie oder Diagnose im Hause gestellt
☐ zur Zusatzbehandlung, auswärts anbehandelt (Daten der Ersterhebung retrospektiv erhoben)
☐ wegen Rezidiv, Primärtherapie auswärts (Daten über Ersterhebung und Therapie retrospektiv erhoben)

ZEITANGABEN
Wann wurde erstmals die Diagnose gestellt
Monat Jahr ☐☐
Wann trat Erstsymptomatik auf
Monat Jahr ☐☐

ERSTSYMPTOMATIK
☐ Schmerzen ☐ Schwellung ☐ Bewegungseinschränkung ☐ Entzündung ☐ Spontanfraktur
☐ Metastasenbedingte Erstsympt. ☐ Zufallsbefund ☐ Sonstiges: __________

TUMOR
☐ Ersttumor ☐ Zweittumor ☐ Primärtumor unbekannt ☐ fraglich, ob Primärtumor

LOK. PRIMÄRTUMOR
Angabe im Klartext
nach folgendem Prinzip:

Bindegewebe und andere Weichteilgewebe: befallene Region (z. B. Mittelgesicht, Kniekehle) bzw.
Struktur (z. B. Aorta abdom.) eintragen
Knochen/Knorpel: Knochen/Gelenk eintragen (z. B. Os sacrum, Meniskus lateral), Ausnahmen s. u.
WS: HWS, BWS, LWS; Bandscheiben analog
Thoraxskel.: Rippen, Rippenkn., Sternum, Clavicula, Costovertebralgel., Sternocostalgel., Sternoclaviculargel.
Hand: Carpalia, Metacarpalia, Fingerphal., Daumengrundgel., Fingergrundgel., Mittel-/Endgel. d. Fingers
Fuß: Calcaneus, Tarsus, Metatarsus, Zehenphal., ob./unt. Sprunggel., Tarso-Metatarsalgel., Zehengel.
Organe: befallenes Organ eintragen (z. B. Lunge, Oberlappen)

Seite, falls zutreffend
☐ rechts ☐ links ☐ Mitte ☐ beidseitig

TUMORSPEZIFISCHE DIAGNOSTIK
pathologisch / normal / fraglich
☐☐☐ CT ☐☐☐ Angio ☐☐☐ Röntgen
☐☐☐ Sono ☐☐☐ Skelettszinti ☐☐☐ __________

TNM prätherapeutisch
☐T ☐ ☐N ☐ ☐M ☐ (Definition vgl. Rückseite des Durchschlags)
c c c

Fernmetastasen in
☐ Lunge ☐ Skelett ☐ Leber ☐ LK außerh. „N" ☐ Sonst.: __________

HISTOLOGIE
Histolog. Befund-Nr.: __________
☐ Fibrosarkom ☐ mal. fibröses Histiozytom ☐ Liposarkom
☐ Leiomyosarkom ☐ Rhabdomyosarkom ☐ Hämangiosarkom
☐ Lymphangiosarkom ☐ synoviales Sarkom ☐ mal. Mesotheliom
☐ mal. Schwannom ☐ Neuroblastom
☐ Osteosarkom ☐ Chondrosarkom
☐ Sonstige Histologie, Klassifikation lt. Rückseite: __________

Differenzierungsgrad
☐ hoch (G 1) ☐ mittel (G 2) ☐ gering (G 3) ☐ nicht bestimmbar

PRIMÄRE THERAPIE
Bemerkungen
☐ Operation ☐ Bestrahlung ☐ Zytostatika ☐ keine Therapie ☐ Sonst.: __________
__________ (vorges. weitere Ther., Pat. verweigert, etc.)

OPERATION
Ausmaß der OP
Datum: __________ ☐ im Hause ☐ auswärts, Daten sind retrospektiv erhoben
☐ nur PE ☐ Weichteilres. ☐ Knochenres., Kontinuität ☐ Knochenres., keine Kontinuität
☐ Exkochleation ☐ Amputation ☐ Exarticulation
☐ Osteosynthese ☐ Verbundosteos. ☐ autoplast. Aufbau ☐ alloplast. Aufbau
☐ Ausräumung der regionären LK ☐ präliminäre Gefäßligatur ☐ Sonstiges: __________
Resttumor
☐ kein Resttumor vorhanden ☐ fraglich, ob Resttumor ☐ Resttumor vorhanden

TNM postoperativ
☐pT ☐pN ☐pM (Definition wie TNM prätherapeutisch)

BESTRAHLUNG
Beginn am __________ Ende am __________
☐ präoperativ ☐ adjuvant postoperativ ☐ palliativ ☐ curativ
Bestrahlung auswärts Zur Bestrahlung verlegt/überwiesen nach: __________

CHEMOTHERAPIE
Chemotherapie eingeleitet am __________
Chemotherapie i. Hause ☐ adjuvante Chemotherapie ☐ palliative/curative Chemotherapie
Chemotherapie auswärts Zur Chemotherapie verlegt/überwiesen nach: __________

Nächster Kontrolltermin im Hause: __________ Weiterbehandlung durch: __________
Terminkalender-Nr. ☐☐☐☐☐☐☐☐ KV-Nr. des Hausarztes ☐☐☐☐☐☐☐

Todesdatum
____
Todesursache: ☐ tumorabh. ☐ tumorunabh. ☐ nicht beurteilbar
☐ Todesursache nicht zu ermitteln Obduktion: ☐ ja ☐ nein

Station: __________
Datum __________ Unterschrift des Arztes __________

Tumor Zentrum München	# Ersterhebung Malignes Melanom

Patient ___________________ Klinik ☐☐☐☐☐☐☐☐

Tag Monat Jahr: ☐☐ ☐☐ ☐☐

Geb.-Datum

Klinikspez. Feld ☐☐☐

☐ männlich   ☐ weiblich

EINWEISUNG
☐ zur Primärtherapie oder Diagnose im Hause gestellt
☐ zur Zusatzbehandlung, auswärts anbehandelt (Daten der Ersterhebung retrospektiv erhoben)
☐ wegen Rezidiv, Primärtherapie auswärts (Daten über Ersterhebung und Therapie retrospektiv erhoben)

ZEITANGABEN
Wann wurde erstmals die Diagnose „Malignes Melanom" gestellt   Tag Monat Jahr
Seit wann wurde die veränderte Stelle von einem Arzt beobachtet   Monat Jahr
Wann setzten d. ersten d. beschrieb. Veränderungen bzw. Symptome ein   Monat Jahr

SYMPTOMATIK BIS ZUR DIAGNOSE-STELLUNG

I. **Vorbesteh. Hautläsion,** und zwar: ☐ Naevus   bzw. ☐ Sonst.: _____   **beginnt sich zu verändern:**
☐ wächst   ☐ entwickelt Knoten   ☐ bildet Satelliten
☐ verändert Farbe   ☐ juckt   ☐ blutet   ☐ näßt

II. **Erstsymptomatik auf vorher nicht veränderter Haut,** und zwar   ☐ Fleck   ☐ Knoten
☐ pigmentiert   ☐ nicht pigm.   ☐ juckt   ☐ blutet   ☐ näßt   ☐ ändert Farbe
☐ wächst   ☐ entwickelt Knoten   ☐ bildet Satelliten

Sonstiges   III. ☐ Metastasenbedingte Erstsympt.   ☐ Sonstiges: _____

Anlaß der Erfassung   ☐ Symptome   ☐ Vorsorge   ☐ Anderer Zufallsbefund   ☐ Sonstiges: _____

Mögl. Ätiologie
☐ erhöhte UV-Exposition   ☐ Lichtempfindlichkeit   ☐ Trauma an Naevus/MM
☐ helle Komplexion   ☐ Östrogenexposition   ☐ Cortison-Dauerbehandlung
☐ fam. Tumor-Belastung: _____   ☐ Sonstiges: _____

Präkanzerose   ☐ Lentigo maligna   bekannt seit: _____

Tumor   ☐ MM ist erste maligne Erkrankung   ☐ Mult., voneinand. unabh. Melan.   ☐ MM ist Zweittumor

LOK. PRIMÄRTUMOR _____ (Bitte nur die Termini der **Rückseite** oder „unbekannt")
Seite   ☐ rechts   ☐ links   ☐ nicht zutreffend   ☐ Mitte

TNM prätherapeutisch   T-Stadium z. Z. nicht definiert   [N] ☐   [M] ☐   (Definition siehe Rückseite)
   c   c

Fernmetastasen in   ☐ LK   ☐ Haut (soweit nicht vom pT-Stadium erfaßt)
☐ Lunge   ☐ Pleura   ☐ ZNS   ☐ Skelett   ☐ Leber   ☐ Sonst.: _____

HISTOLOGIE   Befund Nr.: _____
☐ Superfiziell spreitendes Mel. (SSM)   ☐ Malignes noduläres Melanom (NM)   ☐ Lentigo-Maligna-Melanom (LMM)
☐ Akro-Lentiginöses Melanom (ALM)   ☐ Unklassifizierbares MM

PRIMÄRE THERAPIE   ☐ Operation   ☐ Bestrahlung   ☐ Zytostatika   ☐ Immuntherapie   ☐ Hyperthermie   ☐ Sonst.: _____
Bemerkungen _____ (Pat. verweigert, Kontraindik. etc.)

OPERATION
Erste Melanom-Op.   Datum des ersten Eingriffs: _____   ☐ im Hause   ☐ auswärts
☐ primär großzügige Excision   ☐ kleine Excision   ☐ Amputation   ☐ Inzisionsbiop.
☐ Entfernung einer MM-Metastase: _____   ☐ Palliativoperation
Narkoseart   ☐ Vollnarkose   ☐ Spinalanästh.   ☐ Plexusanästh.   ☐ Lokalanästhesie
Zweite Melanom-Op.   Datum der zweiten Operation: _____   ☐ im Hause   ☐ auswärts
☐ großzügige Nachexcision   ☐ Entf. einer MM-Metastase: _____   ☐ Entf. d. Primärherdes n. Meta-Op.
Narkoseart   ☐ Vollnarkose   ☐ Spinalanästh.   ☐ Plexusanästh.   ☐ Lokalanästhesie
letztendl. Defektdeckung   ☐ freies Transplantat   ☐ Verschiebepl.   ☐ keine   ☐ primärer Wundverschluß
letztendl. Sicherheitsabst.   ☐ bis 1 cm   ☐ üb. 1cm b. 2cm   ☐ üb. 2cm b. 4cm   ☐ über 4 cm
Lymphadenektomie   ☐ Ausräumung der regionalen LK   ☐ Ausräumung der kontralat. LK   ☐ andere LK-Op.: _____
TU-Reste bei sonst. Op.   ☐ Rest-LK   ☐ Rest-TU   ☐ Sonstige Op.: _____
Postop. Komplikationen   ☐ sekundäre Wundheilung   ☐ Sonstiges: _____

TNM postop.   [pT] ☐☐   [pN] ☐   [pM] ☐   (Def. s. Rückseite)   Progn. Index: ☐☐☐ , ☐
   1-4,X a, b

Bestrahlung   Beginn am: _____   Ende am: _____
☐ Vorbestrahlung   ☐ Nachbestrahlg.   ☐ curativ   ☐ palliativ
☐ im Hause   ☐ auswärts: _____

Chemotherapie/ Immuntherapie   Beginn am: _____   Chemotherapie mit: _____
Immunther. mit   ☐ BCG   ☐ DNCB   ☐ Sonst.: _____

Nächster Kontrolltermin   im Hause: _____   Weiterbehandlung durch: _____
Terminkalender-Nr.   ☐☐☐☐☐☐   KV-Nr. des Hausarztes   ☐☐☐☐☐☐

Todesdatum _____   Todesursache: ☐ tumorabhängig   ☐ tumorunabhängig   ☐ nicht beurteilbar
☐ Todesursache nicht zu ermitteln   Obduktion: ☐ ja   ☐ nein

Station: _____

Datum _____   Unterschrift des Arztes

Tumor Zentrum München	# Ersterhebung Larynx, Hypopharynx

☐☐☐☐☐☐ Tag Monat Jahr	Patient ___________________ Geb.-Datum ☐ männlich ☐ weiblich	Klinik ☐☐☐ ☐☐☐ Klinikspez. Feld

EINWEISUNG
☐ zur Primärtherapie oder Diagnose im Hause gestellt
☐ zur Zusatzbehandlung, auswärts anbehandelt (Daten der Ersterhebung retrospektiv erhoben)
☐ wegen Rezidiv, Primärtherapie auswärts (Daten über Ersterhebung und Therapie retrospektiv erhoben)

ZEITANGABEN
Wann wurde erstmals die Diagnose gestellt ☐☐ ☐☐ Monat Jahr
Wann trat Erstsymptomatik auf ☐☐ ☐☐ Monat Jahr

TUMORDIAGNOSE ☐ Karzinom des Larynx   ☐ Karzinom des Hypopharynx   (vgl. Rückseite des Durchschlags)

ERSTSYMPTOMATIK
☐ Heiserkeit   ☐ Schmerzen   ☐ Schluckbeschw. ☐ Blutung   ☐ Atemnot   ☐ Hustenreiz
☐ Fremdkörp'gefühl/Räusperzwang   ☐ Foetor ex ore   ☐ LK-Metastasen ☐ Zufallsbefund   ☐ Sonst.: _____

Mögl. Ätiologie
☐ Raucher jetzt   ☐ Raucher früher ☐ Nichtraucher   ☐ Alkoholabusus
Am längsten ausgeübte Tätigkeit: _______________   ☐ Sonst. Exposition: _______
☐ Papillomatose   ☐ Leukoplakie   ☐ Chron. rezidivierende Laryngitis

Tumor ☐ Ersttumor   ☐ Zweitmalignom ☐ Fraglich, ob Primärtumor

LOK. PRIMÄRTUMOR
☐ Postcricoid-Bezirk   ☐ Sinus piriformis   ☐ Aryepiglottische Falte
☐ Hypopharynx, Hinterwand   ☐ Hypophar., sonst./mehrere Teile   ☐ Hypopharynx ungenau

☐ Glottis, Stimmband   ☐ Supraglottis   ☐ Subglottis
☐ Larynxknorpel   ☐ Larynx, sonstige/mehrere Teile   ☐ Larynx ungenau

Seite ☐ rechts   ☐ links   ☐ Mitte   ☐ beidseitig

TUMORSPEZIFISCHE DIAGNOSTIK

(pathologisch / normal / fraglich)

☐☐☐ Tumor-Biopsie   ☐☐☐ Röntgen d. bef. Organs   ☐☐☐ Kontrastmittel
☐☐☐ LK-Biopsie   ☐☐☐ Schichtung   ☐☐☐ Ganzkörpersziniti.
☐☐☐ Zytologie   ☐☐☐ CT: _________   ☐☐☐ Endoskopie
☐☐☐ Rö. Lunge   ☐☐☐ _________   ☐☐☐ _________

TNM prätherapeutisch T ☐☐ ☐ c   N ☐ ☐ c   M ☐ ☐ c   (Def. s. Rückseite des Durchschlags)

Fernmetastasen in ☐ Lunge   ☐ Skelett   ☐ LK außerhalb „N" (N: Cervical)   ☐ Sonst.: _______

HISTOLOGIE
Histolog. Befund-Nr.: _______________
☐ Plattenepithelca   ☐ Adenoca   ☐ Adenoid-cystisches Ca
☐ Undiff. Ca   ☐ Mal. Lymphom ☐ Sarkom   ☐ Unklassiff. mal. Tumor   ☐ Sonst.: _____
Differenzierungsgrad ☐ gering (G 3)   ☐ mittel (G 2)   ☐ hoch (G 1)   ☐ nicht bestimmbar

PRIMÄRE THERAPIE ☐ Operation   ☐ Bestrahlung   ☐ Chemotherapie ☐ Immuntherapie   ☐ keine Therapie   ☐ Sonst.: _____
Bemerkungen _______________ (z. B. Pat. verweigert, Kontraindik., etc.)

OPERATION
Datum: _________   ☐ im Hause   ☐ auswärts, Daten sind retrospektiv erhoben
Tumor ☐ Laryngektomie   ☐ Teilresektion des Larynx   ☐ partielle Pharyngektomie
☐ Zungengrundteilresektion   ☐ Laryngopharyngektomie   ☐ palliative Tumorentfernung
☐ Sonstige Op.: _______________
Neck dissection ☐ bilateral   ☐ homolateral
Funktionelle Neck diss. ☐ bilateral   ☐ homolateral   ☐ kontralateral
Komplikationen ☐ intraoperativ   ☐ postoperativ: _______________

TNM postoperativ (pTNM) pT ☐   pN ☐   (Wie TNM prätherapeutisch; Fernmetastasen werden nur oben abgefragt)

BESTRAHLUNG
Beginn am _________   Ende am _________
☐ präoperativ   ☐ adjuvant postoperativ   ☐ palliativ   ☐ curativ
Bestrahlung auswärts Zur Bestrahlung verlegt/überwiesen nach: _______________

CHEMOTHERAPIE
Chemotherapie eingeleitet am _________
Chemotherapie i. Hause ☐ adjuvante Chemotherapie   ☐ palliative Chemotherapie
Chemotherapie auswärts Zur Chemotherapie verlegt/überwiesen nach: _______________

Nächster Kontrolltermin im Hause: _________   Weiterbehandlung durch: _______________
Terminkalender-Nr. ☐☐☐☐☐☐   KV-Nr. des Hausarztes ☐☐☐☐☐☐

Todesdatum _________   Todesursache: ☐ tumorabh.   ☐ tumorunabh.   ☐ nicht beurteilbar
☐ Todesursache nicht zu ermitteln   Obduktion: ☐ ja   ☐ nein

Station: _______________   Datum _________   Unterschrift des Arztes _________

Tumor Zentrum München

Ersterhebung Mundhöhle, Oropharynx

________________________ Patient   Klinik [ ][ ][ ][ ]

[ ][ ][ ][ ][ ][ ] Geb.-Datum   Klinikspez. Feld
Tag Monat Jahr
☐ männlich   ☐ weiblich   [ ][ ][ ]

EINWEISUNG
☐ zur Primärtherapie oder Diagnose im Hause gestellt
☐ zur Zusatzbehandlung, auswärts anbehandelt (Daten der Ersterhebung retrospektiv erhoben)
☐ wegen Rezidiv, Primärtherapie auswärts (Daten über Ersterhebung und Therapie retrospektiv erhoben)

ZEITANGABEN
Wann wurde erstmals die Diagnose gestellt   [ ][ ]
Monat Jahr
Wann trat Erstsymptomatik auf   [ ][ ]
Monat Jahr

TUMORDIAGNOSE
☐ Karzinom der Mundhöhle   ☐ Karzinom des Oropharynx   (vgl. Rückseite des Durchschlags)

ERSTSYMPTOMATIK
☐ Schmerzen   ☐ Schwellung   ☐ Blutung   ☐ Atemnot   ☐ Fremdkörpergefühl
☐ Schluckbeschwerden   ☐ Foetor ex ore   ☐ Kieferklemme   ☐ LK-Metastasen
☐ Allgemeinsympt. ☐ Spontanfraktur ☐ Selbstbefund   ☐ Zufallsbefund   ☐ Sonst.: ________

Mögl. Ätiologie
☐ Raucher jetzt   ☐ Raucher früher ☐ Nichtraucher   ☐ Alkoholabusus   ☐ schlecht sitzender Zahnersatz
Am längsten ausgeübte Tätigkeit: _______________________   ☐ Sonst. Exposition: _______

Tumor
☐ Ersttumor   ☐ Zweitmalignom ☐ fraglich, ob Primärtumor

LOK. PRIMÄRTUMOR
☐ Zungenrücken ☐ Zungenunterfläche   ☐ Zungenspitze   ☐ Zungenrand
☐ Schleimhaut Oberlippe   ☐ Schleimhaut Unterlippe   ☐ Wangenschleimhaut
☐ Oberkieferschleimhaut   ☐ Unterkieferschleimhaut   ☐ Retromolare Zone

Mundhöhle
☐ Vestibulum Oris   ☐ Harter Gaumen
☐ Vorderer Mundboden   ☐ Seitlicher Mundboden   ☐ Sonstiges: _______

Oropharynx
☐ Vorderwand   ☐ Zungengrund   ☐ Valleculae Epiglotticae   ☐ linguale Epiglottisfläche
☐ Vorderfläche des w. Gaumens   ☐ Uvula   ☐ Gaumenbogen
☐ Seitenwand   ☐ Tonsille   ☐ Glosso-Tonsillarfurche   ☐ Hinterwand

Ungenaue/Sonst. Lok.
☐ Zunge   ☐ Mundschleimh. ☐ Mundhöhle   ☐ Gaumen   ☐ Oropharynx   ☐ Sonst.: ____

Seite, falls zutreffend
☐ rechts   ☐ links   ☐ Mitte   ☐ beidseitig

TUMORSPEZIFISCHE DIAGNOSTIK
(pathologisch / normal / fraglich)
☐☐☐ Tumorbiopsie   ☐☐☐ Rö. Thorax   ☐☐☐ CT
☐☐☐ LK-Biopsie   ☐☐☐ Rö.-Unterkiefer   ☐☐☐ Ganzkörpersziniti.
☐☐☐ Schleimhautbiopsie   ☐☐☐ Rö- Oberkiefer   ☐☐☐ _______

TNM prätherapeutisch   T [ ] [ ]   N [ ] [ ]   M [ ] [ ]   (Def. s. Rückseite des Durchschlags)
c   c   c

Fernmetastasen in   ☐ Lunge   ☐ Skelett   ☐ LK außerhalb „N" (N: Cervical)   ☐ Sonst.: _______

HISTOLOGIE
Histolog. Befund-Nr.: _______
☐ Plattenepithelca ☐ Adenoca   ☐ Adenoid-cystisches Ca   ☐ Mucoepidermoid-Karzinom
☐ Undiff. Ca   ☐ Mal. Lymphom ☐ Sarkom   ☐ Unklassif. mal. Tumor   ☐ Sonst.: ____

Differenzierungsgrad   ☐ gering (G 3)   ☐ mittel (G 2)   ☐ hoch (G 1)   ☐ nicht bestimmbar

PRIMÄRE THERAPIE   ☐ Operation   ☐ Bestrahlung   ☐ Chemotherapie ☐ Immuntherapie ☐ keine Therapie ☐ Sonst.: ____
Bemerkungen   _______________________ (z. B. Pat. verweigert, Kontraindik., etc.)

OPERATION
Datum: _______   ☐ im Hause   ☐ auswärts, Daten sind retrospektiv erhoben
☐ radikale Tumorausräumung   ☐ palliative Tumorausräumung
Knochenresektion   ☐ OK   ☐ UK, Kontinuität ☐ UK, keine Kontinuität   ☐ Hemimandibulektomie
Neck dissection   ☐ bilateral   ☐ homolateral
Funktionelle Neck diss.   ☐ bilateral   ☐ homolateral   ☐ kontralateral
Suprahyoid. Mundb'ausr.   ☐ bilateral   ☐ homolateral   ☐ kontralateral
Komplikationen   ☐ intraoperativ   ☐ postoperativ: _______

TNM postop. (pTNM)   pT [ ]   pN [ ]   (Wie TNM prätherapeutisch; Fernmetastasen werden nur oben abgefragt)

BESTRAHLUNG
Beginn am _______   Ende am _______
☐ präoperativ   ☐ adjuvant postoperativ   ☐ palliativ   ☐ curativ
Bestrahlung auswärts   Zur Bestrahlung verlegt/überwiesen nach: _______

CHEMOTHERAPIE
Chemotherapie eingeleitet am _______
Chemotherapie i. Hause   ☐ adjuvante Chemotherapie   ☐ palliative Chemotherapie
Chemotherapie auswärts   Zur Chemotherapie verlegt/überwiesen nach: _______

Nächster Kontrolltermin   im Hause: _______   Weiterbehandlung durch: _______
Terminkalender-Nr.   [ ][ ][ ][ ][ ]   KV-Nr. des Hausarztes/Zahnarztes [ ][ ][ ][ ][ ][ ][ ]

Todesdatum   _______   Todesursache: ☐ tumorabh.   ☐ tumorunabh.   ☐ nicht beurteilbar
☐ Todesursache nicht zu ermitteln   Obduktion: ☐ ja   ☐ nein

Station: _______

Tumor Zentrum München

Ersterhebung Nase, NNH, Nasopharynx

Patient ________________________   Klinik ☐☐ ☐☐☐☐

☐☐☐ ☐☐☐☐
Tag   Monat   Jahr

Geb.-Datum   Klinikspez. Feld ☐☐☐☐

☐ männlich   ☐ weiblich

EINWEISUNG	☐ zur Primärtherapie oder Diagnose im Hause gestellt ☐ zur Zusatzbehandlung, auswärts anbehandelt (Daten der Ersterhebung retrospektiv erhoben) ☐ wegen Rezidiv, Primärtherapie auswärts (Daten über Ersterhebung und Therapie retrospektiv erhoben)

ZEITANGABEN Wann wurde erstmals die Diagnose gestellt   ☐☐ ☐☐
Monat Jahr

Wann trat Erstsymptomatik auf   ☐☐ ☐☐
Monat Jahr

TUMORDIAGNOSE ☐ Karzinom der Nase und NNH   ☐ Karzinom des Nasopharynx   (vgl. Rückseite des Durchschlags)

ERSTSYMPTOMATIK
☐ Behinderte Nasenatmung   ☐ Schwellung, Auftreibung   ☐ Gestörtes Geruchsvermögen
☐ Schmerzen   ☐ Blutung   ☐ Foetor ex ore
☐ Protrusio Bulbi   ☐ Sensibilitätsstörung   ☐ Tubenfunktionsstörung
☐ LK-Metastasen   ☐ Zufallsbefund   ☐ Sonst.: __________

Mögl. Ätiologie am längsten ausgeübte Tätigkeit: __________   ☐ Sonst. Expos.: __________
☐ Invertiertes Papillom

Tumor ☐ Primärtumor   ☐ Zweitmalignom   ☐ fraglich, ob Primärtumor

LOK. PRIMÄRTUMOR ☐ Innere Nase, Nasenhöhle (excl. Choanen)   ☐ Kieferhöhle   ☐ Siebbein
☐ Keilbeinhöhle   ☐ Stirnhöhle   ☐ Sonstige/mehrere Bereiche der Nase und NNH

Nasopharynx ☐ Dach   ☐ Hinterwand   ☐ Vorderwand (Choanen, Rückfl. d. Gaumens)
☐ Seitenwand   ☐ Sonstige/mehrere Bereiche des Nasopharynx

Seite, falls zutreffend ☐ rechts   ☐ links   ☐ Mitte   ☐ beidseitig

TUMORSPEZIFISCHE DIAGNOSTIK
(pathologisch / normal / fraglich)

☐☐☐ EBV-Titer   ☐☐☐ Röntgen Schädel   ☐☐☐ Rö. Lunge
☐☐☐ Tumorbiopsie   ☐☐☐ Tomographie d. Schädels   ☐☐☐ Ganzkörperszinti.
☐☐☐ LK-Biopsie   ☐☐☐ CT   ☐☐☐ Zytologie
☐☐☐ Schleimhautbiopsie   ☐☐☐ Knochenszinti.   ☐☐☐ __________

TNM prätherapeutisch   T ☐ ☐c   N ☐ ☐c   M ☐ ☐c   (Definition auf der Rückseite des Durchschlags)

Fernmetastasen in ☐ Lunge   ☐ Skelett   ☐ LK außerhalb „N" (N:Cervical)   ☐ Sonst.: __________

HISTOLOGIE Patholog. Befund-Nr.: __________
☐ Plattenepithelca   ☐ Adenoca   ☐ Adenoid-cyst. Ca   ☐ Mucoepidermoid-Karzinom
☐ Undiff. Ca   ☐ Mal. Lymphom   ☐ Sarkom   ☐ Unklassif. mal. Tumor   ☐ Sonst.: _____

Differenzierungsgrad ☐ gering (G 3)   ☐ mittel (G 2)   ☐ hoch (G 1)   ☐ nicht bestimmbar

PRIMÄRE THERAPIE ☐ Operation   ☐ Bestrahlung   ☐ Chemotherapie   ☐ Immuntherapie   ☐ keine Therapie   ☐ Sonst.: _____
Bemerkungen __________ (z. B. Pat. verweigert, Kontraindik., etc.)

OPERATION Datum: __________   ☐ im Hause   ☐ auswärts, Daten sind retrospektiv erhoben
Tumor ☐ Hemimaxillektomie   ☐ OK-Teilresektion   ☐ Radikale Tu-Entfernung a. d. Nase
☐ permaxilläre Tu-Entfernung   ☐ Septumresektion   ☐ mit Exenteratio Orbitae
☐ transorale radikale Tu-Entfernung (Nasopharynx)
☐ palliative Tumor-Entfernung   ☐ Sonstige Op.: __________
Neck dissection ☐ bilateral   ☐ homolateral
Funktionelle Neck diss. ☐ bilateral   ☐ homolateral   ☐ kontralateral
Suprahyoid. Mundb'ausr. ☐ bilateral   ☐ homolateral   ☐ kontralateral
Komplikationen ☐ intraoperativ   ☐ postoperativ: __________

TNM postop. (pTNM) pT ☐   pN ☐   (Wie TNM prätherapeutisch; Fernmetastasen werden nur oben abgefragt)

BESTRAHLUNG Beginn am __________   Ende am __________
☐ präoperativ   ☐ adjuvant postoperativ   ☐ palliativ   ☐ curativ
Bestrahlung auswärts Zur Bestrahlung verlegt/überwiesen nach: __________

CHEMOTHERAPIE Chemotherapie eingeleitet am __________
Chemotherapie i. Hause ☐ adjuvante Chemotherapie   ☐ palliative Chemotherapie
Chemotherapie auswärts Zur Chemotherapie verlegt/überwiesen nach: __________

Nächster Kontrolltermin im Hause: __________   Weiterbehandlung durch: __________
Terminkalender-Nr. ☐☐☐☐☐☐☐   KV-Nr. des Hausarztes   ☐☐☐☐☐☐☐

Todesdatum __________   Todesursache: ☐ tumorabh.   ☐ tumorunabh.   ☐ nicht beurteilbar
☐ Todesursache nicht zu ermitteln   Obduktion: ☐ ja   ☐ nein

Station: __________
Datum __________   Unterschrift des Arztes __________

Tumor Zentrum München

Ersterhebung Speicheldrüsen, Lippe, Ohr

_________________________ Patient	Klinik ☐☐☐☐☐
☐☐☐☐☐☐ Geb.-Datum	Klinikspez. Feld
Tag Monat Jahr	☐☐☐
☐ männlich ☐ weiblich	

EINWEISUNG
☐ zur Primärtherapie oder Diagnose im Hause gestellt
☐ zur Zusatzbehandlung, auswärts anbehandelt (Daten der Ersterhebung retrospektiv erhoben)
☐ wegen Rezidiv, Primärtherapie auswärts (Daten über Ersterhebung und Therapie retrospektiv erhoben)

ZEITANGABEN
Wann wurde erstmals die Diagnose gestellt ☐☐ Monat Jahr
Wann trat Erstsymptomatik auf ☐☐ Monat Jahr

TUMORDIAGNOSE
☐ Speicheldrüsen ☐ Lippen ☐ äußeres Ohr ☐ Mittelohr (vgl. Rückseite des Durchschlags)
☐ Halslymphknoten bei unbekanntem Primärtumor

ERSTSYMPTOMATIK
☐ Schmerzen ☐ Schwellung ☐ blut. Stelle ☐ Ulcus/Schorf ☐ Induration ☐ Kieferklemme
☐ Ohrsekretion ☐ Facialisparese ☐ LK-Metastasen ☐ Allg. Symptome ☐ Zufallsbefund ☐ Sonst.: _____

Mögl. Ätiologie
☐ Raucher jetzt ☐ Raucher früher ☐ Nichtraucher ☐ Alkoholabusus ☐ vorausgegangene Bestrahlung
Am längsten ausg. Tätigkeit: _____ ☐ Sonst. Expos.: _____ ☐ Leukoplakie

Tumor
☐ Ersttumor ☐ Zweitmalignom ☐ fraglich, ob Primärtumor ☐ Primärtumor unbekannt

LOK. PRIMÄRTUMOR
☐ Parotis incl. Stenonscher Gang ☐ Gl. submandibularis incl. Whartonscher Gang
☐ Gl. sublingualis incl. Ausführungsgang
☐ Lippenrot der Oberlippe ☐ Lippenrot der Unterlippe ☐ Mundwinkel
☐ Ohrmuschel ☐ äußerer Gehörgang ☐ Mittel-/Innenohr

Seite
☐ rechts ☐ links ☐ Mitte ☐ beidseitig

TUMORSPEZIFISCHE DIAGNOSTIK
(pathologisch / normal / fraglich)

☐☐☐ Tumorbiopsie ☐☐☐ Sialographie ☐☐☐ Schädeltomogramm
☐☐☐ LK-Biopsie ☐☐☐ Speicheldrüsenszinti. ☐☐☐ Knochenszinti.
☐☐☐ Schleimhautbiopsie ☐☐☐ Röntgen UK ☐☐☐ Ganzkörperszinti.
☐☐☐ Rö. Thorax ☐☐☐ Röntgen OK ☐☐☐ _____
☐☐☐ _____ ☐☐☐ CT ☐☐☐ _____

TNM prätherapeutisch T ☐ ☐ c N ☐ ☐ c M ☐ ☐ c (Definition auf der Rückseite des Durchschlags)
Fernmetastasen in ☐ Lunge ☐ Skelett ☐ LK außerhalb „N" (N:Cervical) ☐ Sonst.: _____

HISTOLOGIE
Histolog. Befund-Nr.: _____
☐ Plattenepithelca ☐ Adenoca ☐ Adenoid-cyst. Ca
☐ Mucoepidermoid-Karzinom ☐ Azinuszell-Karzinom ☐ Adenoca in pleomorphem Adenom
☐ Undiff. Ca ☐ Mal. Lymphom ☐ Sarkom ☐ Unklassif. mal. Tumor ☐ Sonst.: _____
Differenzierungsgrad ☐ gering (G 3) ☐ mittel (G 2) ☐ hoch (G 1) ☐ nicht bestimmbar

PRIMÄRE THERAPIE ☐ Operation ☐ Bestrahlung ☐ Chemotherapie ☐ Immuntherapie ☐ keine Therapie ☐ Sonst.: _____
Bemerkungen _____ (z. B. Pat. verweigert, Kontraindik., etc.)

OPERATION Datum: _____ ☐ im Hause ☐ auswärts, Daten sind retrospektiv erhoben
Tumor
☐ totale Parotidektomie ☐ partielle Kieferresektion ☐ radikale Tu-Entfernung a. d. Lippe
☐ Facialisresektion ☐ Ablatio auris ☐ Teilablatio auris
☐ Petrosektomie partiell ☐ Petrosektomie total
☐ palliative Tumorentfernung ☐ Sonst. Op.: _____
Neck dissection ☐ bilateral ☐ homolateral
Funktionelle Neck diss. ☐ bilateral ☐ homolateral ☐ kontralateral
Suprahypoid. Mundb'ausr. ☐ bilateral ☐ homolateral ☐ kontralateral
Komplikationen ☐ intraoperativ ☐ postoperativ: _____

TNM postop. (pTNM) pT ☐ pN ☐ (Wie TNM prätherapeutisch; Fernmetastasen werden nur oben abgefragt)

BESTRAHLUNG Beginn am _____ Ende am _____
☐ präoperativ ☐ adjuvant postoperativ ☐ palliativ ☐ curativ
Bestrahlung auswärts Zur Bestrahlung verlegt/überwiesen nach: _____

CHEMOTHERAPIE Chemotherapie eingeleitet am _____
Chemotherapie i. Hause ☐ adjuvante Chemotherapie ☐ palliative Chemotherapie
Chemotherapie auswärts Zur Chemotherapie verlegt/überwiesen nach: _____

Nächster Kontrolltermin im Hause: _____ Weiterbehandlung durch: _____
Terminkalender-Nr. ☐☐☐☐☐☐ KV-Nr. des Hausarztes ☐☐☐☐☐☐☐

Todesdatum _____ Todesursache: ☐ tumorabh. ☐ tumorunabh. ☐ nicht beurteilbar
☐ Todesursache nicht zu ermitteln Obduktion: ☐ ja ☐ nein

Station: _____

Datum Unterschrift des Arztes

Tumor
Zentrum
München

Ersterhebung Hodentumor

Patient ____________________ Klinik ☐☐ ☐☐☐☐

☐☐☐☐☐☐ Geb.-Datum ____________

Tag Monat Jahr Klinikspez. Feld ☐☐☐

EINWEISUNG
- ☐ zur Primärtherapie oder Diagnose im Hause gestellt
- ☐ zur Zusatzbehandlung, auswärts anbehandelt (Daten der Ersterhebung retrospektiv erhoben)
- ☐ wegen Rezidiv, Primärtherapie auswärts (Daten über Ersterhebung und Therapie retrospektiv erhoben)

ZEITANGABEN

Wann wurde erstmals die Diagnose gestellt ☐☐ ☐☐ Monat Jahr

Wann war der erste Arztkontakt wegen Erstsymptomatik ☐☐ ☐☐ Monat Jahr

Wann trat Erstsymptomatik auf ☐☐ ☐☐ Monat Jahr

ERSTSYMPTOMATIK
- ☐ Schmerzlose Schwellung ☐ Schmerzhafte Schwellung ☐ Fieber
- ☐ Impotenz ☐ Gynäkomastie ☐ Pub. präcox ☐ Hydrocele ☐ Lymphknotenschwellung
- ☐ Metastasenbedingte Erstsympt. ☐ Zufallsbefund ☐ Sonstiges: __________

Ätiologie
- ☐ Maldescensus ☐ Mißbildung ☐ Trauma ☐ Vorausgeg. Op. ☐ Vorausgegangene Entzündung
- ☐ Semikastration wegen früherem Hodentumor ☐ Sonstiges: __________

Tumor ☐ Primärtumor ☐ Zweittumor ☐ Primärtumor unbekannt ☐ Fraglich, ob Primärtumor

LOK. PRIMÄRTUMOR ☐ Hoden im Skrotum ☐ Hodenhochstand ☐ Dystoper Hoden
Seite ☐ rechts ☐ links ☐ beidseitig

TUMORSPEZIFISCHE DIAGNOSTIK

(pathologisch / normal / fraglich)

- ☐☐☐ Urogramm ☐☐☐ CT Thorax ☐☐☐ Hodensonogramm
- ☐☐☐ Kavographie ☐☐☐ CT Abdomen ☐☐☐ Spermiogramm
- ☐☐☐ Lymphogramm ☐☐☐ Röntgen Thorax ☐☐☐ __________

Tumormarker
- ☐☐☐ α-FP vor Semikastration ☐☐☐ α-FP vor Lymphadenektomie ☐☐☐ α-FP nach Lymphadenektomie
- ☐☐☐ β-HCG vor Semikastration ☐☐☐ β-HCG vor Lymphadenektomie ☐☐☐ β-HCG nach Lymphadenekt.
- ☐☐☐ _____ vor Semikastration ☐☐☐ _____ vor Lymphadenektomie ☐☐☐ _____ nach Lymphadenekt.

Bemerkungen
Erektion ☐ ja ☐ nein Ejakulation ☐ ja ☐ nein __________
LH: __________ FSH: __________ Testosteron: __________

STADIUM **T** ☐☐ ☐ **N** ☐☐ ☐ **M** ☐☐ ☐ ☐☐ Klinisches Stadium (Def. s. Rückseite):
  c c c

Fernmetastasen in ☐ Lunge ☐ Pleura ☐ Skelett ☐ Lymphknoten ☐ ZNS ☐ Leber
☐ Haut ☐ Sonstiges: __________

HISTOLOGIE Pathologie-Bericht Nr.: __________
Seminom ☐ typisch ☐ spermatozytär ☐ anaplastisch __________
Mal. Teratom ☐ MTD ☐ MTI ☐ MTU ☐ MTT __________
Sonstiges ☐ Malignes Lymphom ☐ Sonstiges: __________
Bemerkungen

PRIMÄRE THERAPIE ☐ Operation ☐ Bestrahlung ☐ Chemotherapie ☐ keine Therapie ☐ Sonstiges: __________
Bemerkungen __________ (vorges. weitere Th., Patient verweigert, Kontraind.)

OPERATION
Semikastration ☐ inguinal ☐ skrotal
  Datum: __________ ☐ im Hause ☐ auswärts
Lymphadenektomie ☐ radikal retroperitoneal ☐ erweitert, mit Nephrektomie ☐ erweitert, juxtaregionale LK-Ausr.
  Datum: __________ ☐ im Hause ☐ auswärts
Radikalität ☐ kein Resttumor bei Lymphad. ☐ fraglich, ob Resttu. b. Lymphad. ☐ Resttumor b. Lymphad.
Komplikationen ☐ intraop. bei Semikastration ☐ intraop. bei Lymphad. ☐ postop.: __________
Andere Operation ☐ Entfernung einer Organ-Metast. ☐ Probelaparotomie

BESTRAHLUNG Beginn am __________ Ende am __________
☐ präoperativ ☐ adjuvant postoperativ ☐ curativ ☐ palliativ
Bestrahlung auswärts Zur Bestrahlung verlegt/überwiesen nach: __________

CHEMOTHERAPIE Chemotherapie eingeleitet am __________
Chemotherapie i. Hause ☐ adjuvante Chemotherapie ☐ palliative/curative Chemotherapie
Chemotherapie auswärts Zur Chemotherapie verlegt/überwiesen nach: __________

Nächster Kontrolltermin i. H. __________ Weiterbehandlung durch: __________
Terminkalender-Nr. ☐☐☐☐☐☐ KV-Nr. des Hausarztes ☐☐☐☐☐☐☐

Todesdatum __________ Todesursache: ☐ tumorabhängig ☐ tumorunabhängig ☐ nicht beurteilbar
☐ Todesursache nicht zu ermitteln Obduktion: ☐ ja ☐ nein

Station: __________

Datum __________ Unterschrift des Arztes __________

Tumor Zentrum München

Ersterhebung Harnwegstumor

	Patient ______________________	Klinik ☐☐☐☐☐☐

☐☐☐☐☐☐ Tag Monat Jahr

Geb.-Datum

Klinikspez. Feld ☐☐☐

☐ männlich   ☐ weiblich

EINWEISUNG
☐ zur Primärtherapie oder Diagnose im Hause gestellt
☐ zur Zusatzbehandlung, auswärts anbehandelt (Daten der Ersterhebung retrospektiv erhoben)
☐ wegen Rezidiv, Primärtherapie auswärts (Daten über Ersterhebung und Therapie retrospektiv erhoben)

ZEITANGABEN
Wann wurde erstmals die Diagnose gestellt   ☐☐ Monat Jahr
Wann war der erste Arztkontakt wegen Erstsymptomatik   ☐☐ Monat Jahr
Wann trat Erstsymptomatik auf   ☐☐ Monat Jahr

Tumordiagnose
☐ Blasentumor   ☐ Nierenbeckent.   ☐ Harnleitertumor   ☐ Harnröhrentumor

ERSTSYMPTOMATIK
☐ Mikrohämaturie ☐ Makrohämaturie ☐ Harnstauung   ☐ Dysurie   ☐ Cystitische Beschwerden
☐ Zufallsbefund   ☐ Sonstiges: _______________

Ätiologie
☐ Phenacetin-Abusus   ☐ Süßstoff   ☐ Raucher   ☐ Expos. g. chem. Subst.: ____
☐ Dauermedikation: ________   ☐ Bestrahlung   ☐ Zytostatika   ☐ Mißbildung   ☐ Sonst.: ____

Präkanzerose
☐ Urothelpapillom ☐ Harnblasenpapillom   bekannt seit: ________

Tumor
☐ Primärtumor   ☐ Zweittumor   ☐ Primärtumor unbekannt   ☐ fraglich, ob Primärtumor

LOK. PRIMÄRTUMOR
☐ Seitenwand   ☐ Hinterwand   ☐ Vorderwand   ☐ Trigonum   ☐ Fundus
☐ Harnbl.-Ausl.   ☐ Ostium   ☐ Harnblase multilokulär   ☐ Sonst. Harnblase: ________
☐ Nierenbecken   ☐ Ureter   ☐ Urethra

Seitenangabe
☐ nicht zutreffend   ☐ rechts   ☐ links   ☐ beidseits
Nach Abtrennen des Durchschlags kann die genaue Tumorlokalisation umseitig eingetragen werden

TUMORSPEZIFISCHE DIAGNOSTIK
(pathologisch / normal / fraglich)
☐☐☐ Urethrocystoskopie   ☐☐☐ Sonogramm der Niere   ☐☐☐ Bimanuelle Untersuchung
☐☐☐ Urethrocystogramm   ☐☐☐ Lymphogramm   ☐☐☐ Angiogramm
☐☐☐ Urogramm   ☐ Mapping   ☐☐☐ CT Abdomen
☐☐☐ Retrogrades Ureteropyelogr.   ☐☐☐ ________   ☐☐☐ ________

STADIUM
T ☐☐   ☐   N ☐   ☐   M ☐   ☐   (Definition auf der Rückseite des Durchschlags)
c   c   c

Fernmetastasen in
☐ Lunge   ☐ Pleura   ☐ Skelett   ☐ LK   ☐ ZNS   ☐ Leber   ☐ Sonst.: ____

HISTOLOGIE
☐ Urothelca.   ☐ Plattenepithelca. ☐ Adenoca.   ☐ Sarkom   ☐ Undiff. Ca.   ☐ Sonst.: ____
Malignität histol. ☐ niedrig (G 1)   ☐ mittel (G 2)   ☐ hoch (G 3)   ☐ kein Nachweis für Malignität
Malignität zytol. ☐ G 1   ☐ G 2   ☐ G 3   ☐ kein Nachweis für Malignität

Histopathol. Ausdehnung pT ☐☐   pN ☐   (Definition auf der Rückseite)

Invas. in Lymphgefäße Nur für Blase: ☐ nicht bestimmb. ☐ keine Invasion   ☐ oberfl. Invas. der Lymphgefäße   ☐ tiefe Invas. d. L.

PRIMÄRE THERAPIE
☐ Operation   ☐ Bestrahlung   ☐ Chemotherapie ☐ Immuntherapie ☐ Sonst.: ________
Bemerkungen ________________ (vorges. weitere Therap., Pat. verweigert, Kontraindik.)

Operation Datum ______   ☐ im Hause   ☐ auswärts, Daten sind retrospektiv erhoben
TUR ☐ einzeitig   ☐ mehrzeitig   ☐ Probe-Excision ☐ Laser   Resektionsgewicht: ______ g
Offene OP ☐ Teilresektion   ☐ Teilres. m. Ureteroneoimplant.   ☐ Teilres. m. Antirefluxplastik
Cystektomie ☐ einfach   ☐ CUE   ☐ LK   ☐ HSOE   ☐ PVE
  Harnabfluß ☐ Ileum conduit   ☐ Colon conduit   ☐ Ureterosigmoideostomie   ☐ Ureterocutaneostomie
☐ Ureteropyelotransversostomie
Nephrektomie ☐ Nephrektomie   ☐ Ureterektomie   ☐ Blasenmansch. ☐ LK   ☐ Heminephrektomie
Andere OP ☐ Ureterresektion   ☐ Nierenbeckenteilresektion   ☐ Urethra-OP   ☐ Sonst.: ____

BESTRAHLUNG
Beginn am ____________   Ende am ____________
☐ präoperativ   ☐ adjuvant postoperativ   ☐ palliativ
Bestrahlung auswärts Zur Bestrahlung verlegt/überwiesen nach: ____________

CHEMOTHERAPIE
Chemotherapie eingeleitet am ____________
Chemotherapie i. Hause ☐ adjuvante Chemotherapie   ☐ palliative Chemotherapie
Chemotherapie auswärts Zur Chemotherapie verlegt/überwiesen nach: ____________

Nächster Kontrolltermin Im Hause: ______   Weiterbehandlung durch: ____________
Terminkalender-Nr.   KV-Nr. des Hausarztes ☐☐☐☐☐☐☐

Todesdatum ____________   Todesursache: ☐ tumorabhängig ☐ tumorunabhängig ☐ nicht beurteilbar
Obduktion: ☐ ja   ☐ nein   ☐ Ursache nicht zu ermitteln

Station: ____________

Datum ____________   Unterschrift des Arztes ____________

Tumorzentrum München   Maistraße 11   8000 München 2   Telefon 51 60 22 38   Bogen 014 – Version 5/81

Tumor Zentrum München

Folgeerhebung Blasentumor

Patient ___ Klinik ☐☐☐ ☐☐☐☐

Tag Monat Jahr ☐☐ ☐☐ ☐☐

Geb.-Datum

Klinikspez. Feld ☐☐☐

☐ männlich   ☐ weiblich

Befundbericht über
☐ unauffällige Kontrolluntersuchung   ☐ Veränderung der Tumorerkrankung
☐ Durch Tumortherapie bedingte Folgeerkrankungen (nicht bedingt durch Rezidiv oder Tumorprogression)
bzw. therapiebedingte Langzeiteffekte
☐ Zweitmalignom   ☐ Tod des Patienten

Untersuchungsdatum   Wann wurde dieser Folgebefund erhoben   ☐☐ ☐☐ ☐☐
Tag Monat Jahr

Zwischenanamnese _______________

Ergebnis d. bish. Therap.
☐ tumorfrei   ☐ Tumorrückbildung
☐ keine Änderung   ☐ Progression
☐ Lokalrezidiv   ☐ Neumanifestation in den reg. Lymphknoten

Fernmetastasen in
☐ Lunge   ☐ Pleura   ☐ Skelett   ☐ Haut   ☐ LK außerh. d. Region
☐ Leber   ☐ ZNS   ☐ Sonstige: _______________

Befund gesichert durch
☐ Klinik   ☐ Labor   ☐ Zytologie   ☐ Histologie   ☐ Röntgen   ☐ CT
☐ Szintigrafie   ☐ Sonografie   ☐ Endoskopie   ☐ Lymphografie   ☐ Tu-Marker   ☐ Sonstiges

Bemerkungen _______________

Folgeerkrankungen   Therapiebedingte Folgeerkrankungen bzw. schwerwiegende therapiebedingte Langzeiteffekte
☐ Skelett   ☐ Leber   ☐ Knochenmark   ☐ Herz   ☐ Lunge   ☐ Harnwege
☐ Darm   ☐ Haut   ☐ Nervensystem
☐ Lymphödem   ☐ Fertilitätseinschränkung   ☐ Fistel: _______________
☐ Sonstiges: _______________

Therapie der Folgeerkr.   ☐ operativ   ☐ medikamentös

Allgemeinzustand   ☐ (siehe Rückseite des Durchschlages)

Zweitmalignom _______________   Histologie _______________
Lokalisation _______________   ☐ rechts   ☐ links   ☐ beidseits

Weitere Tumortherapie   ☐ Operation   ☐ Bestrahlung   ☐ Zytostatika   ☐ Hormone   ☐ Immuntherapie   ☐ Sonstiges
Bemerkungen _______________ (z. B. Kontraindik., Pat. verweigert, etc.)

OPERATION   Datum ___   ☐ im Hause,   ☐ auswärts, Daten sind retrospektiv erhoben
TUR   ☐ einzeitig   ☐ mehrzeitig   ☐ Probe-Excision   ☐ Laser   Resektionsgewicht: ___ g
Offene OP   ☐ Teilresektion   ☐ Teilres. m. Ureteroneoimplant.   ☐ Teilres. m. Antirefluxplastik
Cystektomie   ☐ einfach   ☐ CUE   ☐ LK
☐ HSOE (Hysterosalpingoovarektomie)   ☐ PVE (Prostatavesiculektomie)
Harnabfluß   ☐ Ileum conduit   ☐ Colon conduit   ☐ Ureterosigmoideostomie   ☐ Ureterocutaneostomie
☐ Ureteropyelotransversostomie
Sonstige OP   ☐ _______________

Nächster Kontrolltermin   im Hause: _______________   Weiterbehandlung durch: _______________
Terminkalender-Nr.   ☐☐☐☐☐☐☐   KV-Nr. des Hausarztes ☐☐☐☐☐☐☐

Todesdatum _______________   Todesursache: ☐ tumorabhängig   ☐ tumorunabhängig   ☐ nicht beurteilbar
Obduktion: ☐ ja   ☐ nein

Station/Ambulanz: _______________   Datum ___   Unterschrift des Arztes

<table>
<tr><td>Tumor Zentrum München</td><td colspan="2"># Ersterhebung Nierentumor</td></tr>
</table>

	Patient _______________________	Klinik ☐☐☐☐☐
☐☐☐☐☐☐ Tag Monat Jahr	Geb.-Datum ☐ männlich ☐ weiblich	Klinikspez. Feld ☐☐☐

EINWEISUNG
☐ zur Primärtherapie oder Diagnose im Hause gestellt
☐ zur Zusatzbehandlung, auswärts anbehandelt (Daten der Ersterhebung retrospektiv erhoben)
☐ wegen Rezidiv, Primärtherapie auswärts (Daten über Ersterhebung und Therapie retrospektiv erhoben)

ZEITANGABEN
Wann wurde erstmals die Diagnose gestellt   ☐☐☐☐ Monat Jahr
Wann war der erste Arztkontakt wegen Erstsymptomatik   ☐☐☐☐ Monat Jahr
Wann trat Erstsymptomatik auf   ☐☐☐☐ Monat Jahr

ERSTSYMPTOMATIK

☐ Flankenschmerz	☐ Koliken	☐ Nierenversagen
☐ Makrohämaturie	☐ Mikrohämaturie	☐ Organverdrängung
☐ Lungenembolie	☐ Symptomatische Varicocele	☐ Metastasenbedingte Erstsymptomatik
☐ Paraneoplastische Symptome	☐ Fieberschübe	☐ Allgemeiner Leistungsabfall
☐ Zufallsbefund klinisch	☐ Zufallsbefund Labor	☐ Sonst.: _______

Mögliche Ätiologie   ☐ Zysten   ☐ Nierenmißb.   ☐ Nierenrindenadenom   ☐ Trauma   ☐ Sonst.: _______

Tumor   ☐ Ersttumor   ☐ Zweittumor   ☐ Primärtumor unbekannt   ☐ Fraglich ob Primärtumor

LOK. PRIMÄRTUMOR   ☐ Hilus mit Gefäßen   ☐ Oberer Pol   ☐ Unterer Pol   ☐ Corpus renis
Seite   ☐ rechts   ☐ links   ☐ beidseits
Nach Abtrennen des Durchschlags kann die genaue Tumorlokalisation umseitig eingetragen werden.

TUMORSPEZ. DIAGNOSTIK

pathologisch / normal / fraglich

☐☐☐ Angiogramm	☐☐☐ Sonogramm	☐☐☐ Urogramm	☐☐☐ Lymphogramm
☐☐☐ Kavographie	☐☐☐ Urethrocystogramm	☐☐☐ Ureteropyelogramm	☐☐☐ Urethrocystoskopie
☐☐☐ Isotopennephrogr.	☐☐☐ Ganzkörper-CT	☐☐☐ Knochenszintigr.	☐☐☐ _______

TNM prätherapeutisch   T ☐☐   N ☐☐   M ☐☐   (Definition auf der Rückseite)
                            c   c   c

Venenbefall prätherapeutisch: _______________________
Fernmetastasen in   ☐ Lunge   ☐ Pleura   ☐ Leber   ☐ Skelett   ☐ LK   ☐ ZNS
☐ Haut   ☐ Sonstige: _______________________

HISTOLOGIE   Pathologie-Bericht Nr.: _______
Renales Adenoca   ☐ hellzellig   ☐ granuliertzellig   ☐ gemischtzellig   ☐ o. näh. Angabe
Differenzierung histol.   ☐ hoch (G 1)   ☐ mittel (G 2)   ☐ gering (G 3)   ☐ nicht bestimmbar
Malignität zytol.   ☐ Verdacht   ☐ hochgr. Verd.   ☐ sicher   ☐ kein Anhalt   ☐ nicht bestimmbar
Andere Histologie   ☐ Sarkom   ☐ Nephroblastom (Wilms Tumor)   ☐ Sonst.: _______

PRIMÄRE THERAPIE   ☐ Operation   ☐ Bestrahlung   ☐ Zytostatika   ☐ Hormone   ☐ Immunther.   ☐ keine   ☐ Sonstige
Bemerkungen   _______________________ (vorg. weitere Therapie, Kontraind., Pat. verweigert).

OPERATION   Datum _______   ☐ im Hause   ☐ auswärts, Daten sind retrospektiv erhoben
Tumornephrektomie   ☐ radikal   ☐ nicht radikal   ☐ transperitoneal   ☐ lumbal
☐ mit Lymphadenektomie   ☐ mit Entfernung eines Cavazapfens
Andere OP   ☐ Tumorausschälung b. Restniere   ☐ Teilnephrekt. b. Restniere   ☐ Nephrekt. der Restniere
☐ Tumorausschälung b. ren. Insuff.   ☐ Teilnephrekt. b. ren. Insuff.   ☐ Probelaparotomie
☐ Entfernung von Organmetastasen   ☐ Sonstige: _______________________
Embolisation   ☐ präoperativ   ☐ palliativ
Komplikationen   ☐ intraop.   ☐ postop. _______________________

TNM postoperativ   pT ☐   V ☐   pN ☐   pM ☐   (Definition siehe Rückseite)

BESTRAHLUNG   Beginn am _______   Ende am _______
☐ präoperativ   ☐ adjuvant postoperativ   ☐ palliativ
Bestrahlung auswärts   Zur Bestrahlung verlegt/überwiesen nach: _______________________

CHEMOTHERAPIE   Chemotherapie eingeleitet am _______
Chemotherapie i. Hause   ☐ adjuvante Chemotherapie   ☐ palliative Chemotherapie
Chemotherapie auswärts   Zur Chemotherapie verlegt/überwiesen nach: _______________________

Nächster Kontrolltermin   im Hause: _______   Weiterbehandlung durch: _______________________
Terminkalender-Nr.   ☐☐☐☐☐☐   KV-Nr. des Hausarztes ☐☐☐☐☐☐☐☐

Todesdatum   _______________________   Todesursache: ☐ tumorabhängig ☐ tumorunabhängig ☐ nicht beurteilbar
☐ Todesursache nicht zu ermitteln   Obduktion: ☐ ja   ☐ nein

Station: _______________________
_______________________   _______________________
Datum   Unterschrift des Arztes

<table><tr><td>Tumor Zentrum München</td><td># Ersterhebung Prostatakarzinom</td></tr></table>

	Patient _______________________	Klinik ☐☐ ☐☐
☐☐☐☐☐☐ Tag Monat Jahr	Geb.-Datum	Klinikspez. Feld ☐☐☐☐

EINWEISUNG
☐ zur Primärtherapie oder Diagnose im Hause gestellt
☐ zur Zusatzbehandlung, auswärts anbehandelt (Daten der Ersterhebung retrospektiv erhoben)
☐ wegen Rezidiv, Primärtherapie auswärts (Daten über Ersterhebung und Therapie retrospektiv erhoben)

ZEITANGABEN
Wann wurde erstmals die Diagnose gestellt   ☐☐☐☐ Monat Jahr
Wann war der erste Arztkontakt wegen Erstsymptomatik   ☐☐☐☐ Monat Jahr
Wann trat Erstsymptomatik auf   ☐☐☐☐ Monat Jahr

ERSTSYMPTOMATIK
☐ Dysurische Beschwerden   ☐ Hämaturie   ☐ Knochenschm.   ☐ Spontanfrakt.   ☐ Ischialgie
☐ Unspezifische Symptome   ☐ Hämorrhagische Diathese   ☐ Hämospermie   ☐ Sonst.: _____

Zufallsbefund
☐ Vorsorgeuntersuchung   ☐ klinisch   ☐ Labor   ☐ bei TUR   ☐ bei Schnittop.

Zweiterkrankungen
☐ kardiovaskulär   ☐ kardiopulmonal   ☐ vaskulär

Tumor
☐ Ersttumor   ☐ Zweittumor   ☐ Primärtumor unbekannt   ☐ fraglich, ob Primärtumor

LOK. PRIMÄRTUMOR   ☐ lateraler Lappen, rechts   ☐ lateraler Lappen, links   ☐ gesamte Prostata / beidseits
Zus. Ang. zur Lage   ☐ apikal   ☐ basal

TUMORSPEZIFISCHE DIAGNOSTIK

(pathologisch / normal / fraglich)

☐☐☐ Saugbiopsie   ☐☐☐ Stanzbio. perineal   ☐☐☐ Stanzbiops. transr.   ☐☐☐ TUR **(s. Zufallsbef.)**
☐☐☐ Knochenszinti.   ☐☐☐ Röntgen Skelett   ☐☐☐ Urogramm   ☐☐☐ Urethrocystogr.
☐☐☐ Lymphogramm   ☐☐☐ Sonogramm   ☐☐☐ CT: _______   ☐☐☐ Urethrocystoskop.
☐☐☐ Myelotomie   ☐☐☐ Saure Phosphatase   ☐☐☐ Staging-Lymphadenektomie **(vgl. Operation)**
☐☐☐ _______   ☐☐☐ _______   ☐☐☐ _______   ☐☐☐ _______

TNM prätherapeutisch   T ☐☐ ☐   N ☐ ☐   M ☐ ☐
0–4 m C   C   C

Fernmetastasen in
☐ Becken   ☐ WS   ☐ Thoraxskel.   ☐ Extremitätenskelett   ☐ Schädel
☐ LK außerhalb der Region   ☐ Lunge   ☐ Leber   ☐ ZNS   ☐ Sonst.: _____

HISTOLOGIE   Histol. Bericht Nr. _______
Vorwiegende Histologie   ☐ Adenokarzinom   ☐ Kribriformes Karzinom   ☐ Anaplastisches Karzinom
☐ Sonstiges: _______
Differenzierungsgrad   ☐ hoch   ☐ mittel   ☐ niedrig   ☐ nicht bestimmbar   ☐ kein Nachweis
Gesamtbefund   ☐ pluriform   ☐ uniform
Malignität zytol.   ☐ Grad 1   ☐ Grad 2   ☐ Grad 3

PRIMÄRE THERAPIE   ☐ Operation   ☐ Bestrahlung   ☐ Hormontherap.   ☐ Chemotherapie   ☐ Sonst.: _______
Bemerkungen   _______ (z. B. vorges. weit. Therapie, Pat. verweigert etc.)

OPERATION   Datum: _______   ☐ im Hause   ☐ auswärts, Daten sind retrospektiv erhoben
Therapieanspruch   ☐ curativ   ☐ palliativ
Prostatavesikulekt. (Pve)   ☐ retropubisch total   ☐ transperineal
Lymphadenektomie   ☐ vor Pve **(vgl. Diagnostik)**   ☐ bei Pve   ☐ nach Pve   ☐ sonstige Lymphadenektomie
☐ TUR wegen Diagn. Prostataca.   ☐ andere TUR   ☐ Prostataca. war sonstg. Zufallsbef. bei/nach: _____
Sonstiges   ☐ Spickung mit I^{125} Seeds   ☐ Orchiektomie   ☐ Andromastekt.   ☐ Sonst.: _______
Komplikationen   ☐ intraop.   ☐ postop.: _______

pTNM   pT ☐☐☐   pN ☐☐   Die M-Kategorie wird nur einmal abgefragt

BESTRAHLUNG   Beginn am: _______   Ende am: _______   ☐ curativ   ☐ palliativ
Bestrahlung von   ☐ Prostata, lokal   ☐ Prostata, erweitert   ☐ Lymphabflußgeb.
☐ Mamillen   ☐ Fernmetastasen
Art der Bestrahlung   ☐ Betatron   ☐ Gammatron   ☐ Kobalt   ☐ Neutronen
☐ geschlossene Radionuclide (Seeds, **s. Operation**)   ☐ offene Radionuclide
Bestrahlung auswärts   Zur Bestrahlung verlegt/überwiesen nach: _______

HORMONTHERAPIE   eingeleitet am: _______   Präparat: _______

CHEMOTHERAPIE   eingeleitet am: _______   Präparat/Schema: _______

Nächster Kontrolltermin   im Hause: _______   Weiterbehandlung durch: _______
Terminkalender Nr.   ☐☐☐☐☐☐   KV-Nr. des Hausarztes   ☐☐☐☐☐☐

Todesdatum   _______   Todesursache: ☐ tumorabhängig ☐ tumorunabhängig ☐ nicht beurteilbar
☐ Todesursache nicht zu ermitteln   Obduktion: ☐ ja   ☐ nein

Station: _______   Datum _______   Unterschrift des Arztes

Tumor Zentrum München

Erst- und Folgeerhebung Leukaemie

Patient ___________________________

Klinik ☐☐☐☐☐☐

Geb.-Datum ☐☐☐☐☐☐
Tag Monat Jahr

☐ männlich ☐ weiblich

Klinikspez. Feld ☐☐☐

☐ Patient zur Diagnose und/oder Primärtherapie eingewiesen
☐ Patient zytostatisch vorbehandelt
☐ Patient mit Rezidiv eingewiesen

WANN WURDE ERSTMALIG DIE DIAGNOSE GESTELLT? ☐☐ ☐☐ ☐☐
Tag Monat Jahr

WANN WAR ERSTER ARZTKONTAKT WEGEN ERSTSYMPTOMATIK? ☐☐ ☐☐ ☐☐
Tag Monat Jahr

WANN TRAT ERSTSYMPTOMATIK AUF? ☐☐ ☐☐ ☐☐
Tag Monat Jahr

ART DER ERSTSYMPTOMATIK:

☐ Anaemie
☐ Ikterus
☐ Haemorrhagische Diathese
☐ Leistungsminderung
☐ Luftnot
☐ Pneumonie

☐ Rezid. grippale Infekte
☐ Lymphknotenschwellung
☐ Milzvergrößerung
☐ Gewichtsverlust
☐ Knochenschmerzen
☐ Zufallsbefund

☐ Sonstiges: _______________________

ÄTIOLOGISCHE FAKTOREN:

☐ Berufsnoxen: _______
☐ Medikamente: _______
☐ Haustiere: _______

☐ Familiäre Belastung (Leukaemie)
☐ Familiäre Belastung (anderes Ca)

☐ Sonstiges: _______________________

PRÄCANCEROSEN:

☐ Aplastische Anaemie
☐ Periphere Pancytopenie bei
   vollem Mark
☐ Fanconi-Anaemie

☐ Polycythaemie
☐ PNH
☐ Myelofibrose

☐ Sonstiges: _______________________

HISTOLOGIE:

☐ Akute Leukaemie o.n.A.
☐ Akute undifferenzierte Leukaemie
☐ Akute myeloische Leukaemie
☐ Akute promyelozytaere Leukaemie
☐ Akute myelomonozytaere Leukaemie
☐ Akute Monozyten-Leukaemie

☐ Akute lymphatische Leukaemie
☐ Akute Erythro-Leukaemie
☐ Akute eosinophile Leukaemie
☐ Chronisch-myeloische Leukaemie
☐ Smouldering Leukaemia

☐ Sonstiges: _______________________

ART DER AUSWÄRTIGEN VORBEHANDLUNG: _______________________

WANN TRAT JETZT-SYMPTOMATIK AUF? ☐☐ ☐☐ ☐☐
Tag Monat Jahr

ART DER JETZT-SYMPTOMATIK: _______________________

Station _______________________

Datum, _Unterschrift_ _______________________

Tumorzentrum München, 8000 München 2, Maistr. 11   Bogen 002 - Version 6/79-3

Tumor Zentrum München

Therapie   Leukaemie

_______________________ Patient   Klinik ☐☐☐ ☐☐☐

☐☐☐ ☐☐☐ ☐☐☐   Geb.-Datum   Klinikspez. Feld
Tag Monat Jahr   ☐ männlich ☐ weiblich   ☐☐☐

BEGINN DES THERAPIEABSCHNITTS ☐☐ ☐☐ ☐☐   Blatt-Nr. ☐☐
                                  Tag Monat Jahr

Größe des Pat. ____ cm   Gewicht ____ kg   Körperoberfläche __,__ m^2

ART DER THERAPIE:

Bestrahlung: ☐ Milz   ☐ Ganzkörper   ☐ ZNS   ☐ Sonst.:__________

Chemotherapie: ☐ Induktion   ☐ Konsolidierung ☐ Erhaltung   ☐ Reinduktion
                   ☐ Intrathekale Zytostatika   ☐ Sonstiges   __________

Protokoll: ☐ EORTC   ☐ ALGB   ☐ POMP   ☐ COAP
                   ☐ TRAP   ☐ TRAMPCO   ☐ RIEHM   ☐ PINKEL
                   ☐ LISTER   ☐ H.D.MTX   ☐ MÜ.77   ☐ Sonst.:__________

Anzahl der Zyklen: __________   __________

SONSTIGE MASSNAHMEN:

☐ Antibiotika   ☐ Thrombozyten-Konz.
☐ Antimykotika   ☐ Leukozyten-Konz.
☐ Darmdekontamination   ☐ Erythrozyten-Konz.
☐ Laminar flow   ☐ Knochenmarkstransplantation
☐ Heparin   ☐ Sonst.: __________

KOMPLIKATIONEN/NEBENWIRKUNGEN:

☐ Übelkeit, Erbrechen   ☐ Blutungen (Haut, Urogen., ZNS,
☐ Schleimhautulzer./-beläge   Gastroint.)
☐ Polyneuropathie   ☐ Pneumonie (Bakt.,Virus-,Prot.)
☐ Subileus/Ileus   ☐ Bakt. Sepsis
☐ Kardiotoxizität   ☐ Somnolenz
☐ Sonst.: __________   ☐ Tod

MODIFIKATIONEN: ☐ Dosisreduktion ☐ Intervalländerung ☐ Sonst.:__________

THERAPIEABBRUCH: ☐ Wirkungslosigkeit ☐ Nebenwirkungen ☐ durch Pat.

ENDE DES THERAPIEABSCHNITTS ☐☐ ☐☐ ☐☐
                                Tag Monat Jahr

ERGEBNIS: ☐ Vollremission   ☐ Teilremission   ☐ no change
              ☐ Progression   ☐ Rezidiv

Zytostatikum	Gesamtdosis	Zytostatikum	Gesamtdosis
ADM	__________	P	__________
VCR	__________	6-MP	__________
DNR	__________	CPM	__________
ARA-C	__________	6-TG	__________
BU	__________	Immuntherapie	__________
MTX	__________	Sonst.:	__________
ASP	__________		

Nächste Kontrolluntersuchung im Hause am __________

Weiterbehandlung durch Klinik (Arzt) __________

Patient verstorben am __________
Todesursache   ☐ tumorabhängig   ☐ tumorunabhängig   ☐ nicht beurteilbar
Obduktion   ☐ ja   ☐ nein

__________   __________
Station   _Datum,   Unterschrift_

Ersterhebung Malignes Lymphom

Tumor Zentrum München

Patient ______________________ Klinik □□□□□□

Tag □ Monat □ Jahr □

Geb.-Datum

Klinikspez. Feld □□□

□ männlich   □ weiblich

EINWEISUNG

□ zur Primärtherapie oder Diagnose im Hause gestellt
□ zur Zusatzbehandlung, auswärts anbehandelt (Daten der Ersterhebung retrospektiv erhoben)
□ wegen Rezidiv, Primärtherapie auswärts (Daten der Ersterhebung retrospektiv erhoben)

ZEITANGABEN

Wann wurde erstmals die Diagnose gestellt □□ Monat Jahr

Wann trat Erstsymptomatik auf □□ Monat Jahr

ERSTSYMPTOMATIK

□ Schmerzen	□ Tastbare Tumoren	□ Juckreiz	□ Hauterscheinungen
□ Luftnot, Husten	□ Infekte	□ Abdom. Beschwerden	□ Ikterus
□ Anämie-Symptome	□ Blutungen	□ Zufallsbefund	□ Sonst.: __________

HISTOLOGIE

Biopsiertes Organ/biopsierter LK: __________

Morbus Hodgkin
□ lymphozytenreich   □ mischzellige Form   □ nodulär sklerosierend
□ lymphozytenarm   □ Morbus Hodgkin o. n. A.

Nicht-Hodgkin-Lymphom, niedrige Malignität
□ chronisch-lymphat. Leukämie   □ immunozytisches Lymphom   □ zentrozytisches Lymphom
□ zentrobl./zentrozyt. Lymphom   □ Mycosis fungoides   □ Sézary-Syndrom
□ Haarzell-Leukämie   □ nicht einzuordnen

Nicht-Hodgkin-Lymphom, hohe Malignität
□ lymphoblastisch, Burkitt   □ lymphoblastisch, convoluted   □ lymphoblastisch o. n. A.
□ immunoblastisches Sarkom   □ zentroblastisches Sarkom   □ nicht einzuordnen

Sonderformen
□ maligne Histiozytose   □ Histiozytose X o. n. A.
□ malignes Lymphom o. n. A.   □ Sonstiges: __________

TUMORSPEZIFISCHE DIAGNOSTIK

(jede Zeile: pathologisch / normal / fraglich)

□□□ Röntgen Lunge	□□□ Szinti. Leber	□□□ Zytol. Blut
□□□ Röntgen Magen-Darm	□□□ Szinti. Milz	□□□ Zytol. KM
□□□ Röntgen Skelett	□□□ Szinti. Skelett	□□□ Zytol. LK
□□□ Lymphographie	□□□ Szinti.: __________	□□□ Zytol. Pleura
□□□ CT Abdomen	□□□ Histol. KM	□□□ Zytol. Liquor
□□□ CT ZNS	□□□ Histol. LK	□□□ Zytol.: __________
□□□ Röntgen: __________	□□□ Histol. Leber	□□□ Explorative Laparotomie
	□□□ Histol.: __________	□□□ Sonst.: __________

STADIENEINTEILUNG

ANN ARBOR (Erw. Lymphom)	RAI (CLL)	WOLLNER (NHL-Päd.)	ORGANBEFALL	LYMPHKNOTENBEFALL
□ I	□ 0	□ lymphat. Befall	□ Haut	
□ I E	□ I		□ Knochenmark	
□ II	□ II	□ extralymph. Befall	□ Skelett	
□ II E	□ III		□ leukämisch	
□ II S	□ IV	__________	□ ZNS, Liquor	
□ III		□ I	□ Leber	
□ III E		□ II	□ Lunge, Pleura	
□ III S		□ III	□ Magen, intest.	
□ IV		□ IV	□ Niere	
□ A		Primärtumor:	□ __________	Milz ______ cm Rb Sonstige: ______
□ B		__________	□ __________	Größter LK: ______ cm (Pfeil)

Lymphknotenbefall (Diagramm-Beschriftungen): Waldeyer, hochzervikal, Halsmitte, supraklavikulär, infraklavikulär, mediastinal, axillär, Lungenhilus, zöliakal, Milzhilus, Leberhilus, paraaortal, iliakal, inguinal

Allgemeinzustand vor Therapie (siehe Rückseite) □

Zweitmalignom □ nein   □ ja: __________

Laborwerte

	Leuko: ______	monoklon.	alk. Phosph.: __________ mU/ml
Hb: ______	% "Blasten": ______	IgG □ ja □ nein IgG: ______ g/l	Gesamteiweiß: __________ g%
Reti: ______	% Lympho: ______	IgA □ ja □ nein IgA: ______ g/l	α_2-Glob.: __________ %
Thrombo: ______	BSG: ______	IgM □ ja □ nein IgM: ______ g/l	γ-Glob.: __________ %

Gepl. Primärtherapie:

□ Keine Therapie geplant: __________
□ Bestrahlung: __________ (siehe Folgeerhebungsbogen)
□ Zytostatika (Kortikoide): __________ (siehe Folgeerhebungsbogen)

Nächster Kontrolltermin i. Hause: __________   Weiterbehandlung durch: __________

Terminkalender-Nr. □□□□□□   KV-Nr. des Hausarztes □□□□□□□

Todesdatum

Todesursache: □ tumorabhängig □ tumorunabhängig □ nicht beurteilbar
□ Todesursache nicht zu ermitteln   Obduktion: □ ja   □ nein

Station: __________   Datum __________   Unterschrift des Arztes __________

Tumor Zentrum München	# Folgeerhebung Malignes Lymphom

Patient: _______________________ Klinik ☐☐☐☐☐☐

☐☐☐☐☐☐ Tag Monat Jahr

Geb.-Datum: _______________________

☐ männlich ☐ weiblich

Verlaufsbogen Nr. 2206

	vor Therapie am: ___	Spalte I bis: ___	Spalte II bis: ___	Spalte III bis: ___	Spalte IV bis: ___
Beobachtungszeitraum					
KRANKHEITS-MANIFESTATION jeweils am **Ende** des Beobachtungszeitraumes (Ausnahme: Erste Spalte "vor Therapie") Bei Zweitmalignom tumorspezifisches Formular verwenden **Größter LK**	1–14 Sonst.: ___ ⌀ cm: ___ (Pfeil)	1–14 Sonst.: ___ ⌀ cm: ___ (Pfeil)	1–14 Sonst.: ___ ⌀ cm: ___ (Pfeil)	1–14 Sonst.: ___ ⌀ cm: ___ (Pfeil)	1–14 Sonst.: ___ ⌀ cm: ___ (Pfeil)
Befall	☐ Milz ☐ Leber ☐ KM, Skelett ☐ Blut, leukämisch ☐ ZNS, Liquor ☐ Lunge, Pleura ☐ ___ ☐ ___	☐ Milz ☐ Leber ☐ KM, Skelett ☐ Blut, leukämisch ☐ ZNS, Liquor ☐ Lunge, Pleura ☐ ___ ☐ ___	☐ Milz ☐ Leber ☐ KM, Skelett ☐ Blut, leukämisch ☐ ZNS, Liquor ☐ Lunge, Pleura ☐ ___ ☐ ___	☐ Milz ☐ Leber ☐ KM, Skelett ☐ Blut, leukämisch ☐ ZNS, Liquor ☐ Lunge, Pleura ☐ ___ ☐ ___	☐ Milz ☐ Leber ☐ KM, Skelett ☐ Blut, leukämisch ☐ ZNS, Liquor ☐ Lunge, Pleura ☐ ___ ☐ ___
Karnofsky-Index (Rücks.) **Allgemeinsymptome** **Lymphom-Komplikation**	☐ ☐ A ☐ B ___	☐ ☐ A ☐ B ___	☐ ☐ A ☐ B ___	☐ ☐ A ☐ B ___	☐ ☐ A ☐ B ___
Änd. Histologie					
Verstorben am **Todesursache** rechts eintragen oder: ☐ Todesursache nicht zu ermitteln **Obduktion**	☐☐☐☐☐☐	☐ tumorabhängig ☐ tumorunabhängig ☐ fraglich: ___ ☐ ja ☐ nein	☐ tumorabhängig ☐ tumorunabhängig ☐ fraglich: ___ ☐ ja ☐ nein	☐ tumorabhängig ☐ tumorunabhängig ☐ fraglich: ___ ☐ ja ☐ nein	☐ tumorabhängig ☐ tumorunabhängig ☐ fraglich: ___ ☐ ja ☐ nein
THERAPIE im Beobachtungszeitraum **Bestrahlung** 1 – Involved field 2 – extended field 3 – Mantelfeld 4 – umgekehrtes Y 5 – total nodal (TNI) 6 – spade field 7 – Oberbauch 8 – Milz 9 – ZNS		1.☐ 2.☐ 3.☐ Sonst.: ___	1.☐ 2.☐ 3.☐ Sonst.: ___	1.☐ 2.☐ 3.☐ Sonst.: ___	1.☐ 2.☐ 3.☐ Sonst.: ___
Zytostatika, Hormone 1 – COPP De Vita 2 – COPP Wilmanns 3 – COP Bagley 4 – LP Knospe 5 – ABVD Bonadonna 6 – CHOP Gottlieb		☐ Sonst.: ___	☐ Sonst.: ___	☐ Sonst.: ___	☐ Sonst.: ___
Bemerkungen, sonst. Therapie		☐ keine Therapie	☐ keine Therapie	☐ keine Therapie	☐ keine Therapie
Therapieerfolg		☐ Vollremission ☐ Teilremission ☐ keine Änderung ☐ Progression ☐ Rezidiv	☐ Vollremission ☐ Teilremission ☐ keine Änderung ☐ Progression ☐ Rezidiv	☐ Vollremission ☐ Teilremission ☐ keine Änderung ☐ Progression ☐ Rezidiv	☐ Vollremission ☐ Teilremission ☐ keine Änderung ☐ Progression ☐ Rezidiv
Therapiekomplikationen		___	___	___	___
Grund für Therapiewechsel		☐ lt. Protokoll ☐ Maximaldosis ☐ Remission ☐ Progression ☐ Therapiekompl. ☐ durch Patient ☐ ___	☐ lt. Protokoll ☐ Maximaldosis ☐ Remission ☐ Progression ☐ Therapiekompl. ☐ durch Patient ☐ ___	☐ lt. Protokoll ☐ Maximaldosis ☐ Remission ☐ Progression ☐ Therapiekompl. ☐ durch Patient ☐ ___	☐ lt. Protokoll ☐ Maximaldosis ☐ Remission ☐ Progression ☐ Therapiekompl. ☐ durch Patient ☐ ___
Station/Ambulanz **Unterschrift**		___	___	___	___

A

Name: _______________________ Vorname: _______________________ Geb.-Dat.

Tag Monat Jahr

PLZ, Wohnort: _______________________

Klinik: _______________________ lfd. Nr. des Pat.

(freilassen)

☐ stationär   ☐ ambulant   ☐ Einsendematerial

Ersterhebung Hautlymphome*)

B **ERSTSYMPTOME**   Datum: |__|__|__|__|__| Lokal.: _____________   Befund: _____________

Frühere Diagnosen etc. _______________________

C **DIAGNOSESTELLUNG**   Datum: |__|__|__|__|__| (vgl. Rückseite)   ☐ Foto   ☐ kein Foto

| Befall bei Erstdiagnose | ☐ Kopf | ☐ Stamm | ☐ Arme | ☐ Beine |
| | ☐ Genital | ☐ Gelenkbeugen | ☐ ___ | ☐ ___ |

Ausmaß   Befallen sind |__|__| % der Gesamtkörperoberfläche

Art				
Tumor ulz.	☐ solitär	☐ multipel, reg.	☐ multipel	______
Tumor	☐ solitär	☐ multipel, reg.	☐ multipel	______
Papeln	☐ solitär	☐ multipel, reg.	☐ multipel	______
Plaque	☐ solitär	☐ multipel, reg.	☐ multipel	______
Erythem	☐ solitär	☐ multipel, reg.	☐ multipel	______

| Weitere Befunde | ☐ Erythrodermie | ☐ Nagel-/Haarwachstumsstörungen | ☐ Pruritus |
| | ☐ Follikuläre Muzinose | ☐ Palmo-/Plantarkeratosen | |

D **ÜBERSICHT EXTRAKUTANER BEFUNDE**

path. Organbefunde	☐ keine	☐ fraglich	☐ ja	Allgem. Sympt. ☐ A ☐ B
path. LK-Befunde	☐ keine	☐ fraglich	☐ ja	Karnofsky |__|__|__| %
Leuk. Blutbild	☐ nein	☐ fraglich	☐ ja	(s. Rückseite)

Sonstige Befunde _______________________

E **ORGANBEFUNDE**   (Code siehe Rückseite)

Rö Lunge	__		CT Leber	__		Szi Leber	__		Sono Leber	__	
Rö M D P	__		CT Milz	__		Szi Milz	__		Sono Milz	__	
Rö i. v. Pyelo	__		CT ZNS	__		Szi ______	__		Sono ______	__	
Rö ______	__		CT ______	__		Km STB	__		Leber Histo	__	
Rö ______	__			Km BKB	__		Nr. ______

Weiter Organbefunde   ☐ nein   ☐ ja: _____________

F **LK-BEFUNDE**   (Code siehe Rückseite)

	Lokal.	Befund		Lokal.	Befund			klinisch	normal	fragl. vergr.	deutl. vergr.
Lymphogr.	|__|	|__|	Histologie	|__|	|__|	Nr. ______		axillär	☐	☐	☐
CT	|__|	|__|						inguinal	☐	☐	☐
______	|__|	|__|	______						☐	☐	☐
______	|__|	|__|	______						☐	☐	☐

G **LABOR**

	normal	grenzwert.	path.		normal	grenzwert.	path.		normal	grenzwert.	path.		
BKS	☐	☐	☐ ____	EBV-Titer	☐	☐	☐ ____	Alk. Ph.	☐	☐	☐ ____	Eos _____ %
Hb	☐	☐	☐ ____	quant. Ig	☐	☐	☐ ____	LDH	☐	☐	☐ ____	Sézary-Z. _____ %
Ery	☐	☐	☐ ____	IgE	☐	☐	☐ ____	Leuko (x1000)	__	__	__		
Thrombo	☐	☐	☐ ____	Immunelph.	☐	☐	☐ ____	Lympho (%)	__	__		

H **HISTOLOGIE: HAUT**   Schlüsselhistologien

Datum	Nr.	Diagnose	Lok.	Diag.

Weitere Histo-Nr.

I **DIAGNOSE**

Arbeitsdiagnose: _______________ |__|__|__| (siehe Rückseite)

Differentialdiagnose: 1. _______________ |__|__|__| 2. _______________ |__|__|__|

☐ primär kutan   ☐ primär extrakutan

Krankheitsausdehnung   **T** |__| **N** |__| **B** |__| **M** |__|

Stadium

K **GEPL. PRIMÄRTHERAP.**   ☐ nicht aggressiv   ☐ gemäßigt aggressiv   ☐ aggressiv

Art der Therapie: _______________

Station: _______________

Datum   Unterschrift des Arztes

*) Kooperative Studiengruppe Hautlymphome in Zusammenarbeit mit dem Tumorzentrum München

A

Name: _______________________ Vorname: _______________________ Geb.-Dat. | | | | | | |

Tag Monat Jahr

PLZ, Wohnort: _______________________

Klinik: _______________________ lfd. Nr. des Pat. | | | | |

| | -te Folgeerhebung   ☐ Klinikpatient   ☐ Einsendematerial   (freilassen)

Folgeerhebung Hautlymphome*)

B **BERICHTSZEITRAUM** von | | | | | | | bis | | | | | | |

C **BEFUND BEI BERICHTSBEGINN**   ☐ Foto   ☐ kein Foto

Veränderung z. letzten	☐ gleich geblieben	☐ Verschlechterung/Neumanifestation(en)	
Berichtsende	☐ Rezidiv aus der Vollremission	☐ Besserung	☐ Zweitmalignom
Befall bei Berichtsbeginn	☐ Kopf	☐ Stamm	☐ Arme	☐ Beine
	☐ Genital	☐ Gelenkbeugen	☐ _______	☐ _______

Ausmaß   Befallen sind | | | % der Gesamtkörperoberfläche

Untersuchungsmaterial

Art				
Tumor ulz.	☐ solitär	☐ multipel, reg.	☐ multipel	
Tumor	☐ solitär	☐ multipel, reg.	☐ multipel	☐ Blutausstr. ☐ Imprints
Papeln	☐ solitär	☐ multipel, reg.	☐ multipel	☐ Serum ☐ EM-Material
Plaque	☐ solitär	☐ multipel, reg.	☐ multipel	☐ periphere Ly'zyten, konserv.
Erythem	☐ solitär	☐ multipel, reg.	☐ multipel	☐ Gewebe, tiefgefroren

☐ Sonst.: _______

| Weitere Befunde | ☐ Erythrodermie | ☐ Nagel-/Haarwachstumsstörungen |
| | ☐ Follikuläre Muzinose | ☐ Palmo-/Plantarkerat. ☐ Pruritus |

____

D **ÜBERSICHT EXTRAKUTANER BEFUNDE**   Bemerkungen   Bei Berichtsbeginn (s. Block B):

path. Organbefunde	☐ keine	☐ fraglich	☐ ja	_______	Allg. Sympt. ☐ A ☐ B
path. LK-Befunde	☐ keine	☐ fraglich	☐ ja	_______	Karnofsky			%
Leuk. Blutbild	☐ nein	☐ fraglich	☐ ja	_______	(s. Rückseite)

E **ORGANBEFUNDE**

(Code siehe Rückseite)

Rö Lunge		CT Leber		Szi Leber		Sono Leber	
Rö M D P		CT Milz		Szi Milz		Sono Milz	
Rö i. v. Pyelo		CT ZNS		Km STB		Leber Histo	
Rö _______		_______		Km BKB		Nr. _______	

Weitere Organbefunde   ☐ nein   ☐ ja: _______

F **LK-BEFUNDE**

(Code siehe Rückseite)

	Lokal.	Befund		Lokal.	Befund			klinisch	normal	fragl. vergr.	deutl. vergr.
Lymphogr.			Histologie			Nr. _______		axillär	☐	☐	☐
CT								inguinal	☐	☐	☐
			_______						☐	☐	☐

G **LABOR**

	normal	grenzwert.	path.		normal	grenzwert.	path.		normal	grenzwert.	path.			
BKS	☐	☐	☐ ___	EBV-Titer	☐	☐	☐ ___	Alk. Ph.	☐	☐	☐ ___	Eos			%
Hb	☐	☐	☐ ___	quant. Ig	☐	☐	☐ ___	LDH	☐	☐	☐ ___	Sézary-Z.			%
Ery	☐	☐	☐ ___	IgE	☐	☐	☐ ___	Leuko (x1000)						
Thrombo	☐	☐	☐ ___	Immunelph.	☐	☐	☐ ___	Lympho (%)						

H **HISTOLOGIE: HAUT**   Datum   Nr.   Diagnose   Lok.   Diag.

Schlüsselhistologie | | | | | / | | | | | | | / | | |

Weitere Histo-Nr. | | | / | | | | | / | | | | | / | | | | | / | |

I **DIAGNOSE a. Ber.-Ende**   Arbeitsdiagn.: _______ | | | | Differentialdiagn.: _______ | | | |

Krankheitsausdehnung   **T** | | **N** | | **B** | | **M** | |

Stadium

K **THERAPIE im Ber.-Zeitr.**

	☐ keine Therapie	☐ nicht aggressiv	☐ aggressiv	☐ gemäßigt aggressiv
von ___ bis ___	Art: _______			☐ ambulant ☐ stationär
von ___ bis ___	Art: _______			☐ ambulant ☐ stationär

| Therapieerfolg | ☐ vollst. Remission | ☐ teilw. Remission | ☐ Stillstand | ☐ Progression |
| | ☐ inkomplette Vollremission | ☐ inkomplette Teilremission | | |

L **Weitere Therapie**

	☐ keine Therapie	☐ nicht aggressiv	☐ gem. aggressiv	☐ aggressiv
Änderungsgrund	☐ Progression	☐ Komplik.: _______	☐ durch Patient	☐ reduz. Allg.-Zustand
	☐ Weitere Therapie außerhalb der Derma	☐ Sonst.: _______		

M **Patient verstorben**   Datum: | | | | | | ☐ tu-abhängig   ☐ tu-unabh.   ☐ fraglich   ☐ nicht zu ermitteln

Obduktion   ☐ nein   ☐ ja, Nr.: _______   Institut: _______

Station: _______

Datum   Unterschrift des Arztes

Retrospektive Erst- und Folgeerhebung

Tumor Zentrum München

Patient _______________________

Klinik ☐☐☐☐☐☐

Geb.-Datum ☐☐☐ ☐☐☐ ☐☐☐ (Tag Monat Jahr)

Klinikspez. Feld ☐☐☐

☐ männlich ☐ weiblich

I. BEFUND BEI ERSTDIAGNOSE

Tumordiagnose: _______________________ Datum der erstmal. Diagnosestellung ☐☐ ☐☐ (Monat Jahr)

Histologische Diagnose: _______________________

Tumorlokalisation: _______________________, falls zutreffend ☐ rechts ☐ links ☐ beidseits

Stadienklassifizierung: T ☐☐ N ☐☐ M ☐☐ oder Code _______________________ ☐☐☐☐☐☐☐☐☐

Fernmetastasen: ☐ Lunge ☐ Skelett ☐ Leber ☐ ZNS ☐ Pleura ☐ Haut ☐ LK ☐ Sonstige _______________

II. PRIMÄRTHERAPIE

Datum _____________ (Datum der Op, falls durchgeführt, sonst Datum der ersten Therapiemaßnahme)

☐ Vorbestrahlung ☐ OP ☐ Nachbestrahlung ☐ Adjuvante Chemotherapie

☐ Bestrahlung ☐ Chemotherapie ☐ Hormontherapie ☐ keine Therapie

Spezielle Angaben *) _______________________

III. WEITERER KRANKHEITSVERLAUF

1. Befund am _____________

Rezidiv: ☐ lokal ☐ regional (LK)

Fernmetastasen: ☐ Lunge ☐ Skelett ☐ Leber

(neu) ☐ ZNS ☐ Pleura ☐ Haut

☐ LK ☐ Sonstige _______

Progredienz ☐

Therapie: ☐ OP ☐ Bestrahlung ☐ Chemother. ☐ Hormontherapie

☐ keine

Spezielle Angaben *) _______________________

2. Befund am _____________

Rezidiv: ☐ lokal ☐ regional (LK)

Fernmetastasen: ☐ Lunge ☐ Skelett ☐ Leber

(neu) ☐ ZNS ☐ Pleura ☐ Haut

☐ LK ☐ Sonstige _______

Progredienz ☐

Therapie: ☐ OP ☐ Bestrahlung ☐ Chemother. ☐ Hormontherapie

☐ keine

Spezielle Angaben *) _______________________

3. Befund am _____________

Rezidiv: ☐ lokal ☐ regional (LK)

Fernmetastasen: ☐ Lunge ☐ Skelett ☐ Leber

(neu) ☐ ZNS ☐ Pleura ☐ Haut

☐ LK ☐ Sonstige _______

Progredienz ☐

Therapie: ☐ OP ☐ Bestrahlung ☐ Chemother. ☐ Hormontherapie

☐ keine

Spezielle Angaben *) _______________________

4. Befund am _____________

Rezidiv: ☐ lokal ☐ regional (LK)

Fernmetastasen: ☐ Lunge ☐ Skelett ☐ Leber

(neu) ☐ ZNS ☐ Pleura ☐ Haut

☐ LK ☐ Sonstige _______

Progredienz ☐

Therapie: ☐ OP ☐ Bestrahlung ☐ Chemother. ☐ Hormontherapie

☐ keine

Spezielle Angaben *) _______________________

IV. AKTUELLER STATUS am _____________

Befundänderung Rezidiv: ☐ lokal ☐ regional (LK) Fernmetastasen (neu): ☐ Lunge ☐ Skelett ☐ Leber ☐ ZNS ☐ Pleura ☐ Haut ☐ LK ☐ Sonst. _______

Remissionsgrad: ☐ Vollremission ☐ Teilremission ☐ No Change ☐ Progression

Therapiebedingte ☐ Skelett ☐ Leber ☐ Knochenmark ☐ Fistel ☐ Lymphödem ☐ Sonst. _______

Langzeiteffekte: ☐ Herz ☐ Lunge ☐ Harnwege Spezielle Angaben: _______________ ☐ Darm ☐ Haut ☐ Nervensystem

Geplante Therapie: ☐ OP ☐ Bestrahlung ☐ Chemotherapie ☐ Hormontherapie ☐ Immunther. ☐ keine

Zweitmalignom: _______________________ , festgestellt am: _____________

Histologische Diagnose: _______________________

Tumorlokalisation: _______________________ , falls zutreffend ☐ rechts ☐ links ☐ beidseits

Nächster Kontrolltermin i. H.: _____________ Weiterbehandlung durch: _______________

Terminkalender-Nr. ☐☐☐☐☐☐ KV-Nr. des Hausärztes ☐☐☐☐☐☐

Todesdatum _____________ Todesursache: ☐ tumorabhängig ☐ tumorunabhängig ☐ nicht beurteilbar

Obduktion: ☐ ja ☐ nein

Station: _______________________ Datum _____________ Unterschrift des Arztes _____________

*) z. B. zu Therapiemethode, Wirkung, Nebenwirkungen, Datumsangaben

Allgemeine Folgeerhebung

Patient _______________________ Klinik ☐☐☐ ☐☐☐

Tag ☐ Monat ☐ Jahr ☐

Geb.-Datum

Klinikspez. Feld ☐☐☐

☐ männlich   ☐ weiblich

Befundbericht über
☐ unauffällige Kontrolluntersuchung   ☐ Veränderung der Tumorerkrankung
☐ Durch Tumortherapie bedingte Folgeerkrankungen (nicht bedingt durch Rezidiv oder Tumorprogression)
   bzw. therapiebedingte Langzeiteffekte
☐ Zweitmalignom   ☐ Tod des Patienten

Tumordiagnose _______________________

Untersuchungsdatum   Wann wurde dieser Folgebefund erhoben   ☐☐☐ ☐☐☐
Tag   Monat   Jahr

Zwischenanamnese
(für Register nicht lesbar)
____
____
____

Erfolg der TU-Therapie
☐ tumorfrei (Vollremission)   ☐ Tumorrückbildung (Teilremission)
☐ keine Änderung (no change)   ☐ Progression

Rezidiv
☐ lokal   ☐ regional (LK-Rezidiv)   ☐ Neumanifestation i. d. reg. LK

Fernmetastasen
☐ Lunge   ☐ Pleura   ☐ Skelett   ☐ Haut   ☐ LK außerh. d. Region
☐ Leber   ☐ ZNS   ☐ Sonstige: _______________________

Befund gesichert durch
☐ Klinik   ☐ Labor   ☐ Zytologie   ☐ Histologie   ☐ Röntgen   ☐ CT
☐ Szintigrafie   ☐ Sonografie   ☐ Endoskopie   ☐ Lymphografie   ☐ Tu-Marker   ☐ Sonstiges

Bemerkungen
(f. Register nicht lesb.) _______________________

Folgeerkrankungen
Therapiebedingte Folgeerkrankungen bzw. schwerwiegende therapiebedingte Langzeiteffekte
☐ Skelett   ☐ Leber   ☐ Knochenmark   ☐ Herz   ☐ Lunge   ☐ Harnwege
☐ Darm   ☐ Haut   ☐ Nervensystem
☐ Lymphödem   ☐ Fertilitätseinschränkung   ☐ Fistel: _______________________
☐ Sonstiges: _______________________

Therapie der Folgeerkr.   ☐ operativ   ☐ medikamentös

Allgemeinzustand   ☐ (siehe Rückseite)

Zweitmalignom _______________________   Histologie _______________________
Lokalisation _______________________   ☐ rechts   ☐ links   ☐ beidseits

Weitere Tumortherapie
☐ Operation   ☐ Bestrahlung   ☐ Zytostatika   ☐ Hormone   ☐ Immuntherapie   ☐ Sonstiges
☐ keine Therapie

Bemerkungen f. Register _______________________ (z. B. Kontraindik., Pat. verweigert, etc.)

Für Register nicht lesbar:
____
____
____
____
____
____
____
____
____
____
____
____
____

Nächster Kontrolltermin   im Hause: _______________   Weiterbehandlung durch: _______________

Terminkalender-Nr.   ☐☐☐☐☐☐☐   KV-Nr. des Hausarztes   ☐☐☐☐☐☐☐

Todesdatum _______________   Todesursache: ☐ tumorabhängig   ☐ tumorunabhängig   ☐ nicht beurteilbar
☐ Todesursache nicht zu ermitteln   Obduktion: ☐ ja   ☐ nein

Station/Ambulanz: _______________________

Datum _______________   Unterschrift des Arztes _______________

Tumor Zentrum München

Bericht an den Hausarzt

Patient ___________________

Geb.-Datum

☐ männlich   ☐ weiblich

Klinik

Klinikspez. Feld

| Tag | Monat | Jahr |

KV-Nr. des Hausarztes

Frau / Herrn Dr. med.

Primärbefund/Primärtherapie (falls leer, s. letzte Mitteilung)

Tumordiagnose: _________________________ T   N   M

Op.: _________________________

Bestrahlung: _____________ von: ______ bis: ______

Chemotherapie: _____________ von: ______ bis: ______

Sonstiges: _________________________

Zwischenanamnese   Therapie   ☐ palliativ
☐ kurativ

Heutiger Befund am

| Tag | Monat | Jahr |

☐ unauffällig   ☐ auffällig   ☐ kontrollbedürftig

Ergebnis d. TU-Therapie
☐ tumorfrei
☐ keine Änderung
☐ Lokalrezidiv

☐ Tumorrückbildung
☐ Progression
☐ regionales Rezidiv (LK-Rezidiv)   ☐ Ausweitung auf reg. LK

Fernmetastasen
☐ Lunge   ☐ Pleura   ☐ Skelett   ☐ Haut   ☐ LK außerhalb der Region
☐ Leber   ☐ ZNS   ☐ Sonstige: _________________________

Befund gesichert durch
☐ Klinik   ☐ Labor   ☐ Zytologie   ☐ Histologie   ☐ Röntgen   ☐ CT
☐ Szintigrafie   ☐ Sonografie   ☐ Endoskopie   ☐ Lymphografie   ☐ Tu-Marker   ☐ Sonstiges

Bemerkungen _________________________

Folgeerkrankungen   Therapiebedingte Folgeerkrankungen bzw. schwerwiegende therapiebedingte Langzeiteffekte:

Allgemeinzustand

0 keine Beschwerden
1 unbeschränkte Tätigkeit
2 normale Tätigkeit mit Anstrengung
3 arbeitsunfähig
4 braucht gel. Hilfe
5 braucht Krankenpflege
6 bettlägerig
7 Krankenhausaufenthalt
8 aktive Beh. um Leben zu erh.
9 moribund

Gewicht ______ kg

Zweitmalignom
Lokalisation _________________________   Histologie _________________________
☐ rechts   ☐ links   ☐ beidseits

festgestellt am: _____________

Weitere Tumortherapie
☐ Operation: _____________
☐ Bestrahlung   ☐ Zytostatika   ☐ Hormone   ☐ Immuntherapie   ☐ Sonstiges: _____________

Bemerkungen _________________________ (z. B. Kontraindik., Pat. verweigert, etc.)

KLINIKSTEMPEL

Nächster Kontrolltermin   im Hause: _____________

Terminkalender Nr.

Todesdatum _____________   Obduktion: ☐ ja ☐ nein

Todesursache: ☐ tumorabhängig   ☐ tumorunabhängig   ☐ nicht beurteilbar

Datum   Oberarzt   Behandelnder Arzt

Tumor Zentrum München

Strahlentherapie

Patient _________________________ Klinik ☐☐☐☐☐☐

Geb.-Datum _______ Klinikspez. Feld ☐☐☐☐

☐ männlich ☐ weiblich

Tag Monat Jahr: ☐☐☐☐☐☐

Bestrahlung eines(er) _________________ ☐ im Rahmen der Primärtherapie ☐ im Rahmen einer Rezidivtherapie

| **ZEITANGABEN** | Beginn der Strahlentherapie | | Tag Monat Jahr ☐☐☐☐☐☐ |
| | Ende der Strahlentherapie | | Tag Monat Jahr ☐☐☐☐☐☐ |

Vorausgeg. Therapie ☐ kompl. Op. ☐ inkompl. Op. ☐ Strahlentherapie ☐ Chemotherapie ☐ Hormonther. ☐ Immuntherapie
Allgemeinzust. v. Therap. _________________ (vgl. Rückseite des Durchschlags)

Intention d. Strahlenth.

	Tumor	Regionäre LK	Fernmetastasen
	☐ kurativ ☐ pall. ☐ prophyl.	☐ kurativ ☐ pall. ☐ prophyl.	☐ kurativ ☐ pall. ☐ prophyl.
Stellung d. Strahlenth.	☐ alleinige Strahlentherapie	☐ präoperativ ☐ postoperativ	☐ mit Chemotherapie ☐ m. Hormont.

entweder: **STRAHLENTHERAPIE BEI SOLIDEM TUMOR**

	Tumor	Regionäre LK	Fernmetastase in	☐ Skelett ☐ Lunge ☐ Hirn
Standardstrahlentherapie nach Plan Nr.	☐☐	☐☐	☐☐	☐ Sonstige: __________
atypische Strahlentherapie	☐	☐	☐	(Schemazeichnung umseitig)
1. Perkutane Strahlentherapie mit	☐ Röntgen	☐ Röntgen	☐ Röntgen	
mit	☐ Caesium 137	☐ Caesium 137	☐ Caesium 137	__________
mit	☐ Cobalt 60	☐ Cobalt 60	☐ Cobalt 60	
mit	☐ Beschleunig.	☐ Beschleunig.	☐ Beschleunig.	__________
mit	☐ Photonen	☐ Photonen	☐ Photonen	
mit	☐ Elektronen	☐ Elektronen	☐ Elektronen	__________
Energie	☐☐☐ MeV	☐☐☐ MeV	☐☐☐ MeV	
Gesamtherddosis am Zielvolumen	☐☐☐ Gy	☐☐☐ Gy	☐☐☐ Gy	__________
Einzelherddosis am Zielvolumen	☐☐☐ Gy	☐☐☐ Gy	☐☐☐ Gy	
Zahl der Fraktionen pro Woche	☐☐ Fraktionen	☐☐ Fraktionen	☐☐ Fraktionen	__________
Gesamtdauer der Bestrahlung	☐☐☐ Tage	☐☐☐ Tage	☐☐☐ Tage	
TDF	☐☐☐	☐☐☐	☐☐☐	__________
2. Interstitielle Strahlentherapie	☐	☐	☐	
3. Intracavitäre Strahlentherapie	☐	☐	☐	
4. Therapie mit offenen Nucliden	☐	☐	☐	Nuclid: __________
zu 2, 3, 4: Zahl der Sitzungen	☐	☐	☐	

oder: **STRAHLENTHERAPIE VON HÄMATOL. ODER LYMPHATISCHEN SYSTEMERKRANKUNGEN**

Bestrahlungstechnik ☐ TNI ☐ Involved field ☐ extended field ☐ Y-Feld ☐ oberes Mantelfeld
☐ ZNS ☐ Hirnschädel ☐ Ganzkörperbestrahlung ☐ Sonst.: __________

Zusätzliche Angaben ☐ Strahlensensibilitätserhöhende Maßnahmen: __________
☐ Split-course-Technik mit Intervall von ☐☐ Tagen

THERAPIEERGEBNIS

	Gesamtverlauf	*entweder:* Tumor	Reg. LK	Fernmetastasen	*oder:* Hämatol.-/Lymphat.
		Im bestrahlten Volumen, und zwar:			
Vollst. Remission	☐	☐	☐	☐	☐
Unvollst. Remission	☐	☐	☐	☐	☐
Keine Änderung	☐	☐	☐	☐	☐
Progredienz	☐	☐	☐	☐	☐
Keine Beurteilg. mögl.	☐	☐	☐	☐	☐

ABSCHLUSS
Abbruchgründe
☐ vorges. Strahlenth. abgeschl. ☐ vorzeitiger Abbruch Allgemeinzust. _______ (Rückseite)
☐ verschlecht. Allgemeinzust. ☐ Auftreten von Fernmetastasen ☐ fehlendes Ansprechen
☐ Ablehnung durch Patienten ☐ interkurrente Erkrankungen: __________
☐ Bestrahlungsnebenwirkungen ☐ Sonstige Gründe: __________

Weitere Tumortherapie ☐ ergänzende Strahlentherapie: __________
☐ Operation ☐ Chemotherapie ☐ Hormontherapie ☐ Immuntherapie ☐ Sonst.: __________

Nächster Kontrolltermin im Hause: __________ Weiterbehandlung durch: __________
Terminkalender-Nr. ☐☐☐☐☐☐☐ KV-Nr. des Hausarztes ☐☐☐☐☐☐☐

Todesdatum __________ Todesursache: ☐ tumorabh. ☐ tumorunabh. ☐ nicht beurteilbar
Obduktion: ☐ ja ☐ nein

Station: __________ Datum __________ Unterschrift des Arztes __________

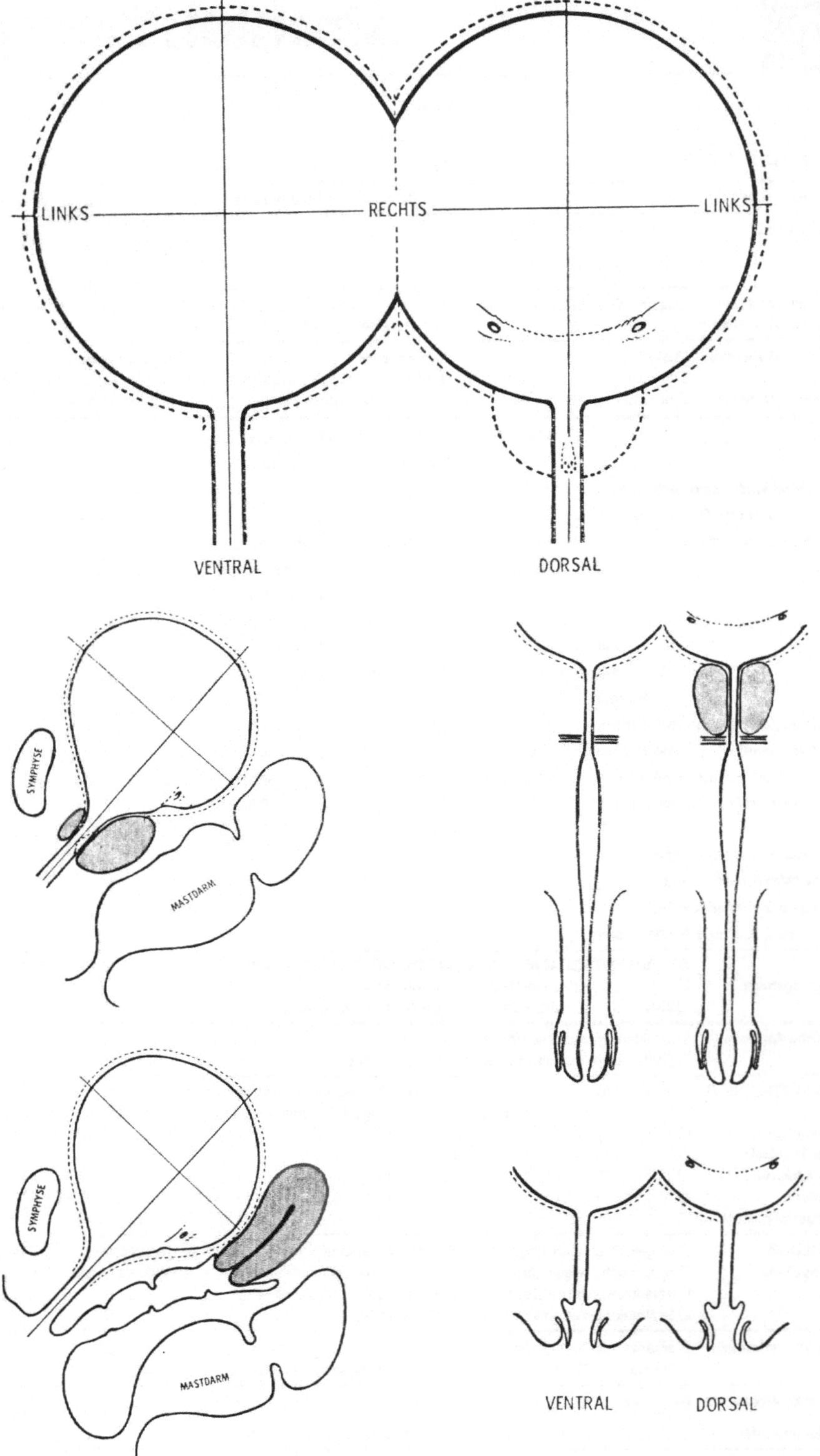
LINKS
RECHTS
LINKS
VENTRAL
DORSAL
SYMPHYSE
MASTDARM
SYMPHYSE
MASTDARM
VENTRAL
DORSAL

<table><tr><td>Tumor
Zentrum
München</td></tr></table>

Ersterhebung Mammakarzinom

Diagnose-Nr.: 158

Patient _______________________ Klinik [ ][ ][ ][ ][ ]

Geb.-Datum
[ ][ ] [ ][ ] [ ][ ]
Tag   Monat   Jahr

2☐ weiblich   1☐ männlich

Klinikspez. Feld [ ][ ][ ]

EINWEISUNG
0☐ zur Primärtherapie oder Diagnose im Hause gestellt
1☐ zur Zusatzbehandlung, auswärts anbehandelt (Daten der Ersterhebung retrospektiv erhoben)
2☐ wegen Rezidiv, Primärtherapie auswärts (Daten über Ersterhebung und Therapie retrospektiv erhoben)

ZEITANGABEN
Wann wurde erstmals die Diagnose gestellt [ ][ ][ ]
Tag Monat Jahr

Wann war der erste Arztkontakt wegen Erstsymptomatik [ ][ ] [ ] — Tage
Monat Jahr

Wann trat Erstsymptomatik auf [ ][ ] [ ] — Tage
Monat Jahr

ERSTSYMPTOMATIK
701☐ Sekretion 807☐ Selbstbefund 903☐ Vors.-Unt. 902☐ Zufallsbefund 100☐ Schmerzen 998☐ Sonst.: _______

(Ätiol. Faktor) [9][ ] Anzahl: ______   [6][ ] Alter bei erster Geburt: ___ [7][ ] Alter bei letzter Geburt: _______
803☐ immer gestillt (mehr als 7 Tage) 802☐ immer abgestillt   804☐ unterschiedlich
211☐ orale Kontrazept. durchgehend 212☐ orale Kontrazept. m. Unterbr.   213☐ Horm. therapeutisch (mind. 1 Jahr)
401☐ Mamma-Ca.: _______________________   402☐ andere Tu.: _______

(Präkanzerosen) 1☐ Ca. in situ   37☐ Gangpapillom   77☐ histol. gesicherte Mastopathie
(Ätiol. Faktor) [4][ ] Menarchealter: _______ 825☐ Praemenopause   ☐ Postmenop. 824☐ K. A. zu Postm.
Zweiterkrankungen 002☐ Diabetes 003☐ Adipositas 001☐ Hochdruck 004☐ Schilddrüse 005☐ Lunge 006☐ Nerven/Gemüt

Tumor 0☐ Primärtumor 1☐ Zweittumor 3☐ Primärtumor unbekannt 4☐ Fraglich, ob Primärtumor

LOK. PRIMÄRTUMOR 1744☐ äuß. oberer Quadrant 1745☐ äuß. unterer Quadrant 1743☐ innerer unt. Quadrant 1742☐ innerer oberer Quadrant
1740☐ Mamille 1741☐ zentr. Drüsenkörper 1746☐ axilläre Ausläufer 1748☐ mehrere Teilbereiche
1759☐ männliche Brust
Seite 1☐ rechts 2☐ links 3☐ beidseits

TUMORSPEZIFISCHE DIAGNOSTIK
Primärtumor 171☐☐☐ Tastbefund 033☐☐☐ Mammographie 172☐☐☐ Galaktographie 117☐☐☐ Zytologie
173☐☐☐ Schnellschnitt 128☐☐☐ Histologie [ ][ ][ ] ☐☐☐ Sonst.: _______
Fernmetastasen 032☐☐☐ Röntgen Thorax 036☐☐☐ Röntgen S. [ ][ ][ ] ☐☐☐ Röntgen: _____ 020☐☐☐ Sonographie
075☐☐☐ Szinti. Leber 077☐☐☐ Szinti. Skelett 069☐☐☐ CT Abd. [ ][ ][ ] ☐☐☐ CT: _______
[ ][ ][ ] ☐☐☐ Zytologie: [ ][ ][ ] ☐☐☐ Histol.: _______ 000☐☐☐ Labor [ ][ ][ ] ☐☐☐ Sonst.: _______
Hormonrezeptoren ER: ☐ pos. ☐ neg. ☐ nicht bestimmt   PR: ☐ pos. ☐ neg. ☐ nicht bestimmt

TNM prätherapeutisch [T][ ][ ] [ ]   [N][ ][ ] [ ]   [M][ ] [ ] (Stadiendefinition siehe Rückseite)
C   C   C

Fernmetastasen in 5☐ Haut 3☐ ZNS 2☐ Skelett 4☐ Leber 0☐ Lunge [ ][ ]☐ Sonst.: _______

HISTOLOGIE Pathologie-Bericht Nr.: _______
Nicht invasives Ca. 85002☐ intraductal 85202☐ intralobulär
Invasives Ca. 82313☐ solid 81413☐ scirrhös 80213☐ anaplastisch 85203☐ invasiv lobulär 80003☐ invasiv ohne nähere Angaben
[ ][ ][ ] ☐ Sonderform lt. Rückseite: _______________________ 79990☐ Sonstiges: _______

PRIMÄRE THERAPIE 1☐ Operation 1☐ Bestrahlung 1☐ Zytostatika 1☐ Hormone 1☐ Sonstiges: _______
Bemerkungen _______________________ (Kontraindikationen, Pat. verweigert)

OPERATION Datum: _______ 1☐ im Hause 2☐ auswärts
Mastektomie 15801☐ subkutan 15802☐ ohne M. Pektoralis 15803☐ mit M. Pektoralis
Axillarevision 15804☐ selektiv 15805☐ systematisch
Komplikationen 1☐ intraop. Komplikationen [ ][ ]☐ postop. Komplikationen: _______

TNM postoperativ [pT][ ][ ][ ] [pN][ ][ ][ ] (siehe Rückseite) Histopathol. Ausd. [1][5][8][ ][ ]

BESTRAHLUNG Bestrahlung eingeleitet am _______ Bestrahlung beendet am _______
Bestrahlung im Hause 0☐ präoperativ 1☐ postoperativ 5☐ palliativ — [ ][ ] Tage
Bestrahlung auswärts zur Bestrahlung verlegt/überwiesen nach: _______

ZYTOSTATIKA Chemotherapie eingeleitet am _______
Chemotherapie im H. 0☐ Adjuv. Chemoth. n. radik. Op 1☐ Chemotherapie bei Inoperabilität und/oder Fernmetastasen
Chemotherapie ausw. Zur Chemotherapie verlegt/überwiesen nach: _______

HORMONE Hormontherapie eingeleitet am _______ 2☐ additive Hormontherapie 3☐ ablative Hormonth.

Nächster Kontrolltermin im Hause _______ Weiterbehandlung durch: _______
Terminkalender-Nr. [ ][ ][ ][ ][ ][ ] KV-Nr. des Hausarztes [ ][ ][ ][ ][ ][ ][ ]

Todesdatum _______ Todesursache: 0☐ tumorabhängig ☐ tumorunabh. 2☐ nicht beurteilbar
Obduktion: 0☐ ja 1☐ nein

Station: _______
Datum _______   Unterschrift des Arztes

TNM-KLASSIFIZIERUNG

T = PRIMÄRTUMOR

X	Ausdehnung des Primärtumors nicht beurteilbar (z. B. keine radikale Orchidektomie)
1	Tumor auf Testis begrenzt
2	Ausdehnung über Tunica Albuginea hinaus
3	Einbruch in Rete Testis oder Nebenhoden
4	Einbruch in
4 A	Samenstrang oder
4 B	Scrotum

N = REGIONALE UND JUXTAREGIONALE LYMPHKNOTEN

Regionale LK: Paraaortale und paracavale (nach scrotaler Op auch homolaterale inguinale LK) juxtaregionale LK: intrapelvine, mediastinale und supraclaviculäre LK

X	Minimalforderungen für Beurteilung nicht erfüllt
0	Kein Nachweis für LK-Befall
1	Befall eines einzelnen homolateralen regionalen Lymphknotens
2	Befall von kontralateralen oder bilateralen oder multiplen regionalen Lymphknoten
3	Palpable abdominale Tumormasse oder fixierte inguinale Lymphknoten
4	Befall juxtaregionaler Lymphknoten

Anmerkung: N^+ histologisch gesicherter Befall, z. B. N 4^+
N^- histologisch gesichert ohne Befall, nur bei N 0^-

M = FERNMETASTASEN

X	Minimalforderungen für die Beurteilung nicht erfüllt
0	Kein Nachweis für Fernmetastasen
1	Fernmetastasen nachweisbar

SICHERUNGSGRAD FÜR DIE T-, N- UND M-KATEGORIEN (CERTAINTY)

C 1	Evidenz aufgrund klinischer Untersuchung allein
C 2	Evidenz unter Zuhilfenahme spezieller diagnostischer Hilfsmittel
C 3	Evidenz allein aufgrund chirurgischer Exploration
C 4	Evidenz der Krankheitsausdehnung nach erfolgter definitiver chirurgischer Behandlung, einschließlich der vollständigen Untersuchung des therapeutisch gewonnenen Resektionspräparates
C 5	Evidenz aufgrund der Autopsie

KLINISCHE STADIENEINTEILUNG

I	Tumor auf den Hoden beschränkt (einschließlich Befall der Tunica albuginea ohne Infiltration des Samenstrangs oder Scrotums). Tumormarker nach Semicastratio negativ.	(T 1–T 3, N 0, M 0)
II A	Tumor auf den Hoden beschränkt. Histologisch retroperitoneale (oder inguinale) Lymphknotenmetastasen unterhalb der Aa. renales. Durchmesser <2 cm, total entfernt. Tumormarker nach retroperitonealer Lymphadenektomie negativ.	(T 1–T 3, N 1–N 2, M 0)
II B	Retroperitoneale (oder inguinale) Lymphknotenmetastasen unterhalb der Aa. renales. Durchmesser > 2 cm, total entfernt. Tumormarker nach retroperitonealer Lymphadenektomie negativ.	(T 1–T 4 B, N 1–N 3, M 0)
II C	Jeder Primärtumor, der auf Scrotum oder Samenstrang übergegriffen hat. Wie II B, jedoch Tumor makro- oder mikroskopisch nicht total entfernt bzw. Tumormarker nach retroperitonealer Lymphadenektomie positiv.	(T 4 A–B, N 0, M 0)
III	Lymphknotenmetastasen beiderseits des Diaphragmas. Lymphknotenmetastasen intraphrenisch cranial der Aa. renales. Keine Organmetastasen.	(T 1–T 4 B, N 4, M 0)
IV A	Organmetastasen in einem Organ im Frühstadium (≤ 5 Metastasen, <2 cm Durchmesser)	(T 1–T 4 B, N 0–N 4, M 1)
IV B	Ausgedehnte viszerale Metastasierung in mehrere Organe, bzw. > 5 Metastasen, > 2 cm Durchmesser in einem Organ. Pleuritis carcinomatosa.	

HINWEIS ZUM „KLINIKSPEZIFISCHEN FELD":

Die vorgesehenen vier Schreibstellen „Klinikspezifisches Feld" im ersten Abschnitt des Bogens sind nach klinikinterner Absprache frei zu verwenden.

HISTOLOGISCHE KLASSIFIKATION

(in Anlehnung an F. M. Enzinger; S. H. Weiss: Soft Tissue Tumors; C. V. Mosby Company, 1983, S. 6-7)

Die nachfolgende Aufstellung enthält jene Gruppen von Tumoren, die im Tumorregister München erfaßt werden sollen.

In Klammern ist der Histologieschlüssel nach ICD-O-DA angegeben.

I. *Tumoren und tumorartige Veränderungen des fibrösen Gewebes*

Nicht eindeutig maligne: Fibromatosen (88211)

Oberbegriff: Fibrosarkom (88103)

Spezialform: Congenitales bzw. infantiles Fibrosarkom

Strahleninduziertes Fibrosarkom

II. *Fibrohistiozytische Tumoren*

Nicht eind. mal.: Dermatofibrosarkoma protuberans (88321)

Oberbegriff: Malignes fibröses Histiozytom (88303)

Spezialform: pleomorph

myxoid (Myxofibrosarkom)

riesenzellig (maligner Riesenzell-Tumor der Weichteile)

inflammatorisch (malignes Xanthogranulom, Xanthosarkom)

angiomatoid

III. *Tumoren des Fettgewebes*

Oberbegriff: Liposarkom (88503)

Spezialform: gut differenziert

myxoid

rundzellig (gering differenziert myxoid)

pleomorph

entdifferenziert

IV. *Tumoren des Muskelgewebes*

Oberbegriff: Leiomyosarkom (88903)

Spezialform: epitheloides Leiomyosarkom (malignes Leiomyoblastom)

Oberbegriff: Rhabdomyosarkom (89003)

Spezialform: embryonal

alveolär

pleomorph

gemischt

V. *Tumoren der Blutgefäße*

Nicht eindeutig maligne: Hämangioendotheliom (91301)

Oberbegriff: Hämangiosarkom (91203)

als „Hämangiosarkom" zu verschlüsselnde Spezialform:

malignes endovaskuläres papilläres Angioendotheliom

proliferierende (systemische) Angioendotheliomatose

maligner Glomustumor

Oberbegriff: Kaposi-Sarkom (91403)

Oberbegriff: malignes Hämangioperizytom (91503)

VI. *Tumoren des Lymphgefäße*

Oberbegriff: Lymphangiosarkom (91703)

Spezialform: Lymphangiosarkom nach Mastektomie

VII. *Tumoren des synovialen Gewebes*

Oberbegriff: Synoviales Sarkom (90403)

Spezialform: biphasisch

monophasisch

maligner Riesenzelltumor der Sehnenscheide

VIII. *Tumoren des mesothelialen Gewebes*

Oberbegriff: Malignes Mesotheliom (90503)

Spezialform: epithelial

fibrös

biphasisch

IX. *Hüllzelltumoren peripherer Nerven*

Oberbegriff: Neurogenes Sarkom, malignes Schwannom (95403)

Spezialform: malignes melanozytisches Schwannom

Seltene Form: Maligner pigmentierter neuroektodermaler Tumor der Kindheit (93633)

X. *Nervenzelltumoren peripherer Nerven*

Oberbegriff: Neuroblastom (94903)

Seltene Form: Ganglioneuroblastom (94901)

malignes Neuroepitheliom (95033)

peripheres Neuroblastom (94903)

olfaktorisches Neuroepitheliom (95203)

XI. *Tumoren der paraganglionalen Strukturen*

Oberbegriff: Malignes Paragangliom (86803)

XII. *Tumoren des knorpel- und knochenbildenden Gewebes*

Oberbegriff: Osteosarkom (91803)

Seltene Form: parostales (extraskelettales) Osteosarkom (91903)

periostales Osteosarkom (91903)

juxtakortikales Osteosarkom (91903)

teleangiektatisches Osteosarkom (91833)

Paget-Osteosarkom (91843)

Als Osteosarkom zu verschlüsselnde Spezialform:

osteoplastisch

fibroplastisch

chondroplastisch

Oberbegriff: Chondrosarkom (92203)

Seltene Form: parost. (extraskelett.) Chrondros. (92213)

periostales Chondrosarkom (92213)

juxtakortikales Chondrosarkom (92213)

XIII. *Tumoren des pluripotenten Mesenchyms*

Oberbegriff: Malignes Mesenchymom (89903)

XIV. *Tumoren unklarer Histogenese, sonstige Tumoren*

Seltene Form: Maligner Granularzelltumor (95803)

alveoläres Weichteilsarkom (95813)

epitheloides Sarkom (88043)

Hellzellsarkom der Sehnen und Aponeurosen (90443)

Ewing-Sarkom (92603)

Riesenzelltumor (92501)

Adamantinom der Röhrenknochen (92613)

Chordom (93703)

XV. *Unklassifizierte Weichteiltumoren* (79990)

PRÄTHERAPEUTISCHE KLINISCHE KLASSIFIKATION: TNM

T = PRIMÄRTUMOR (nur für Weichteiltumoren)

1 Tumor mißt 5 cm oder weniger in seiner größten Ausdehnung

2 Tumor mißt in seiner größten Ausdehnung mehr als 5 cm, jedoch ohne Befall von Knochen, größeren Gefäßen oder Nerven

3 Tumor mit Befall von Knochen, größeren Gefäßen oder Nerven

X Die Minimalerfordernisse zur Bestimmung des Primärtumors liegen nicht vor.

N = REGIONÄRE LYMPHKNOTEN

Die Bestimmung der regionären Lymphknoten ergibt sich aus der entsprechenden Lage des Primärtumors.

0 Keine Evidenz für einen Befall der regionären Lymphknoten

1 Befall der regionären Lymphknoten

X Die Minimalerfordernisse zur Beurteilung der regionären Lymphknoten liegen nicht vor

M = FERNMETASTASEN

0 Keine Evidenz für Fernmetastasen

1 Fernmetastasen vorhanden

X Die Minimalerfordernisse zur Feststellung von Fernmetastasen liegen nicht vor

SICHERUNGSGRAD FÜR DIE T-, N- und M-KATEGORIEN (CERTAINTY)

C 1 Evidenz aufgrund klinischer Untersuchung allein

C 2 Evidenz unter Zuhilfenahme spezieller diagnostischer Hilfsmittel

C 3 Evidenz allein aufgrund chirurgischer Exploration

C 4 Evidenz der Krankheitsausdehnung nach erfolgter definitiver chirurgischer Behandlung, einschließlich der vollständigen Untersuchung des therapeutisch gewonnenen Resektionspräparates

C 5 Evidenz aufgrund der Autopsie

HINWEIS ZUM „KLINIKSPEZIFISCHEN FELD"

Die vorgesehenen vier Schreibstellen „Klinikspezifisches Feld" im ersten Abschnitt des Bogens sind nach klinikinterner Absprache frei zu verwenden.

LITERATUR:

Jacob, W.; Scheida, D.; Wingert, F. (Hrsg.): Tumor-Histologie-Schlüssel – ICD-O-DA; Springer-Verlag Berlin, Heidelberg, New York, 1978

Wagner, G. (Hrsg.): Tumor-Lokalisations-Schlüssel; Springer-Verlag Berlin, Heidelberg, New York, 1979

UICC: TNM-Klassifikation der malignen Tumoren; Springer-Verlag Berlin, Heidelberg, New York, 1979

TUMORZENTRUM MÜNCHEN
(Register Dokumentation)

Klinikstempel | Kliniknummer   ☐☐☐ ‹1›

I

Name und Geburtsname ....

Geburtstag: ___ TT / ___ MM / ___ JJ   ‹2›

Vorname

Geschlecht: männl. ◯ weibl. ◯   ‹3›

Straße

Tel. Nr.   ‹4›

Wohnort (Postleitzahl, Ort, Postbezirk)   ‹5›

Nationalität: [....]   ‹6›

Ia Patientenidentifikation ist fehlerhaft, bitte korrigieren ◯   ‹7›

Ib Nachforschen, ob Patient verzogen od. verstorben ist ◯   ‹8›

II

Auftreten der Erstsymptomatik: ___ TT / ___ MM / ___ JJ

Art der Erst- symptomatik: ☐☐ , ☐☐

Wann war Patient nach Auftreten der Erstsymptome beim Arzt: __ / __   ‹9›

ätiologische Faktoren: ☐☐ , ☐☐   ☐☐ , ☐☐

Präcancerose: ☐

Datum der Feststellung der Präcancerose: ___ TT / ___ MM / ___ JJ   ‹10›

	III Prätherapeutische **ERSTERHEBUNG**	IV **FOLGEERHEBUNG**

TUMOR DIAGNOSE: (Druckschrift bitte)   .... | ....   ‹11›

Zweittumor — ja ◯ nein ◯   ‹12›

Lokalisation — ☐☐☐☐ | ☐☐☐☐   ‹13›

Seite: (0 = nicht zutref., 1 = rechts, 2 = links, 3 = beidseitig) — ☐ | ☐   ‹14›

TNM-Klassifizierung mit Sicherungsgrad:
Die bestmögliche Stadienbeschreibung aus prätherapeutischer Befundung ist anzugeben.

T _ C N _ C M _ C — ☐☐☐☐☐☐ | ☐☐☐☐☐☐   ‹15›

Datum der TNM-Klassifizierung: ___ TT / ___ MM / ___ JJ | ___ TT / ___ MM / ___ JJ   ‹16›

Histologische Diagnose: (ICDO) — ☐☐☐☐ | ☐☐☐☐   ‹17›

Histologie: — sicher ◯ fraglich ◯ | sicher ◯ fraglich ◯   ‹18›

Malignitätsgrad (G): — [histol.] [zytol.] | [histol.] [zytol.]   ‹19›

Histopath. Ausdehnung (P): — ☐☐ | ☐☐   ‹20›

Venenbefall (V) oder Lymphgefäßbefall (L)
(bei Nierentumoren) (Blasentumoren) — ☐ | ☐   ‹21›

Diese Daten werden retrospektiv erhoben ◯   ‹21a›

THERAPIE

Operation: (0 = keine, 1 = Probe-Op, 2 = palliativ, 3 = radikal, 4 = erweitert radikal, 5 = erweitert pall., 6 = sonstiges, 7 = k.A.) — ☐☐ , ☐☐ oder Standard ☐ | ☐☐ , ☐☐ oder Standard ☐   ‹22›

Bestrahlung: (0 = keine, 1 = kurative Dosis, 2 = pall. Dosis, 3 = vorzeitig abgebrochen, 4 = keine Angabe) — ☐☐ , ☐☐ oder ☐ | ☐☐ , ☐☐ oder ☐   ‹23›

Zytostatika: (0 = keine, 1 = kurzfristig, 2 = langfristig, 3 = wiederholt, 4 = volldosiert, 5 = keine Angabe) — ☐☐ , ☐☐ oder ☐ | ☐☐ , ☐☐ oder ☐   ‹24›

Hormone: (0 = keine, 1 = Androgene, 2 = Östrogene, 3 = Gestagene, 4 = Glucocorticoide, 5 = andere, 6 = keine Angaben) — ☐☐ , ☐☐ oder ☐ | ☐☐ , ☐☐ oder ☐   ‹25›

Sonstige Therapie: — ☐☐ , ☐☐ | ☐☐ , ☐☐   ‹26›

Dauer des Krankenhausaufenthaltes (Tage) — ☐☐☐ | ☐☐☐   ‹27›

Therapieerfolg (Resttumor: 0 = nein, 1 = ja, 2 = fraglich) — ☐☐ Wievieltes Rezidiv? ☐   ‹28›

Allgemeinzustand (nur tumorbedingte Einschränkung) [....] | [....]   ‹29›

V Kontrolluntersuchung nicht erfolgt
[....]

Nächste Kontrolluntersuchung in Monaten ☐☐ oder Termin ___ TT / ___ MM / ___ JJ

___ TT / ___ MM / ___ JJ
Datum .... Unterschrift

VI Todesdatum: ___ TT / ___ MM / ___ JJ   ‹30›

Todesursache: (0 = tumorabh., 1 = unabh., 2 = ?) ☐   ‹31›

Obduktion: ja ◯ nein ◯   ‹32›

Formular: Version 1.78 Grafik: Halke

```
                                                                    JUL/81 ( 1- 1)
********************************************************************************
*TUMORREGISTER MUENCHEN                          TUMOREN DES OROPHARYNX / NR.112 *
*                    GUELTIG AB  1.   JULI    1981                               *
********************************************************************************
*                                                                               *
*  NAME :                            GESCHLECHT :  0  MAENNL.  0  WEIBL.         *
*  ------    .......................    ------------                            *
*                                                                               *
*===============================================================================*
*  EINWEISUNG       0   ZUR PRIMAERTHERAPIE ODER DIAGNOSE IM HAUSE GESTELLT      *
*                   1   ZUR ZUSATZBEHANDLUNG,AUSWAERTS ANBEHANDELT (DATEN DER ERST-*
*                       ERHEBUNG RETROSPEKTIV ERHOBEN)                           *
*                   2   WEGEN REZEDIV,PRIMAERTHERAPIE AUSWAERTS (DATEN UEBER ERST-*
*                       ERHEBUNG RETROSPEKTIV ERHOBEN)                           *
*===============================================================================*
*                                                                               *
*  ZEITANGABEN    WANN WURDE ERSTMALS DIE DIAGNOSE GESTELLT  T/M/J     ../../..  *
*                                                                               *
*                 WANN TRAT ERSTSYMPTOMATIK AUF                          ../..   *
*                                                                               *
*                 WANN WAR DER ERSTE ARZTKONTAKT WEGEN ERSTSYMPTOME      ../..   *
*===============================================================================*
*  ART DER ERSTSYMPTOMATIK :                                                     *
*  -------------------------                                                     *
*   100   SCHMERZEN                        804   FREMKOERPERGEFUEHL              *
*   201   SCHWELLUNG                        824   BLUTUNG                         *
*   401   SCHLUCKBESCHWERDEN                902   ZUFALLSBEFUND                   *
*   402   HEISERKEIT                        998   SONSTIGES :                     *
*   407   ATEMNOT                               ........................         *
*                                                                               *
*  AETIOLOGISCHE FAKTOREN :                                                      *
*  -------------------------                                                     *
*   301   ALKOHOL                           998   SONSTIGES :                     *
*   306   NIKOTIN                               ....................             *
*                                                                               *
*  PRAECANCEROSEN :                                                              *
*  -----------------                                                            *
*                                                                               *
*   02   LEUKOPLAKIEN                        99   SONSTIGE :                      *
*   06   ANDERE DERMATOSEN                      ....................             *
*                                                                               *
*  DATUM DER FESTSTELLUNG DER PRAECANCEROSE:  0  HEUTE   ODER   T/M/J  .. / .. / .. *
*  ----------------------------------------                                      *
*                                            ODER  VOR .. MONATEN, .. JAHREN     *
*===============================================================================*
*                                                                               *
*  0  ERSTTUMOR          1  2.ODER WEITERER TUMOR    2  MULTIPLER PRIMAERTUMOR   *
*  3  PRIMAERTUMOR UNBEK.  4  FRAGLICH OB PRIMAERTUMOR                           *
*                                                                               *
*  DIAGNOSTISCHE VERFAHREN :                                                     *
*  -------------------------                                                     *
*                    POS  NEG  FRAGL.                               POS  NEG  FRAGL.*
*  031 ROENTGEN SCHAEDEL  0   0    0      079 GANZKOERPERSZINTIGR.   0    0    0   *
*  032 ROENTGEN LUNGE     0   0    0      117 ZYTOLOGIE ONA          0    0    0   *
*  057 KONSTRASTMITTEL.ONA 0  0    0      123 LYMPHKNOTENBIOPSIE     0    0    0   *
*  077 KNOCHENSZINTIGR.    0   0    0      128 TUMORBIOPSIE          0    0    0   *
*                                         999 SONSTIGES :                         *
*                                             ...............    0    0    0     *
*                                                                               *
*  LOKALISATION DES PRIMAERTUMORS :                                              *
*  -------------------------------                                              *
*                                                                               *
*   1460   GAUMENTONSILLE,TONSILLE O.N.A.                                        *
*   1461   GLOSSO-TONSILLARFURCHE                                                *
*   1462   GAUMENBOGEN                                                           *
*   1463   OROPHARYNX-VORDERWAND MIT VALLECULAE                                  *
*          EPIGLOTTICAE (EXL.ZUNGENGRUND,=1410)                                  *
*   1464   VORDERE, LINGUALE EPIGLOTTISFLAECHE                                   *
*   1465   OROPHARYNX,UEBERGANGSREGION                                           *
*   1466   OROPHARYNX,SEITENWAND                                                 *
*   1467   OROPHARYNX,HINTERWAND                                                 *
*   1468   ORPHARYNX (SONSTIGE,MEHRERE TEILBEREICHE)                             *
*   1469   OROPHARYNX O.N.A.                                                     *
*                                                                               *
*  SEITE : 0  NICHT ZUTREFFEND  1  RECHTS   2  LINKS  3  BEIDSEITIG   4 MITTE    *
*  -------                                                                       *
*                                                                               *
*                                            FORTSETZUNG NAECHSTE SEITE *
********************************************************************************
```

NACHSORGE-
TERMIN-
KALENDER

Name: _______________________________

Vorname: _______________________________

Geburtsdatum: _______________________________

Wohnort: _______________________________

Telefon-Nr.: _______________________________

Terminkalender Nr. 00073161

Serie A

Wenn ein Ersatzkalender ausgestellt wird, bitte obige Nummer streichen und dafür die Nummer des 1. Kalenders deutlich eintragen.

Herausgeber: Siehe 1. Stempelfeld Seite 4.

2

Hinweise für den Patienten

Die klinische Behandlung Ihrer Erkrankung ist abgeschlossen. Nun geht es darum, den Erfolg zu sichern.

Dazu werden entsprechende ärztliche Nachsorgeprogramme entwickelt, die in ihrer zeitlichen Folge und der Zusammenstellung der jeweils notwendigen ärztlichen Maßnahmen jahrelange Erfahrungen und die speziellen Gegebenheiten Ihrer Erkrankung berücksichtigen.

Die Nachsorge soll bei einem fachlich erfahrenen Arzt Ihres Vertrauens vorgenommen werden.

Dieser Kalender will Ihnen die Einhaltung der Termine erleichtern. Bringen Sie deshalb den Kalender bitte zu jeder ärztlichen Untersuchung mit und legen Sie ihn Ihrem Arzt für Eintragungen vor.

Bitte nutzen Sie auch den bei jedem Terminfeld vorgesehenen Raum, um gegebenenfalls in Stichworten Beschwerden, Mitteilungen oder auch Fragen festzuhalten, auf die Sie Ihren Arzt beim nächsten Termin ansprechen möchten.

Eine weitere Erklärung möchten wir Ihnen noch geben. Einige Ärzte und Kliniken tragen ihre Erfahrungen zusammen und werten sie wissenschaftlich aus, um die Behandlungsmaßnahmen zunehmend zu verbessern. Um das aber zu erreichen, kann Ihr Arzt Sie um die Einwilligung zur Speicherung Ihrer Daten gebeten haben. Es ist Ihr Recht, dies abzulehnen. Sollten Sie aber zugestimmt haben, so können Sie sicher sein, daß Ihre Daten innerhalb der Ärzteschaft bleiben und an keine anderen Stellen weitergegeben werden. Für dieses Vertrauen danken wir Ihnen.

3

Auszug aus dem Nachsorge-Terminkalender

Für die Versorgung der Tumorkranken und für eine einfache anonyme Verlaufsdokumentation ist ein einheitlicher 'Kalender' ein unabdingbares Hilfsmittel. Entscheidend ist der Freiraum, der die Eintragung individueller Empfehlungen und Maßnahmen erlaubt und so eine schnelle Übersicht zur Primärtherapie, zum bisherigen Verlauf und zum aktuellen Stand vermittelt und die Kommunikation zwischen den Ärzten unterstützt.

Insgesamt sind 29 Nachsorgetermine im Kalender vorgesehen. Zu beachten sind auch die fakultativ beizulegende Übersichtskarte (s.S. 32) und tumorspezifische Nachsorge-Empfehlungen, für die ein ausgearbeitetes Beispiel auf Seite 262 wiedergegeben ist.

Stempel der behandelnden Ärzte und Kliniken:
Telefon-Nummer einschl. Nebenstelle, KV-Nummer

1. Nachsorgeterminkalender

   ausgestellt

   am: _________________

   von: Siehe Stempel ⇨

   Tel. _________/____________

2.	3.
Tel. _______/__________	Tel. _______/__________
4.	5.
Tel. ______/__________	Tel. ______/__________
6.	7.
Tel. ______/__________	Tel. ______/__________

4

1. Bemerkungen zur Ausstellung des Nachsorge-Termin-
   Kalenders (z.B. erfolgte Therapie, Datumsangaben)

Empfehlung nächster Termin:

am _________________________

bei ________________________

Stempel und Unterschrift

6

Hinweise für den Arzt

Die nachfolgenden Terminfelder dienen vorwiegend der Auf-
zeichnung längerfristiger Untersuchungstermine. Benutzen
Sie den Freiraum für Bemerkungen, dem individuellen Bedarf
entsprechend, bei der Terminvergabe oder der Durchführung
von Untersuchungen.

Auf einer Übersichtskarte kann der Verlauf der Nachsorge
übersichtlich zusammengefaßt werden.

Bitte halten Sie die Terminkalender-Nummer in Ihren Unterlagen fest!

Nebenerkrankungen und besondere Einträge:

Diabetes ☐
Hypertonie ☐

Blutgruppe _______________   ____________________
                              Unterschrift des Arztes

5

29. Nachsorgeuntersuchung am: _________/_________/_______

Empfehlung nächster Termin:

am _________________________

bei ________________________

Stempel und Unterschrift

Für den Patienten: Fragen, Mitteilungen an den Arzt:

____

____

____

____

34

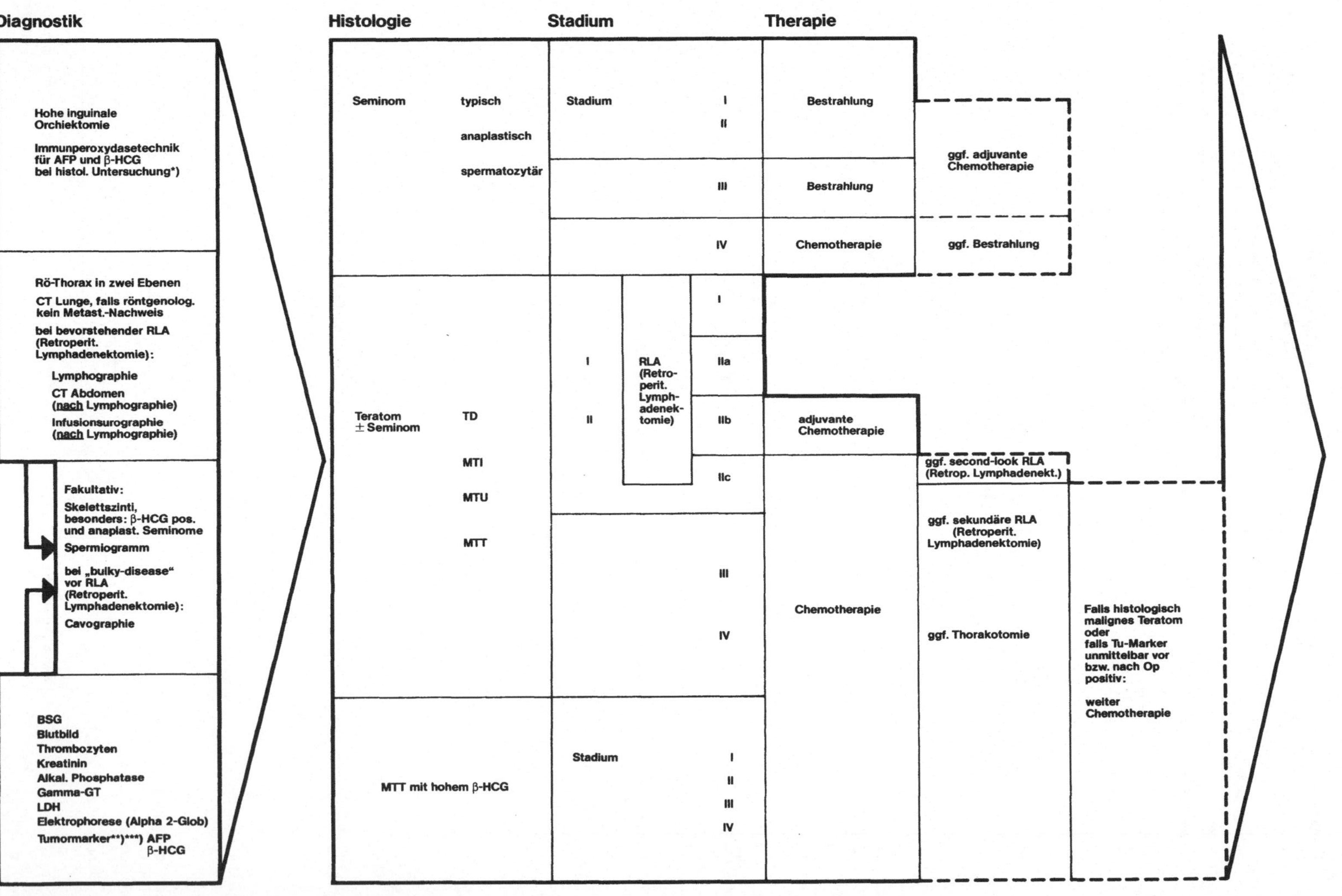

Diagnostik
Hohe inguinale Orchiektomie
Immunperoxydasetechnik für AFP und β-HCG bei histol. Untersuchung*)
Rö-Thorax in zwei Ebenen
CT Lunge, falls röntgenolog. kein Metast.-Nachweis
bei bevorstehender RLA (Retroperit. Lymphadenektomie):
Lymphographie
CT Abdomen (nach Lymphographie)
Infusionsurographie (nach Lymphographie)
Fakultativ:
Skelettszinti, besonders: β-HCG pos. und anaplast. Seminome
Spermiogramm
bei „bulky-disease" vor RLA (Retroperit. Lymphadenektomie):
Cavographie
BSG
Blutbild
Thrombozyten
Kreatinin
Alkal. Phosphatase
Gamma-GT
LDH
Elektrophorese (Alpha 2-Glob)
Tumormarker**)***) AFP β-HCG
Histologie
Seminom
typisch
anaplastisch
spermatozytär
Teratom ± Seminom
TD
MTI
MTU
MTT
MTT mit hohem β-HCG
Stadium
Stadium
I
II
III
IV
RLA (Retroperit. Lymphadenektomie)
I
II
IIa
IIb
IIc
Therapie
Bestrahlung
Bestrahlung
Chemotherapie
ggf. adjuvante Chemotherapie
ggf. Bestrahlung
adjuvante Chemotherapie
ggf. second-look RLA (Retrop. Lymphadenekt.)
ggf. sekundäre RLA (Retroperit. Lymphadenektomie)
Chemotherapie
ggf. Thorakotomie
Falls histologisch malignes Teratom oder falls Tu-Marker unmittelbar vor bzw. nach Op positiv: weiter Chemotherapie

***) Pathologie:**

Patholog. Institut
der Universität München,
Thalkirchner Straße 36,
8000 München 2
Tel.: (089) 26 60 23

****) Referenzlabor AFP:**

Immunolog. Forschungslabor
B 01 304,
Med. Klinik II im Klinikum Großhadern
Marchioninistraße 16,
8000 München 70
Tel.: (089) 70 95 - 31 74

Referenzlabor β-HCG:

Endokrinolog. Forschungslabor
B 01 308,
Med. Klinik II im Klinikum Großhadern
Marchioninistraße 15,
8000 München 70
Tel.: (089) 70 95 - 31 76

*****) Versand:**

20 ml Nativblut (kurzfristig)
6–10 ml Serum (längerer Versand),
falls beide Marker bestimmt werden
sollen.

Abnahmefrequenz:

präop.:
vor Orchiektomie
vor retroperit. Lymphadenektomie

postop.:
nach Orchiektomie
(mit genauer Zeitangabe):
12. und 24. Stunde,
(1. Tag, 2. Tag, 4. Tag)

Verlauf:
1 x wöchentlich bis zur Normali-
sierung der Tumormarker

GB, Pugh, 1976
SEMINOM
typisch, spermatozytär,
„atypisch" ≈ anaplastisch
WHO, Mostofi/Sobin, 1977
SEMINOM
typisch, spermatozytär, anaplastisch
AFIP, Mostofi/Price 1973
SEMINOM
(typisch), spermatozytär, anaplastisch

Differenzierte Teratome sind maligne
Tumoren
GB, Pugh, 1976
Teratom, differenziert (TD)
WHO, Mostofi/Sobin, 1977
(Dermoidzyste)
Teratom, reif/unreif
AFIP, Mostofi/Price, 1973
(Dermoidzyste)
Teratom, differenziert (TD)

GB, Pugh, 1976
Malignes Teratom
Intermediärtyp (MTI)
WHO, Mostofi/Sobin, 1977
Embryonales Ca mit Teratom (Terato-Ca)
AFIP, Mostofi/Price, 1973
Dito

GB, Pugh, 1976
Malignes Teratom
undifferenziert (MTU)
WHO, Mostofi/Sobin, 1977
Embryonales Ca (Polyembryom)
AFIP, Mostofi/Price, 1973
Embryonales Ca (Adulter Typ)
(Polyembryom)

GB, Pugh, 1976
Malignes Teratom
Trophoblastischer Typ (MTT)
WHO, Mostofi/Sobin, 1977
Chorion Ca ± andere nicht-seminomatöse
Typen
AFIP, Mostofi/Price, 1973
Dito

GB, Pugh, 1976
Kombinationstumor:
Mal. Teratom (MTI, MTU, MTT)
+ Seminom
WHO, Mostofi/Sobin, 1977
Seminom + andere Keimzell-Tumoren
(Embryonales Ca, Chorion Ca, Teratom)
AFIP, Mostofi/Price, 1973
Dito

GB, Pugh, 1976
Dottersacktumor (Yolk-Sac-Tumor,
endodermaler Sinustumor)
WHO, Mostofi/Sobin, 1977
Yolk-Sac-Tumor (endodermaler Sinustumor)
AFIP, Mostofi/Price, 1973
Embryonales Ca (infantiler Typ)
Reine Dottersacktumoren meist bei Kindern,
sonst in Verbindung mit anderen nicht-
seminomatösen Keimzell-Tumoren. Dann nach
britischer Nomenklatur unter MTI, MTU, MTT
zu erfassen.

Epidermoidzyste
in reiner Form benigne

Stadium: I
Tumor auf den Hoden beschränkt
(einschließlich Befall der Tunica
Albuginea ohne Infiltration des
Samenstranges oder Scrotums).
Tumormarker nach Semicastratio
negativ.
TNM: T_1–T_3, N_0, M_0

Stadium: II A
Retroperitoneale (oder inguinale)
Lymphknotenmetastasen unterhalb
der Aa. renales. Durchmesser
≦ 2 cm, total entfernt.
Tumormarker nach Lymphadenekto-
mie negativ. Primärtumor auf den
Hoden beschränkt.
TNM: T_1–T_3, N_1–N_2, M_0

Stadium: II B
Retroperitoneale (oder inguinale)
Lymphknotenmetastasen unterhalb
der Aa. renales. Durchmesser
> 2 cm, total entfernt. Tumormarker
nach Lymphadenektomie negativ.
Jeder Primärtumor mit Übergriff auf
Scrotum oder Samenstrang.
TNM: $T_{4A/B}N_0M_0$; T_1–T_{4B}, N_1–N_3, M_0

Stadium: II C
Retroperitoneale Lymphknoten-
metastasten primär inoperabel
(keine Lymphadenektomie) oder
makro- u./o. mikroskopisch nicht
total entfernt. Tumormarker nach
Lymphadenektomie positiv.
TNM: $T_{4A/B}N_0M_0$; T_1–T_{4B}, N_1–N_3, M_0
Beim Seminom Stadium II entfällt die
Aufteilung in ABC

Stadium: III
Lymphknotenmetastasen infra-
phrenisch cranial der Aa. renales
oder beiderseits des Diaphragmas.
Keine Organmetastasen.
TNM: T_1–T_{4B}, N_4, M_0

Stadium: IV A
Organmetastasen in einem Organ
im Frühstadium (≦ 5 Metastasen,
≦ 2 cm Durchmesser).

Stadium: IV B
Ausgedehnte viszerale Metastasierung in mehrere Organe, bzw. > 5
Metastasen, > 2 cm Durchmesser
in einem Organ. Pleuritis Carcino-
matosa.
TNM: T_1–T_{4B}, N_0–N_4, M_1

Kombinations-Chemotherapie von Keimzelltumoren des Hodens nach Einhorn

Bleomycin 30 mg i.v. (Wiederholung Tag 9 und 16)

Velbe 0,15–0,2 mg/kg i.v.

Cis-Platin 20 mg/m² als Kurzinfusion über 15 min.

FORCIERTE DIURESE

| 1 | 2 | 3 | 4 | 5 | 6 | 7 |

Tag
Wiederholung alle 3 Wochen

Beim chemotherapiebedürftigen Seminom wird von der Projektgruppe
Hodentumoren des Tumorzentrum München die Therapie mit Vinblastin, Ifosfamid
und Cis-Platin bevorzugt.

Abbruch des
Zyklus:

Leuko < 2.500/µl bzw.
Thrombo < 40.000/µl
während der Therapie-Tage

Dosisreduktion
myelotoxischer
Substanzen

Dosisreduktion
Nephrotoxischer
Substanzen

Falls nach Intervallverlängerung von einer Woche
keine Besserung eingetreten ist

| Reduktion von | Reduktion von |
| Cis-Platin, Velbe | Cis-Platin |

auf 75% bei | **auf 50% bei**
Leuko   3.000–3.500 | Kreatinin-Clearance
Thrombo 80.000–100.000 | 50–60 ml/min

bzw.
Leuko-Nadir < 800
Thrombo-Nadir < 40.000

auf 50% bei | **absetzen bei**
Leuko   2.000–3.000 | Kreatinin-Clearance
Thrombo 50.000–80.000 | < 50 ml/min

absetzen bei
Leuko   unter 2.000
Thrombo unter 50.000

Herausgeber: Projektgruppe Hodentumoren des Tumorzentrum München, Maistraße 11, 8000 München 2

Seminome

	1	2	3	4	5	6	7	8	9	10	11	12	13	14	15	16	17	18	19	20	21	22	23	24	25	26	27	28	29	30	31	32	33	34	35	36	37	38	39	40	41	42	43	44	45	46	47	48	49	50	51	52	53	54	55	56	57	58	59	60
1. Körperliche Untersuchung*			●			●			●			●			●			●			●			●						●						●						●						●						●						●
2. Labor**			●			●			●			●			●			●			●			●						●						●						●						●						●						●
3. Rö. Thorax***			·			●			·			●			·			●			·			●						●						●						●						●						●						●
4. CT Abdomen (retrop. LK, Leber)						●						●						●						●												●												●												●
5. Skelettszintigraphie****												·												·												·												·												·
6.																																																													

* Körperl. Unters.: LK, Hoden, OP-Gebiet, Gewicht
** Labor: BSG, Leuko, LDH, γ-Gt, Kreat. AP, HCG, AFP
*** engmaschiger: Stad. IV
**** nur anaplastische und β-HCG-pos. Seminome

Nicht-seminomatöse Hodentumoren

	1	2	3	4	5	6	7	8	9	10	11	12	13	14	15	16	17	18	19	20	21	22	23	24	25	26	27	28	29	30	31	32	33	34	35	36	37	38	39	40	41	42	43	44	45	46	47	48	49	50	51	52	53	54	55	56	57	58	59	60
1. Körperliche Untersuchung*,*** / 2. Labor**,*** / 3. Rö-Thorax***		●	●	●		●		●	●	●		●		●	●	●		●		●	●	●		●				●		●		●				●						●						●						●						●
4. CT Abdomen (retrop. LK, Leber)			●					●				●				●				●				●						●						●												●												●
5. CT Thorax (nur bei unsicherem röntgenologischen Befund)																																																													
6.																																																													
7.																																																													

* Körperl. Unters.: LK, Hoden, OP-Gebiet, Gewicht
** Labor: AFP, HCG, BSG, Leuko, LDH, γ-Gt, Kreat. AP
*** engmaschiger: Stadium I/IIa ohne adjuvante Chemotherapie
    weitmaschiger: Stadium IIb–IV bzw. mit adjuvanter Chemotherapie

Name des Patienten:	Jahr 198___												Jahr 198___												Jahr 198___												Jahr 198___						
	Jan.	Febr.	März	April	Mai	Juni	Juli	Aug.	Sept.	Okt.	Nov.	Dez.	Jan.	Febr.	März	April	Mai	Juni	Juli	Aug.	Sept.	Okt.	Nov.	Dez.	Jan.	Febr.	März	April	Mai	Juni	Juli	Aug.	Sept.	Okt.	Nov.	Dez.	Jan.	Febr.	März	April	Mai	Juni	Juli
Nächsten Nachsorgetermin kennzeichnen ▶	1	2	3	4	5	6	7	8	9	10	11	12	1	2	3	4	5	6	7	8	9	10	11	12	1	2	3	4	5	6	7	8	9	10	11	12	1	2	3	4	5	6	
1. Körperliche Untersuchung																																											

Der individuelle Verlauf der Nachsorge (Durchführung der Untersuchungen) kann auf der gleichartigen Beilage zum Nachsorge-Terminkalender protokolliert werden.

HODENTUMOR

267

Nachsorge beim Hodentumor: Unterstützung durch das Tumorzentrum München

Zur Unterstützung der Nachsorge wurde ein Konzept vorgelegt, das sich auf 4 Komponenten stützt:

1. Für die einzelnen Tumordiagnosen werden Empfehlungen über Diagnostik, Therapie und Nachsorge erarbeitet. Das vorliegende Faltblatt bietet in Kurzform Auszüge aus dem im Tumorzentrum München erhältlichen Manual „Empfehlungen zur Diagnostik, Therapie und Nachsorge des Hodentumors".

2. Es ist ein für alle Tumordiagnosen verwendbarer Nachsorgekalender verfügbar, in den Befunde und bisher durchgeführte Behandlungen eingetragen werden können (vgl. nebenstehendes Beispiel).

3. Zur leichteren Übersicht über den bisherigen Verlauf der Nachsorge wird eine Übersichtskarte als Beilage zum Nachsorgekalender angeboten und empfohlen (s. oben).

4. Für spezifische Probleme wurde ein telefonisches Tumorkonsil eingerichtet (Sammelnummer 089/51 60-22 38).

Ausstellung und Fortschreibung von Kalender und Übersichtskarte

A) Vorbereitung eines Kalenders

Nehmen Sie bitte folgende Eintragungen vor:

- Seite 2: Tragen Sie den Namen ein, die Adresse kann vom Patienten vervollständigt werden

- Seite 4: Stempeln Sie oben Ihren Klinikstempel bzw. Arztstempel ein

- Seite 5: Nebenerkrankungen etc. nach Bedarf

- Seite 6: Hier sollte ein Überblick zu allen Maßnahmen gegeben werden, die im Rahmen der Primärtherapie durchgeführt wurden. Bei interdisziplinärer Primärtherapie tragen die verschiedenen Fächer ihre Maßnahmen nacheinander ein (siehe Beispiel). Für Patienten, die bereits länger in der Nachsorge stehen, sollte eine sinnvolle Verlaufszusammenfassung einen vergleichbaren Überblick erlauben

- Halten Sie die Kalendernummer in der Krankenakte fest.

Für die weitere Nutzung des Kalenders ist Ihr erster Eintrag bestimmend.

---

1 Bemerkungen zur Ausstellung des Nachsorge-Termin-Kalenders (z. B. erfolgte Therapie, Datumsangaben)

erste OP am 24.1.83
Lymphknotenop. am 7.2.83
Chemotherapie Beginn 21.2.83
Ende: _______

Histologie: MTI

Empfehlung nächster Termin:
am *Anfang März*
bei *Dr. X*

KLINIKSTEMPEL
Stempel und Unterschrift

6

---

2 Nachsorgeuntersuchung am *14. 3. 83*

Labor lt. Anforderung ausgefüllt
Befunde liegen bei

Empfehlung nächster Termin:
am *21. 3. 83*
bei *Klinik*

ARZTSTEMPEL
Stempel und Unterschrift

Für den Patienten: Fragen, Mitteilungen an den Arzt:
____
____
____

7

B) Vorbereitung der Übersichtskarte

Als Beilage zum Kalender können Sie eine grüne Übersichtskarte anlegen.

- Fügen Sie links, soweit zutreffend, weitere individuelle Maßnahmen ein

- Kennzeichnen Sie Diagnosemonat und evtl. Baseline-Untersuchungen

C) Aushändigung des Kalenders

Die Aushändigung des Kalenders bietet Gelegenheit, die Bedeutung und den Ablauf der Nachsorge zu besprechen.

Bitte

- erläutern Sie die Funktion und den Nutzen des Kalenders

- erläutern Sie die Eintragungen auf Seite 6 zur Primärtherapie

- weisen Sie auf den lezten Absatz auf Seite 3 hin (Datenschutz) und informieren Sie über die Bedeutung der Datenverarbeitung für die Betreuung des Patienten und die schrittweise Verbesserung der Behandlungsmaßnahmen. Dieser Hinweis betrifft Patienten der Kliniken, die im Tumorregister des Tumorzentrums München kooperieren

- empfehlen Sie Ihrem Patienten, den Kalender bei jedem Arztkontakt, gegebenenfalls auch unaufgefordert, vorzulegen und um Fortschreibung der Eintragungen zu bitten.

D) Fortschreibung des Kalenders

Von der primär behandelnden Klinik wurde der Patient über die Notwendigkeit der Nachsorge und über die Bedeutung der Kommunikation seiner Ärzte unterrichtet. Eine sorgfältige Fortschreibung des Kalenders bekräftigt diese Hinweise.

- Falls der Patient zum ersten Mal mit einem Nachsorgekalender zu Ihnen kommt, setzen Sie bitte Ihren Arztstempel auf Seite 4 ein und notieren sich die Kalendernummer.

- Beachten Sie die zurückliegenden Eintragungen und die grüne Übersichtskarte, sofern sie dem Kalender beiliegt. Achten Sie ebenso auf Einträge des Patienten.

- Schlagen Sie die nächste leere Seite auf, tragen Sie das Datum der eben durchgeführten Untersuchung und die Empfehlung für den nächsten Untersuchungstermin ein und benutzen Sie die weiße Fläche nach Erfordernis für eigene Eintragungen.

- Schreiben Sie zuletzt die grüne Übersichtskarte fort, indem Sie die eben durchgeführten Maßnahmen kennzeichnen

Die Eintragungen des Kalenders müssen den Kollegen nützlich und sollten dem Patienten verständlich sein.

Dokumentation

Empfehlungen zur Nachsorge, zum Kalender und zur Übersichtskarte unterstützen die Betreuung des einzelnen Patienten direkt.

Aus der Sicht des Ganzen steht dahinter auch die Notwendigkeit einer Dokumentation, die zum einen den beteiligten Ärzten und Kliniken den Nachweis gibt, welche Patienten kontinuierlich versorgt sind und aus der andererseits Fakten zur Bewertung eines Nachsorgeprogramms abgeleitet werden können.

Um diese Ziele zu erreichen, haben die Kliniken im Tumorzentrum München ein gemeinsames Tumorregister aufgebaut. Darüber hinaus wird in der Dokumentation eine organisierte Zusammenarbeit mit den niedergelassenen Ärzten zur Erfassung der Nachsorge angestrebt.

Die im Tumorregister München kooperierenden Kliniken tragen ihre Erfahrungen standardisiert über den folgenden Erhebungsbogen zusammen.

Ersterhebung Hodentumor

Anforderung von Unterlagen

Das ausführliche Manual sowie Nachsorgekalender, Übersichtskarten und ggf. Unterlagen zur Dokumentation im Tumorregister sind kostenlos erhältlich beim

Tumorzentrum München
Maistraße 11
8000 München 2
Telefon 089 / 51 60-22 38.

Bemerkungen zum Faltblatt

Die vorangehenden vier Seiten geben ein im Original mehrfarbiges Faltblatt wieder, das in komprimierter Form Empfehlungen zu Diagnostik,
Therapie und Nachsorge des malignen Hodentumors visualisiert, die in
einem gleichnamigen Manual des TZM ausführlicher niedergelegt sind.

Primär soll das Faltblatt zwar dem behandelnden Arzt als Schnellinforma-
tion dienen. Zugleich aber ist der Aspekt der Standardisierung von Maßnahmen und Bezeichnungen hervorzuheben. Im weiteren Sinn sind derartige
Unterlagen deshalb auch dem Dokumentationskonzept zuzurechnen. Dies war
auch der Grund, weshalb dieses zusammenfassende Faltblatt innerhalb des
Tumorregisters erstellt wurde. Es entspricht, wie im Abschnitt 3.1 dargelegt wurde, der Auffassung des TRM zur Standardisierung der Tumorverlaufsdokumentation, mehr auf die Rückführung und Diskussion der Daten
und auf direkte Beeinflussung des Sprachgebrauchs zu setzen, als auf zu
umfangreiche dokumentationsspezifische Anleitungen zu vertrauen, deren
Beachtung unter Routinebedingungen nicht überall gewährleistet ist.

Vor einer Forderung nach Erarbeitung vergleichbarer Unterlagen für die
wichtigsten Tumorerkrankungen sollten folgende 3 Aspekte noch beachtet
werden:

1.) die Erläuterung des Dokumentationskonzeptes (4. Quadrant) sollte kür-
   zer gefaßt werden. Der Freiraum könnte für klinisch-epidemiologische
   Fakten genutzt werden, aus denen letztlich auch das Nachsorgeprogramm einsichtig wird.

2.) Der Aufwand zur Erstellung einer derartigen Übersicht ist höher anzusetzen als der Aufwand zur Zusammenstellung eines tumorspezifischen Dokumentationsformulars. Dieses erste Faltblatt ist als Pilot-
   entwicklung anzusehen, da die personelle Ausstattung des Registers
   (vgl. Abschn. 3.5) die mehrfache Wiederholung dieses Aufwandes nicht
   gestattet.

3.) Es ist davon auszugehen, daß solche Faltblätter - wie auch die ausführlichen Manuale - evtl. in kürzerer Zeit inhaltlich korrigiert
   werden müssen als die Erhebungsbögen. Ein TZ ist also gefordert,
   ein Verteilersystem aufzubauen, das die Belieferung seiner 'Kunden'
   mit Nachträgen und Änderungen von den Zufälligkeiten spontaner Anfragen freihält. Um den Aufbau umfangreicher Ärztedateien zu vermeiden, dürfte die regelmäßige Publikation neuer Angebote im regionalen Ärzteblatt der geeignetste Weg sein. Selbst für diese Heraus-
   gabe eines Faltblattes ist somit ein Alleingang nicht sinnvoll.

TUMORZENTRUM MÜNCHEN

an den Medizinischen Fakultäten der Ludwig-Maximilians-Universität
und der Technischen Universität

Tumorzentrum München · Maistraße 11 · 8000 München 2

Datum   :
Klinik   :
Rückfrage-Nr.:   1 4 1 ✳

Betr.: Patient ____ , geb. ☐☐☐☐☐☐

Das Register hat von Ihnen erhalten:

☐ Anschrift des Patienten   ☐ Ersterhebung   ☐ Folgeerhebung

☐ Sonstiges: ____

Zur Vervollständigung wird benötigt:

☐ Anschrift des Patienten   ☐ Ersterhebung   ☐ Folgeerhebung

☐ Sonstiges: ____

Für eine korrekte Verlaufsfortschreibung sollten folgende Unklarheiten bzw. Unvollständigkeiten geklärt werden (siehe Fragezeichen!)

☐ Diagnosedatum/Untersuchungsdatum

☐ Lokalisation

☐ Stadium

☐ Histologie

☐ primäre Therapie

☐ Krankheitsverlauf

☐ Sonstiges:

Organisationsstelle des TRM
ISB / Klinikum Großhadern
Marchioninistraße 15

8000 München 70

Bitte zurücksenden an nebenstehende Adresse.

Vielen Dank für Ihre Mitarbeit!
Tumorregister München

P. S.: Sie erreichen uns telefonisch unter 70 95-47 56, 47 55

Medizinische Informatik und Statistik

Band 1: Medizinische Informatik 1975. Frühjahrstagung des Fachbereiches Informatik der GMDS. Herausgegeben von P. L. Reichertz. VII, 277 Seiten. 1976.

Band 2: Alternativen medizinischer Datenverarbeitung. Fachtagung München-Großhadern 1976. Herausgegeben von H. K. Selbmann, K. Überla und R. Greiller. VI, 175 Seiten. 1976.

Band 3: Informatics and Medecine. An Advanced Course. Edited by P. L. Reichertz and G. Goos. VIII, 712 pages. 1977.

Band 4: Klartextverarbeitung. Frühjahrstagung, Gießen, 1977. Herausgegeben von F. Wingert. V, 161 Seiten. 1978.

Band 5: N. Wermuth, Zusammenhangsanalysen Medizinischer Daten. XII, 115 Seiten. 1978.

Band 6: U. Ranft, Zur Mechanik und Regelung des Herzkreislaufsystems. Ein digitales Simulationsmodell. XV, 192 Seiten. 1978.

Band 7: Langzeitstudien über Nebenwirkungen Kontrazeption – Stand und Planung. Symposium der Studiengruppe „Nebenwirkungen oraler Kontrazeptiva – Entwicklungsphase", München 1977. Herausgegeben von U. Kellhammer. VI, 254 Seiten. 1978.

Band 8: Simulationsmethoden in der Medizin und Biologie. Workshop, Hannover, 1977. Herausgegeben von B. Schneider und U. Ranft. XI, 496 Seiten. 1978.

Band 9: 15 Jahre Medizinische Statistik und Dokumentation. Herausgegeben von H.-J. Lange, J. Michaelis und K. Überla. VI, 205 Seiten. 1978.

Band 10: Perspektiven der Gesundheitssystemforschung. Frühjahrstagung, Wuppertal, 1978. Herausgegeben von W. van Eimeren. V, 171 Seiten. 1978.

Band 11: U. Feldmann, Wachstumskinetik. Mathematische Modelle und Methoden zur Analyse altersabhängiger populationskinetischer Prozesse. VIII, 137 Seiten. 1979.

Band 12: Juristische Probleme der Datenverarbeitung in der Medizin. GMDS/GRVI Datenschutz-Workshop 1979. Herausgegeben von W. Kilian und A. J. Porth. VIII, 167 Seiten. 1979.

Band 13: S. Biefang, W. Köpcke und M. A. Schreiber, Manual für die Planung und Durchführung von Therapiestudien. IV, 92 Seiten. 1979.

Band 14: Datenpräsentation. Frühjahrstagung, Heidelberg 1979. Herausgegeben von J. R. Möhr und C. O. Köhler. XVI, 318 Seiten. 1979.

Band 15: Probleme einer systematischen Früherkennung. 6. Frühjahrstagung, Heidelberg 1979. Herausgegeben von W. van Eimeren und A. Neiß. VI, 176 Seiten, 1979.

Band 16: Informationsverarbeitung in der Medizin -Wege und Irrwege-. Herausgegeben von C. Th. Ehlers und R. Klar. XI, 796 Seiten. 1979.

Band 17: Biometrie – heute und morgen. Interregionales Biometrisches Kolloquium 1980. Herausgegeben von W. Köpcke und K. Überla. X, 369 Seiten. 1980.

Band 18: R.-J. Fischer, Automatische Schreibfehlerkorrektur in Texten. Anwendung auf ein medizinisches Lexikon. X, 89 Seiten. 1980.

Band 19: H. J. Rath, Peristaltische Strömungen. VIII, 119 Seiten. 1980.

Band 20: Robuste Verfahren. 25. Biometrisches Kolloquium der Deutschen Region der Internationalen Biometrischen Gesellschaft, Bad Nauheim, März 1979. Herausgegeben von H. Nowak und R. Zentgraf. V, 121 Seiten. 1980.

Band 21: Betriebsärztliche Informationssysteme. Frühjahrstagung, München, 1980. Herausgegeben von J. R. Möhr und C. O. Köhler. (vergriffen)

Band 22: Modelle in der Medizin. Theorie und Praxis. Herausgegeben von H. J. Jesdinsky und V. Weidtman. XIX, 786 Seiten. 1980.

Band 23: Th. Kriedel, Effizienzanalysen von Gesundheitsprojekten. Diskussion und Anwendung auf Epilepsieambulanzen. XI, 287 Seiten. 1980.

Band 24: G. K. Wolf, Klinische Forschung mittels verteilungsunabhängiger Methoden. X, 141 Seiten. 1980.

Band 25: Ausbildung in Medizinischer Dokumentation, Statistik und Datenverarbeitung. Herausgegeben von W. Gaus. X, 122 Seiten. 1981.

Band 26: Explorative Datenanalyse. Frühjahrstagung, München, 1980. Herausgegeben von N. Victor, W. Lehmacher und W. van Eimeren. V, 211 Seiten. 1980.

Band 27: Systeme und Signalverarbeitung in der Nuklearmedizin. Frühjahrstagung, München, März 1980. Proceedings. Herausgegeben von S. J. Pöppl und D. P. Pretschner. IX, 317 Seiten. 1981.

Band 28: Nachsorge und Krankheitsverlaufsanalyse. 25. Jahrestagung der GMDS, Erlangen, September 1980. Herausgegeben von L. Horbach und C. Duhme. XII, 697 Seiten. 1981.

Band 29: Datenquellen für Sozialmedizin und Epidemiologie. Herausgegeben von R. Brennecke, E. Greiser, H. A. Paul und E. Schach. VIII, 277 Seiten. 1981.

Band 30: D. Möller, Ein geschlossenes nichtlineares Modell zur Simulation des Kurzzeitverhaltens des Kreislaufsystems und seine Anwendung zur Identifikation. XV, 225 Seiten. 1981.

Band 31: Qualitätssicherung in der Medizin. Probleme und Lösungsansätze. GMDS-Frühjahrstagung, Tübingen, 1981. Herausgegeben von H. K. Selbmann, F. W. Schwartz und W. van Eimeren. VII, 199 Seiten. 1981.

Band 32: Otto Richter, Mathematische Modelle für die klinische Forschung: enzymatische und pharmakokinetische Prozesse. IX, 196 Seiten, 1981.

Band 33: Therapiestudien. 26. Jahrestagung der GMDS, Gießen, September 1981. Herausgegeben von N. Victor, J. Dudeck und E. P. Broszio. VII, 600 Seiten. 1981.